U0862188

典型互联网络的匹配排除、连通性和诊断度

王世英　王　琛　著

科 学 出 版 社
北　京

内 容 简 介

本书对于互联网络的匹配排除、连通性和诊断度问题提供了一个统一的理论框架。内容包括：对网络诊断的概述；给出网络的高阶好邻诊断度和高阶限制诊断度的一些充分条件；确定了一些著名网络的高阶连通度、自然诊断度、高阶好邻诊断度和高阶限制诊断度以及互联网络的匹配排除和条件匹配排除。书中许多内容和方法是作者的研究成果，同时还提出一些问题供有兴趣的读者作进一步研究。

本书可作为高等院校计算机和应用数学、网络通信专业研究生以及相关领域研究人员的参考书。

图书在版编目（CIP）数据

典型互联网络的匹配排除、连通性和诊断度 / 王世英，王琛著. -- 北京：科学出版社，2025. 6. -- ISBN 978-7-03-082229-1

Ⅰ. TP393.4

中国国家版本馆 CIP 数据核字第 2025M5Q251 号

责任编辑：任　静　高慧元 / 责任校对：任苗苗

责任印制：师艳茹 / 封面设计：蓝正设计

科学出版社 出版

北京东黄城根北街 16 号

邮政编码：100717

http://www.sciencep.com

北京富资园科技发展有限公司印刷

科学出版社发行　各地新华书店经销

*

2025 年 6 月第　一　版　开本：720×1000　1/16

2025 年 6 月第一次印刷　印张：14 1/4

字数：285 000

定价：128.00 元

（如有印装质量问题，我社负责调换）

前 言

在科学与工程计算领域, 海量数据的处理和复杂问题的解决对计算能力的要求日益提高。而且这些需求的增长速度已经远远超出了微处理机的发展速度。在此背景下, 并行计算机系统应运而生并得到快速发展。并行计算机系统常以某个具有优良性质的互联网络为底层拓扑结构进行构建。互联网络的性能对整个系统的硬件消耗、通信性能、路由算法的可行性都起着重要的, 甚至是决定性的作用, 以至于并行计算机系统的设计理念已经由以 CPU 为主逐步让位于以互联网络为主。并行计算机系统中元器件之间的连接模式称为该系统的互联网络 (简称网络)。从拓扑上讲, 一个系统的互联网络逻辑上指定了该系统中所有元器件之间的连接方式。互联网络可以看成一个图。此时, 图的顶点表示系统中的元器件或处理器, 图的边表示元件之间的物理连线。因此网络拓扑的性能可以通过图的性质和参数来度量。网络出现故障是不可避免的, 所以, 互联网络的连通性、故障诊断和匹配排除就是一个重要的研究课题了。

图论作为离散数学的重要分支, 已有 200 多年的历史。由于其广泛的应用背景, 近半个世纪以来, 越来越多的科研工作者投入到该领域的研究。特别是在计算机的出现和推动下, 有关图的理论有了更加迅速的发展。图论现在已经成为研究系统工程、管理工程、计算机科学、通信与网络理论、自动控制、运筹学乃至社会科学等诸多学科的一种重要数学工具。

大规模集成电路技术的出现使人们能构造出非常庞大而复杂的互联网络。出于多方面的考虑, 人们将通过增加处理器的数目, 而不是单靠提高单个处理机的速度, 来构建高速快捷的下一代超级计算机系统。此时, 互联网络的拓扑结构对网络的性能有着决定性的影响。多处理机的互联网络拓扑通常以图为数学模型, 这时图的顶点代表处理机, 而一对处理机之间的直接通信联系则用连接这对顶点的边来表示, 因此网络拓扑的性能可以通过图的性质和参数来度量。在设计和选择大规模多处理机的网络拓扑时, 人们最关心的问题之一是网络的可靠性 (容错性), 它对应图的连通性。研究图的连通性从传统的连通度到限制连通度再到高阶限制连通度和高阶好邻连通度。另外, 由于元件磨损和电磁干扰等, 大规模多处理机系统中的某些部件发生故障是不可避免的, 所以处理器故障识别对可靠计算发挥着重要作用。处理故障的第一步是用无故障处理器去识别故障处理器, 然后用无故障处理器去替换故障处理器。识别的过程称为系统的诊断。而计算一个网络的诊断度和它对应的连通度紧密相关。

作者近年来一直从事对图的连通性、故障诊断和匹配排除的研究, 掌握了本领域的大部分文献, 获得了一些有意义的成果。为了教学以及方便有兴趣的读者查阅, 我们决定对近年来的研究成果进行整理、修正、系统化, 故撰写本书。

本书的基本结构如下: 第 1 章首先给出研究背景和意义、图的基本定义及符号、互联网络及其故障和诊断概述; 第 2 章给出连通度的相关定义、常见互联网络的连通度和高阶限制连通度; 第 3 章给出了一些互联网络的连通度和自然诊断度及一些网络的高阶好邻连通度和高阶好邻诊断度; 第 4 章给出了一些互联网络的匹配排除和条件匹配排除。其中, 第 1 章和第 2 章 2.1~2.2 节由王世英完成; 第 2 章 2.3 节、第 3 章和第 4 章由王琛完成。

我们感谢书末参考文献中列出的所有作者, 正是他们出色的工作才使本领域如此精彩。

由于时间仓促以及水平有限, 书中疏漏之处在所难免, 诚恳欢迎读者批评指正。

王琛　王世英

2024 年 12 月

主要符号表

符号	含义
G	无向图
$V(G)$	图 G 的顶点集
$E(G)$	图 G 的边集
$d_G(u)$	图 G 的顶点 u 的度
$\delta(G)$	图 G 的最小度
$X \setminus Y$	集合 X 和集合 Y 的差集
$X \triangle Y$	集合 X 和集合 Y 的对称差
$g(G)$	图 G 的围长
$N_G(u)$	顶点 u 在图 G 中的邻域
$G - F$	从图 G 中删去点集 F 及其关联的边集
$G[U]$	图 G 的由顶点集 U 导出的子图
$\kappa^{(g)}(G)$	图 G 的 g 好邻连通度
$\tilde{\kappa}^{(g)}(G)$	图 G 的 g 限制连通度
$\kappa^{(1)}(G)$	图 G 的自然连通度
$t^{\mathrm{PMC}}(G)$	网络 G 的诊断度在 PMC 模型下
$t^{\mathrm{MM}^*}(G)$	网络 G 的诊断度在 MM* 模型下
$t_g^{\mathrm{PMC}}(G)$	网络 G 的 g 好邻诊断度在 PMC 模型下
$t_g^{\mathrm{MM}^*}(G)$	网络 G 的 g 好邻诊断度在 MM* 模型下
$t_1^{\mathrm{PMC}}(G)$	网络 G 的自然诊断度在 PMC 模型下
$t_1^{\mathrm{MM}^*}(G)$	网络 G 的自然诊断度在 MM* 模型下
Q_n	超立方
XQ_n^k	扩展 k 元 n 立方体
CK_n	巢图
BS_n	泡型星图
CW_n	轮图

$\mathrm{C}\Gamma_n$	对换树生成的凯莱图
LTQ_n	局部扭曲立方
B_n	泡型图
S_n^*	星图
HP_n	超级彼得松图
CQ_n	交叉立方
AG_n	交错群图

目　录

第 1 章 绪 论

1.1 研究背景和意义

高性能计算 (high performance computing, HPC) 作为计算机科学的一个分支, 主要是指从软件开发、并行算法和体系结构等方面研究开发高性能计算系统的技术。作为信息领域的前沿高技术, 高性能计算已然成为衡量一个国家的综合国力和科技发展水平的重要标志。在一些新兴的学科, 如核研究、生物技术、航空航天及新材料技术等领域, 高性能计算已成为科学研究的必备工具之一。另外, 随着高性能计算性能的提高、成本的降低, 高性能计算也逐渐走向更广泛的行业应用, 如石油勘探、机械设计、天气和灾害预报、生物制药、金融分析、决策支持系统等大数据处理方面以及政府机构、教育、搜索引擎、信息中心等网格计算和协同工作等。它在各领域发挥了巨大的应用价值。这不仅节约了研发成本, 更减少了大量时间消耗, 提高了研发进度和效率。高性能计算已然成为科学研究和科技创新的主要工具, 能够促成研究理论或实验方法不能取得的科学发现和技术创新。

TOP500 排行榜通常被认为是世界上评估高性能计算发展现状的指标。在国家对高性能计算的大力支持下, 我国的高性能计算技术呈现快速发展的良好势头。2017 年, 中国拥有的超高性能计算机数量居全球首位, 并且仍在保持。在 2019 年国内高性能计算机 TOP100 排行榜中, 无锡国家超算中心的神威 - 太湖之光蝉联第一, 其每秒峰值速度达 9.3 亿亿次[1]。同时, 它也是世界 TOP500 超算中的第三名, 此前曾蝉联过四次 TOP500 冠军。在国内, 六个国家超级计算中心 (无锡中心、天津中心、济南中心、深圳中心、长沙中心、广州中心) 及一些地方、高校、科研院所的高性能计算中心纷纷建成并投入使用。如今, 它们已经成为我国科学研究、信息处理、技术开发和大数据处理的关键计算平台并在社会各领域发挥着巨大的作用。

随着高性能计算的应用领域和规模进一步拓宽增大, 各领域对高性能计算的依赖程度越来越高。进而, 在一些关系到国计民生安全等的重要领域, 也对高性能计算的可靠性提出了特殊要求。如果系统不能稳定可靠地工作, 那么将会造成巨大的损失, 甚至导致不可估计的灾难性后果。例如, 12306 火车售票网络, 天气预报系统, 机械设计系统, 金融分析系统, 银行出纳系统, 航空航天的设计系统, 卫星发射太空计划等。若运行它们的系统出现故障, 其损失是巨大可怕的。然而, 系统发生故障是客观不可避免的, 绝对无故障的系统是不存在的。但是人们期望系统在部分处理器或链路发生故障时, 仍然可以正常或基本正常地工作, 不至于产生严重的后果。故而, 在设计高性能计算系统时, 除了高速度和高性能外, 高可靠性应放在设计的首位。

由于处理器频率等性能的提升幅度越来越小且摩尔定律也渐进极限, 通过大规模多处理器互联组网是提升高性能计算能力的发展趋势之一。当前主流的高性能计算系统多是采用 Cluster (集群) 和 MMP (大规模并行处理), 将多个处理器按专门的互联网络组织在一起实现节点间的通信。特别是在超大规模集成电路技术的驱动下, 系统可以集成上万个处理器, 它们之间依靠互联网络实现通信。系统中处理器规模的扩大势必造成它们之间通信开销的增大, 成为制约系统总体性能的主要因素。研究表明高性能计算不仅依赖于处理器的浮点运算速度 (理论峰值), 还依赖于数据在系统中的存取和传输速度等[1]。因此, 高性能计算系统的性能取决于其互联网络性能。

随着系统中处理器数量不断扩大, 系统内部的结构也越来越复杂。这使得处理器出现故障的概率也随之增加, 从而导致系统在信息处理、存储及传递过程中出现错误的可能性增大。在高性能计算系统中处理器发生故障的概率占整个系统组件故障概率的 50% 以上[2]。为了保证系统的可靠性, 就必须要有一定的容错性。如果在超大规模多处理器系统发生故障时仍具备功能, Esfahanian 称系统为容错的[3]。系统的容错性研究成为系统可靠性的研究热点。

同时, 为了保证系统的可靠性, 系统在发生故障时要能够及时识别出故障处理器并用非故障处理器来替换。系统的故障诊断是目前较为有效的能够保证系统可靠性的一类诊断方式, 它的目标是按照一定的规则识别出系统中的故障处理器。如果系统中故障处理器数目不超过 t 且不经替换可一次识别出来, 系统是 t 可诊断的。系统的故障诊断研究成为系统可靠性的另一研究热点。

系统互联网络的可靠性研究通常也称网络的容错性研究。因此, 互联网络的容错性成为评价系统可靠性的关键指标之一。注意到互联网络的拓扑结构可以用一个图来刻画, 其点集和边集分别由节点和节点间的连线构成。进而, 互联网络的容错性研究也就转化成对图的容错性研究。连通度和诊断度通常被用来衡量互联网络的可靠性和故障诊断能力。经过国内外学者多年的研究, 采用图论的方法研究互联网络的容错性已经取得了丰硕的成果, 并取得了一系列有价值的研究成果, 尤其是在诊断度方面, 许多类型的互联网络的诊断度得到了研究证明。

由于本书的主要工作集中在对互联网络系统可靠性和故障诊断的研究, 研究的思路, 一是分析并选取具有高容错性的互联网络, 以保证系统发生一定的故障而性能不降低; 二是对给定的互联网络研究它的故障诊断度, 以便发生故障后能够及时诊断出从而保证系统的可靠性。

1.2 图的基本定义及符号

本书所研究的图均是有限无向简单图。图 G 是一个有序的三元组 $G(V(G), E(G), \psi_G)$, 简记 $G(V(G), E(G))$, 其中, $V(G)$、$E(G)$ 和 ψ_G 分别表示图的顶点集、边集和关联函数。下面介绍本书中用到的一些基本概念和符号。书中其他未定义而直接使用的一些符号和术语参考文献 [4]。

定义 1.2.1 如果图 G 中既没有环也没有重边, 那么称 G 是简单图。

定义 1.2.2 图 G 的顶点集 $V(G)$ 和边集 $E(G)$ 所包含点的个数及边的个数, 分别记为 $|V(G)|$ 和 $|E(G)|$。G 的顶点数 $n = |V(G)|$ 也称图的阶。

定义 1.2.3 如果边 $e = uv \in E(G)$, 那么称 u 和 v 相邻并称 e 与 u(或 v) 相关联。

定义 1.2.4 图 G 中顶点 v 的度是 v 在 G 中关联的边的数目, 记为 $d_G(v)$。度为 0 的点称为孤立点。用 $\delta(G) = \min\{d_G(v) : v \in V(G)\}$ 表示图 G 顶点的最小度。

定义 1.2.5 对于任意顶点 $v \in V(G)$, 在 G 中与 v 相邻的所有顶点组成的集合称为 v 的邻集, 记为 $N_G(v)$。

定义 1.2.6 若 S 为图 G 的非空顶点子集, 则 S 的邻集为 $N_G(S) = \bigcup_{v\in S} N_G(v) \setminus S$。

定义 1.2.7 若图 G 中 $\forall v \in V(G)$ 有 $d_G(v) = k$, 则称 G 是 k- 正则的。

在无歧义的情形下, 通常可将 $V(G)$、$E(G)$、$N_G(v)$、$N_G(S)$、$d_G(v)$ 等分别简记为 V、E、$N(v)$、$N(S)$、$d(v)$ 等。

定义 1.2.8 若 n 阶图 G 中任一对顶点都相邻, 则称 G 是完全图, 记为 K_n。

定义 1.2.9 若图 G 的顶点集 $V(G)$ 可以分解为两个非空子集 X 和 Y 使得每条边的端点分别在 X 和 Y 中, 则称图 G 是二部图 (偶图), 并且称 (X, Y) 为 G 的一个二分类。特别地, 具有二分类 (X, Y) 的二部图 G 称为完全二部图 (完全偶图), 如果 X 中的每一个顶点都与 Y 中的每一个顶点相邻。若 $|X| = m, |Y| = n$, 则可记为 $K_{m,n}$。

定义 1.2.10 在图 G 中设 V' 是 $V(G)$ 的一个非空真子集, 以 V' 为顶点集及以 G 中两端点均在 V' 中的边的全体为边集所组成的子图, 称为 G 的由 V' 导出的子图, 记为 $G[V']$。导出子图 $G[V \setminus V']$, 记为 $G - V'$, 是指从 G 中删去 V' 中的顶点以及与其关联的边所得到的子图。如果 $V' = \{u\}$, 则把 $G - \{u\}$ 简记为 $G - u$。

定义 1.2.11 如果图 G 中两顶点 u 和 v 间存在一条路 (u, v), 则称 u 和 v

是连通的。

定义 1.2.12　如果将 $V(G)$ 分成非空子集 $V_1, V_2, \cdots, V_\omega$, 使得两顶点 u 和 v 是连通的当且仅当属于同一个子集 V_i, 则子图 $G[V_1], G[V_2], \cdots, G[V_\omega]$ 称为图 G 的分支。

定义 1.2.13　称图 G 的一个分支是奇的, 如果该分支有奇数个顶点。用 $o(G)$ 表示图 G 奇分支的个数。

定义 1.2.14　令 $v_0, v_1, \cdots, v_k$ 为图 G 中不同的顶点。称 $P = v_0v_1\cdots v_k$ 是 G 的一条路, 其中仅 $v_i, v_{i+1}(i \in \{0, 1, \cdots, k-1\})$ 相邻。若将路 P 的起点和终点相连, 则称 $C = v_0v_1\cdots v_kv_0$ 是 G 的一个圈。为方便描述, 通常把从起点 v_0 到终点 v_k 的路记为 (v_0, v_k) 路。路 (或圈) 经过的点称为内部点, 所经过边的条数称为该条路 (或圈) 的长。长为 k 的路 (或圈) 称为 k-路 (k-圈)。由于研究的图为简单图, 故最小的圈为 3-圈。仅包含一个圈的连通图称为单圈图。

定义 1.2.15　图 G 中最短的圈的长称为围长, 记为 $g(G)$。

定义 1.2.16　两个不同的图 G 和 H 称为同构的, 记为 $G \cong H$, 如果存在双射 θ: $V(G) \to V(H)$ 和 ϕ: $E(G) \to E(H)$ 使得 $\psi_G(e) = uv$ 当且仅当 $\psi_H(\phi(e)) = \theta(u)\theta(v)$。

定义 1.2.17　图 G 的自同构是指 G 到其自身的一个同构。对于简单图 G 来说, 它的一个自同构可以认为是在 V 上保持相邻性的一个置换, 这种置换的集在通常的合成运算下构成一个群 $\varGamma(G)$, 称其为 G 的自同构群。

定义 1.2.18　图 G 称为点可迁的, 若对任意两点 u 和 v, 存在 $\varGamma(G)$ 中的一个元素 γ 使得 $\gamma(u) = v$。

定义 1.2.19　令 $\varGamma$ 是一个有限群, S 是 $\varGamma$ 不含单位元的生成集。有向凯莱图 $\mathrm{Cay}(\varGamma, S)$ 的定义: 它的顶点集是 $\varGamma$, 弧集是 $\{(g, g\cdot s) : g \in \varGamma, s \in S\}$。如果 $\forall s \in S$ 有 $s^{-1} \in S$, 那么 $\mathrm{Cay}(\varGamma, S)$ 的每一对点之间都有一对不同方向的平行弧。若在 $\mathrm{Cay}(\varGamma, S)$ 中用一条边替换不同方向的平行弧, 则可得到一个无向凯莱图, 简称凯莱图。本书所研究的凯莱图均为无向凯莱图。

定义 1.2.20　令 G 是一个图、F_1 和 F_2 是 $V(G)$ 中两个不同的子集, 则它们的对称差可表示为 $F_1 \vartriangle F_2 = (F_1 \setminus F_2) \cup (F_2 \setminus F_1)$。

1.3　互联网络的概述及容错

互联网络 (interconnection network) 通常是若干处理器按照一定的拓扑结构, 通过元器件以一定的控制方式实现处理器间相互连接和数据传输的网络。在一个互联网络中, 每个处理器有本地内存和资源, 它通过通信链路与其相邻处理器连接。它对于保证各处理器无等待计算起着极为重要的作用。从某种意义上说, 高性能计算系统性能的关键取决于该系统各处理器间数据传输的能力而不是处理器的性能。因此, 互联网络是高性能计算系统性能的重要组成部分, 它对系统的运行有着极大的影响[5]。而互联网络的可靠性是衡量一个互联网络性能优劣的重要参数。如何选择或设计一个可靠的互联网络拓扑结构, 已成为学者研究的热点。

1.3.1 设计规则及方法

高性能计算系统的互联网络设计时通常要遵循两大基本原则, 即高性能和低成本。但其性能和成本受众多因素影响。在实际设计时, 二者也通常需要找到一个平衡点。单从其拓扑结构上来说应遵循以下基本原则[6,7]。

(1) 固定或小的度。受限于处理器单元的端口数目, 节点的度应该较小或固定。同时, 较小的节点度意味着布线简单, 从而使得成本降低。

(2) 高对称性。节点以相同的连接方式接入网络, 使得网络中各元器件负载保持平衡。

(3) 低延迟性。互联网络的直径应较短且平均距离也应较小。这不仅会使得节点间通信延迟减小, 也能降低建造和维护费用, 同时提高互联网络的有效性。

(4) 简易的路由算法。互联网络的通信开销增大, 使得通信必须要经过路由选择。路由算法的优劣决定着互联网络的效率和性能。

(5) 高容错性。互联网络中任意两点之间存在多条内点不交的路径。一旦某些元器件发生故障, 系统可以有多种路由选择从而保证正常的通信及运行。

(6) 可扩展性。在原有基础上扩大网络规模, 同时保持原有互联网络的性质不变。可扩展性有利于系统的升级扩大, 是衡量网络好坏的一个重要因素。

(7) 可嵌入性。新的互联网络应能包含已有的简单网络。这样有利于移植和嵌入针对简单网络的结构和性质以及相关的算法, 进而降低开发的软成本。

(8) 有效的布图算法。有效的布图算法能够解决大规模集成电路板线路的交叉问题, 使得互联网络能在多个或一个平面图内简易实现。

为了设计出高性能低成本的互联网络, 常用的拓扑结构设计方法有线图法、笛卡儿乘积法和凯莱法[8]。

(1) 线图法是从一个现有的图获得另一个与之相关图的重要构图方法, 也是互联网络设计的一个重要方法。其思想实际上就是点边变换。de Bruijn 图和 Kautz 图是两大类著名的线图。它们被认为是未来实现并行计算替代超立方体一类互联网络。

(2) 笛卡儿乘积法是从若干特定的小网络构造大网络的最有效的方法之一。由这种方法构造出来的新网络不仅包含了其原有的小网络作为它的子网络, 也保留了小网络原有的性质。因而, 它也成为大规模互联网络设计的一个重要的方法。超立方体就是通过该方法构造得到的一类著名的网络。超立方体作为高性能计算系统互联网络的首选拓扑结构, 具有正则性、对称性、点可迁性及递归性等许多优良的网络特性, 然而它的直径较大。为了弥补它的不足, 通过对超立方体进行不同的变形又派生出了许多的变形互联网络。

(3) 凯莱法是构造高对称性网络的一种设计方法。由于该方法基于有限群, 因此称其为群论法或代数法。由该方法构造的图称为凯莱图且都是点可迁的。故而该类型的网络中任何一个节点对于网络都是等同的, 即使某个节点出现故障也不影响其余网络的结构性能。因此, 该方法构造的网络非常有利于算法的设计和模拟。凯莱图有很多种, 如泡型图、星图和交错群图等。因为凯莱图都具有高对称性, 所以它们也被认为是下一代高性能计算互联网络替代超立方体的选项。

1.3.2 常见的类型

按拓扑结构的不同, 互联网络可以分为静态互联网络和动态互联网络。在动态互联网络中, 节点间通过交换元件的设置建立不同的网络连接。这种连接方式是按需建立的, 也被称为间接互联网络。然而随着网络节点数目的增多, 交换开关反而会成为系统的通信瓶颈。在静态互联网络中, 节点间有固定的直接连线, 也被称为直接互联网络。因此, 常采用图论模型来描述互联网络的性能并用图的某些参数来衡量。在多处理器系统中, 互联网络的拓扑结构可以用图来表示, 其中顶点表示处理器 (节点), 边表示处理器间的通信链路 (节点间的连线)。

在互联网络研究初始阶段, 常见的互联网络拓扑结构有线性网 (linear array)、总线 (bus)、环网 (torus)、树网 (tree)、星型网 (star)、网格 (mesh)、立方连接环 (CCC)、全互联网等。全互联网 (完全图) 虽是具有最高效率的网络拓扑结构, 但建设成本巨大，也受元器件引脚限制。而随着系统规模的增大, 系统对互联网络的要求也越来越高。许多学者对互联网络的拓扑结构展开了研究, 各种高性能互联网络也相继被提出。于是, 超立方 (hypercube)[9]、交叉立方体 (crossed cube)[10]、莫比斯立方体 (Möbius cube)[11]、平衡立方网络 (balanced hypercube)[12]、折叠立方体 (folded cube)[13]、扭立方体 (twisted cube)[14]、局部扭立方体 (locally twisted cube)[15]、交换超立方 (exchanged hypercube)[16]、交换交叉立方网 (exchanged crossed cube)[17]、k 元 n 立方网 (k-ary n-cube)[18] 及扩展 k 元 n 立方网 (augmented k-ary n-cube)[19] 等互联网络相继被提出来研究。每一种网络设计都适合于特定的应用环境。其中一些已应用到实际的计算机系统中, 如超立方应用在 NCube[20]、Intel iPSC/2[21]、IPSC-860、CM-2[22] 等高性能计算机系统; k 元 n 立方应用在 iWarp[23]、J-machine[24]、Cray T3D[25]、Cray T3E[26]、IBM Blue Gene[27] 等高性能计算机系统。

1.3.3 容错概述

互联网络拓扑性能可以用图的一些参数和性质来描述和度量。互联网络的可靠性也称为容错性。容错性是衡量互联网络性能的重要指标, 对应于图来说也就是图要有较大的连通度。连通度越大, 网络的可靠性就越高。注意到在系统实际运行中, 高度集成的处理器出现故障的概率远大于链路出现故障的概率。因此, 本书所研究的连通度均指点连通度。然而, 传统的连通度用来衡量互联网络的容错性有着明显的缺陷。第一, 传统连通度首先允许一个点的邻点存在同时发生故障的可能。然而, 由于现代工艺的发展, 系统组件的某些子集没有这种潜在的故障。第二, 传统连通度不能体现图按不同方式移除割集后所产生不同分支类型的情况。这意味着, 它不能准确地反映由处理器发生故障而对系统造成故障的严重性。第三, 传统连通度相同的两个图的可靠性可能也不同, 因为它们最小割出现故障的概率也不尽相同[28]。特别地, 如直径、对称性、嵌入性和泛圈性等性质可能也存在较大差异。因此, 在研究图的容错参数时若不考虑系统自身的实际情况, 那么传统的连通度便会过于悲观地低估互联网络的可靠性。

鉴于此, Harary 在 1983 年首先提出了条件连通度的概念[29]。条件连通度要求图移除割集后的所有分支均满足给定的一些条件。由于系统底层的拓扑、应用程序的环境和故障分析的模式等不尽相同, 对不同的系统给定的条件也不尽相同。受条件连通度启发, 通过对分支加以限制衍生出许多不同条件的连通度, 如限制连通度 [30,31]、超连通度[32,33]、 g 好邻连通度 (也称 R^g 连通度[34,35]) 以及 g 限制连通度[36,37] 等。这些连通度的定义分别通过对割集添加限定条件进而使得分支满足特定的条件。尤其是 g 好邻连通度, 作为一种特殊的条件连通度, 较其他连通度能更好地度量系统的容错性。

1.4 故障诊断概述

随着超大规模集成电路和现代通信技术的快速发展, 高性能计算系统包含越来越多的处理器。这使得系统出现故障处理器的概率增大。若处理器发生故障, 系统通信、计算等性能将延缓降低, 甚至崩溃。因此, 识别出系统中的故障处理器对于保证系统的可靠性是至关重要的。

为了保证系统的可靠性, 系统在发生故障时要能够识别出故障处理器并用非故障处理器来替换。系统的故障诊断就是按照一定的规则识别出故障处理器的过程。它可以分为电路级故障诊断和系统级故障诊断。电路级故障诊断是指通过人工对系统中的处理器一个接一个地进行测试。在大规模多处理器系统中, 这通常会提高诊断过程的复杂性及诊断结果的不确定性。系统级故障诊断, 即系统自我诊断, 是指系统本身能够按照一定的规则自动完成故障处理器的诊断。该方法由 Preparata 等在 1967 年首次提出, 称为 PMC 模型[38], 其基本思想是, 让系统中的处理器互相测试, 通过对测试结果进行逻辑分析与判断从而确定故障的处理器。这种方法不需要使用系统外的测试设备就可以实现系统的自我诊断。它不仅能够有效减少人力、物力和财力的投入, 也能够提高故障诊断的效率和精度。因此, 系统级故障诊断成为当前故障诊断的一个主要研究方向。在无特殊说明的情况下, 故障诊断通常指系统级故障诊断。除了 PMC 模型, 许多故障诊断模型被提出, 如 Chwa 和 Hakimi 模型[39]、比较模型 (又称 MM 模型)[40,41]、BGM 模型[42]等。目前, PMC 模型和 MM 模型是最常用的两种故障诊断模型。本书也就基于这两种模型研究互联网络的诊断度。

故障诊断的最终目的是通过设计高效可行的诊断算法识别系统中的故障处理器, 但前提是需要系统的各种诊断参数。一个系统被称为是 t- 可诊断的[38], 如果系统中故障处理器数目不超过 t 且不经替换可一次识别出来。系统 G 的诊断度 (也称传统诊断度), 记为 $t(G)$, 是使得 G 是 t- 可诊断的 t 的最大值。在文献 [43] 中, Dahbura 等已经给出了一个时间复杂度为 $O(n^{2.5})$ 的算法, 它可以有效地识别处理器故障。

诊断度不仅是系统故障诊断能力的体现, 也是度量系统可靠性的经典参数和重要指标。然而, 传统诊断度没有任何限制条件, 总是假设任一处理器的所有与之相邻的处理器都可同时发生故障。这意味着它的上界受限于系统的最小度。在现代大规模多处理器系统中, 这种情形发生的概率极小。因此, 传统诊断度极大地低估了系统的故障诊断能力。鉴于这一不足, 有必要对系统中处理器的情形加以限制。于是, 根据系统不同的应用场景和诊断策略, 多种具有限制条件的诊断度被提出。

2005 年, Lai 等提出了条件诊断度[44], 记为 $t_c(G)$, 它限制系统中故障点及非故障点都必须有一个非故障邻点。2012 年, Peng 等在提出了 g 好邻诊断度 (g 好邻条件诊断度)[45], 记为 $t_g(G)$, 它仅限制系统中的每个非故障点至少有 g 个非故障邻点。2016 年, Zhang 等提出了 g 限制诊断度[46], 记为 $\widetilde{t_g}(G)$, 它要求每个非故障分支至少包含 $g+1$ 个非故障点。其他的诊断概念还有 t/s- 可诊断[47]、t/k- 可诊断[48] 及局部 t- 可诊断[49] 等。

无论何种条件诊断度, 只有限制条件符合系统实际的应用环境和诊断策略才能更为精确地度量系统的诊断能力。现代高性能计算机系统被广泛地使用, 在 g 较小时, 相对于条件诊断度和 g 限制诊断度而言, g 好邻诊断度的限制条件既宽泛灵活, 同时又表现出更强的适应性。在 g 较大时, g 好邻诊断度较传统诊断度和 g 限制诊断度有着更强的诊断能力。尤其是, g 达到上界值时的 g 好邻诊断度。故而, g 好邻诊断度不仅符合系统诊断的实际, 也较其他条件诊断度具有更强的诊断能力。结合已有的诊断算法, 工程师能够快速地应用到系统的故障诊断中进而保持系统的高可靠性。也因此, 对它的研究具有非常重要的实际应用价值。

故障诊断中故障识别的过程称为系统诊断。几种诊断模型被提出来识别故障处理器。本书介绍下面两种。

1.4.1 故障诊断模型: PMC 模型

PMC 模型是由 Preparata 等提出的诊断模型[38]。系统的诊断是通过两个相互连接的处理器来实现的。诊断系统 G 中的两个相邻节点能够执行相互测试。对于两个相邻的节点 u 和 $v \in V(G)$, 执行 u 测试 v 由有序对 (u, v) 表示。如果 u 测试 v 评估为故障 (分别为无故障), 则测试 (u, v) 的结果为 1 (分别为 0)。在 PMC 模型中, 如果节点 u 无故障 (或是有故障的) 则我们假设测试结果是可靠的 (或是不可靠的)。系统 G 的测试作业 T 是一个集合对每对相邻顶点的测试。建模为有向测试图 $T = (V(G), L)$, 其中 $(u, v) \in L$ 中暗示 u 和 v 在 G 中相邻。测试作业的所有测试结果的集合 T 被称为诊断子。形式上, 诊断子是一个函数 $\sigma : L \mapsto \{0, 1\}$。系统中的所有故障处理器的集合称为故障集。这可以是 $V(G)$ 的任何子集。对于给定的诊断子 σ, 如果诊断子 σ 对于 $(u, v) \in L$ 使得 $u \in V \setminus F$, $\sigma(u, v) = 1$ 当且仅当 $v \in F$, 则我们认为顶点子集 $F \subseteq V(G)$ 与 σ 一致。这意味着 F 是一个可能的故障处理器集合。由于故障处理器产生的测试结果是不可靠的, 给定的一组故障顶点可能会产生很多不同的诊断子。另外, 不同故障集可能会产生相同的诊断子。让 $\sigma(F)$ 表示与 F 相一致的所有诊断子的集合。在 PMC 模型中, 如果 $\sigma(F_1) \cap \sigma(F_2) = \varnothing$, 那么 $V(G)$ 中的两个不同的集合 F_1 和 F_2 被称为是可区分的。否则, F_1 和 F_2 被称为是不可区分的。另外, 如果 $\sigma(F_1) \cap \sigma(F_2) = \varnothing$, 我们认为 (F_1, F_2) 是可区分对; 否则, (F_1, F_2) 是不可区分对 (参见表 1.1 和图 1.1)。

定义 1.4.1 一个系统 $G = (V, E)$ 是 g 好邻 t-可诊断的, 在 PMC 模型下当且仅当 (F_1, F_2) 是可区分的, 对于 V 的每对不同的 g 好邻子集 $F_{1.}$, $|F_{1.}| \leqslant t$, 以及 $F_{2.}$, $|F_{2.}| \leqslant t$。G 的 g 好邻诊断度 $t_g^{\mathrm{PMC.}}(G)$ 是 t 的最大值, 对于 G 是 g 好邻 t-可诊断的 (在 PMC 模型下)。特别地, $t_0^{\mathrm{PMC.}}(G) = t^{\mathrm{PMC.}}(G)$ 称为 G 的诊断度 (在 PMC 模型下)。

文献 [45] 首先给出了如下定理。

定理 1.4.1[45] 对于一个系统 G, $t_g^{\mathrm{PMC}}(G) < t_{g'}^{\mathrm{PMC}}(G)$ $(g < g')$, 在 PMC 模型下。

表 1.1 PMC 故障诊断模型

测试点 u	被测点 v	测试结果 $\sigma(u, v)$	可信
无故障	无故障	0	是
无故障	故障	1	是
故障	无故障	0 或 1	否
故障	故障	0 或 1	否

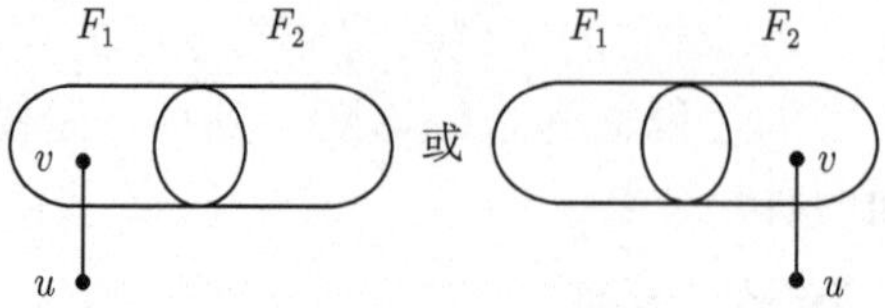

图 1.1 PMC 模型下可区分对 (F_1, F_2)

定义 1.4.2 一个系统 $G=(V,E)$ 是 g 限制 t-可诊断的, 在 PMC 模型下当且仅当 (F_1, F_2) 是可区分的, 对于 V 的每对不同的 g 限制子集 F_1, $|F_1| \leqslant t$, 以及 F_2, $|F_2| \leqslant t$。G 的 g 限制诊断度 $\tilde{t}_g^{\mathrm{PMC}}(G)$ 是 t 的最大值, 对于 G 是 g 限制 t-可诊断的 (在 PMC 模型下)。特别地, $\tilde{t}_0^{\mathrm{PMC}}(G)=t^{\mathrm{PMC}}(G)$ 称为 G 的诊断度 (在 PMC 模型下)。

文献 [50] 给出了如下定理。

定理 1.4.2 [50] 对于一个系统 G, $\tilde{t}_g^{\mathrm{PMC}}(G) \leqslant t^{\mathrm{P\tilde{M}C}}{}_{g'}(G)$ $(g \leqslant g')$, 在 PMC 模型下。

定理 1.4.3 [50] 对于一个系统 G, $\tilde{t}_g^{\mathrm{PMC}}(G) \leqslant t_g^{\mathrm{PMC}}(G)$, 在 PMC 模型下。

定理 1.4.4 [50] 对于一个系统 G, $\tilde{t}_1^{\mathrm{PMC}}(G) = t_1^{\mathrm{PMC}}(G)$, 在 PMC 模型下。

特别地, $t_1^{\mathrm{PMC}}(G)$ 和 $\tilde{t}_1^{\mathrm{PMC}}(G)$ 称为 G 的自然诊断度 (在 PMC 模型下)。

定理 1.4.5 [51] 令 t 为一个正整数, 称系统 G 是条件 t-可诊断的, 当且仅当对于任意一对不同的条件集 $F_1, F_2 \subset V(G)$ $(|F_1|, |F_2| \leqslant t)$ 是可区分的 (在 PMC 模型下)。使得 G 是条件 t-可诊断的 t 的最大值称为 G 的条件诊断度 (在 PMC 模型下), 记为 $t_c^{\mathrm{PMC}}(G)$。

根据文献 [50]、[52] 和 [53], 我们有下面的结论。

定理 1.4.6 [50,52,53] 对于一个系统 $G=(V,E)$, $t^{\mathrm{PMC}}(G) = t_0^{\mathrm{PMC}}(G) \leqslant \tilde{t}_1^{\mathrm{PMC}}(G) = t_1^{\mathrm{PMC}}(G) \leqslant t_c^{\mathrm{PMC}}(G)$。

1.4.2 故障诊断模型: MM 模型

MM 模型即比较诊断模型是由 Maeng 和 Malek [41] 提出的。在 MM 模型中, 处理器将相同的任务发送给一对不同的邻居, 然后比较它们的响应以诊断系统 $G=(V(G),E(G))$。G 的比较方案被建模为多重图, 由 $M=(V(G),L)$ 表示, 其中 L 是标记边集。当 $uw, vw \in E(G)$ 时, 标记边 $(u,v)_w \in L$ 表示顶点 u 和 v 对顶点 w 的响应比较。$M=(V(G),L)$ 中所有比较结果的集合称为诊断子, 用 σ 表示。如果比较 $(u,v)_w$ 的结果不相同, 那么 $\sigma(u,v)_w=1$。否则, $\sigma(u,v)_w=0$。因此, 诊断子是从 L 到 $\{0,1\}$ 的函数。Sengupta 和 Dahbura 提出 MM* 模型①。它是 MM 模型的一个特殊情况。在 MM* 中, 每个节点必须测试其相邻节点的所

① Sengupta A, Dahbura A. On self-diagnosable multiprocessor systems: Diagnosis by the comparison approach. IEEE Transactions on Computers, 1992, 41(11): 1386-1396.

有对, 即如果 $uw, vw \in E(G)$, 则 $(u,v)_w \in L$。对于给定的诊断子 σ, 一个顶点的子集 $F \subseteq V(G)$ 被认为与 σ 一致, 如果诊断子 σ 可以从下面的情况中产生, 对于任意 $(u,v)_w \in L$ 使得 $w \in V\backslash F$, $\sigma(u,v)_w = 1$, 当且仅当 u 和 v 至少有一个是在 F 中。让 $\sigma(F)$ 表示与 F 一致的所有诊断子的集合。设 F_1 和 F_2 是 $V(G)$ 中的两个不同的集合。如果 $\sigma(F_1) \cap \sigma(F_2) = \varnothing$, 我们认为 (F_1, F_2) 是可区分对; 否则, (F_1, F_2) 是不可区分对 (参见表 1.2 和图 1.2)。

表 1.2 MM* 故障诊断模型

测试点 w	被测点 u	被测点 v	测试结果 $\sigma^*((u,v)_w)$	可信
非故障	非故障	非故障	0	是
非故障	故障	非故障 (或故障)	1	是
故障	非故障	非故障	0 或 1	否
故障	故障	非故障 (或故障)	0 或 1	否

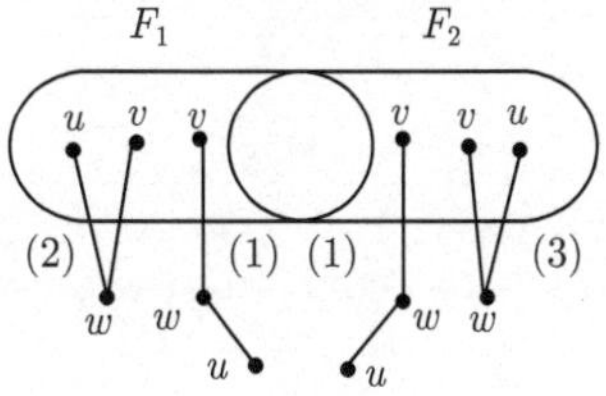

图 1.2 MM* 模型下可区分对 (F_1, F_2)

定义 1.4.3 一个系统 $G=(V,E)$ 是 g 好邻 t-可诊断的 (在 MM* 模型下), 当且仅当 (F_1,F_2) 是可区分的, 对于 V 的每对不同的 g 好邻集 F_1 有 $|F_1| \leqslant t$, 以及 F_2 有 $|F_2| \leqslant t$。G 的 g 好邻诊断度 $t_g^{\mathrm{MM}^*}(G)$ 是 t 的最大值对于 G 是 g 好邻 t-可诊断的 (在 MM* 模型下)。特别地, $t_0^{\mathrm{MM}^*}(G)$ 称为 G 的诊断度 (在 MM* 模型下)。

定理 1.4.7[45] 对于一个系统 G, $t_g^{\mathrm{MM}^*}(G) < t_{g'}^{\mathrm{MM}^*}(G)$ $(g < g')$ (在 MM* 模型下)。

定义 1.4.4 一个系统 $G=(V,E)$ 是 g 限制 t-可诊断的 (在 MM* 模型下), 当且仅当 (F_1,F_2) 是可区分的, 对于 V 的每对不同的 g 限制集 F_1, $|F_1| \leqslant t$, 以及 F_2, $|F_2| \leqslant t$。G 的 g 限制诊断度 $\tilde{t}_g^{\mathrm{MM}^*}(G)$ 是 t 的最大值, 对于 G 是 g 限制 t-可诊断的 (在 MM* 模型下)。特别地, $\tilde{t}_0^{\mathrm{MM}^*}(G)$ 称为 G 的诊断度 (在 MM* 模型下)。

文献 [50] 给出了如下定理。

定理 1.4.8[50] 对于一个系统 G, $\tilde{t}_g^{\mathrm{MM}^*}(G) \leqslant \tilde{t}_{g'}^{\mathrm{MM}^*}(G)$ $(g \leqslant g')$ (在 MM* 模型下)。

定理 1.4.9 [50] 对于一个系统 G, $\tilde{t}_g^{\mathrm{MM}^*}(G) \leqslant t_g^{\mathrm{MM}^*}(G)$ (在 MM* 模型下)。

定理 1.4.10 [50] 对于一个系统 G, $\tilde{t}_1^{\mathrm{MM}^*}(G) = t_1^{\mathrm{MM}^*}(G)$ (在 MM* 模型下)。

特别地, $t_1^{\mathrm{MM}^*}(G)$ 和 $\tilde{t}_1^{\mathrm{MM}^*}(G)$ 称为 G 的自然诊断度 (在 MM* 模型下)。

定义 1.4.5 [51] 令 t 为一个正整数, 称系统 G 是条件 t-可诊断的, 当且仅当对于任意一对不同的条件故障集 $F_1, F_2 \subset V(G)$ $(|F_1|, |F_2| \leqslant t)$ 是可区分的 (在 MM* 模型下)。使得 G 是条件 t-可诊断的 t 的最大值称为 G 的条件诊断度 (在 MM* 模型下), 记为 $t_c^{\mathrm{MM}^*}(G)$。

根据文献 [50]、[52] 和 [53], 我们有下面的结论。

定理 1.4.11 [50, 52, 53] 对于一个系统 $G = (V, E)$, $t^{\mathrm{MM}^*}(G) = t_0^{\mathrm{MM}^*}(G) \leqslant \tilde{t}_1^{\mathrm{MM}^*}(G) = t_1^{\mathrm{MM}^*}(G) \leqslant t_c^{\mathrm{MM}^*}(G)$。

第 2 章　互联网络的连通度

2.1　连通性及相关定义

本节给出了一些相关的概念及一些相关的结果。

定义 2.1.1　图 G 中若任意两点 u 和 v 间存在一条路, 则称 G 是连通图, 反之称 G 是非连通图。

定义 2.1.2　如果图 G 只有一个顶点, 那么称 G 是平凡图。

定义 2.1.3　若非空子集 $F \subseteq V(G)$ 使得 $G-F$ 不连通或者为平凡图, 则称 F 为 G 的顶点割。具有 k 个顶点的割称为 k 顶点割。若 G 中至少有一对相异的不相邻顶点, 则 G 中所有 k 顶点割中最小的 k 称为 G 的连通度, 记为 $\kappa(G)$。若 G 是一个完全图, 则 $\kappa(G)=|V(G)|-1$。

若一个非连通图的某个分支只有一个顶点, 则该分支是一个平凡图, 即 K_1。为方便描述一个非连通图 $G-F$ 各分支的情况, 书中将只有一个顶点的分支简称为孤立点。同理, 将具有两个顶点的分支记为 K_2。

定义 2.1.4　令 g 为非负整数。设 $G=(V,E)$ 是一个连通图。对于一个集 $F \subseteq V$, 如果 $|N(v)\cap(V\backslash F)| \geqslant g$ 对于 $V\backslash F$ 的每一个点 v, 则集 F 称为一个 g 好邻集。对于 G 的一个 g 好邻集 F, 如果 $G-F$ 是不连通的, 则称 F 为 G 的一个 g 好邻割。如果 G 有一个 g 好邻割, 则称 G 为 g 好邻连通的。对于一个 g 好邻连通图 G, G 的 g 好邻连通度是 G 的最小 g 好邻割的基数, 用 $\kappa^{(g)}(G)$ 表示。

根据定义 2.1.4, 如果 $g \leqslant g'$, 那么 $\kappa^{(g)}(G) \leqslant \kappa^{(g')}(G)$。如果 G 不是一个完全图, 那么 $\kappa(G)=\kappa^{(0)}(G)$。

定义 2.1.5　令 g 为非负整数, 设 $G=(V,E)$ 是一个连通图。对于一个集 $F \subseteq V$, 如果 $G-F$ 的每个分支至少有 $(g+1)$ 个顶点, 则集 F 称为一个 g 限制集。对于 G 的一个 g 限制集 F, 如果 $G-F$ 是不连通的, 则称 F 为 G 的一个 g 限制割。如果 G 有一个 g 限制割, 则称 G 为 g 限制连通的。对于一个 g 限制连通图 G, G 的 g 限制连通度是 G 的最小 g 限制割的基数, 用 $\tilde{\kappa}^{(g)}(G)$ 表示。此外, 如果 $G-F$ 确有两个分支, 则称 G 是 $|S|$ 两超 g 限制连通的。

根据定义 2.1.5, 如果 $g \leqslant g'$, 那么 $\tilde{\kappa}^{(g)}(G) \leqslant \tilde{\kappa}^{(g')}(G)$。如果 G 不是一个完全图, 那么 $\kappa(G)=\tilde{\kappa}^{(0)}(G)$。

根据文献 [54] 可以给出下面的定理。

定理 2.1.1 [54] 对于一个系统 G, $\tilde{\kappa}^{(g)}(G) \leqslant \kappa^{(g)}(G)$。特别地, $\tilde{\kappa}^{(1)}(G) = \kappa^{(1)}(G)$。

由于在一个互联网络中, 和一个处理器相连的所有处理器同时出现故障的可能性很小, 所以把 $\tilde{\kappa}^{(1)}(G)$ 和 $\kappa^{(1)}(G)$ 称为自然连通度。

定义 2.1.6 [31] 令非空子集 $F \subseteq V(G)$。若对 $\forall v \in V(G)$ 满足 $N_G(v) \not\subset F$, 则称 F 为 G 的一个条件集。对于 G 的一个条件集 F, 若 $G-F$ 不连通, 则称 F 为 G 的一个条件割。如果 G 有一个条件割, 则称 G 为条件连通的。对于一个条件连通图 G, 图 G 的条件连通度 $\kappa_c(G)$ 是指 G 的所有条件割中的最小基数。

根据定义 2.1.6, $\tilde{\kappa}^{(1)}(G) = \kappa^{(1)}(G) \leqslant \kappa_c(G)$。

2.2 互联网络的连通度分类

2.2.1 扩展 k 元 n 立方体

1. 预备知识

定义 2.2.1 [55] 扩展 k 元 n 立方体, 用 XQ_n^k 表示 (整数 $n \geqslant 1$ 和偶数 $k \geqslant 6$), 是一个图。它的顶点集是 $\{u_0u_1\cdots u_{n-1} : u_i = 0, 1, \cdots, k-1, i = 0, 1, \cdots, n-1\}$。两个顶点 $u = u_0u_1\cdots u_{n-1}$ 和 $v = v_0v_1\cdots v_{n-1}$ 是相邻的, 当且仅当存在一个整数 $j \in \{0, 1, \cdots, n-1\}$ 使得 $u_j = v_j + g \pmod k$ 和 $u_i = v_i$, 对于所有的 $i \in \{0, 1, \cdots, n-1\} \setminus \{j\}$, 以及 $g \in \{1, -1, 2, -2\}$。

在不产生混淆的条件下表达式省略 $(\mathrm{mod}\ k)$。在本节的其余部分也类似地表达。这里没有定义的术语和符号我们遵循文献 [56]。扩展的 6 元 1 立方体 XQ_1^6 如图 2.1 所示。

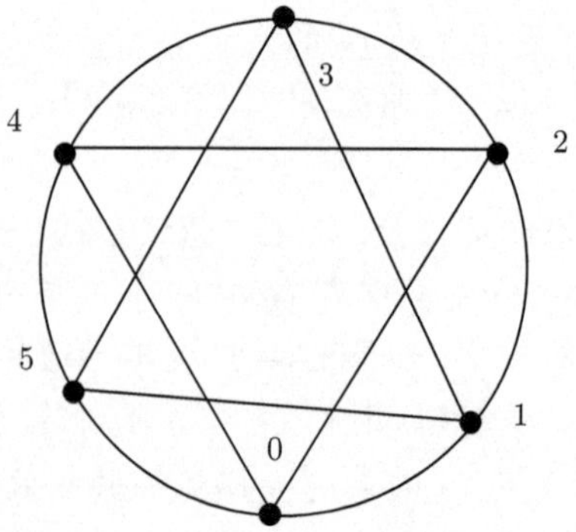

图 2.1 扩展的 6 元 1 立方体 XQ_1^6

我们可以将 XQ_n^k 划分为 k 个不相交子图 $\mathrm{XQ}_n^k[0], \mathrm{XQ}_n^k[1], \cdots, \mathrm{XQ}_n^k[k-1]$ (如果没有歧义, 缩写为 $\mathrm{XQ}[0]$, $\mathrm{XQ}[1]$, $\cdots$, $\mathrm{XQ}[k-1]$), 其中每个顶点 $u =$

$u_0u_1\cdots u_{n-1}\in V(\mathrm{XQ}_n^k)$ 在最后一个位置 u_{n-1} 中有一个固定的整数 $i\in\{0,1,\cdots,k-1\}$, 用 $u\in V(\mathrm{XQ}[i])$ 来表示。然后 $N(u)\setminus V(\mathrm{XQ}[i])$ 被称为 u 的外部相邻顶点。

性质 2.2.1 [55] 每一个 $\mathrm{XQ}[i]$ 同构于 XQ_{n-1}^k, 对于 $i=0,1,\cdots,k-1$。

证明 注意到 XQ_{n-1}^k 的顶点集是 $\{u_0u_1\cdots u_{n-1}:u_i=0,1,\cdots,k-1,i=0,1,\cdots,n-1\}$ 和 $\mathrm{XQ}[i]$ 的顶点集是 $\{u_0u_1\cdots u_{n-2}i:u_i=0,1,\cdots,k-1,i=0,1,\cdots,n-2\}$, 因此, $|\{u_0u_1\cdots u_{n-2}:0\leqslant u_i\leqslant k-1,0\leqslant i\leqslant n-2\}|=|\{u_0u_1\cdots u_{n-2}i:0\leqslant u_j\leqslant k-1,0\leqslant j\leqslant n-2,i\in\{0,1,\cdots,k-1\}\}|$。现在定义一个从 $V(\mathrm{XQ}_{n-1}^k)$ 到 $V(\mathrm{XQ}[i])$ 的映射:

$$\varphi:\ u_0u_1u_2\cdots u_{n-2}\rightarrow u_0u_1\cdots u_{n-2}i$$

显然 φ 是一个双射。设 $u=u_0u_1u_2\cdots u_{n-2},v=v_0v_1v_2\cdots v_{n-2}$ 和 $uv\in E(\mathrm{XQ}_{n-1}^k)$。则由 XQ_{n-1}^k 的定义, 存在一个整数 $j\in\{0,1,\cdots,n-2\}$ 使得 $v_j=u_j+g\pmod k$ 和 $u_i=v_i$, 对于 $i\in\{0,1,\cdots,n-2\}\setminus\{j\}$, 其中 $g\in\{1,-1,2,-2\}$。因此, $\varphi(v)=v_0v_1v_2\cdots v_{n-2}i=u_0u_1\cdots u_{j-1},u_j+g,u_{j+1}\cdots u_{n-2}i$。注意到 $\varphi(u)=u_0u_1\cdots u_{j-1},u_j,u_{j+1}\cdots u_{n-2}i$, 从而, $\varphi(u)\varphi(v)\in E(\mathrm{XQ}[i])$。

设 $\varphi(u)=u_0u_1\cdots u_{j-1},u_j,u_{j+1}\cdots u_{n-2}i$, $\varphi(v)=v_0v_1v_2\cdots v_{n-2}i$ 和 $\varphi(u)\varphi(v)\in E(\mathrm{XQ}[i])$, 则存在一个整数 $j\in\{0,1,\cdots,n-2\}$ 使得 $v_j=u_j+g\pmod k$ 和 $u_i=v_i$, 对于 $i\in\{0,1,\cdots,n-2\}\setminus\{j\}$, 其中 $g\in\{1,-1,2,-2\}$, 即 $\varphi(v)=v_0v_1v_2\cdots v_{n-2}i=u_0u_1\cdots u_{j-1},u_j+g,u_{j+1}\cdots u_{n-2}i$。因此, $\varphi^{-1}(v)=v_0v_1v_2\cdots v_{n-2}=u_0u_1\cdots u_{j-1},u_j+g,u_{j+1}\cdots u_{n-2}$。注意到 $\varphi^{-1}(u)=u_0u_1\cdots u_{j-1},u_j,u_{j+1}\cdots u_{n-2}$, 从而, $uv=\varphi^{-1}(u)\varphi^{-1}(v)\in E(\mathrm{XQ}_{n-1}^k)$。 □

设 G 是一个有限群, S 是 G 不含单位元的生成集。凯莱有向图 $\mathrm{Cay}(S,G)$ 定义如下: 它的顶点集是 G, 孤集是 $\{(g,gs):g\in G,s\in S\}$。若对任意的 $s\in S$, 有 $s^{-1}\in S$, 则 2 点 g 和 gs 有一对来回孤, 这时我们用一条边代替。称这个 凯莱图为无向凯莱图。本书所提的凯莱图均为无向凯莱图。

设 $(Z_k)^n$ 表示群 $(Z_k,\oplus_k)$ 的 n 折叠笛卡儿积, 其中 $Z_k=\{0,1,\cdots,k-1\}$ 和 k 表示加法模 k。设 $x=(x_0,x_1,\cdots,x_{n-1})\in(Z_k)^n$, 则 $x^{-1}=(k-x_0,k-x_1,\cdots,k-x_{n-1})$。

定理 2.2.1 [55] 设整数 $n\geqslant 1$ 和偶数 $k\geqslant 6$。扩展的 k 元 n 立方体 XQ_n^k 是一个凯莱图 $\mathrm{Cay}(S,(Z_k)^n)$, 其中生成集 S 是 $\{(1,0,\cdots,0),(0,1,0,\cdots,0),\cdots,(0,\cdots,0,1),(k-1,0,0,\cdots,0),(0,k-1,0,\cdots,0),\cdots,(0,\cdots,0,k-1),(2,0,\cdots,0),(0,2,0,\cdots,0),\cdots,(0,\cdots,0,2),(k-2,0,\cdots,0),(0,k-2,0,\cdots,0),\cdots,(0,\cdots,0,k-2)\}$。

证明　注意到 $V(\mathrm{XQ}_n^k)=(Z_k)^n$。现在定义一个从 $V(\mathrm{XQ}_n^k)$ 到 $(Z_k)^n$ 的映射：

$$\varphi: \ u_1u_2u_3\cdots u_{n-1}\rightarrow u_1u_2\cdots u_{n-1}$$

则 φ 是一个双射, 设 $uv\in E(\mathrm{XQ}_n^k)$，则由 XQ_n^k 的定义, 存在一个整数, $j\in\{0,1,\cdots,n-1\}$ 使得 $v_j=u_j+g\ (\mathrm{mod}\ k)$ 和 $u_i=v_i$, 对于 $i\in\{0,1,\cdots,n-1\}\setminus\{j\}$, 其中 $g\in\{1,-1,2,-2\}$。注意到 $k-1\equiv-1\ (\mathrm{mod}\ k)$ 和 $k-2\equiv-2\ (\mathrm{mod}\ k)$。设 $s=(0,\cdots,0,0+g,0,\cdots,0)$ 和设 $0+g$ 是 s 中的第 j 位置, 则 $s\in S$。注意到 $\varphi(u)\varphi(v)=uv$。因此, $v=u+s$ 和 $\varphi(u)\varphi(v)\in E(\mathrm{Cay}(S,(Z_k)^n))$。

设 $\varphi(u)\varphi(v)\in E(\mathrm{Cay}(S,(Z_k)^n))$, 则由 $\mathrm{Cay}(S,(Z_k)^n)$ 的定义, 存在一个 $s\in S$ 使得 $\varphi(v)=\varphi(u)+s$。注意到 $\varphi(u)=u$ 和 $\varphi(v)=v$, 因此, $v=\varphi(v)=\varphi(u)+s=u+s$。注意到 $\varphi^{-1}(u)\varphi^{-1}(v)=uv$ 和 $v=u+s$。设 $s=(0,\cdots,0,0+g,0,\cdots,0)$ 和设 $0+g$ 是 s 中的 j 位置。则 $v_j=u_j+g\ (\mathrm{mod}\ k)$ 和 $u_i=v_i$, 对于 $i\in\{0,1,\cdots,n-1\}\setminus\{j\}$。注意到 $k-1\equiv-1\ (\mathrm{mod}\ k)$ 和 $k-2\equiv-2\ (\mathrm{mod}\ k)$, 因此, $g\in\{1,-1,2,-2\}$ 和 $uv\in E(\mathrm{XQ}_n^k)$。 □

注意到 XQ_n^k 是一个特殊的凯莱图, 所以 XQ_n^k 有下面的性质。

性质 2.2.2　XQ_n^k 是 $4n$ 正则, 点传递的。

性质 2.2.3 [55]　当 $k=6$ 时, XQ_n^k 的围长是 3。当 $k\geqslant 8$ 时, XQ_n^k 的围长是 4。

性质 2.2.4 [55]　设 $u\in V(\mathrm{XQ}[i])$, 则 u 的 4 个外部相邻顶点是在不同的 $\mathrm{XQ}[j]'$ 中。

证明　设 $u=u_0u_1\cdots u_{n-2}i$, 则 $u\in V(\mathrm{XQ}[i])$, $u_0u_1\cdots u_{n-2}(i+1)\in V(\mathrm{XQ}[i+1])$, $u_0u_1\cdots u_{n-2}(i-1)\in V(\mathrm{XQ}[i-1])$, $u_0u_1\cdots u_{n-2}(i+2)\in V(\mathrm{XQ}[i+2])$ 和 $u_0u_1\cdots u_{n-2}(i-2)\in V(\mathrm{XQ}[i-2])$。 □

性质 2.2.5 [55]　设 XQ_1^k 是扩展 k 元 1 立方体。

(1) 如果 $k=6$ 和两个顶点 u,v 是相邻的, 则它们两个顶点最多有 2 个共同的相邻顶点, 即 $|N(u)\cap N(v)|\leqslant 2$。如果 $k=6$ 和两个顶点 u,v 不相邻, 则它们两个顶点最多有 4 个共同的相邻顶点, 即 $|N(u)\cap N(v)|\leqslant 4$。

(2) 如果 $k\geqslant 8$, 那么两个顶点 u,v 最多有 2 个共同的相邻顶点, 即 $|N(u)\cap N(v)|\leqslant 2$。

证明　设 $u,v\subseteq V(\mathrm{XQ}_1^k)$, $k=6$。由性质 2.2.2 不失一般性, 设 $u=0$, 注意到 $N(0)=\{1,2,4,5\}$ 和 $N(3)=\{1,2,4,5\}$。注意到两个顶点 0,3 不是相邻的和 $N(0)\cap N(3)=\{1,2,4,5\}$, 因此, 它们两个顶点最多有 4 个共同的相邻顶点, 即 $|N(u)\cap N(v)|\leqslant 4$。由对称性, 仅考虑边 01 和 02 对于相邻两个顶点, 注意到 $N(0)=\{1,2,4,5\}$ 和 $N(1)=\{0,2,3,5\}$。因此, $N(0)\cap N(1)=\{2,5\}$, $N(0)=\{1,2,4,5\}$ 和 $N(2)=\{0,1,3,4\}$, 因此, $N(0)\cap N(2)=\{1,4\}$。从而, 对

于相邻两个顶点 u,v, 它们最多有两个共同的相邻顶点, 即 $|N(u)\cap N(v)|\leqslant 2$。

设 $k\geqslant 8$。由对称性, 仅考虑两个顶点: $u=0$ 和 $v\in\{1,2,\cdots,\frac{k}{2}\}$。注意到 $N(0)=\{1,2,k-2,k-1\}$, $N(1)=\{0,2,3,k-1\}$ 和 $N(2)=\{0,1,3,4\}$。因此, $N(0)\cap N(1)=\{2,k-1\}$ 和 $N(0)\cap N(2)=\{1\}$。从而, 对于相邻两个顶点 u,v, 它们最多有两个共同的相邻顶点, 即 $|N(u)\cap N(v)|\leqslant 2$。现在考虑两个顶点: $u=0$ 和 $v\in\{3,4,\cdots,\frac{k}{2}\}$。设 $v=3$, 注意到 $N(3)=\{1,2,4,5\}$。因此, $N(0)\cap N(3)=\{1,2\}$。注意到 $N(4)=\{2,3,5,6\}$。因此, 当 $k=8$ 时有 $N(0)\cap N(4)=\{2,6\}$; 当 $k\geqslant 10$ 时有 $N(0)\cap N(4)=\{2\}$。设 $v\in\{5,6,\cdots,\frac{k}{2}\}$ 和 $x\in N(v)$, 则 $3\leqslant x\leqslant k-3$。因此, $N(0)\cap N(x)=\varnothing$。从而, 它们最多有两个共同的相邻顶点 u,v, 即 $|N(u)\cap N(v)|\leqslant 2$。 □

性质 2.2.6 [55] 设 XQ_2^k 是扩展 k 元 2 立方体。

(1) 如果 $k=6$ 和两个顶点 u,v 是相邻的, 则它们最多有两个共同的相邻顶点, 即 $|N(u)\cap N(v)|\leqslant 2$。如果 $k=6$ 和两个顶点 u,v 不是相邻的, 则它们两个顶点 u,v 最多有 4 个共同的相邻顶点, 即 $|N(u)\cap N(v)|\leqslant 4$。

(2) 如果 $k\geqslant 8$, 则两个顶点 u,v 最多有 2 个共同的相邻顶点, 即 $|N(u)\cap N(v)|\leqslant 2$。

证明 设 $u,v\subseteq V(XQ_2^k)$, $k=6$, 由性质 2.2.2 不失一般性, 设 $u=00$, 则 $N(00)=\{10,20,40,50\}\cup\{01,02,04,05\}$。设 $v\subseteq V(XQ[0])$。由性质 2.2.5: ① 如果两个顶点 u,v 是相邻的, 则它们最多有两个共同的相邻顶点, 即 $|N(u)\cap N(v)|\leqslant 2$ 在 $XQ[0]$; ② 如果两个顶点 u,v 不是相邻的, 则 u,v 最多有 4 个共同的相邻顶点, 即 $|N(u)\cap N(v)|\leqslant 4$ 在 $XQ[0]$。由性质 2.2.4 $(N(u)\cap V(XQ[i]))\cap(N(v)\cap V(XQ[i]))=\varnothing$ 对于 $i\in\{1,2,\cdots,5\}$, 因此, $|N(u)\cap N(v)|\leqslant 2$ 和 $|N(u)\cap N(v)|\leqslant 4$。

设 $v\subseteq V(XQ[i])$ 对于 $i\in\{1,2,\cdots,5\}$。如果 $v\in\{01,02,03,04,05\}$, 那么, 由性质 2.2.4: ① 如果两个顶点 u,v 是相邻的, 那么 $|N(u)\cap N(v)|\leqslant 2$; ② 如果两个顶点 u,v 不是相邻的, 那么 $|N(u)\cap N(v)|\leqslant 4$。注意到 $(N(u)\cap V(XQ[i]))\cap(N(v)\cap V(XQ[i]))\backslash\{01,02,03,04,05\}=\varnothing$ 对于 $i\in\{0,1,\cdots,5\}$。因此, $|N(u)\cap N(v)|\leqslant 2$ 或 $|N(u)\cap N(v)|\leqslant 4$。设 $v\subset V(XQ[i])\backslash\{01,02,03,04,05\}$ 对于 $i\in\{1,2,3,4,5\}$。由于 $|N(u)\cap V(XQ[i])|\leqslant 1$ 对于 $i\in\{1,2,3,4,5\}$, $|N(v)\cap V(XQ[0])|\leqslant 1$ 和 $(N(u)\cap V(XQ[j]))\cap(N(v)\cap V(XQ[j]))=\varnothing$ 对于 $i\neq j$, 所以 $|N(u)\cap N(v)|\leqslant 2$。

设 $k\geqslant 8$。由性质 2.2.2 不失一般性, 设 $u=00$, 则 $N(00)=\{10,20,(k-2)0,(k-1)0\}\cup\{01,02,0(k-2),0(k-1)\}$。设 $v\subseteq V(XQ[0])$, 由性质 2.2.5, $|N(u)\cap N(v)|\leqslant 2$ 在 $XQ[0]$。由性质 2.2.4, $(N(u)\cap V(XQ[i]))\cap(N(v)\cap V(XQ[i]))=\varnothing$ 对于 $i\in\{1,2,\cdots,k-1\}$, 因此, $|N(u)\cap N(v)|\leqslant 2$。

设 $v \subseteq V(\mathrm{XQ}[i])$ 对于 $i \in \{1,2,\cdots,0(k-2),0(k-1)\}$。如果 $v \in \{01,02,\cdots,0(k-2),0(k-1)\}$, 则 $|N(u) \cap N(v)| \leqslant 2$。由性质 2.2.4 和性质 2.2.5, 设 $v \in V(\mathrm{XQ}[i]) \backslash \{01,02,\cdots,0(k-2),0(k-1)\}$。注意到 $|N(00) \cap V(\mathrm{XQ}[i])| \leqslant 1$, $|N(v) \cap V(\mathrm{XQ}[0])| \leqslant 1$ 和 $(N(00) \cap V(\mathrm{XQ}[j])) \cap (N(v) \cap V(\mathrm{XQ}[j])) = \varnothing$ 对于 $i \neq j$, 因此, 两个顶点 u,v 最多有两个共同的相邻顶点, 即 $|N(u) \cap N(v)| \leqslant 2$。 □

性质 2.2.7[55]　设 XQ_n^k 是扩展 k 元 n 立方体。

(1) 如果 $k=6$ 和两个顶点 u,v 是相邻的, 则 u,v 最多有 2 个共同的邻点, 即 $|N(u) \cap N(v)| \leqslant 2$。如果 $k=6$ 和两个顶点 u,v 不是相邻的, 则 u,v 最多有 4 个共同的邻点, 即 $|N(u) \cap N(v)| \leqslant 4$。

(2) 如果 $k \geqslant 8$, 则两个顶点 u,v 多有 2 个共同的邻点, 即 $|N(u) \cap N(v)| \leqslant 2$。

证明　我们将 XQ_n^k 划分为 k 个不相交子图 $\mathrm{XQ}_n^k[0]$, $\mathrm{XQ}_n^k[1],\cdots,\mathrm{XQ}_n^k[k-1]$ (如果没有歧义, 缩写为 $\mathrm{XQ}[0],\mathrm{XQ}[1],\cdots,\mathrm{XQ}[k-1]$), 其中每个顶点 $u = u_0u_1\cdots u_{n-1} \in V(\mathrm{XQ}_n^k)$ 在最后一个位置 u_{n-1} 中有一个固定的整数 $i \in \{0,1,\cdots,k-1\}$。由性质 2.2.1, 每一个 $\mathrm{XQ}[i]$ 可以同构到 XQ_{n-1}^k, 其中 $0 \leqslant i \leqslant k-1$。设 $u,v \in V(\mathrm{XQ}_n^k)$。由性质 2.2.2 不失一般性, 设 $u = \underbrace{00\cdots0}_{n}$, 于是 $u \in V(\mathrm{XQ}[0])$。

设 $k=6$。当 $n=1$ 和 $n=2$ 时, 由性质 2.2.5 和性质 2.2.6 可得结果成立。我们的证明过程对 n 进行归纳。归纳假设如下所述。

(1) 如果两个顶点 u,v 是相邻的, 则 u,v 最多有两个共同的邻点, 即在 XQ_{n-1}^6 中 $|N(u) \cap N(v)| \leqslant 2$。

(2) 如果两个顶点 u,v 不是相邻的, 则 u,v 最多有四个共同的邻点, 即在 XQ_{n-1}^6 中 $|N(u) \cap N(v)| \leqslant 4$。

设 $v \in V(\mathrm{XQ}[0])$。由归纳假设: ①如果两个顶点 u,v 是相邻的, 那么在 $\mathrm{XQ}[0]$ 中 $|N(u) \cap N(v)| \leqslant 2$; ② 如果两个顶点 u,v 不是相邻的, 那么在 $\mathrm{XQ}[0]$ 中 $|N(u) \cap N(v)| \leqslant 4$。由性质 2.2.4, $(N(u) \cap V(\mathrm{XQ}[i])) \cap (N(v) \cap V(\mathrm{XQ}[i])) = \varnothing$, 其中 $i \in \{1,2,\cdots,5\}$。因此, 对于情况①有 $|N(u) \cap N(v)| \leqslant 2$, 对于情况②有 $|N(u) \cap N(v)| \leqslant 4$ 。

设 $v \in V(\mathrm{XQ}[i])$ 其中 $i \in \{1,2,\cdots,5\}$。如果 $v \in \{\underbrace{0\cdots0}_{n-1}1,\underbrace{0\cdots0}_{n-1}2,\cdots,\underbrace{0\cdots0}_{n-1}4,\underbrace{0\cdots0}_{n-1}5\}$, 那么, 由归纳假设: ①如果两个顶点 u,v 是相邻的, 那么 $|N(u) \cap N(v)| \leqslant 2$; ② 如果两个顶点 u,v 不是相邻的, 那么 $|N(u) \cap N(v)| \leqslant 4$。注意到 $(N(u) \cap V(\mathrm{XQ}[i])) \cap (N(v) \cap V(\mathrm{XQ}[i])) \backslash \{\underbrace{0\cdots0}_{n-1}1,\underbrace{0\cdots0}_{n-1}2,\cdots,\underbrace{0\cdots0}_{n-1}4,\underbrace{0\cdots0}_{n-1}5\} = \varnothing$, 其中 $i \in \{0,1,2,\cdots,5\}$。因此, 在这种情况下 $|N(u) \cap N(v)| \leqslant 2$ 或 $|N(u) \cap$

$N(v)| \leqslant 4$。设 $v \in V(\mathrm{XQ}[i]) \backslash \{\underbrace{0\cdots0}_{n-1}1, \underbrace{0\cdots0}_{n-1}2, \cdots, \underbrace{0\cdots0}_{n-1}4, \underbrace{0\cdots0}_{n-1}5\}$, 其中 $i \in \{1,2,3,4,5\}$。由于 $|N(u) \cap V(\mathrm{XQ}[i])| \leqslant 1$, 其中 $i \in \{1,2,3,4,5\}$ 且 $|N(v) \cap V(\mathrm{XQ}[0])| \leqslant 1$, $(N(u) \cap V(\mathrm{XQ}[j])) \cap (N(v) \cap V(\mathrm{XQ}[j])) = \varnothing$, 其中 $i \neq j$, 所以 $|N(u) \cap N(v)| \leqslant 2$。

设 $k \geqslant 8$。当 $n=1$ 和 $n=2$ 时, 由性质 2.2.5 和性质 2.2.6 可得结果成立。证明过程对 n 进行归纳。假设对于两个顶点 u, v, $|N(u) \cap N(v)| \leqslant 2$ 在 XQ_{n-1}^k 成立。设 $v \in V(\mathrm{XQ}[0])$。由归纳假设, 对于 XQ[0] 中两个顶点 u, v 有 $|N(u) \cap N(v)| \leqslant 2$。由性质 2.2.4, $(N(u) \cap V(\mathrm{XQ}[i])) \cap (N(v) \cap V(\mathrm{XQ}[i])) = \varnothing$ 其中 $i \in \{1, 2, \cdots, k-1\}$, 因此, $|N(u) \cap N(v)| \leqslant 2$。

设 $v \in V(\mathrm{XQ}[i])$ 对于 $i \in \{1, 2, \cdots, k-2, k-1\}$。如果 $v \in \{\underbrace{0\cdots0}_{n-1}1, \underbrace{0\cdots0}_{n-1}2, \cdots, \underbrace{0\cdots0}_{n-1}(k-1)\}$, 则 $|N(u) \cap N(v)| \leqslant 2$。由性质 2.2.4 和性质 2.2.5, 设 $v \in V(\mathrm{XQ}[i]) \backslash \{\underbrace{0\cdots0}_{n-1}1, \underbrace{0\cdots0}_{n-1}2, \cdots, \underbrace{0\cdots0}_{n-1}(k-1)\}$。注意到 $|N(u) \cap V(\mathrm{XQ}[i])| \leqslant 1$, $|N(v) \cap V(\mathrm{XQ}[0])| \leqslant 1$ 和 $(N(u) \cap V(\mathrm{XQ}[j])) \cap (N(v) \cap V(\mathrm{XQ}[j])) = \varnothing$, 其中 $i \neq j$, 因此, u, v 最多有 2 个共同的邻点, 即 $|N(u) \cap N(v)| \leqslant 2$。 □

2. *扩展 k 元 n 立方体的连通性*

这里给出扩展 k 元 n 立方体的连通度和自然连通度。

性质 2.2.8 [55] 连通度 $\kappa(Q_1^k) = 4$。

证明 由摩根 (Menger) 定理, 一个图 Q_1^k 有连通度 $\kappa(Q_1^k) = 4$ 当且仅当对于 $V(Q_1^k)$ 的任意 2 个不同的顶点都存在 4 条顶点不交路连接它们。由定理 2.2.1 可以充分地证明, 对于 $u=0$ 和 $V(Q_1^k)$ 的一个不同的顶点 v, 存在 4 条顶点不交路连接 u 和 v。由对称性, 我们将证明对于 $u=0$ 和一个 $v \in \left\{1, 2, \cdots, \dfrac{k}{2}\right\}$, 存在 4 条顶点不交路连接 u 和 v。设一个奇数 $i \in \left\{2, 3, \cdots, \dfrac{k}{2}\right\}$, 我们有 4 条顶点不交路: $0,1,3,5,\cdots,i$; $0,2,4,\cdots,i-1,i$; $0,k-1,k-3,k-5,\cdots,i$ 和 $0,k-2,k-4,\cdots,i+1,i$。当 $i=1$ 时, 我们有 4 条顶点不交路: $0,1$; $0,k-1,1$; $0,2,1$ 和 $0,k-2,k-4,\cdots,4,3,1$。设一个偶数 $i \in \left\{1, 2, 3, \cdots, \dfrac{k}{2}\right\}$, 我们有 4 条顶点不交路: $0,1,3,\cdots,i-1,i$; $0,2,4,\cdots,i$; $0,k-1,k-3,k-5,\cdots,i+1,i$ 和 $0,k-2,k-4,\cdots,i$。 □

性质 2.2.9 [55] 连通度 $\kappa(\mathrm{XQ}_2^k) = 8$。

证明 注意 $\kappa(\mathrm{XQ}_2^k) \leqslant \delta(\mathrm{XQ}_2^k) = 8$。利用反证法，设 $F \subseteq V(\mathrm{XQ}_2^k)$ 具有 $|F| \leqslant 7$ 是 XQ_2^k 的一个割。由性质 2.2.1, 每一个 $\mathrm{XQ}[i]$ 可以同构到 XQ_1^k 对于 $0 \leqslant i \leqslant k-1$。设 $F_i = F \cap V(\mathrm{XQ}[i])$ 对于 $i \in \{0,1,\cdots,k-1\}$, 具有 $|F_0| = \max\{|F_i| : 0 \leqslant i \leqslant k-1\}$。考虑下面的情况。

情况 1. $|F_0| = 1$。

由于 $|F_0| = \max\{|F_i| : 0 \leqslant i \leqslant k-1\}$, 存在 6 个 F_i 使得 $|F_i| = 1$ 对于 $i \in \{1,2,\cdots,k-1\}$ 和 $k \geqslant 8$。由性质 2.2.8可知 $\mathrm{XQ}[i] - F_i$ 是连通的。由于在 $\mathrm{XQ}[i]$ 和 $\mathrm{XQ}[i+1]$ 之间存在一个完美匹配对于 $i \in \{0,1,\cdots,k-2\}$, 所以 $\mathrm{XQ}_2^k - F$ 是连通的, 这与 F 是 XQ_2^k 的一个割相矛盾。

情况 2. $|F_0| = 2$。

由于 $|F_0| = \max\{|F_i| : 0 \leqslant i \leqslant k-1\}$, 最多存在 5 个 F_i 使得 $1 \leqslant |F_i| \leqslant 2$ 对于 $i \in \{1,2,\cdots,k-1\}$。由性质 2.2.8可知 $\mathrm{XQ}[i] - F_i$ 是连通的。由于在 $\mathrm{XQ}[i]$ 和 $\mathrm{XQ}[i+1]$ 之间存在一个完美匹配对于 $i \in \{0,1,\cdots,k-2\}$, $\mathrm{XQ}_2^k - F$ 是连通的, 这与 F 是 XQ_2^k 的一个割相矛盾。

情况 3. $|F_0| = 3$。

由于 $|F_0| = \max\{|F_i| : 0 \leqslant i \leqslant k-1\}$, 最多存在 4 个 F_i 使得 $1 \leqslant |F_i| \leqslant 3$ 对于 $i \in \{1,2,\cdots,k-1\}$。由性质 2.2.8可知 $\mathrm{XQ}[i] - F_i$ 是连通的。由于在 $\mathrm{XQ}[i]$ 和 $\mathrm{XQ}[i+1]$ 之间存在一个完美匹配对于 $i \in \{0,1,\cdots,k-2\}$, $\mathrm{XQ}_2^k[V(\mathrm{XQ}[1]-F_1) \cup \cdots \cup V(\mathrm{XQ}[k-1]-F_{k-1})]$ 是连通的。不失一般性地, 设 $|F_1| = 3$, 则 $|F_{k-1}| \leqslant 1$。由于在 $\mathrm{XQ}[0]$ 和 $\mathrm{XQ}[k-1]$ 之间存在一个完美匹配, $\mathrm{XQ}_2^k - F$ 是连通的, 这与 F 是 XQ_2^k 的一个割相矛盾。

情况 4. $|F_0| = 4$。

在这种情况下, 最多存在 3 个 F_i 使得 $1 \leqslant |F_i| \leqslant 3$ 对于 $i \in \{1,2,\cdots,k-1\}$。由性质 2.2.8, $\mathrm{XQ}[i] - F_i$ 是连通的。由于在 $\mathrm{XQ}[i]$ 和 $\mathrm{XQ}[i+1]$ 之间存在一个完美匹配对于 $i \in \{0,1,\cdots,k-2\}$, $\mathrm{XQ}_2^k[V(\mathrm{XQ}[1]-F_1) \cup \cdots \cup V(\mathrm{XQ}[k-1]-F_{k-1})]$ 是连通的。由于 $|F_1| + |F_2| + \cdots + |F_{k-1}| = 3$, 由性质 2.2.4可知 $\mathrm{XQ}_2^k - F$ 是连通的, 这与 F 是 XQ_2^k 的一个割相矛盾。

情况 5. $|F_0| = 5$。

在这种情况下, 最多存在 2 个 F_i 使得 $1 \leqslant |F_i| \leqslant 2$ 对于 $i \in \{1,2,\cdots,k-1\}$。由性质 2.2.8, $\mathrm{XQ}[i]-F_i$ 是连通的。由于在 $\mathrm{XQ}[i]$ 和 $\mathrm{XQ}[i+1]$ 之间存在一个完美匹配对于 $i \in \{0,1,\cdots,k-2\}$, 那么 $\mathrm{XQ}_2^k[V(\mathrm{XQ}[1]-F_1) \cup \cdots \cup V(\mathrm{XQ}[k-1]-F_{k-1})]$ 是连通的。由于 $|F_1| + |F_2| + \cdots + |F_{k-1}| = 2$, 由性质 2.2.4可知 $\mathrm{XQ}_2^k - F$ 是连通的, 这与 F 是 XQ_2^k 的一个割相矛盾。

情况 6. $|F_0| = 6$。

在这种情况下, 最多存在 1 个 F_i 使得 $|F_i| = 1$ 对于 $i \in \{1,2,\cdots,k-1\}$。由

性质 2.2.8, $\mathrm{XQ}[i]-F_i$ 是连通的。由于在 $\mathrm{XQ}[i]$ 和 $\mathrm{XQ}[i+1]$ 之间存在一个完美匹配对于 $i\in\{0,1,\cdots,k-2\}$, 那么 $\mathrm{XQ}_2^k[V(\mathrm{XQ}[1]-F_1)\cup\cdots\cup V(\mathrm{XQ}[k-1]-F_{k-1})]$ 是连通的。由于 $|F_1|+|F_2|+\cdots+|F_{k-1}|=1$, 由性质 2.2.4可知 XQ_2^k-F 是连通的, 这与 F 是 XQ_2^k 的一个割相矛盾。

情况 7. $|F_0|=7$。

在这种情况下, $|F_1|=|F_2|=\cdots=|F_{k-1}|=0$。由于在 $\mathrm{XQ}[i]$ 和 $\mathrm{XQ}[i+1]$ 之间存在一个完美匹配对于 $i\in\{0,1,\cdots,k-2\}$, 那么 $\mathrm{XQ}_2^k[V(\mathrm{XQ}[1]-F_1)\cup\cdots\cup V(\mathrm{XQ}[k-1]-F_{k-1})]$ 是连通的。由于 $|F_1|+|F_2|+\cdots+|F_{k-1}|=0$, 由性质 2.2.4 可知 XQ_2^k-F 是连通的, 这与 F 是 XQ_2^k 的一个割相矛盾。

由情况 1∼ 情况 7, XQ_2^k 的连通度是 8。 □

定理 2.2.2 [55] 设 XQ_n^k 是扩展 k 元 n 立方体 (整数 $n\geqslant 1$ 和偶数 $k\geqslant 6$), 则连通度 $\kappa(\mathrm{XQ}_n^k)=4n$。

证明 我们将 XQ_n^k 划分为 k 个不相交子图 $\mathrm{XQ}_n^k[0]$, $\mathrm{XQ}_n^k[1],\cdots,\mathrm{XQ}_n^k[k-1]$ (如果没有歧义, 缩写为 $\mathrm{XQ}[0]$, $\mathrm{XQ}[1]$, $\cdots$, $\mathrm{XQ}[k-1]$), 其中每个顶点 $u=u_0u_1\cdots u_{n-1}\in V(\mathrm{XQ}_n^k)$ 在最后一个位置 u_{n-1} 中有一个固定的整数 $i\in\{0,1,\cdots,k-1\}$。当 $n=1$ 和 $n=2$ 时, 由性质 2.2.8 和性质 2.2.9 可得结果成立。证明过程对 n 进行归纳。归纳假设是 $\kappa(\mathrm{XQ}_{n-1}^k)=4n-4(n\geqslant 3)$。由性质 2.2.1, 每一个 $\mathrm{XQ}[i]$ 可以同构到 XQ_{n-1}^k 对于 $0\leqslant i\leqslant k-1$。我们将证明 $\kappa(\mathrm{XQ}_n^k)=4n$。设 $F\subseteq V(\mathrm{XQ}_n^k)$ 是 XQ_n^k 的一个最小割。由于 $\kappa(\mathrm{XQ}_n^k)\leqslant\delta(\mathrm{XQ}_n^k)=4n$, 所以 $|F|\leqslant 4n$。它充分地证明了 XQ_n^k-F 是连通的对于 $|F|\leqslant 4n-1$。利用反证法, 设 $F\subseteq V(\mathrm{XQ}_n^k)$ 具有 $|F|\leqslant 4n-1$ 是 XQ_n^k 的一个割。设 $F_i=F\cap V(\mathrm{XQ}[i])$ 对于 $i\in\{0,1,\cdots,k-1\}$ 具有 $|F_0|=\max\{|F_i|:0\leqslant i\leqslant k-1\}$。考虑下面的情况。

情况 1. $|F_0|\leqslant 4n-5$。

由于 $|F_0|=\max\{|F_i|:0\leqslant i\leqslant k-1\}$, $|F_i|\leqslant 4n-5$。由归纳假设, $\mathrm{XQ}[i]-F_i$ 是连通的。由于 $k^{n-1}>4n-5+(4n-5)=8n-10$ 和 $\mathrm{XQ}[i]$ 和 $\mathrm{XQ}[i+1]$ 之间存在一个完美匹配对于 $i\in\{0,1,\cdots,k-2\}$, 所以 XQ_n^k-F 是连通的, 这与 F 是 XQ_n^k 的一个割相矛盾。

情况 2. $4n-4\leqslant|F_0|\leqslant 4n-1$。

在这种情况下, 最多存在 3 个 F_i 使得 $1\leqslant|F_i|\leqslant 3$。由性质 2.2.8, $\mathrm{XQ}[i]-F_i$ 是连通的对于 $i\in\{1,2,\cdots,k-1\}$。由于 $\mathrm{XQ}[i]$ 和 $\mathrm{XQ}[i+1]$ 之间存在一个完美匹配对于 $i\in\{0,1,\cdots,k-2\}$, 那么 $\mathrm{XQ}_n^k[V(\mathrm{XQ}[1]-F_1)\cup\cdots\cup V(\mathrm{XQ}[k-1]-F_{k-1})]$ 是连通的。由性质 2.2.4可知 XQ_n^k-F 是连通的, 这与 F 是 XQ_n^k 的一个割相矛盾。

由情况 1 和情况 2, XQ_n^k 的连通度是 $4n$。 □

首先, 扩展 k 元 n 立方体连通度是最大的。其次, 由摩根定理, 对于 $V(Q_n^k)$ 的任意 2 个不同的顶点都存在 $4n$ 条顶点不交路连接它们。具有高连通性是任何互联网络的理想特性, 因为它提供了关于消息路由的容错性, 允许避免热点, 允许将大消息拆分为较小的消息, 并沿着顶点不相交的路径并行路由。

如果一个连通图 G 的每一个最小割 F 能够孤立出一个顶点, 那么 G 是超连通的。另外, 如果 $G-F$ 有两个分支, 其中一个分支是孤立点, 则 G 是紧 $|F|$ 超连通的。

定理 2.2.3 [55] 设 XQ_n^k 是扩展 k 元 n 立方体具有 $n \geqslant 1$ 和偶数 $k \geqslant 6$, 则 XQ_n^k 是紧 $4n$ 超连通的。

证明 设 $F \subseteq V(XQ_n^k)$ 具有 $|F| = 4n$ 是 XQ_n^k 的任意一个最小割。设 $F_i = F \cap V(XQ[i])$ 对于 $i \in \{0, 1, \cdots, k-1\}$ 具有 $|F_0| = \max\{|F_i| : 0 \leqslant i \leqslant k-1\}$。考虑下面的情况。

情况 1. $|F_0| \leqslant 4n-5$。

由于 $|F_0| = \max\{|F_i| : 0 \leqslant i \leqslant k-1\}$, $|F_i| \leqslant 4n-5$。由定理 2.2.2, $XQ[i]-F_i$ 是连通的。由于 $k^{n-1} > 4n-5+(4n-5) = 8n-10$ 和 $XQ[i]$, $XQ[i+1]$ 之间存在一个完美匹配对于 $i \in \{0, 1, \cdots, k-2\}$, 所以 $XQ_n^k - F$ 是连通的, 这与 F 是 XQ_n^k 的一个割相矛盾。

情况 2. $|F_0| = 4n-4$。

设仅存在一个 F_i 使得 $|F_i| \neq 0$, 则 $|F_i| = 4$。不失一般性地, 设 $|F_1| = 4$。由性质 2.2.8, $XQ[i]-F_i$ 是连通的对于 $i \in \{2, 3, \cdots, k-1\}$。由于 $XQ[i]$ 和 $XQ[i+1]$ 之间存在一个完美匹配对于 $i \in \{0, 1, \cdots, k-2\}$, 所以 $XQ_2^k[V(XQ[2]-F_3) \cup \cdots \cup V(XQ[k-1]-F_{k-1})]$ 是连通的。由于 $|F_{k-1}| = 0$ (或 $|F_2| = 0$) 和 $XQ[0]$ 和 $XQ[k-1]$ (或 $XQ[0]$ 和 $XQ[2]$) 之间存在一个完美匹配, 所以 $XQ_n^k - F$ 是连通的, 这与 F 是 XQ_n^k 的一个割相矛盾。

设存在 2 个 F_i 使得 $|F_i| \neq 0$, 则 $|F_i| \leqslant 3$。由性质 2.2.8, $XQ[i]-F_i$ 是连通的对于 $i \in \{1, 2, \cdots, k-1\}$。由于 $XQ[i]$ 和 $XQ[i+1]$ 之间存在一个完美匹配对于 $i \in \{0, 1, \cdots, k-2\}$, 所以 $XQ_2^k[V(XQ[1]-F_1) \cup \cdots \cup V(XQ[k-1]-F_{k-1})]$ 是连通的。由性质 2.2.4可知 $XQ_n^k - F$ 是连通的, 这与 F 是 XQ_n^k 的一个割相矛盾。

设存在 3 个 F_i 使得 $|F_i| \neq 0$, 则 $|F_i| \leqslant 2$。由性质 2.2.8, $XQ[i]-F_i$ 是连通的对于 $i \in \{1, 2, \cdots, k-1\}$。由于 $XQ[i]$ 和 $XQ[i+1]$ 之间存在一个完美匹配对于 $i \in \{0, 1, \cdots, k-2\}$, 那么 $XQ_2^k[V(XQ[1]-F_1) \cup \cdots \cup V(XQ[k-1]-F_{k-1})]$ 是连通的。由性质 2.2.4 可知 $XQ_n^k - F$ 是连通的, 这与 F 是 XQ_n^k 的一个割相矛盾。

设存在 4 个 F_i 使得 $|F_i| \neq 0$, 则 $|F_i| \leqslant 1$。由性质 2.2.8, $XQ[i]-F_i$ 是连通的对于 $i \in \{1, 2, \cdots, k-1\}$。由于 $XQ[i]$ 和 $XQ[i+1]$ 之间存在一个完美匹配对于 $i \in \{0, 1, \cdots, k-2\}$, 所以 $XQ_2^k[V(XQ[1]-F_1) \cup \cdots \cup V(XQ[k-1]-F_{k-1})]$ 是连通的。设 $XQ[0]-F_0$ 是连通的。由于 $k^{n-1} > 4n-4+1 = 4n-3$ 和 $XQ[0]$ 和 $XQ[1]$ 之间存在一个完美匹配, 所以 $XQ_n^k - F$ 是连通的, 这与 F 是 XQ_n^k 的一个

割相矛盾。设 $\mathrm{XQ}[0]-F_0$ 是不连通的和设 $B_1,\cdots,B_k\ (k\geqslant 2)$ 是 $\mathrm{XQ}[0]-F_0$ 的分支。如果 $k\geqslant 3$, 那么由性质 2.2.4可知 $|(N(V(B_1)\cup N(V(B_2)))\cap(V(\mathrm{XQ}[1]-F_1)\cup\cdots\cup V(\mathrm{XQ}[k-1]-F_{k-1}))|\geqslant 8$。如果 $|V(B_r)|\geqslant 2\ (1\leqslant r\leqslant k-1)$, 那么由性质 2.2.4可知 $|N(V(B_1)(\cap(V(\mathrm{XQ}[1]-F_1))\cup\cdots\cup(V(\mathrm{XQ}[k-1]-F_{k-1}))|\geqslant 8$。再结合 $|F_1|+\cdots+|F_{k-1}|=4$, 可知 $\mathrm{XQ}[0]-F_0$ 有两个分支, 其中一个分支是孤立点 v。由于 $k^{n-1}>4n-4+1+1=4n-2$ 和 $\mathrm{XQ}[0]$, $\mathrm{XQ}[1]$ 之间存在一个完美匹配, 所以 $\mathrm{XQ}_n^k[V(\mathrm{XQ}[0]-F_0-v)\cup V(\mathrm{XQ}[1]-F_1)]\cup\cdots\cup V(\mathrm{XQ}[k-1]-F_{k-1})]$ 是连通的。因此, XQ_n^k-F 有两个分支, 其中一个分支是孤立点。

情况 3. $4n-3\leqslant|F_0|\leqslant 4n$。

在这种情况下, 最多存在 3 个 F_i 使得 $1\leqslant|F_i|\leqslant 3$。由性质 2.2.8, $\mathrm{XQ}[i]-F_i$ 是连通的对于 $i\in\{1,2,\cdots,k-1\}$。由于 $\mathrm{XQ}[i]$ 和 $\mathrm{XQ}[i+1]$ 之间存在一个完美匹配对于 $i\in\{0,1,\cdots,k-2\}$, 所以 $\mathrm{XQ}_2^k[V(\mathrm{XQ}[1]-F_1)\cup\cdots\cup V(\mathrm{XQ}[k-1]-F_{k-1})]$ 是连通的。由性质 2.2.4可知 XQ_n^k-F 是连通的, 这与 F 是 XQ_n^k 的一个割相矛盾。

由情况 1∼ 情况 3, XQ_n^k 是紧 $4n$ 超连通的。 □

性质 2.2.10 [55] *设 XQ_2^k 是扩展 k 元 2 立方体具有偶数 $k\geqslant 6$。设 $F\subseteq V(\mathrm{XQ}_2^k)$ 具有 $|F|\leqslant 11$。如果 XQ_2^k-F 是不连通的, 则 XQ_2^k-F 有两个分支, 其中一个分支是孤立点。*

证明 我们将 XQ_2^k 划分为 k 个不相交子图 $\mathrm{XQ}_2^k[0]$, $\mathrm{XQ}_2^k[1],\cdots,\mathrm{XQ}_2^k[k-1]$ (如果没有歧义, 缩写为 $\mathrm{XQ}[0]$, $\mathrm{XQ}[1]$, $\cdots$, $\mathrm{XQ}[k-1]$), 其中每个顶点 $u_0u_1\in V(\mathrm{XQ}_2^k)$ 在最后一个位置 u_1 中有一个固定的整数 $i\in\{0,1,\cdots,k-1\}$。由性质 2.2.1, 每一个 $\mathrm{XQ}[i]$ 可以同构到 XQ_1^k 对于 $0\leqslant i\leqslant k-1$。由定理 2.2.2, $\kappa(\mathrm{XQ}[i])=4$。设 $F_i=F\cap V(\mathrm{XQ}[i])$ 对于 $i\in\{0,1,\cdots,k-1\}$ 具有 $|F_0|=\max\{|F_i|:0\leqslant i\leqslant k-1\}$。考虑下面的情况。

情况 1. $|F_0|\leqslant 3$。

由于 $|F_0|=\max\{|F_i|:0\leqslant i\leqslant k-1\}$, $|F_i|\leqslant 3$。由定理 2.2.2, $\mathrm{XQ}[i]-F$ 是连通的。

设 $|F_0|\leqslant 2$, 则 $|F_i|\leqslant 2$ 对于 $i\in\{1,2,\cdots,k-1\}$。由于 $\mathrm{XQ}[i]$ 和 $\mathrm{XQ}[i+1]$ 之间存在一个完美匹配对于 $i\in\{0,1,\cdots,k-2\}$, 所以 XQ_2^k-F 是连通的, 这与 F 是 XQ_2^k 的一个割相矛盾。

设 $|F_0|=3$, 则 $|F_i|\leqslant 3$ 对于 $i\in\{1,2,\cdots,k-1\}$。如果 $|F_i|\leqslant 2$ 对于 $i\in\{1,2,\cdots,k-1\}$, 则 XQ_2^k-F 是连通的, 这与 F 是 XQ_2^k 的一个割相矛盾。如果 $k\geqslant 8$, 则 XQ_2^k-F 是连通的, 这与 F 是 XQ_2^k 的一个割相矛盾。因此, 设 $k=6$ 和存在 F_i 对于 $i\in\{1,2,3,4,5\}$ 使得 $|F_i|=3$。由于 $|F_1|+\cdots+|F_5|\leqslant 8$, 所以最多存在两个 F_i 使得 $|F_i|=3$。设存在一个 F_i 使得 $|F_i|=3$。不失一般性地, 设 $|F_1|=3$, 则 $|F_5|\leqslant 2$。由于 $\mathrm{XQ}[i]$ 和 $\mathrm{XQ}[i+1]$ 之间存在一个完美匹配对于

$i \in \{0, 1, \cdots, 4\}$, 所以 $Q_2^6[V(\mathrm{XQ}[1] - F_1) \cup \cdots \cup V(\mathrm{XQ}[5] - F_5)]$ 是连通的。由于 XQ[0] 和 XQ[5] 之间存在一个完美匹配, 所以 $Q_2^6 - F$ 是连通的, 这与 F 是 XQ_2^6 的一个割相矛盾。设存在两个 F_i 使得 $|F_i| = 3$。不失一般性地, 设 $|F_1| = 3$ 和 $|F_5| = 3$。由于 XQ[i] 和 XQ[$i+1$] 之间存在一个完美匹配对于 $i \in \{0, 1, \cdots, 4\}$, 所以 $Q_2^6[V(\mathrm{XQ}[1] - F_1) \cup \cdots \cup V(\mathrm{XQ}[5] - F_5)]$ 是连通的。由于 XQ[0] 和 XQ[2] 之间存在一个完美匹配, 所以 $Q_2^6 - F$ 是连通的, 这与 F 是 XQ_2^6 的一个割相矛盾。

情况 2. $|F_0| = 4$。

由于 $|F_0| = \max\{|F_i| : 0 \leqslant i \leqslant k-1\}$, $|F_i| \leqslant 4$, 由于 $|F_1| + \cdots + |F_5| \leqslant 7$, 所以最多存在一个 F_i 使得 $|F_i| = 4$ 对于 $i \in \{1, 2 \cdots, k-1\}$。不失一般性地, 设 $|F_1| = 4$, 则 $|F_2| + \cdots + |F_{k-1}| \leqslant 3$。由定理 2.2.2, $\mathrm{XQ}[i] - F$ 是连通的对于 $i \in \{2, 3, \cdots, k-1\}$。由于存在一个完美匹配 XQ[$i$] 和 XQ[$i+1$] 之间对于 $i \in \{0, 1, \cdots, 4\}$, 所以 $\mathrm{XQ}_2^k[V(\mathrm{XQ}[2] - F_2) \cup \cdots \cup V(\mathrm{XQ}[k-1] - F_{k-1})]$ 是连通的。由定理 2.2.3, $\mathrm{XQ}[i] - F_i$ 是连通的或 $\mathrm{XQ}[i] - F_i$ 有两个分支, 其中一个分支是孤立点 v_i 对于 $i \in \{0, 1\}$。设 $\mathrm{XQ}[i] - F_i$ 是连通的对于 $i \in \{1, 2\}$, 则 $|V(\mathrm{XQ}[i] - F_i)| \geqslant 2$ 对于 $i \in \{1, 2\}$。由性质 2.2.4, $\mathrm{XQ}_2^k - F$ 是连通的, 这与 F 是 XQ_2^k 的一个割相矛盾。不失一般性地, 设 $\mathrm{XQ}[1] - F_1$ 有两个分支, 其中一个分支是孤立点和 $\mathrm{XQ}[0] - F_0$ 是连通的。由于 $|V(\mathrm{XQ}[0] - F_0)| \geqslant 2$ 和 $|F_2| + \cdots + |F_{k-1}| \leqslant 3$, 由性质 2.2.4, $\mathrm{XQ}_2^k[V(\mathrm{XQ}[0] - F_0) \cup V(\mathrm{XQ}[2] - F_2) \cup \cdots \cup V(\mathrm{XQ}[k-1] - F_{k-1})]$ 是连通的。因此, $\mathrm{XQ}_2^k - F$ 是连通的或 $\mathrm{XQ}_2^k - F$ 有两个分支, 其中一个分支是孤立点, 则 $\mathrm{XQ}[i] - F_i$ 不是连通的对于 $i \in \{1, 2\}$。设 $k = 6$, 则 $\mathrm{XQ}[i] - F_i$ 有两个分支, 它们是两个孤立点, 其中 $i \in \{1, 2\}$。由于 $|F_2| + \cdots + |F_5| \leqslant 3$, 由定理 2.2.3, $\mathrm{XQ}_2^6[V(\mathrm{XQ}[i] - F_i) \cup V(\mathrm{XQ}[2] - F_2) \cup \cdots \cup V(\mathrm{XQ}[5] - F_5)]$ 是连通的或 $\mathrm{XQ}_2^6[V(\mathrm{XQ}[i] - F_i) \cup V(\mathrm{XQ}[2] - F_2) \cup \cdots \cup V(\mathrm{XQ}[5] - F_5)]$ 有两个分支, 其中一个分支是孤立点 v_i 对于 $i \in \{0, 1\}$。注意到 $|N(v_0) \cap N(v_1)| \leqslant 2$, 由于 $|N(v_0) \cap N(v_1)| \leqslant 2$ 和 $|F_2| + \cdots + |F_5| \leqslant 3$, $\mathrm{XQ}_2^6 - F$ 是连通的或 $\mathrm{XQ}_2^6 - F$ 有两个分支, 其中一个分支是孤立点。设 $k \geqslant 8$, 由于 $|V(\mathrm{XQ}[0] - F_0)| \geqslant 3$ 和 $|F_2| + \cdots + |F_{k-1}| \leqslant 3$, $\mathrm{XQ}_2^k[V(\mathrm{XQ}[0] - F_0) \cup V(\mathrm{XQ}[2] - F_2) \cup \cdots \cup V(\mathrm{XQ}[k-1] - F_{k-1})]$ 是连通的或 $\mathrm{XQ}_2^k[V(\mathrm{XQ}[0] - F_0) \cup V(\mathrm{XQ}[2] - F_2) \cup \cdots \cup V(\mathrm{XQ}[k-1] - F_{k-1})]$ 有两个分支, 其中一个分支是孤立点。如果 $\mathrm{XQ}_2^k[V(\mathrm{XQ}[0] - F_0) \cup V(\mathrm{XQ}[2] - F_2) \cup \cdots \cup V(\mathrm{XQ}[k-1] - F_{k-1})]$ 是连通的, 则 $\mathrm{XQ}_2^k - F$ 是连通的或 $\mathrm{XQ}_n^k - F$ 有两个分支, 其中一个分支是孤立点。则 $\mathrm{XQ}_2^k[V(\mathrm{XQ}[0] - F_0) \cup V(\mathrm{XQ}[2] - F_2) \cup \cdots \cup V(\mathrm{XQ}[k-1] - F_{k-1})]$ 有两个分支, 其中一个分支是孤立点。由于 $|V(\mathrm{XQ}[1] - F_1)| \geqslant 3$, $\mathrm{XQ}_2^k[V(\mathrm{XQ}[1] - F_1) \cup V(\mathrm{XQ}[2] - F_2) \cup \cdots \cup V(\mathrm{XQ}[k-1] - F_{k-1})]$ 是连通的或 $\mathrm{XQ}_2^k[V(\mathrm{XQ}[1] - F_1) \cup V(\mathrm{XQ}[2] - F_2) \cup \cdots \cup V(\mathrm{XQ}[k-1] - F_{k-1})]$ 有两个分支, 其中一个分支是孤立点。设 $\mathrm{XQ}_2^k[V(\mathrm{XQ}[i] - F_i) \cup V(\mathrm{XQ}[2] - F_2) \cup \cdots \cup V(\mathrm{XQ}[k-1] - F_{k-1})]$ 有两个分支,

其中一个分支是孤立点 v_i 对于 $i\in\{0,1\}$。由性质 2.2.7, $|N(v_0)\cap N(v_1)|\leqslant 2$。由于 $|N(v_0)\cap N(v_1)|\leqslant 2$ 和 $|F_2|+\cdots+|F_{k-1}|\leqslant 3$, XQ_2^k-F 是连通的或 XQ_2^k-F 有两个分支, 其中一个分支是孤立点。

设最多存在 3 个 F_i 使得 $|F_i|\neq 0$, 则 $|F_i|\leqslant 3$ 对于 $i\in\{2,3,\cdots,k-1\}$。由定理 2.2.2, $\mathrm{XQ}[i]-F$ 是连通的对于 $i\in\{2,3,\cdots,k-1\}$。由于 $\mathrm{XQ}[i]$ 和 $\mathrm{XQ}[i+1]$ 之间存在一个完美匹配, 对于 $i\in\{0,1,\cdots,k-2\}$, 所以 $\mathrm{XQ}_2^k[V(\mathrm{XQ}[2]-F_2)\cup\cdots\cup V(\mathrm{XQ}[k-1]-F_{k-1})]$ 是连通的。由性质 2.2.4, XQ_2^k-F 是连通的, 这与 F 是 XQ_2^k 的一个割相矛盾。

情况 3. $|F_0|=5$。

在这种情况下, $|F_1|+\cdots+|F_{k-1}|\leqslant 11-5=6$。由于 $|F_0|=\max\{|F_i|:0\leqslant i\leqslant k-1\}$, 所以 $|F_i|\leqslant 5$ 对于 $i\in\{1,2,\cdots,k-1\}$。设 $|F_i|\leqslant 3$ 对于 $i\in\{1,2,\cdots,k-1\}$。由定理 2.2.2, $\mathrm{XQ}[i]-F$ 是连通的对于 $i\in\{1,2\cdots,k-1\}$。由于 $\mathrm{XQ}[i]$ 和 $\mathrm{XQ}[i+1]$ (或 $\mathrm{XQ}[i]$ 和 $\mathrm{XQ}[i+2]$) 之间存在一个完美匹配, 对于 $i\in\{0,1,\cdots,k-2\}$, 所以 $\mathrm{XQ}_2^k[V(\mathrm{XQ}[1]-F_1)\cup\cdots\cup V(\mathrm{XQ}[k-1]-F_{k-1})]$ 是连通的。由于 $|F_2|+\cdots+|F_5|\leqslant 6$, 由性质 2.2.4, XQ_2^k-F 是连通的或 XQ_2^k-F 有两个分支, 其中一个分支是孤立点。

注意到存在最多 1 个 F_i 使得 $|F_i|=4$ 对于 $i\in\{1,2,\cdots,k-1\}$。不失一般性地, 设 $|F_1|=4$。由于 $|F_1|+\cdots+|F_{k-1}|\leqslant 6$, 所以最多存在 3 个 F_i 使得 $|F_i|\neq 0$ 对于 $i\in\{1,2,\cdots,k-1\}$。由性质 2.2.4, XQ_2^k-F 是连通的, 这与 F 是 XQ_2^k 的一个割相矛盾。

注意到最多存在一个 F_i 使得 $|F_i|=5$ 对于 $i\in\{1,2,\cdots,k-1\}$。不失一般性地, 设 $|F_1|=5$。由于 $|F_1|+\cdots+|F_{k-1}|\leqslant 6$, 所以最多存在 2 个 F_i 使得 $|F_i|\neq 0$ 对于 $i\in\{1,2,\cdots,k-1\}$。由性质 2.2.4, XQ_2^k-F 是连通的, 这与 F 是 XQ_2^k 的一个割相矛盾。

情况 4. $|F_0|=6$。

在这种情况下, $|F_1|+\cdots+|F_{k-1}|\leqslant 11-6=5$。设 $|F_i|\leqslant 3$ 对于 $i\in\{1,2,\cdots,k-1\}$。由定理 2.2.2, $\mathrm{XQ}[i]-F$ 是连通的对于 $i\in\{1,2\cdots,k-1\}$。由于 $\mathrm{XQ}[i]$ 和 $\mathrm{XQ}[i+1]$ 之间存在一个完美匹配, 对于 $i\in\{0,1,\cdots,k-2\}$, $\mathrm{XQ}_2^k[V(\mathrm{XQ}[1]-F_1)\cup\cdots\cup V(\mathrm{XQ}[k-1]-F_{k-1})]$ 是连通的。由于 $|F_2|+\cdots+|F_5|\leqslant 5$, 由性质 2.2.4, XQ_2^k-F 是连通的或 XQ_2^k-F 有两个分支, 其中一个分支是孤立点。

注意到最多存在 1 个 F_i 使得 $|F_i|=4$ 对于 $i\in\{1,2,\cdots,k-1\}$。不失一般性地, 设 $|F_1|=4$。由于 $|F_1|+\cdots+|F_{k-1}|\leqslant 5$, 所以最多存在两个 F_i 使得 $|F_i|\neq 0$ 对于 $i\in\{1,2,\cdots,k-1\}$。由性质 2.2.4, XQ_2^k-F 是连通的, 这与 F 是 XQ_2^k 的一个割相矛盾。

注意到最多存在 1 个 F_i 使得 $|F_i|=5$ 对于 $i\in\{1,2,\cdots,k-1\}$。不失一般性

地, 设 $|F_1| = 5$。由于 $|F_1| + \cdots + |F_{k-1}| \leqslant 5$, 所以最多存在 1 个 F_i 使得 $|F_i| \neq 0$ 对于 $i \in \{1, 2, \cdots, k-1\}$。由性质 2.2.4, $\mathrm{XQ}_2^k - F$ 是连通的, 这与 F 是 XQ_2^k 的一个割相矛盾。

情况 5. $|F_0| = 7$。

在这种情况下, $k \geqslant 8$ 和 $|F_1| + \cdots + |F_5| \leqslant 4$。设 $|F_i| \leqslant 3$ 对于 $i \in \{1, 2, \cdots, k-1\}$。由定理 2.2.2, $\mathrm{XQ}[i] - F$ 是连通的对于 $i \in \{1, 2, \cdots, k-1\}$。由于 $\mathrm{XQ}[i]$ 和 $\mathrm{XQ}[i+1]$ 之间存在一个完美匹配, 对于 $i \in \{0, 1, \cdots, k-2\}$, 所以 $\mathrm{XQ}_2^k[V(\mathrm{XQ}[1] - F_1) \cup \cdots \cup V(\mathrm{XQ}[k-1] - F_{k-1})]$ 是连通的。由于 $|F_2| + \cdots + |F_5| \leqslant 4$, 由性质 2.2.4, $\mathrm{XQ}_2^k - F$ 是连通的, 或 $\mathrm{XQ}_2^k - F$ 有两个分支, 其中一个分支是孤立点。

注意到最多存在 1 个 F_i 使得 $|F_i| = 4$ 对于 $i \in \{1, 2, \cdots, k-1\}$。不失一般性地, 设 $|F_1| = 4$。由于 $|F_1| + \cdots + |F_{k-1}| \leqslant 4$, 所以最多存在一个 F_i 使得 $|F_i| \neq 0$ 对于 $i \in \{1, 2, \cdots, k-1\}$。由性质 2.2.4, $\mathrm{XQ}_2^k - F$ 是连通的, 这与 F 是 XQ_2^k 的一个割相矛盾。

情况 6. $8 \leqslant |F_0| \leqslant 11$。

在这种情况下, $|F_1| + \cdots + |F_5| \leqslant 3$。由于 $\mathrm{XQ}[i]$ 和 $\mathrm{XQ}[i+1]$ 之间存在一个完美匹配, 其中 $i \in \{0, 1, \cdots, k-2\}$, 所以 $Q_2^k[V(\mathrm{XQ}[1] - F_1) \cup \cdots \cup V(\mathrm{XQ}[k-1] - F_{k-1})]$ 是连通的。由性质 2.2.4, $\mathrm{XQ}_2^k - F$ 是连通的, 这与 F 是 XQ_2^k 的一个割相矛盾。□

性质 2.2.11 [55]　*设 XQ_n^k 是扩展 k 元 n 立方体具有偶数 $k \geqslant 6$, 以及设 $F \subseteq V(\mathrm{XQ}_n^k)$ 具有 $|F| \leqslant 8n-5$。如果 $\mathrm{XQ}_n^k - F$ 是不连通的, 则 $\mathrm{XQ}_n^k - F$ 有两个分支, 其中一个分支是孤立点。*

证明　我们将 XQ_n^k 划分为 k 个不相交子图 $\mathrm{XQ}_n^k[0]$, $\mathrm{XQ}_n^k[1], \cdots, \mathrm{XQ}_n^k[k-1]$ (如果没有歧义, 缩写为 $\mathrm{XQ}[0], \mathrm{XQ}[1], \cdots, \mathrm{XQ}[k-1]$), 其中每个顶点 $u = u_0u_1\cdots u_{n-1} \in V(\mathrm{XQ}_n^k)$ 在最后一个位置 u_{n-1} 中有一个固定的整数 $i \in \{0, 1, \cdots, k-1\}$。当 $n = 1$ 和 $n = 2$ 时, 由性质 2.2.1, 每一个 $\mathrm{XQ}[i]$ 可以同构到 XQ_{n-1}^k 对于 $0 \leqslant i \leqslant k-1$。设 $F \subseteq V(\mathrm{XQ}_n^k)$ 具有 $|F| \leqslant 8n-5$ 和设 $\mathrm{XQ}_n^k - F$ 是不连通的。设 $F_i = F \cap V(\mathrm{XQ}[i])$ 对于 $i \in \{0, 1, \cdots, k-1\}$ 具有 $|F_0| = \max\{|F_i| : 0 \leqslant i \leqslant k-1\}$。当 $n = 2$ 时, 由性质 2.2.10 可知结果成立。证明过程对 n 进行归纳。归纳假设是 $\mathrm{XQ}_{n-1}^k - F$ 有两个分支, 其中一个分支是孤立点对于 $|F| \leqslant 8n-13$ 和 $n \geqslant 3$, 如果 $\mathrm{XQ}_{n-1}^k - F$ 是不连通的。由性质 2.2.1, 每一个 $\mathrm{XQ}[i]$ 可以同构到 XQ_{n-1}^k 对于 $0 \leqslant i \leqslant k-1$。考虑下面的情况。

情况 1. $|F_0| \leqslant 4n-5$。

由于 $|F_0| = \max\{|F_i| : 0 \leqslant i \leqslant k-1\}$, $|F_i| \leqslant 4n-5$ 对于 $i \in \{1, 2, \cdots, k-1\}$。由定理 2.2.2, $\mathrm{XQ}[i] - F$ 是连通的对于 $i \in \{0, 1, \cdots, k-1\}$。由于 $k^{n-1} > 4n-5+(4n-5) = 8n-10$ 和 $\mathrm{XQ}[i]$ 和 $\mathrm{XQ}[i+1]$ 之间存在一个完美匹配, 对于 $i \in \{0, 1, \cdots, k-2\}$, $\mathrm{XQ}_n^k - F$ 是连通的, 这与 F 是 XQ_n^k 的一个割相矛盾。

情况 2. $|F_0| = 4n-4$。

在这种情况下, $|F_1| + \cdots + |F_{k-1}| \leqslant 8n-5-(4n-4) = 4n-1$。由于 $|F_0| = \max\{|F_i| : 0 \leqslant i \leqslant k-1\}$, $|F_i| \leqslant 4n-4$ 对于 $i \in \{1,2,\cdots,k-1\}$。因此, 最多存在一个 F_i 使得 $|F_i| = 4n-4$ 对于 $i \in \{1,2,\cdots,k-1\}$。不失一般性地, 设 $|F_1| = 4n-4$。

设存在 4 个 F_i 使得 $|F_i| \neq 0$, 则 $|F_i| \leqslant 1$ 对于 $i \in \{2,3,\cdots,k-1\}$。由定理 2.2.2, $\mathrm{XQ}[i]-F$ 是连通的对于 $i \in \{2,3,\cdots,k-1\}$。由于 $\mathrm{XQ}[i]$ 和 $\mathrm{XQ}[i+1]$ 之间存在一个完美匹配, 对于 $i \in \{0,1,\cdots,k-2\}$, 所以 $\mathrm{XQ}_n^k[V(\mathrm{XQ}[2]-F_2)\cup\cdots\cup V(\mathrm{XQ}[k-1]-F_{k-1})]$ 是连通的。由定理 2.2.3, $\mathrm{XQ}[i]-F_i$ 是连通的或 $\mathrm{XQ}[i]-F_i$ 有两个分支, 其中一个分支是孤立点 v_i 对于 $i \in \{0,1\}$。设 $\mathrm{XQ}[i]-F_i$ 是连通的对于 $i \in \{1,2\}$。注意到 $k^{n-1}-(4n-4) > 2$ 和 $|V(\mathrm{XQ}[i]-F_i)| \geqslant 2$。由性质 2.2.4, $\mathrm{XQ}_n^k - F$ 是连通的, 这与 F 是 XQ_n^k 的一个割相矛盾。不失一般性地, 设 $\mathrm{XQ}[1]-F_1$ 有两个分支, 其中一个分支是孤立点和 $\mathrm{XQ}[0]-F_0$ 是连通的。由于 $|V(\mathrm{XQ}[0]-F_0)| \geqslant 2$ 和 $|F_2|+\cdots+|F_{k-1}| = 3$, 由性质 2.2.4, $\mathrm{XQ}_n^k[V(\mathrm{XQ}[0]-F_0)\cup V(\mathrm{XQ}[2]-F_2)\cup\cdots\cup V(\mathrm{XQ}[k-1]-F_{k-1})]$ 是连通的。因此, XQ_n^k-F 是连通的或 XQ_n^k-F 有两个分支, 其中一个分支是孤立点, 则 $\mathrm{XQ}[i]-F_i$ 是不连通的对于 $i \in \{1,2\}$。由于 $|V(\mathrm{XQ}[0]-F_0)| \geqslant 3$ 和 $|F_2|+\cdots+|F_{k-1}| = 3$, $\mathrm{XQ}_n^k[V(\mathrm{XQ}[0]-F_0)\cup V(\mathrm{XQ}[2]-F_2)\cup\cdots\cup V(\mathrm{XQ}[k-1]-F_{k-1})]$ 是连通的或 $\mathrm{XQ}_n^k[V(\mathrm{XQ}[0]-F_0)\cup V(\mathrm{XQ}[2]-F_2)\cup\cdots\cup V(\mathrm{XQ}[k-1]-F_{k-1})]$ 有两个分支, 其中一个分支是孤立点。如果 $\mathrm{XQ}_n^k[V(\mathrm{XQ}[0]-F_0)\cup V(\mathrm{XQ}[2]-F_2)\cup\cdots\cup V(\mathrm{XQ}[k-1]-F_{k-1})]$ 是连通的, 则 XQ_n^k-F 是连通的或 XQ_n^k-F 有两个分支, 其中一个分支是孤立点。则 $\mathrm{XQ}_n^k[V(\mathrm{XQ}[0]-F_0)\cup V(\mathrm{XQ}[2]-F_2)\cup\cdots\cup V(\mathrm{XQ}[k-1]-F_{k-1})]$ 有两个分支, 其中一个分支是孤立点 v_0。由于 $|V(\mathrm{XQ}[1]-F_1)| \geqslant 3$, $\mathrm{XQ}_n^k[V(\mathrm{XQ}[1]-F_1)\cup V(\mathrm{XQ}[2]-F_2)\cup\cdots\cup V(\mathrm{XQ}[k-1]-F_{k-1})]$ 是连通的或 $\mathrm{XQ}_n^k[V(\mathrm{XQ}[1]-F_1)\cup V(\mathrm{XQ}[2]-F_2)\cup\cdots\cup V(\mathrm{XQ}[k-1]-F_{k-1})]$ 有两个分支, 其中一个分支是孤立点。设 $\mathrm{XQ}_n^k[V(\mathrm{XQ}[i]-F_i)\cup V(\mathrm{XQ}[2]-F_2)\cup\cdots\cup V(\mathrm{XQ}[k-1]-F_{k-1})]$ 有两个分支, 其中一个分支是孤立点 v_i 对于 $i \in \{0,1\}$。由性质 2.2.7, $|N(v_0)\cap N(v_1)| \leqslant 2$。由于 $|N(v_0)\cap N(v_1)| \leqslant 2$ 和 $|F_2|+\cdots+|F_{k-1}| \leqslant 3$, XQ_n^k-F 是连通的或 XQ_n^k-F 有两个分支, 其中一个分支是孤立点。

设存在 3 个 F_i 使得 $|F_i| \neq 0$, 则 $|F_i| \leqslant 2$ 对于 $i \in \{2,3,\cdots,k-1\}$。由定理 2.2.2, $\mathrm{XQ}[i]-F$ 是连通的对于 $i \in \{2,3,\cdots,k-1\}$。由于 $\mathrm{XQ}[i]$ 和 $\mathrm{XQ}[i+1]$ 之间存在一个完美匹配, 对于 $i \in \{0,1,\cdots,k-2\}$, 所以 $\mathrm{XQ}_n^k[V(\mathrm{XQ}[2]-F_2)\cup\cdots\cup V(\mathrm{XQ}[k-1]-F_{k-1})]$ 是连通的。由性质 2.2.4, XQ_n^k-F 是连通的, 这与 F 是 XQ_n^k 的一个割相矛盾。

情况 3. $|F_0| = 4n-3$。

在这种情况下, $|F_1|+\cdots+|F_{k-1}|\leqslant 8n-5-(4n-3)=4n-2$。由于 $|F_0|=\max\{|F_i|:0\leqslant i\leqslant k-1\}$, $|F_i|\leqslant 4n-3$ 对于 $i\in\{1,2,\cdots,k-1\}$。设 $|F_i|\leqslant 4n-5$ 对于 $i\in\{1,2,\cdots,k-1\}$。由定理 2.2.2, $\mathrm{XQ}[i]-F$ 是连通的对于 $i\in\{1,2,\cdots,k-1\}$。由于存在一个完美匹配 $\mathrm{XQ}[i]$ 和 $\mathrm{XQ}[i+1]$, 对于 $i\in\{0,1,\cdots,k-2\}$, $\mathrm{XQ}_n^k[V(\mathrm{XQ}[1]-F_1)\cup\cdots\cup V(\mathrm{XQ}[k-1]-F_{k-1})]$ 是连通的。由于 $|F_0|=4n-3\leqslant 8n-13$, $\mathrm{XQ}[0]-F_0$ 有两个分支, 其中一个分支是孤立点。由于 $k^{n-1}>4n-3+4n-4+1=8n-6$, XQ_n^k-F 是连通的或有两个分支, 其中一个分支是孤立点。

注意到最多存在 1 个 F_i 使得 $|F_i|=4n-4$ 对于 $i\in\{1,2,\cdots,k-1\}$。不失一般性地, 设 $|F_1|=4n-4$。由于 $|F_1|+\cdots+|F_{k-1}|\leqslant 4n-2$, 存在 3 个 F_i 使得 $|F_i|\neq 0$ 对于 $i\in\{1,2,\cdots,k-1\}$。由性质 2.2.4, XQ_n^k-F 是连通的, 这与 F 是 XQ_n^k 的一个割相矛盾。

注意到最多存在 1 个 F_i 使得 $|F_i|=4n-3$ 对于 $i\in\{1,2,\cdots,k-1\}$。不失一般性地, 设 $|F_1|=4n-3$。由于 $|F_1|+\cdots+|F_{k-1}|\leqslant 4n-2$, 存在两个 F_i 使得 $|F_i|\neq 0$ 对于 $i\in\{1,2,\cdots,k-1\}$。由性质 2.2.4, XQ_n^k-F 是连通的, 这与 F 是 XQ_n^k 的一个割相矛盾。

情况 4. $|F_0|=4n-2$。

在这种情况下, $|F_1|+\cdots+|F_{k-1}|\leqslant 8n-5-(4n-2)=4n-3$。设 $|F_i|\leqslant 4n-5$ 对于 $i\in\{1,2,\cdots,k-1\}$。由定理 2.2.2, $\mathrm{XQ}[i]-F$ 是连通的对于 $i\in\{1,2,\cdots,k-1\}$。由于 $\mathrm{XQ}[i]$ 和 $\mathrm{XQ}[i+1]$ 之间存在一个完美匹配, 对于 $i\in\{0,1,\cdots,k-2\}$, 所以 $\mathrm{XQ}_n^k[V(\mathrm{XQ}[1]-F_1)\cup\cdots\cup V(\mathrm{XQ}[k-1]-F_{k-1})]$ 是连通的。由于 $|F_0|=4n-2\leqslant 8n-13$, 所以 $\mathrm{XQ}[0]-F_0$ 有两个分支, 其中一个分支是孤立点。由于 $k^{n-1}>4n-2+4n-4+1=8n-5$, 所以 XQ_n^k-F 是连通的或有两个分支, 其中一个分支是孤立点。注意到最多存在 1 个 F_i 使得 $|F_i|=4n-4$ 对于 $i\in\{1,2,\cdots,k-1\}$。不失一般性地, 设 $|F_1|=4n-4$。由于 $|F_2|+\cdots+|F_{k-1}|\leqslant 1$, 由性质 2.2.4, XQ_n^k-F 是连通的, 这与 F 是 XQ_n^k 的一个割相矛盾。

情况 5. $|F_0|=4n-1$。

在这种情况下, $|F_1|+\cdots+|F_{k-1}|\leqslant 8n-5-(4n-1)=4n-4$。设 $|F_i|\leqslant 4n-5$ 对于 $i\in\{1,2,\cdots,k-1\}$。由定理 2.2.2, $\mathrm{XQ}[i]-F$ 是连通的对于 $i\in\{1,2,\cdots,k-1\}$。由于 $\mathrm{XQ}[i]$ 和 $\mathrm{XQ}[i+1]$ 之间存在一个完美匹配, 对于 $i\in\{0,1,\cdots,k-2\}$, 所以 $\mathrm{XQ}_n^k[V(\mathrm{XQ}[1]-F_1)\cup\cdots\cup V(\mathrm{XQ}[k-1]-F_{k-1})]$ 是连通的。由于 $|F_0|=4n-1\leqslant 8n-13$, 所以 $\mathrm{XQ}[0]-F_0$ 有两个分支, 其中一个分支是孤立点。由于 $k^{n-1}>4n-1+4n-4+1=8n-4$, 所以 XQ_n^k-F 是连通的或有两个分支, 其中一个分支是孤立点。注意到最多存在 1 个 F_i 使得 $|F_i|=4n-4$ 对于 $i\in\{1,2,\cdots,k-1\}$。不失一般性地, 设 $|F_1|=4n-4$。由于 $|F_2|+\cdots+|F_{k-1}|=0$,

由性质 2.2.4, $XQ_n^k - F$ 是连通的, 这与 F 是 XQ_n^k 的一个割相矛盾。

情况 6. $4n \leqslant |F_0| \leqslant 8n-13$。

在这种情况下, $|F_1|+\cdots+|F_{k-1}| \leqslant 8n-5-4n = 4n-5$。由定理 2.2.2, $XQ[i]-F$ 是连通的对于 $i \in \{1,2,\cdots,k-1\}$。由于 $XQ[i]$ 和 $XQ[i+1]$ 之间存在一个完美匹配, 对于 $i \in \{0,1,\cdots,k-2\}$, 所以 $XQ_n^k[V(XQ[1]-F_1)\cup\cdots\cup V(XQ[k-1]-F_{k-1})]$ 是连通的。设 $XQ[0]$ 是连通的。由于 $k^{n-1} > 8n-5$, 所以 $XQ_n^k - F$ 是连通的, 这与 F 是 XQ_n^k 的一个割相矛盾, 则 $XQ[0]$ 是不连通的。由归纳假设, $XQ[0]-F_0$ 有两个分支, 其中一个分支是孤立点。由于 $k^{n-1} > 8n-5+1 = 8n-4$, 所以 $XQ_n^k - F$ 是连通的或有两个分支, 其中一个分支是孤立点。

情况 7. $8n-12 \leqslant |F_0| \leqslant 8n-5$。

在这种情况下, $|F_1|+\cdots+|F_{k-1}| \leqslant 7$。由于 $n \geqslant 3$, 所以 $\kappa(XQ[i]) = 4(n-1) \geqslant 8$ 对于 $i \in \{1,2,\cdots,k-1\}$, 由定理 2.2.2, $XQ[i]-F_i$ 是连通的对于 $i \in \{1,2,\cdots,k-1\}$。由于 $XQ[i]$ 和 $XQ[i+1]$ 之间存在一个完美匹配, 对于 $i \in \{0,1,\cdots,k-2\}$, 所以 $XQ_n^k[V(XQ[1]-F_1)\cup\cdots\cup V(XQ[k-1]-F_{k-1})]$ 是连通的。设 $XQ[0]-F_0$ 是连通的。由于 $k^{n-1} > 8n-5$ 和 $XQ[0]$ 和 $XQ[1]$ 之间存在一个完美匹配, 所以 $XQ_n^k - F$ 是连通的, 这与 F 是 XQ_n^k 的一个割相矛盾。则 $XQ[0]-F_0$ 是不连通的。设 $B_1,\cdots,B_k$ $(k \geqslant 2)$ 是 $XQ[0]-F_0$ 的分支。如果 $k \geqslant 3$, 那么由性质 2.2.4, $|(N(V(B_1)\cup V(B_2))\cap(V(XQ[1])\cup\cdots\cup V(XQ[k-1]))| \geqslant 8$。如果 $|V(B_j)| \geqslant 2$, 那么由性质 2.2.4, $|N(V(B_j))\cap(V(XQ[1])\cup\cdots\cup V(XQ[k-1]))| \geqslant 8$ $(1 \leqslant j \leqslant k)$。再结合 $|F_1|+\cdots+|F_{k-1}| \leqslant 7$, 我们有 $XQ_n^k - F$ 是连通的或 $XQ_n^k - F$ 有两个分支, 其中一个分支是孤立点。 □

引理 2.2.1 [55] 设 $A = \{\underbrace{0\cdots0}_{n}, \underbrace{0\cdots0}_{n-1}1\}$。如果 $F_1 = N_{XQ_n^k}(A)$, $F_2 = A \cup N_{XQ_n^k}(A)$, 则 $|F_1| = 8n-4$, $|F_2| = 8n-2$, $\delta(XQ_n^k - F_1) \geqslant 1$, 以及 $\delta(XQ_n^k - F_2) \geqslant 1$ (见图 2.2)。

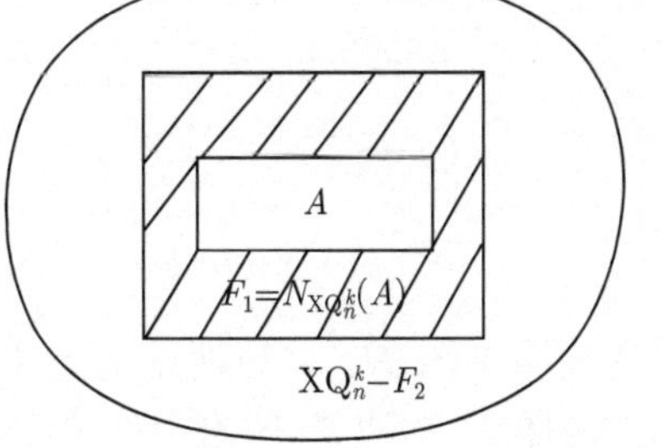

图 2.2 引理 2.2.1的证明的一个图例

证明　由 $A=\{\underbrace{0\cdots0}_{n},1\underbrace{0\cdots0}_{n-1}\}$, 我们有 $\mathrm{XQ}_n^k[A]=K_2$。注意到 $|F_1|=|N_{\mathrm{XQ}_n^k}(A)|=8n-4$, $|F_2|=|A|+|F_1|=8n-2$。由图 2.2 可知, $\mathrm{XQ}_1^k-F_2$ 是连通的。因此, $\delta(\mathrm{XQ}_1^k-F_1)\geqslant 1$ 和 $\delta(\mathrm{XQ}_1^k-F_2)\geqslant 1$。设 $n\geqslant 2$, $k\geqslant 8$ 和 $x\in V(\mathrm{XQ}_n^k)\setminus F_2$。由性质 2.2.7, $|N_{\mathrm{XQ}_n^k}(x)\cap F_2|\leqslant 4$。因此, $\delta(\mathrm{XQ}_n^k-F_2)\geqslant 4n-4\geqslant 1$。设 $n\geqslant 2$, $k=6$ 和 $x\in V(\mathrm{XQ}_n^k)\setminus F_2$。由于 $V(\mathrm{XQ}[0])-F_2=\varnothing$, $|N_{\mathrm{XQ}_n^6}(x)\cap F_2|\leqslant 4$。注意到 $\mathrm{XQ}_n^k-F_1$ 有两部分: $\mathrm{XQ}_n^k-F_2$ 和 $\mathrm{XQ}_n^k[A]=K_2$。注意到 $\delta(\mathrm{XQ}_n^k[A])=1$。因此, $\delta(\mathrm{XQ}_n^k-F_1)\geqslant 1$。□

定理 2.2.4[55]　设 XQ_n^k 是扩展 k 元 n 立方体具有整数 $n\geqslant 1$ 和偶数 $k\geqslant 6$, 则 XQ_n^k 的自然连通度是 $8n-4$, 即 $\kappa^{(1)}(\mathrm{XQ}_n^k)=8n-4$。

证明　由引理 2.2.1, 设 $A=\{\underbrace{0\cdots0}_{n},1\underbrace{0\cdots0}_{n-1}\}$, 则 $|N(A)|=8n-4$。由于 $N(A)$ 是 XQ_n^k 的一个自然割, 所以 $\kappa^{(1)}(\mathrm{XQ}_n^k)\leqslant 8n-4$。

由性质 2.2.11, 如果 $F\subseteq V(\mathrm{XQ}_n^k)$ 具有 $|F|\leqslant 8n-5$, 则 XQ_n^k-F 是连通的或 XQ_n^k-F 有两个分支, 其中一个分支是孤立点。因此, 如果 F 是 XQ_n^k 的一个自然割, 则 $|F|\geqslant 8n-4$。再结合 $\kappa^*(\mathrm{XQ}_n^k)\leqslant 8n-4$, 我们有 $\kappa^{(1)}(\mathrm{XQ}_n^k)=8n-4$。□

2.2.2　巢图

1. 预备知识

设 G 是一个有限群, S 是 G 不含单位元的生成集。凯莱有向图 $\mathrm{Cay}(S,G)$ 定义如下: 它的顶点集是 G, 孤集是 $\{(g,gs):g\in G,s\in S\}$。若对任意的 $s\in S$, 有 $s^{-1}\in S$, 则 2 点 g 和 gs 有一对来回孤, 这时我们用一条边代替。称这个凯莱图为无向凯莱图。本书所提的凯莱图均为无向凯莱图。

设 S 的元是对换, 则 S 生成的置换群是对称群 S_n 的子群, 它的单位元记为 (1)。它是由顶点传递的。由于对换可用图直观地表示出来, 如 $\{(1,2),(2,3)\}$ 可表示为

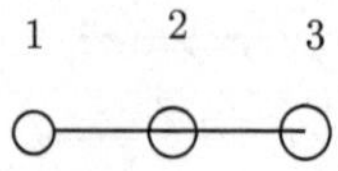

所以引入下面的概念。

考虑一个 $n\geqslant 3$ 阶连通简单图 H, 它的顶点集为 $\{1,2,\cdots,n\}$, 它的每条边可视为 S_n 中的一个对换, 这样 H 的边集 $E(H)$, 就对应了对称群 S_n 中的一个对换集 S。在这个意义下, 把 H 称为对换简单图。凯莱图 $\mathrm{Cay}(S,<S>)$ 称为 H

对应的凯莱图。当对换简单图是树时, 称为对换树。当对换简单图是路时, 它对应的凯莱图称为泡型图 (bubble sort graph[57])。当对换简单图是星时, 它对应的凯莱图称为星图 (star graph[57])。当对换简单图是完全图时, 它对应的凯莱图称为巢图 (nest graph[58])。由于 n 阶对换树对应的凯莱图都是 S_n 上的凯莱图, 故任意一个 n 阶对换简单图对应的凯莱图也是 S_n 上的凯莱图。

定理 2.2.5[57]　巢图 CK_n 是点传递的和偶图。

定理 2.2.6[56]　对称群中每一个非单位元的置换 (除因子的排列次序), 可以唯一地分解成若干个长度至少为 2 的不相交轮换积。

性质 2.2.12[58]　设 $n \geqslant 3$, CK_n 的围长是 4。

证明　由于巢图是一个简单图, 它容易看到 CK_n 的围长不是 2。由定理 2.2.5, 可知在 CK_n 中不存在任意一个 3 圈。注意到在 CK_n 中存在一个 4 圈记为 $(1),(ab),(ab)(cd),(cd),(1)$, 其中 (ab) 与 (cd) 不相交。所以, CK_n 的围长是 4。　□

性质 2.2.13[58]　设 CK_n 是一个巢图。如果两个顶点 u,v 是相邻的, 则 u,v 没有共同的邻点, 即 $|N(u)\cap N(v)|=0$。如果两个顶点 u,v 不是相邻的, 则 u,v 最多有 3 个共同的邻点, 即 $|N(u)\cap N(v)|\leqslant 3$。

证明　在这个证明中, 置换用不相交轮换的积表示。用反证法证明。

情况 1. 如果两个顶点是相邻的和它们有 1 个共同的邻点, 那么这 3 个顶点构成一个 3 圈. 这与定理 2.2.5中二部图 CK_n 中没有奇圈矛盾。

情况 2. 设两个顶点 u,v 不相邻, 假设 $|N(u)\cap N(v)|\geqslant 4$。由定理 2.2.5, 不失一般性地, 假设 $u=(1)$, 即 u 是单位元顶点, 则 $v\notin E(K_n)$。设 $\{(ia),(jb),(kc),(ld)\}\subseteq E(K_n)$, $\{(ia),(jb),(kc),(ld)\}\subseteq N(u)\cap N(v)$ 和 $|\{(ia),(jb),(kc),(ld)\}|=4$。由性质 2.2.12, CK_n 的围长是 4。设 $v=(ia)(jb)$。

情况 2.1. (ia) 是不相交到 (jb) 的。

在这种情况中, $u,(ia),v,(jb),u$ 也是一个 4 圈。由于 $u,(ia),v,(kc),u$ 也是一个 4 圈, 设 $v=(kc)(xy)=(ia)(jb)$。由定理 2.2.6, 有 (kc) 不相交到 (xy), 和 $(kc)=(jb)$ 或 $(kc)=(ia)$, 产生矛盾。相似地, 有 $(ld)=(jb)$ 或 $(ld)=(ia)$, 这与 $|\{(ia),(jb),(kc),(ld)\}|=4$ 相矛盾。所以, 在这种情况下 $|N(u)\cap N(v)|=2$。

情况 2.2. (ia) 是不相交到 (jb) 的。

不失一般性地, 设 $a=j$, 有 $v=(iab)$。由于 $u,(ia),v,(jb),u$ 是一个 4 圈, 所以存在 $(xy)\in E(K_n)$ 使得 $(jb)(xy)=(ab)(xy)=v=(iab)$。由定理 2.2.6 可知, $\{x,y\}$ 中有一个是 i。设 $i=x$, 那么 $y=a$ 或 $y=b$。当 $y=a$ 时, $(ab)(xy)=(ab)(ia)=(iba)$, 产生矛盾。当 $y=b$ 时, $(ab)(xy)=(ab)(ib)=(iab)$。设 $i=y$, 那么 $x=a$ 或 $x=b$。当 $x=a$ 时, $(ab)(xy)=(ab)(ai)=(iba)$, 产生矛盾。当 $x=b$ 时, $(ab)(xy)=(ab)(bi)=(ab)(ib)=(iab)$。所以, (xy) 只能是 (ib)。相似地, 我们可以讨论其他情况。所以, (iab) 只能分解如下: $v=(iab)=$

$(ia)(ab) = (ab)(ib) = (ib)(ia)$。我们有 $\{(ia),(jb),(kc),(ld)\} = \{(ia),(ab),(ib)\}$，它与 $|\{(ia),(jb),(kc),(ld)\}| = 4$ 相矛盾。 □

定理 2.2.7[59] 设 H 是一个简单的连通图及其 $n = |V(H)| \geqslant 3$。如果 H^1 和 H^2 是由 H 用 $\{1,2,\cdots,n\}$ 中标号获得的两个不同的标号图，那么 $\mathrm{Cay}(H^1,S_n)$ 同构于 $\mathrm{Cay}(H^2,S_n)$。

由定理 2.2.7, 我们对于一个简单连通图 H 可以根据需要给它标号。设 $n \geqslant 4$ 和设 S^* 是 S_{n-1} 的一个生成集。$\mathrm{Cay}(H,S_n)$ 可以分解成如下更小的 $\mathrm{Cay}(S^*,S_{n-1})$。给定一个整数 p 及其 $1 \leqslant p \leqslant n$, 设 H_i 是 $\mathrm{Cay}(H,S_n)$ 的顶点中在第 p 个位置是 i 的导出子图, 其中 $1 \leqslant i \leqslant n$。我们将它称为 $\mathrm{Cay}(H,S_n)$ 在 p 位置的分解。设对换简单图 H 是一个完全图 K_n。如果我们沿最后一个位置分解 $\mathrm{Cay}(H,S_n)$，容易看到 H_i 和 $\mathrm{Cay}(H-n,S_{n-1})$ 是同构的。此外, 我们表示 $E_{i,j}(\mathrm{CK}_n) = E_{\mathrm{CK}_n}(V(H_i),V(H_j))$ 对于 $i,j \in \{1,2,\cdots,n\}$。

引理 2.2.2[58] 在 CK_n 中两个不同的 H_i 和 H_j 之间存在 $(n-1)!$ 条独立的交叉边, $V(H_i)$ 的每一个顶点与 $V(H_j)$ 的一个顶点相邻, 其中 $i,j \in \{1,2,\cdots,n\}$。

证明 设 $v \in V(\mathrm{CK}_n)$, 则 v 发出去的交叉边共有 $n-1$ 条。所以 CK_n 一共有交叉边 $\dfrac{n!(n-1)}{2}$。从而, 在 CK_n 中任意两个不同的 H_i 和 H_j 之间有 $\dfrac{n!(n-1)}{2} \div \dfrac{n(n-1)}{2} = (n-1)!$。

不失一般性地, 我们讨论 H_n, 则 $v = (1) \in V(H_n)$ 和 $v(kn) \in V(H_k)$, 其中 $k = 1,2,\cdots,n-1$。设 $x = \begin{bmatrix} 1 & 2 & \cdots & n-1 & n \\ p_1 & p_2 & \cdots & p_{n-1} & p_n \end{bmatrix}$, 则 $v(kn) \in V(H_{p_k})$。由于 $\{p_1,p_2,\cdots,p_{n-1}\} = \{1,2,\cdots,n-1\}$, 所以 x 发出去的 $n-1$ 条交叉边的另一个端点分别在 $n-1$ 个不同的 H_i 中。 □

2. 巢图的连通度

定理 2.2.8 [58] 当 $n \geqslant 3$ 时, CK_n 的连通度是 $\dfrac{n(n-1)}{2}$, 即 $\kappa(\mathrm{CK}_n) = \dfrac{n(n-1)}{2}$。

证明 为了证明这个定理, 我们对 n 进行归纳。当 $n = 3$ 时, 容易看到 $\kappa(\mathrm{CK}_3) = \dfrac{n(n-1)}{2} = 3$, 因为 CK_3 可以同构到 $K_{3,3}$。我们沿最后一个位置分解 CK_n, 由 H_i $(i = 1,2,\cdots,n)$ 表示, 那么 H_i 和 CK_{n-1} 是同构的。设 F 是顶点集在 CK_n 中, 且 $|F| \leqslant \dfrac{n(n-1)}{2} - 1$ 和 $F_i = V(H_i) \cap F$。当 $n = 4$ 时, 不失一般性地, 设 $|F_1| = \max\{|F_1|, F_2, |F_3|, |F_4|\}$。如果 $3 \leqslant |F_1| \leqslant 5$, 那么有

$F_4=\varnothing$。根据引理 2.2.2, H_i 的每一个顶点是相邻到 $H_4=H_4-F_4$ 的一个顶点, 其中 $i\in\{1,2,3\}$。那么 CK_4-F 是连通的。假设 $|F_i|\leqslant 2$。再结合 H_i 可以同构到 CK_3, 我们有 H_i-F_i 是连通的。由于 $|E_{i,j}(\mathrm{CK}_4)|=(n-1)!=6>4\geqslant|F_i|+|F_j|$, 有 $\mathrm{CK}_4[V(H_i-F_i)\cup V(H_j-F_j)]$ 是连通的, 其中 $i,j\in\{1,2,3,4\}$。所以, CK_4-F 是连通的和 $\kappa(\mathrm{CK}_4)\geqslant 6$。由于 $\delta(\mathrm{CK}_4)=6\geqslant\kappa(\mathrm{CK}_4)\geqslant 6$, 有 $\kappa(\mathrm{CK}_4)=6$。当 $n=k-1$ 时, 假设 $\kappa(\mathrm{CK}_{k-1})=\delta(\mathrm{CK}_{k-1})=\dfrac{(k-1)(k-2)}{2}$。当 $n=k$ 时, 设 $F\leqslant\dfrac{k(k-1)}{2}-1$ 和 $|F_1|=\max\{|F_i|:i=1,2,\cdots,k\}$。如果 $\dfrac{(k-1)(k-2)}{2}\leqslant|F_1|\leqslant\dfrac{k(k-1)}{2}-1$, 有$\sum\limits_{i=2}^{k}|F_i|\leqslant(k-2)$, 那么 $F_k=\varnothing$。根据引理 2.2.2, H_i 的每一个顶点是相邻到 $H_k=H_k-F_k$ 的一个顶点, 其中 $i\in\{1,2,\cdots,k-1\}$, 那么 CK_k-F 是连通的。如果 $|F_i|\leqslant\dfrac{(k-1)(k-2)}{2}-1$, 根据归纳假设, H_i-F_i 是连通的。由于 $|E_{i,j}(\mathrm{CK}_k)|=(k-1)!>k^2-3k\geqslant|F_i|+|F_j|$ 对于 $k\geqslant 4$, 有 $\mathrm{CK}_k[V(H_i-F_i)\cup V(H_j-F_j)]$ 是连通的, 其中 $i,j\in\{1,2,\cdots,n\}$。所以, CK_k 是连通的和 $\kappa(\mathrm{CK}_k)\geqslant\dfrac{k(k-1)}{2}$。由于 $\delta(\mathrm{CK}_k)=\dfrac{k(k-1)}{2}\geqslant\kappa(\mathrm{CK}_k)\geqslant\dfrac{k(k-1)}{2}$, 有 $\kappa(\mathrm{CK}_k)=\dfrac{k(k-1)}{2}$。所以, $\kappa(\mathrm{CK}_n)=\dfrac{n(n-1)}{2}$。 □

引理 2.2.3[58] CK_4 的自然连通度不小于 10, 即 $\kappa^{(1)}(\mathrm{CK}_4)\geqslant 10$。

证明 我们沿最后一个位置分解 CK_4, 由 H_i $(i=1,2,3,4)$ 表示。那么 H_i 和 CK_3 是同构的。对于给定的分解, 端点位于不同 H_i 的边称为交叉边。注意到每个顶点关联 $(n-1)=3$ 条交叉边。由引理 2.2.2, 两个不同 H_i 之间存在 $(n-1)!=6$ 条独立交叉边。设 F 是 CK_4 的一个自然割使得 $|F|\leqslant 9$ 和 $F_i=F\cap V(H_i)$。不失一般性地, 设 $|F_1|\geqslant|F_{i_2}|\geqslant|F_{i_3}|\geqslant|F_{i_4}|$, 其中 $\{i_2,i_3,i_4\}=\{2,3,4\}$。

情况 1. $|F_{i_4}|=0$。

由于 $V(H_i)$ 的每一个点对于 $i\in\{1,i_2,i_3\}$ 是相邻到 $H_4-F_4=H_4$ 的一个顶点, 所以 CK_4-F 是连通的, 这与 F 是 CK_4 的一个自然割相矛盾。

情况 2. $|F_{i_4}|=1$。

由定理 2.2.8, 有 $H_{i_4}-F_{i_4}$ 是连通的。设 $F_{i_4}=\{u\}$。注意到仅有一个顶点 u_{i_j} 在 H_{i_j} 对于 $j=1,2,3$ $(H_{i_1}=H_1)$ 使得 u_{i_j} 相邻到 u。如果 $u_{i_j}\in F$ 对于 $j\in\{1,2,3\}$, 有 $\mathrm{CK}_4[V(H_{i_j}-F_{i_j})\cup V(H_{i_4}-F_{i_4})]$ 是连通的。从而, CK_4-F 是连通的, 这与 F 是 CK_4 的一个自然割相矛盾。那么至少存在一个 $u_{i_j}\notin F$, 不失一般性地, 设它是 $u_1=u_{i_1}$。由于 F 是 CK_4 的一个自然割, 所以 CK_4-F 没有孤立点和 $d_{\mathrm{CK}_4-F}(u_1)\geqslant 1$。再结合 u_1 是仅相邻到 u 在 H_{i_4} 中, 所以存在一个顶点 u_1' 在

$\mathrm{CK}_4-(F\cup V(H_{i_4}))$ 中使得 u_1' 相邻到 u_1。注意到不存在 3 圈在 CK_4 中, 它推出 u_1' 与 u 不相邻。所以, u_1' 与 $H_{i_4}-F_{i_4}$ 中一个顶点相邻, $\mathrm{CK}_4[V(H_{i_4}-F_{i_4})\cup\{u_1',u_1\}]$ 是连通的。对于 H_1-F_1 中的其他顶点, 它们的每个正好与 $H_{i_4}-F_{i_4}$ 中一个顶点相邻, 那么有 $\mathrm{CK}_4[V(H_{i_4}-F_{i_4})\cup V(H_1-F_1)\cup\{u_1'\}]$ 是连通的。$H_{i_2}-F_{i_2}$ 和 $H_{i_3}-F_{i_3}$ 的情况是相似的。根据上面的讨论, 有 CK_4-F 是连通的, 这与 F 是 CK_4 的一个自然割相矛盾。

情况 3. $|F_{i_4}|=2$。

对于 $|F|\leqslant 5$, 由定理 2.2.8, 有 CK_4-F 是连通的, 这与 F 是 CK_4 的一个自然割相矛盾, 所以, 设 $6\leqslant|F|\leqslant 9$。再结合 $|F_1|\geqslant|F_{i_2}|\geqslant|F_{i_3}|\geqslant|F_{i_4}|$, 有 $|F_2|=|F_3|=|F_4|=2$ 和 $2\leqslant|F_1|\leqslant 3$, 设 $|F_1|=2$。注意到 H_i 是同构到 CK_3 的。由定理 2.2.8, CK_3-F_i 是连通的, 所以, 有 H_i-F_i 是连通的。由于 $V(H_i)$ 的每一个顶点是相邻到一个顶点在 H_j 中对于 $i,j\in\{1,2,3,4\}$ 和 $|E_{i,j}(\mathrm{CK}_4)|=(n-1)!=6>4\geqslant|F_i|+|F_j|$, 所以 $\mathrm{CK}_4[V(H_i-F_i)\cup V(H_j-F_j)]$ 是连通的。从而, CK_4-F 是连通的, 这与 F 是 CK_4 的一个自然割相矛盾。那么设 $|F_1|=3$。假设在 H_1-F_1 中不存在孤立点。由于 $|E_{1,i}(\mathrm{CK}_4)|=(n-1)!=6>5=|F_1|+|F_i|$, 所以 $\mathrm{CK}_4[V(H_1-F_1)\cup V(H_i-F_i)]$ 是连通的。从而, 有 CK_4-F 是连通的, 这与 F 是 CK_4 的一个自然割相矛盾, 那么在 H_1-F_1 中存在孤立点。由于 $H_1=K_{3,3}$, 所以 H_1-F_1 有 3 个孤立点。由于在 CK_4-F 中不存在孤立点, 那些在 H_1-F_1 中孤立点都与 CK_4-F-H_1 中的顶点相邻。由于 $|E_{i,j}(\mathrm{CK}_4)|=(n-1)!=6>4\geqslant|F_i|+|F_j|$ 对于 $i,j\in\{2,3,4\}$, 所以 $\mathrm{CK}_4[V(H_i-F_i)\cup V(H_j-F_j)]$ 是连通的。从而 CK_n-F 是连通的, 这与 F 是 CK_4 的一个自然割相矛盾。

由情况 1~ 情况 3, F 不是 CK_4 的一个自然割, 当 $|F|\leqslant 9$ 和 $\kappa^{(1)}(\mathrm{CK}_4)\geqslant 10$ 时。 □

引理 2.2.4[58] CK_5 的自然连通度不小于 18, 即 $\kappa^{(1)}(\mathrm{CK}_5)\geqslant 18$。

证明 我们沿最后一个位置分解 CK_5, 由 H_i $(i=1,2,3,4,5)$ 表示。那么 H_i 和 CK_4 是同构的。对于给定的分解, 端点位于不同 H_i 的边称为交叉边。由引理 2.2.2, 每个顶点与 $(n-1)=4$ 条交叉边相关联, 两个不同 H_i 之间存在 $(n-1)!=24$ 条独立交叉边。设 F 是 CK_5 的自然割使得 $|F|\leqslant 17$ 和 $F_i=F\cap V(H_i)$。不失一般性地, 设 $|F_1|\geqslant|F_{i_2}|\geqslant|F_{i_3}|\geqslant|F_{i_4}|\geqslant|F_{i_5}|$, 其中 $\{i_2,i_3,i_4,i_5\}=\{2,3,4,5\}$。

情况 1. $|F_{i_5}|=0$。

由于 $V(H_{i_j})$ 的每一个点对于 $j\in\{1,2,3,4\}$ $(i_1=1)$ 是相邻到一个顶点在 $H_{i_5}-F_{i_5}=H_{i_5}$, 所以 CK_5-F 是连通的, 这与 F 是 CK_5 的一个自然割相矛盾。

情况 2. $|F_{i_5}|=1$。

由定理 2.2.8, 有 $H_{i_5}-F_{i_5}$ 是连通的。设 $F_{i_5}=\{u\}$。注意到只存在一个顶点

u_{i_j} 在 H_{i_j} ($H_{i_1} = H_1$) 中对于 $j \in \{1,2,3,4\}$ 使得 u_{i_j} 相邻到 u。如果 $u_{i_j} \in F$ 对于 $j \in \{1,2,3,4\}$, 那么 $\text{CK}_5[V(H_{i_j} - F_{i_j}) \cup V(H_{i_5} - F_{i_5})]$ 是连通的, 从而, $\text{CK}_5 - F$ 是连通的, 这与 F 是 CK_5 的一个自然割相矛盾。所以至少存在一个 $u_{i_j} \notin F$, 不失一般性地, 设它是 u_1。由于 F 是 CK_5 的一个自然割, 所以 $\text{CK}_5 - F$ 没有孤立点和 $d_{\text{CK}_5-F}(u_1) \geqslant 1$。再结合 u_1 是仅相邻到 u 在 H_{i_5} 中, 所以存在一个顶点 u_1' 在 $\text{CK}_5 - (F \cup V(H_{i_5}))$ 中使得 u_1' 相邻到 u_1。注意到不存在 3 圈在 CK_5 中, 它推出 u_1' 与 u 不相邻。所以, u_1' 与 $H_{i_5} - F_{i_5}$ 中的一个顶点相邻, 且 $\text{CK}_5[V(H_{i_5} - F_{i_5}) \cup \{u_1', u_1\}]$ 是连通的。在 $H_1 - F_1$ 中的顶点, 它们的每一个与在 $H_{i_5} - F_{i_5}$ 中的顶点相邻, 那么有 $\text{CK}_5[V(H_{i_5} - F_{i_5}) \cup V(H_1 - F_1) \cup \{u_1'\}]$ 是连通的。$H_i - F_i$ 对于 $i \in \{2,3,4\}$ 的情况是相似的。根据上面的讨论, 有 $\text{CK}_5 - F$ 是连通的, 这与 F 是 CK_5 的一个自然割相矛盾。

情况 3. $|F_{i_5}| = 2$。

容易看到 $|F_1| + |F_{i_2}| \leqslant 17 - 3 \times 2 = 11$, 它推出仅 F_1 能有 $|F_1| \geqslant 6 = \kappa(\text{CK}_4)$ (由定理 2.2.8)。另外, 有 $|F_1| \leqslant 17 - 4 \times 2 = 9 < 10 \leqslant \kappa^{(1)}(\text{CK}_4)$ (由引理 2.2.3)。设 $6 \leqslant |F_1| \leqslant 9$, 注意到 $|F_{i_j}| < 6$ 对于 $j \in \{2,3,4,5\}$。我们有 $H_{i_j} - F_{i_j}$ 对于 $j \in \{2,3,4,5\}$ 是连通的 (由定理 2.2.8)。由于 $|E_{i,j}(\text{CK}_5)| = (n-1)! = 24 > 7 \geqslant |F_i| + |F_j|$, 所以 $\text{CK}_5[V(H_i - F_i) \cup V(H_j - F_j)]$ 是连通的, 其中 $i, j \in \{2,3,4,5\}$。设 $H_1 - F_1$ 没有孤立点。由于 $|E_{1,i}(\text{CK}_5)| = (n-1)! = 24 > 11 \geqslant |F_1| + |F_i|$, 所以 $\text{CK}_5[V(H_1 - F_1) \cup V(H_i - F_i)]$ 是连通的。因此, $\text{CK}_5 - F$ 是连通的, 这与 F 是 CK_5 的一个自然割相矛盾, 那么在 $H_1 - F_1$ 中存在孤立点。由于在 $\text{CK}_5 - F$ 中不存在孤立点, 在 $H_1 - F_1$ 中那些孤立点是分别相邻到 $\text{CK}_5 - F - V(H_1)$ 中的顶点。另外, 设存在一个分支 G_1 在 $H_1 - F_1$ 中使得 $|V(G_1)| = 2$。由于 $|N_{H_1}(V(G_1))| = (n-1)(n-2) - 2 = 10 > 9 \geqslant |F_1|$, 产生矛盾。所以, 有 $|V(G_1)| \geqslant 3$。由于 $3(n-1) = 12 > 17 - 6 = 11$, 有 $\text{CK}_n[V(G_1) \cup V(H_i)]$ 是连通的对于至少一个 $i \in \{2,3,4,5\}$。另外的分支在 $H_1 - F_1$ 中是相似的。根据上面的讨论, $\text{CK}_5 - F$ 是连通的, 这与 F 是 CK_5 的一个自然割相矛盾。

情况 4. $|F_{i_5}| = 3$。

容易看到 $|F_1| \leqslant 17 - 4 \times 3 = 5$, 那么有 $|F_i| < \kappa(\text{CK}_4) = 6$ 对于 $i \in \{1,2,3,4,5\}$ (由定理 2.2.8)。从而, $H_i - F_i$ 是连通的。另外, $|E_{i,j}(\text{CK}_5)| = (n-1)! = 24 > 8 \geqslant |F_i| + |F_j|$, 所以 $\text{CK}_5[V(H_i - F_i) \cup V(H_j - F_j)]$ 是连通的。因此, $\text{CK}_5 - F$ 是连通的, 这与 F 是 CK_5 的一个自然割相矛盾。

由情况 1~ 情况 4, F 不是 CK_5 的一个自然割, 当 $|F| \leqslant 17$ 和 $\kappa^{(1)}(\text{CK}_5) \geqslant 18$ 时。 □

定理 2.2.9[58] 对于 $n \geqslant 4$, CK_n 的自然连通度是 $n^2 - n - 2$, 即 $\kappa^{(1)}(\text{CK}_n) = n^2 - n - 2$。

证明　由性质 2.2.12, CK_n 的围长是 4。由定理 2.2.7, 设 $(12) \in E(K_n)$ 和 $A = \{(1),(12)\}$, 那么 $\mathrm{CK}_n[A] = K_2$。由于 CK_n 没有 3 圈和它的正则度是 $\dfrac{n(n-1)}{2}$, 所以 $|N_{\mathrm{CK}_n}(A)| = n(n-1)-2 = n^2-n-2$。设 $F_1 = N_{\mathrm{CK}_n}(A)$ 和 $F_2 = A \cup N_{\mathrm{CK}_n}(A)$。注意到 $|N((1)) \setminus (12)| = \dfrac{n(n-1)}{2} - 1$, 设 $a \in (N((1)) \setminus (12))$。对于任意的 $x \in S_n \setminus F_2$, 设 a 是相邻到 x 的。由于 CK_n 是偶图, 所以 x 不是相邻到 $(N((12)) \setminus (1))$ 的任意的顶点。因此, $d_{\mathrm{CK}_n[S_n \setminus F_2]}(x) \geqslant \dfrac{n(n-1)}{2} - \left(\dfrac{n(n-1)}{2} - 1\right) = 1$ 和 $\delta(\mathrm{CK}_n - F_1 - F_2) \geqslant 1$。从而, F_1 是 CK_n 的一个自然割。所以, $K^{(1)}(\mathrm{CK}_n) \leqslant n^2 - n - 2$。充分证明了 F 不是 CK_n 的一个自然割, 当 $|F| \leqslant n^2 - n - 3$ 时。

我们沿最后一个位置分解 CK_n, 由 H_i $(i = 1, 2, \cdots, n)$ 表示。那么 H_i 和 CK_{n-1} 是同构的。对于给定的分解, 端点位于不同 H_i 的边称为交叉边。由引理 2.2.2, 每个顶点与 $(n-1)$ 条交叉边相关联, 在两个不同 H_i 之间存在 $(n-1)!$ 条独立交叉边。设 $F_i = F \cap V(H_i)$。不失一般性地, 设 $|F_1| \geqslant |F_{i_2}| \geqslant \cdots \geqslant |F_{i_{n-1}}| \geqslant |F_{i_n}|$, 其中 $\{i_2, \cdots, i_{n-1}, i_n\} = \{2, \cdots, n-1, n\}$。证明过程对 n 进行归纳, 对于 $4 \leqslant n \leqslant 5$, 由引理 2.2.3 和引理 2.2.4, 当 $|F| \leqslant n^2 - n - 3$ 时, F 不是 CK_n 的一个自然割。假设当 $|F| \leqslant (n-1)^2 - (n-1) - 3$ 时 F 不是 CK_{n-1} 的一个自然割。现在对于 $n \geqslant 6$ 考虑 CK_n。相反地当 $|F| \leqslant n^2 - n - 3$ 时, 设 F 是 CK_n 的一个自然割。我们考虑下面的情况。

情况 1. $|F_1| < \dfrac{(n-1)(n-2)}{2}$。

由于 $|F_1| \geqslant |F_{i_2}| \geqslant \cdots \geqslant |F_{i_{n-1}}| \geqslant |F_{i_n}|$ 和 $|F_1| < \dfrac{(n-1)(n-2)}{2}$, 所以 $|F_{i_j}| < \dfrac{(n-1)(n-2)}{2}$ 对于 $j = 2, 3, \cdots, n$。由定理 2.2.8, $H_i - F_i$ 是连通的。由于存在 $(n-1)!$ 独立交叉边在两个不同 H_i 和 $(n-1)! \geqslant 2 \cdot \dfrac{(n-1)(n-2)}{2} > |F_i| + |F_j|$, 所以 $\mathrm{CK}_n[V(H_i - F_i) \cup V(H_j - F_j)]$ 是连通的。因此, $\mathrm{CK}_n - F$ 是连通的, 这与 F 是 CK_n 的一个自然割相矛盾。

情况 2. $\dfrac{(n-1)(n-2)}{2} \leqslant |F_1| \leqslant (n-1)^2 - (n-1) - 3$。

由于 $2 \cdot \dfrac{(n-1)(n-2)}{2} < n^2 - n - 3 < 3 \cdot \dfrac{(n-1)(n-2)}{2}$ 对于 $n \geqslant 6$, 所以仅 F_{i_2} 能有 $\dfrac{(n-1)(n-2)}{2} \leqslant |F_{i_2}| \leqslant (n-1)^2 - (n-1) - 3$, 另外的 F_{i_j} 对于 $j \in \{3, \cdots, n\}$ 有 $|F_i| < \dfrac{(n-1)(n-2)}{2}$。

情况 2.1. $\frac{(n-1)(n-2)}{2} \leqslant |F_2| \leqslant (n-1)^2-(n-1)-3$。

为了方便, 令 $i_2=2$。由于 $\frac{(n-1)(n-2)}{2} \leqslant |F_i| \leqslant (n-1)^2-(n-1)-3$ 对于 $i \in \{1,2\}$, 根据归纳假设, H_i-F_i 或者有孤立点或者是连通的。

情况 2.1.1. H_1-F_1 和 H_2-F_2 都没有孤立点。

在这种情况中, $\{H_1-F_1, H_2-F_2\}$ 之一是连通的。由于 $|F \setminus (F_1 \cup F_2)| < \frac{(n-1)(n-2)}{2}$, 相似到情况 1, $\mathrm{CK}_n[V(H_i-F_i) \cup V(H_j-F_j)]$ 是连通的, 其中 $i,j \in \{3,\cdots,n\}$。由于 $|V(H_1-F_1)|(n-2) \geqslant [(n-1)!-(n-1)^2+(n-1)+3](n-2) > (n^2-n-3)-(n-1)(n-2) \geqslant |F \setminus (F_1 \cup F_2)|$, 所以 $\mathrm{CK}_n[V(H_1-F_1) \cup V(H_i-F_i)]$ 是连通的对于至少一个 $i \in \{3,\cdots,n\}$。H_2-F_2 的情况是相似的。所以, CK_n-F 是连通的, 这与 F 是 CK_n 的一个自然割相矛盾。

情况 2.1.2. H_1-F_1 和 H_2-F_2 之一有孤立点。

由于 H_1-F_1 和 H_2-F_2 之一有孤立点, 不失一般性地, 设它是 H_1-F_1。根据性质 2.2.13, 两个顶点最多有三个公共相邻顶点。注意到 $2 \cdot \frac{(n-1)(n-2)}{2}-3=(n-1)^2-(n-1)-3$, 那么 H_1-F_1 最多有两个孤立点。设在 H_1-F_1 中存在两个孤立点, 设它们是 a 和 b。由于 F 是 CK_n 的一个自然割, 在 CK_n-F 中不存在孤立点和在 CK_n-F 中既没有 a 也没有 b 是孤立点。注意到 $|F_1|=(n-1)^2-(n-1)-3$。由于 $|F|-|F_1|-|F_2| \leqslant n^2-n-3-(n-1)^2+(n-1)+3-\frac{(n-1)(n-2)}{2} < (n-2)$ 和 $|F_1| \geqslant |F_2| \geqslant \cdots \geqslant |F_n|$, 所以 $|F_n|=0$。由于 $\mathrm{CK}_n[\bigcup_{i=1}^{n-1} V(H_i-F_i)]$ 的每一个顶点与在 $H_n-F_n=H_n$ 中的一个顶点相邻, 所以 CK_n-F 是连通的, 这与 F 是 CK_n 的一个自然割相矛盾, 那么 H_1-F_1 最多有一个孤立点。如果在 H_1-F_1 中仅存在一个孤立点, 设它是 a 和 H_1-F_1-a 的分支是 $G_1, G_2, \cdots, G_k$ 对于 $k \geqslant 1$。由于 F 是 CK_n 的一个自然割, a 是相邻到一个顶点在 H_i-F_i 中对于至少一个 $i \in \{2,\cdots,n\}$。对于 G_r $(1 \leqslant r \leqslant k)$, 有 $|V(G_r)| \geqslant 2$。由于 $\left(n^2-n-3-2 \cdot \frac{(n-1)(n-2)}{2}\right) = 2n-5 < 2(n-2) \leqslant |N(V(G_r)) \setminus (V(H_1) \cup V(H_2))|$, 所以 $\mathrm{CK}_n[V(G_r) \cup V(H_i-F_i)]$ 是连通的对于至少一个 $i \in \{3,\cdots,n\}$。对于 H_1-F_1 另外的分支, 情况是相似的。类似情况 1 的证明, 有 $\mathrm{CK}_n[V(H_i-F_i) \cup V(H_j-F_j)]$ 是连通的对于 $i,j \in \{3,\cdots,n\}$。与情况 2.1.1 的证明相似, $\mathrm{CK}_n[V(H_2-F_2) \cup V(H_i-F_i)]$ 是连通的对于至少一个 $i \in \{3,\cdots,n\}$。所以, CK_n-F 是连通的, 这与 F 是 CK_n 的一个自然割相矛盾。

情况 2.1.3. $\{H_1-F_1, H_2-F_2\}$ 都有孤立点。

设 H_1-F_1 有两个孤立点, 那么 $|F_1|=(n-1)^2+(n-1)+3$。由于 $|F|-|F_1|-|F_2|\leqslant n^2-n-3-(n-1)^2+(n-1)+3-\dfrac{(n-1)(n-2)}{2}<(n-2)$ 和 $|F_1|\geqslant|F_2|\geqslant\cdots\geqslant|F_n|$, 所以 $|F_n|=0$。由于 $\mathrm{CK}_n\left[\bigcup_{i=1}^{n-1}V(H_i-F_i)\right]$ 的每一个顶点都是与 $H_n-F_n=H_n$ 中的一个顶点相邻, 所以 CK_n-F 是连通的, 这与 F 是 CK_n 的一个自然割相矛盾, 那么 H_1-F_1 有 1 个孤立点。如果 H_2-F_2 有两个孤立点, 相似地有 $|F_n|=0$。由于 $\mathrm{CK}_n\left[\bigcup_{i=1}^{n-1}V(H_i-F_i)\right]$ 的每一个顶点与在 $H_n-F_n=H_n$ 中的一个顶点相邻, 所以 CK_n-F 是连通的, 这与 F 是 CK_n 的一个自然割相矛盾, 于是 $\{H_1-F_1,H_2-F_2\}$ 中每个都有 1 个孤立点, 设它们分别是 a 和 b。设 H_1-F_1-a 的分支是 $G_1^1,G_2^1,\cdots,G_k^1$ 对于 $k\geqslant 1$ 和在 H_2-F_2-b 中是 $G_1^2,G_2^2,\cdots,G_l^2$ 对于 $l\geqslant 1$。那么有 $|V(G_r^1)|\geqslant 2$ 和 $|V(G_s^2)|\geqslant 2$ 对于 $1\leqslant r\leqslant k$ 和 $1\leqslant s\leqslant l$。注意到在 CK_n-F 中不存在孤立点。如果 a 不是相邻到 b, 那么 a 是相邻到一个顶点在 H_i-F_i 中对于至少一个 $i\in\{3,\cdots,n\}$, 或者一个顶点在 G_s^2 中对于一个 s $(1\leqslant s\leqslant l)$, 或者 b 是相邻到一个顶点在 H_i-F_i 中对于至少一个 $i\in\{3,\cdots,n\}$, 或者一个顶点在 G_r^1 中对于一个 r $(1\leqslant r\leqslant k)$。对于 G_r^1, 由于 $(n^2-n-3-2\cdot\dfrac{(n-1)(n-2)}{2})=2n-5<2(n-2)\leqslant|N(V(G_r))\setminus(V(H_1)\cup V(H_2))|$, 所以 $\mathrm{CK}_n[V(G_r^1)\cup V(H_i-F_i)]$ 是连通的对于至少一个 $i\in\{3,\cdots,n\}$。相似地, $\mathrm{CK}_n[V(G_s^2)\cup V(H_i)]$ 是连通的对于至少一个 $i\in\{3,\cdots,n\}$。对于 H_1-F_1 和 H_2-F_2 另外的分支, 情况是相似的。类似情况 1 的证明, 有 $\mathrm{CK}_n[V(H_i-F_i)\cup V(H_j-F_j)]$ 是连通的对于 $i,j\in\{3,\cdots,n\}$。所以, CK_n-F 是连通的, 这与 F 是 CK_n 的一个自然割相矛盾。设 a 是相邻到 b 的。类似前面的证明, $\mathrm{CK}_n[V(G_r^1)\cup V(H_i-F_i)]$ 和 $\mathrm{CK}_n[V(G_s^2)\cup V(H_i-F_i)]$ 是连通的对于至少一个 $i\in\{3,\cdots,n\}$ 和 $\mathrm{CK}_n[V(H_i-F_i)\cup V(H_j-F_j)]$ 是连通的对于 $i,j\in\{3,\cdots,n\}$。对于 H_1-F_1 和 H_2-F_2 另外的分支, 情况是相似的。$\mathrm{CK}_n[\{a,b\}]$ 割掉整个的交叉边, 我们需要 $2(n-2)$ 个顶点在 H_i 中, 其中 $i\in\{3,\cdots,n\}$。由于 $|F\setminus(F_1\cup F_2)|\leqslant n^2-n-3-(n-1)(n-2)=2n-5$, 那么有 $\mathrm{CK}_n[V(H_i-F_i)\cup\{a,b\}]$ 是连通的对于至少一个 $i\in\{3,\cdots,n\}$。所以, CK_n-F 是连通的, 这与 F 是 CK_n 的一个自然割相矛盾。

情况 2.2. $|F_2|<\dfrac{(n-1)(n-2)}{2}$。

情况 2.2.1. H_1-F_1 没有孤立点。

根据归纳假设, H_1-F_1 是连通的。类似情况 2.1.1 的证明, 有 $\mathrm{CK}_n[V(H_1-F_1)\cup V(H_i-F_i)]$ 对于至少一个 $i\in\{2,\cdots,n\}$。类似情况 1 的证明, 有 $\mathrm{CK}_n[V(H_i-F_i)\cup V(H_j-F_j)]$ 是连通的对于 $i,j\in\{2,\cdots,n\}$。所以, CK_n-F 是连通的, 这

与 F 是 CK_n 的一个自然割相矛盾。

情况 2.2.2. H_1-F_1 有孤立点。

根据性质 2.2.13, 两个顶点最多有三个公共邻点。注意到 $2\cdot\dfrac{(n-1)(n-2)}{2}-3=(n-1)^2-(n-1)-3$, 那么 H_1-F_1 最多有两个孤立点。设 H_1-F_1 有两个孤立点 a 和 b。由于在 CK_n-F 中不存在孤立点, 所以在 CK_n-F 中既没有 a 也没有 b 是孤立点。因此, $\{a,b\}$ 之一是相邻到至少 H_i-F_i 的一个顶点, 其中 $i\in\{2,\cdots,n\}$。设 H_1-F_1-a-b 的分支是 $G_1,G_2,\cdots,G_k$ 对于 $k\geqslant 1$。我们有 $|V(G_r)|\geqslant 2$ 对于 $1\leqslant r\leqslant k$。设 $|V(G_1)|=2$, 由于 $|N_{H_1}(V(G_1))|=(n-1)(n-2)-2=n^2-3n>(n-1)^2-(n-1)-3$, 这产生矛盾。所以, 有 $|V(G_r)|\geqslant 3$。由于 $3(n-1)>n^2-n-3-[(n-1)^2-(n-1)-3]$, 所以 $\mathrm{CK}_n[V(G_r)\cup V(H_i-F_i)]$ 是连通的对于至少一个 $i\in\{2,\cdots,n\}$。对于 H_1-F_1 另外的分支, 情况是相似的。类似情况 1 的证明, 有 $\mathrm{CK}_n[V(H_i-F_i)\cup V(H_j-F_j)]$ 是连通的对于 $i,j\in\{2,\cdots,n\}$。所以, CK_n-F 是连通的, 这与 F 是 CK_n 的一个自然割相矛盾。所以在 H_1-F_1 中仅存在一个孤立点, 设它是 a 和 H_1-F_1-a 的分支是 $G_1,G_2,\cdots,G_k$ 对于 $k\geqslant 1$。注意到 CK_n-F 中没有孤立点, 那么 a 是相邻到一个顶点在 H_i-F_i 中对于至少一个 $i\in\{2,\cdots,n\}$。对于 G_r 有 $|V(G_r)|\geqslant 2$, 其中 $1\leqslant r\leqslant k$。设 $|V(G_1)|=2$, 由于 $|N_{H_1}(V(G_1))|=(n-1)(n-2)-2=n^2-3n>(n-1)^2-(n-1)-3$, 这产生矛盾。所以, 有 $|V(G_r)|\geqslant 3$。由于 $3(n-1)>n^2-n-3-[(n-1)^2-(n-1)-3]$, 所以 $\mathrm{CK}_n[V(G_r)\cup V(H_i-F_i)]$ 是连通的对于至少一个 $i\in\{2,\cdots,n\}$。H_1-F_1 另外的分支, 情况是相似的。类似情况 1 的证明, 有 $\mathrm{CK}_n[V(H_i-F_i)\cup V(H_j-F_j)]$ 是连通的对于 $i,j\in\{2,\cdots,n\}$。所以, CK_n-F 是连通的, 这与 F 是 CK_n 的一个自然割相矛盾。

情况 3. $(n-1)^2-(n-1)-3<|F_1|\leqslant n^2-n-3$。

由于 $2[(n-1)^2-(n-1)-3]=2n^2-6n-2>n^2-n-3$ 对于 $n\geqslant 6$, 所以仅存在一个 F_1 使得 $(n-1)^2-(n-1)-3\leqslant|F_1|\leqslant n^2-n-3$。

对于另外的 F_i ($i\in\{2,\cdots,n\}$), 由于 $|F-F_1|<n^2-n-3-(n^2-3n-1)=2n-2$, 即 $|F-F_1|\leqslant 2n-3$, 所以 $2n-3<\dfrac{(n-1)(n-2)}{2}$ 对于 $n\geqslant 6$。因此, 不存在 F_i 使得 $\dfrac{(n-1)(n-2)}{2}\leqslant|F_i|\leqslant(n-1)^2-(n-1)-3$, 其中 $i\in\{2,\cdots,n\}$ 和 $n\geqslant 6$。从而, 有 $|F_i|<\dfrac{(n-1)(n-2)}{2}$ 对于每一个 $i\in\{2,\cdots,n\}$。

类似情况 1 的证明, 有 $\mathrm{CK}_n[\bigcup_{i=2}^{n}V(H_i-F_i)]$ 是连通的。设 H_1-F_1 是连通的。由于 $|E_{1,i}(\mathrm{CK}_n)|=(n-1)!>n^2-n-3+\dfrac{(n-1)(n-2)}{2}\geqslant|F_1|+|F_i|$ 对

于 $i \in \{2,\cdots,n\}$, 所以 $\mathrm{CK}_n[V(H_1-F_1)\cup V(H_n-F_n)]$ 是连通的和 CK_n-F 是连通的, 这与 F 是 CK_n 的一个自然割相矛盾。那么设 F_1 是 H_1 的一个自然割相矛盾, 设 H_1-F_1 的分支是 $G_1,G_2,\cdots,G_k$ 对于 $k\geqslant 1$。注意到 $|V(G_r)|\geqslant 2$ 对于 $1\leqslant r\leqslant k$, 那么对于每一个 G_r, 关联的交叉边的数目至少是 $2(n-1)$。注意到 $|F-F_1|\leqslant 2n-3<2(n-1)$, 所以 $\mathrm{CK}_n[V(G_r)\cup V(H_i-F_i)]$ 是连通的对于至少一个 $i\in\{2,\cdots,n\}$。对于 H_1-F_1 另外的分支, 情况是相似的。所以, CK_n-F 是连通的, 这与 F 是 CK_n 的一个自然割相矛盾。如果 H_1-F_1 有孤立点, 设它们是 $\{v_1,v_2,\cdots,v_t\}$, 其中 $t\geqslant 1$。由于 $2\cdot\dfrac{n(n-1)}{2}-3=n^2-n-3$, 在 CK_n-F 中最多存在两个孤立点。注意到在 CK_n-F 中不存在孤立点, 那么每一个孤立点在 H_1-F_1 中是相邻到 H_i-F_i 的一个顶点对于至少一个 $i\in\{2,\cdots,n\}$。设 $H_1-F_1-\bigcup_{i=1}^{t}v_i$ 的分支是 $G_1,G_2,\cdots,G_k$ 对于 $k\geqslant 1$, 那么有 $|V(G_r)|\geqslant 2$, 其中 $1\leqslant r\leqslant k$。由于 $|F|-|F_1|\leqslant n^2-n-3-(n-1)^2+(n-1)+3-1=2n-3<2(n-1)\leqslant |N(V(G_r))\setminus(V(H_1)|$, 所以 $\mathrm{CK}_n[V(G_r)\cup V(H_i-F_i)]$ 是连通的对于至少一个 $i\in\{2,\cdots,n\}$。对于 H_1-F_1 另外的分支, 情况是相似的。类似情况 1 的证明, 有 $\mathrm{CK}_n[V(H_i-F_i)\cup V(H_j-F_j)]$ 是连通的对于 $i,j\in\{2,\cdots,n\}$。所以, CK_n-F 是连通的, 这与 F 是 CK_n 的一个自然割相矛盾。

由情况 1∼ 情况 3, 当 $|F|\leqslant n^2-n-3$ 时 F 不是 CK_n 的一个自然割。所以, 如果 F 是 CK_n 的一个自然割, 那么 $|F|\geqslant n^2-n-2$ 。再组合 $K^{(1)}(\mathrm{CK}_n)\leqslant n^2-n-2$, 有 $\kappa^{(1)}(\mathrm{CK}_n)=n^2-n-2$。 □

2.2.3 泡型星图

1. 预备知识

设 $[n]=\{1,2,\cdots,n\}$ 和设 S_n 是 $[n]$ 上的对称群。注意到 $\{(1,i):i=2,3,\cdots,n\}$ 是 S_n 的一个生成集。所以 $\{(1,i):i=2,3,\cdots,n\}\cup\{(i,i+1):i=2,3,\cdots,n-1\}$ 也是 S_n 的一个生成集。

定义 2.2.2 一个 n 维泡型星图 BS_n [60,61] 是一个图, 它的顶点集 $V(\mathrm{BS}_n)=S_n$ 和两个顶点 u,v 是相邻的当且仅当 $u=v(1,i)$, $2\leqslant i\leqslant n$, 或者 $u=v(i,i+1)$, $2\leqslant i\leqslant n-1$。

图 2.3 是泡型星图 BS_2、BS_3 和 BS_4 的图例。

由定义 2.2.2 可知, BS_n 是一个 $2n-3$ 正则图在 $n!$ 顶点。注意到 BS_n 是一个特别的凯莱图, 所以 BS_n 有下面的性质。

性质 2.2.14 对于整数 $n\geqslant 1$, BS_n 是 $2n-3$ 正则的、点传递的。

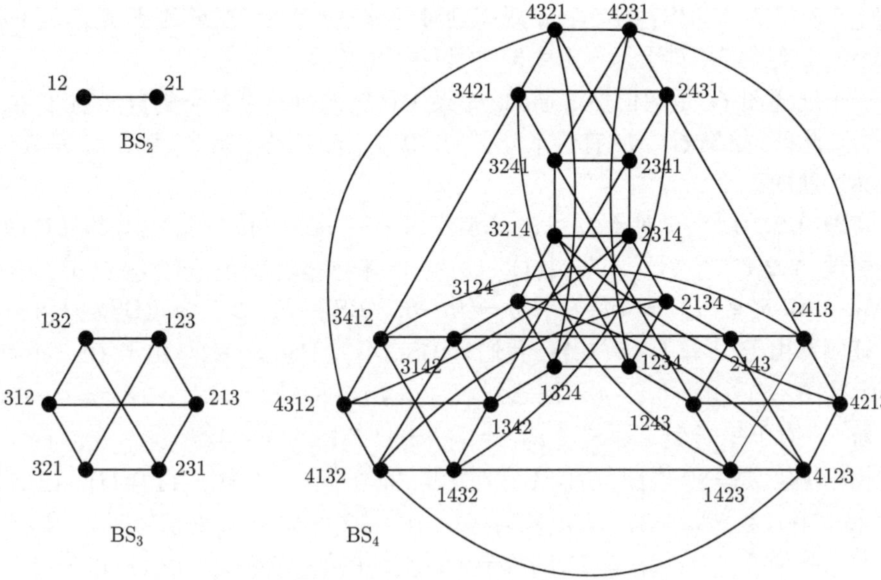

图 2.3 泡型星图 BS_2、BS_3 和 BS_4 的图例

由于 BS_n 的生成集的元素是对换的, 所以有下面的性质。

性质 2.2.15 对于整数 $n \geqslant 2$, BS_n 是一个偶图。

由于 $(1), (12), (12)(34), (23), (1)$ 是 BS_n 的一个 4 圈, 所以有下面的性质。

性质 2.2.16 对于整数 $n \geqslant 3$, BS_n 的围长是 4。

我们可以把 BS_n 划分成 n 个子图 $\mathrm{BS}_1, \mathrm{BS}_2, \cdots, \mathrm{BS}_n$, 其中每个顶点 $u = x_1x_2\cdots x_n \in V(\mathrm{BS}_n)$ 有固定的整数 i 在最后一个位置 x_n, 对于 $i \in [n]$。容易证明 BS_n^i 同构于 BS_{n-1}, 对于 $i \in [n]$。设 $v \in V(\mathrm{BS}_n^i)$, 则 $v(1n)$ 和 $v(n-1, n)$ 被称为 v 的外邻点。

性质 2.2.17 [60] 设 BS_n^i 定义如上, 则存在 $2(n-2)!$ 条独立交叉边在两个不同的 H_i 之间。

性质 2.2.18 [60] 设 BS_n 是泡型星图, 如果两个顶点 u, v 是相邻的, 那么 u, v 不存在公共邻点, 即 $|N(u) \cap N(v)| = 0$。如果两个顶点 u, v 不是相邻的, 那么 u, v 最多存在 3 个公共邻点, 即 $|N(u) \cap N(v)| \leqslant 3$。

2. 泡型星图的连通度

引理 2.2.5 泡型星图 BS_4 的自然连通度 $\kappa^{(1)}(\mathrm{BS}_4)$ 是 8。

证明 在 BS_4 (见图 2.3), 设 $F = 4321, 2341, 3214, 1234, 2143, 4123, 3412, 1432$。则在 BS_4 中 F 有两个分支 H_1 和 H_2, 其中 $V(H_1) = 3421, 3241, 4231, 2431, 2413, 4213, 1243, 1423$ 和 $V(H_2) = 4312, 4132, 3142, 1342, 3124, 1324, 2314, 2134$。注意

到 $|F|=8$ 和 F 是 BS_4 的一个 g 好邻割对于 $g=1,2,3$。注意到 F 是 BS_4 的一个最小的 g 好邻割, 对于 $g=1,2,3$。所以 $\kappa^{(g)}(BS_4)=8$。 □

一个连通图 G 是超自然连通的, 如果 $V(G)$ 的每一个最小的自然割 F 孤立一条边。此外, 如果 $G-F$ 有两个分支, 其中一个分支是一条边, 那么 G 是紧 $|F|$ 超自然连通的。

定理 2.2.10 [62] 对于 $n\geqslant 5$, 泡型星图 BS_n 是紧 $(4n-8)$ 超自然连通的。

引理 2.2.6 [63] 设 $A=\{(1),(12)\}$。如果 $n\geqslant 4$, $F_1=N_{BS_n}(A)$, $F_2=A\cup N_{BS_n}(A)$, 那么 $|F_1|=4n-8$, $|F_2|=4n-6$, $\delta(BS_n-F_1)\geqslant 1$ 和 $\delta(BS_n-F_2)\geqslant 1$。

证明 由于 $A=\{(1),(12)\}$, 我们有 $BS_n[A]\cong BS_2=K_2$。由于 BS_n 没有 3 圈, 所以 $|N_{BS_n}(A)|=4n-8$。注意到 $|F_1|=4n-8$, $|F_2|=|A|+|F_1|=4n-6$。

断言: 对于每一个 $x\in S_n\setminus F_2$, $|N_{BS_n}(x)\cap F_2|\leqslant 2n-4$。

由于 BS_n 是一个偶图, 所以不存在 BS_n 的 5 圈 $(1),(ki),x,(12)(lj),(12),(1)$, 其中 $(ki),(lj)\in S\setminus(12)$。设 $u\in N_{BS_n}((1))\setminus(12)$。如果 u 是相邻到 x 的, 那么 x 不是相邻到 $N_{BS_n}((12))\setminus(1)$ 的每一个顶点。由于 $|N_{BS_n}((1))\setminus(12)|=2n-4$, 所以 x 是相邻到最多 $(2n-4)$ 顶点在 F_1。断言证毕。

根据断言, $|N_{BS_n}(x)\cap F_2|\leqslant 2n-4$ 对于每一个 $x\in S_n\setminus F_2$。所以, $\delta(BS_n-F_2)\geqslant 2n-3-(2n-4)=1$。$BS_n-F_1$ 有两个分支 BS_n-F_2 和 BS_2。注意到 $\delta(BS_2)=1$。因此, $\delta(BS_n-F_1)\geqslant 1$。 □

2.2.4 轮图

1. 预备知识

设 $[n]=\{1,2,\cdots,n\}$ 和设 S_n 是对称群在 $[n]$ 上。注意到 $\{(1i):i=2,3,\cdots,n\}$ 是 S_n 的一个生成集。所以 $\{(1,i):i=2,3,\cdots,n\}\cup\{(i,i+1):i=2,3,\cdots,n-1\}\cup\{(2,n)\}$ 也是 S_n 的一个生成集。

定义 2.2.3 n 维轮图 CW_n 是一个图, 它的顶点集 $V(CW_n)=S_n$ 和两个顶点 u,v 是相邻当且仅当 $u=v(1,i)$, $2\leqslant i\leqslant n$, 或 $u=v(i,i+1)$, $2\leqslant i\leqslant n-1$, 或 $u=v(2,n)$。

图 2.4是轮图 CW_4 的图例。注意到 CW_n 是一个特别的凯莱图。所以 CW_n 有下面的性质。

性质 2.2.19 对于整数 $n\geqslant 4$, CW_n 是 $(2n-2)$ 正则的、点传递的。

由于 CW_n 的生成集的元素是对换, 所以有下面的性质。

性质 2.2.20 对于整数 $n\geqslant 4$, CW_n 是偶图。

由于 $(1),(12),(12)(34),(23),(1)$ 是 CW_n 的一个 4 圈, 所以有下面的性质。

性质 2.2.21 对于整数 $n\geqslant 4$, CW_n 的围长是 4。

我们可以把 CW_n 划分成 n 个不相交子图 CW_n^1, $CW_n^2, \cdots, CW_n^n$, 其中每个顶点 $u = u_1u_2\cdots u_n \in V(CW_n^i)$ 有固定的整数 i 在最后一个位置 u_n 对于 $i \in \{1, 2, \cdots, n\}$。容易看到 $CW_n^i \cong BS_n^i$, 其中 BS_n^i $(i = 1, 2, \cdots, n)$ 是泡型星图 BS_n 的一个子图, 其中每个顶点 $u = u_1u_2\cdots u_n \in V(BS_n^i)$ 有固定的整数 i 在最后一个位置 u_n 对于 $i \in \{1, 2, \cdots, n\}$。注意到 BS_n^i 可以同构到 BS_{n-1}。设 $v \in V(BS^i)$, 则 $v(1n)$, $v(n-1, n)$ 和 $v(2n)$ 被称为 v 的外邻点。如果一条边的两个顶点位于不同的 BS^i 中, 那么该边称为与给定分解相关的交叉边。

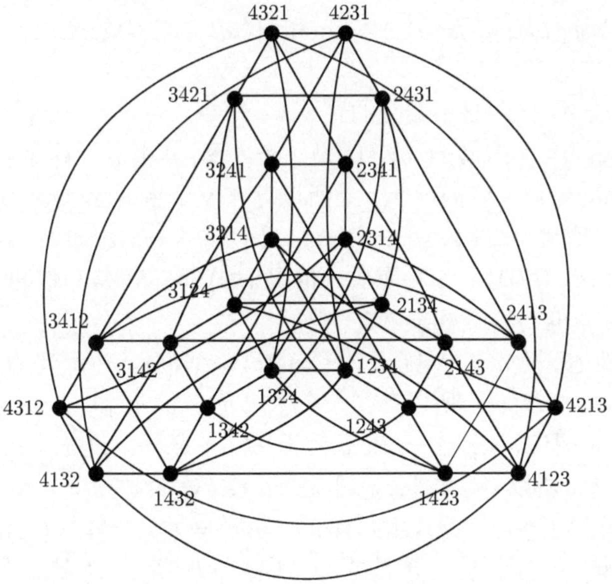

图 2.4 轮图 CW_4 的图例

性质 2.2.22 设 $v \in V(CW_n^i)$ $(i = 1, 2, \cdots, n)$ 定义如上。则 $v(1n)$, $v(n-1, n)$ 和 $v(2n)$ 属于三个不同的 $CW_n^j (j \neq i)$。

证明 由性质 2.2.19, 不失一般性地, 假设 $v = (1)$, 即 v 是 S_n 的单位元。所以我们有 $v(1n) = (1n) \in V(BS_n^1)$, $v(n-1, n) = (n-1, n) \in V(BS_n^{n-1})$ 和 $v(2n) = (2n) \in V(BS_n^2)$。所以 $v(1n)$, $v(n-1, n)$ 和 $v(2n)$ 是属于三个不同的 $CW_n^j (j \neq i)$。 □

性质 2.2.23 设 CW_n^i 定义如上, 则存在 $3(n-2)!$ 独立的交叉边在两个不同的 CW_n^i 之间。

证明 由性质 2.2.22, 那些交叉边在两个不同的 CW_n^i 之间是独立的, 它构成一个匹配在两个 CW_n^i 之间。所以存在 $\frac{3n!}{2}$ 交叉边在 CW_n 中, 则存在 $\dfrac{\frac{3n!}{2}}{C_n^2} =$

$3(n-2)!$ 独立的交叉边在两个不同的 CW_n^i 之间。 □

定理 2.2.11 设 CW_n 是轮图。如果两个顶点 u,v 是相邻的, 那么不存在 u,v 的公共邻点, 即 $|N(u)\cap N(v)|=0$。如果两个顶点 u,v 不是相邻的, 那么存在 u,v 的最多 3 个公共邻点, 即 $|N(u)\cap N(v)|\leqslant 3$。

证明 如果两个顶点相邻和它们有一个公共邻点, 那么它们 3 个顶点构成一个 3 圈。它与性质 2.2.20相矛盾, 所以不存在公共邻点。

设两个顶点 u,v 不是相邻的。用反证法, 设 $|N(u)\cap N(v)|\geqslant 4$。由性质 2.2.19, 不失一般性地, 假设 $u=(1)$, 即 u 是单位元。设 $\{(ia),(jb),(kc),(ld)\}\subseteq N(u)$ 使得 $\{(ia),(jb),(kc),(ld)\}\subseteq N(u)\cap N(v)$ 和 $|\{(ia),(jb),(kc),(ld)\}|=4$。我们考虑下面的情况。

情况 1. (ia) 和 (jb) 是不相交的。

注意到 $(1),(ia),(ia)(jb),(jb),(1)$ 是一个 4 圈, 其中 $v=(ia)(jb)$。注意到 (kc) 是一个生成元和 $(kc)\subseteq N(u)\cap N(v)$。所以存在一个生成元 (xy) 使得 $(kc)(xy)=v=(ia)(jb)$。由定理 4.2.1.2, $(kc)=(ia)$, 或 $(kc)=(jb)$。如果 $(kc)=(ia)$, 与事实 $|\{(ia),(jb),(kc),(ld)\}|=4$ 相矛盾。情况 $(kc)=(jb)$ 是相似的。

情况 2. (ia) 和 (jb) 是相交的。

不失一般性地, 设 $a=j$, 则 $v=(ia)(jb)=(iab)$。注意到 (kc) 是一个生成元和 $(kc)\subseteq N(u)\cap N(v)$。所以存在一个生成元 (xy) 使得 $(kc)(xy)=v=(iab)$。由定理 2.2.6, x 等于 $\{k,c\}$ 之一, 或 y 等于 $\{k,c\}$ 之一。设 $x=k$, 则 $(xc)(xy)=(xyc)=v=(iab)$。所以 i 等于 $\{x,y,c\}$ 之一。设 $i=x$, 则 $y=a$ 和 $c=b$。所以, 我们有 $(kc)=(ib)$ 和 $(xy)=(ia)$。从而有 $v=(iab)=(ia)(ab)=(ab)(ib)=(ib)(ia)$。注意到事实 (iab) 仅有上面的 3 种情况, 所以 (ld) 等于 $\{(ia),(ab),(ib)\}$ 其中之一, 这与 $|\{(ia),(jb),(kc),(ld)\}|=4$ 相矛盾。剩余的情况是相似的。 □

2. 轮图的自然连通度

这里将展示 n 维轮图 CW_n 的自然连通度。

性质 2.2.24 [4] 对于一个图 $G=(V,E)$, $\kappa(G)\leqslant\delta(G)$。

性质 2.2.25 [60] 设 BS_n 是泡型星图, 则连通度 $\kappa(\mathrm{BS}_n)=2n-3$ 对于 $n\geqslant 4$。

引理 2.2.7 [60] 设 $n\geqslant 4$ 和 $F\subseteq V(\mathrm{BS}_n)$ 及其 $|F|\leqslant 4n-9$。如果 BS_n-F 不是连通的, 则 BS_n-F 满足下列条件之一:

(1) BS_n-F 有两个分支, 其中一个分支是孤立点;

(2) BS_n-F 有三个分支, 其中两个分支是孤立点。

一个连通的图 G 是超连通的, 如果 G 的每个最小割 F 隔离一个顶点。此外, 如果 $G-F$ 有两个分支, 其中一个分支是孤立点, 那么 G 是紧 $|F|$ 超连通的。

定理 2.2.12 [62] 对于 $n\geqslant 4$, 泡型星图 BS_n 是紧 $(2n-3)$ 超连通的。

定理 2.2.13[64] 设 CW_n 是 n 维轮图, 则 CW_n 的连通度是 $(2n-2)$ 对于 $n \geqslant 4$, 即 $\kappa(\mathrm{CW}_n)=2n-2$。

证明 由性质 2.2.24, 我们有 $\kappa(\mathrm{CW}_n) \leqslant \delta(\mathrm{CW}_n)=2n-2$。设 F 是 S_n 的一个子集使得 $|F| \leqslant 2n-3$。我们沿着最后一个位置分解 CW_n, 表示为 $H_i(i=1,2,\cdots,n)$, 则 H_i 和 BS_{n-1} 是同构的。设 $F_i=F \cap V(H_i)$ 对于 $i \in [n]$ 及其 $|F_1| \geqslant |F_{i_2}| \geqslant \cdots \geqslant |F_{i_n}|$。其中 $\{F_{i_2},\cdots,F_{i_n}\}=\{F_2,\cdots,F_n\}$。我们考虑下面的情况。

情况 1. $|F_1| \leqslant 2n-6$。

在这种情况下, $|F_i| \leqslant (2n-6)$ 对于 $i \in \{1,2,\cdots,n\}$。由于 $n \geqslant 4$, 由性质 2.2.25, H_i-F_i 是连通的对于 $i=1,2,\cdots,n$。由性质 2.2.23, 存在 $3(n-2)!$ 独立的交叉边在两个不同的 H_i 之间。由于 $n \geqslant 4$, 所以对于 $i,j \in [n]$ 和 $i \neq j$ 我们有 $3(n-2)! > 2(2n-6) \geqslant |F_i|+|F_j|$, $\mathrm{CW}_n[V(H_i-F_i) \cup V(H_j-F_j)]$ 是连通的。所以 CW_n-F 是连通的。

情况 2. $|F_1|=2n-5$。

在这种情况下, $|F_i| \leqslant 2 \ \ (i=2,3,\cdots,n)$。由于 $n \geqslant 4$, 由性质 2.2.25, H_i-F_i 是连通的对于 $i=2,\cdots,n$。由性质 2.2.23, 存在 $3(n-2)!$ 独立的交叉边在两个不同的 H_i 之间对于 $i \in \{2,\cdots,n\}$。由于 $n \geqslant 4$, 我们有 $3(n-2)! > 2+2 \geqslant |F_i|+|F_j|$ 和 $i \neq j$ 以及 $\mathrm{CW}_n[V(H_i-F_i) \cup V(H_j-F_j)]$ 是连通的对于 $i,j \in \{2,\cdots,n\}$。我们考虑下面的情况。

情况 2.1. H_1-F_1 是连通的。

由性质 2.2.23, 存在 $3(n-2)!$ 独立的交叉边在两个不同的 H_i 之间。由于 $n \geqslant 4$, 所以有 $3(n-2)! > 2n-5+2 \geqslant |F_1|+|F_i|$ 和 $\mathrm{CW}_n[V(H_1-F_1) \cup V(H_i-F_i)]$ 是连通的对于 $i \in \{2,\cdots,n\}$。所以 CW_n-F 是连通的。

情况 2.2. H_1-F_1 不是连通的。

由于 $|F_1|=2n-5 \leqslant 4(n-1)-9=4n-13$, 当 $n \geqslant 4$ 时, 由引理 2.2.7: ① H_1-F_1 有两个分支, 其中一个分支是孤立点; ② H_1-F_1 有三个分支, 其中两个分支是孤立点。由于 $|N(x) \cap (V(H_2) \cup \cdots \cup V(H_n))|=3$ 对于 $x \in V(H_1)$ 和 $|F_2|+\cdots+|F_n| \leqslant 2$, 我们有 CW_n-F 是连通的。

情况 3. $2n-4 \leqslant |F_1| \leqslant 2n-3$。

在这种情况下, $|F_i| \leqslant 1 \ \ (i=2,3,\cdots,n)$, 类似情况 2, CW_n-F 是连通的。

由情况 1～ 情况 3, F 不是 CW_n 的割对于 $|F| \leqslant 2n-3$。所以我们有 $\kappa(\mathrm{CW}_n)=2n-2$。 □

定理 2.2.14[64] 对于 $n \geqslant 5$, n 维轮图的自然连通度是 $4n-6$, 即 $\kappa^{(1)}(\mathrm{CW}_n)=4n-6$。

证明 设 $S=\{(12),(13),\cdots,(1n),(23),(34),\cdots,(n-1,n),(2n)\}$。设 $A=$

$\{(1),(12)\}$, 则 $\mathrm{CW}_n[A]\cong K_2$。由性质 2.2.20, CW_n 没有 3 圈。因此, $|N_{\mathrm{CW}_n}(A)|=4n-6$。设 $F_1=N_{\mathrm{CW}_n}(A)$ 和 $F_2=A\cup N_{\mathrm{CW}_n}(A)$。我们可以把 CW_n 划分成 n 个子图 $\mathrm{BS}_n^1,\mathrm{BS}_n^2,\cdots,\mathrm{BS}_n^n$, 其中每个顶点 $u=x_1x_2\cdots x_n\in V(\mathrm{BS}_n^i)$ 在最后一个位置 x_n 有一个固定整数 i 对于 $i\in[n]$。注意到 BS_n^i 可以同构到 BS_{n-1} 对于 $i\in[n]$。则 $A\subseteq V(\mathrm{BS}_n^n)$, 设 $F_i^1=F_1\cap V(\mathrm{BS}_n^i)$ 对于 $i=1,2,\cdots,n$。设 $v\in V(\mathrm{BS}_n^i)$, 则 $v(1n)$, $v(n-1,n)$ 和 $v(2n)$ 被称为 v 的外邻点, 由 $v^+=v(1n),v^-=v(n-1,n)$ 和 $v^*=v(2n)$ 表示。

断言 1: CW_n-F_2 是连通的。

注意到 $(1)^+=(1n),(1)^-=(n-1,n),(1)^*=(2n)$, 以及 $(12)^+=(1n2),(12)^-=(12)(n-1,n)$, $(12)^*=(12n)$。所以, $|F_i^1|\leqslant 2$ 对于 $i\in\{1,2,\cdots,n-1\}$。由于 $n\geqslant 5$, 由性质 2.2.25, $\mathrm{BS}_n^i-F_i^1$ 是连通的对于 $i\in\{1,2,\cdots,n-1\}$。由性质 2.2.23, 存在 $3(n-2)!$ 独立的交叉边在不同的两个 BS_n^i 之间。由于 $n\geqslant 5$, 所以我们有 $3(n-2)!>4n-10+2\geqslant|F_i^1|+|F_j^1|$ 和 $\mathrm{CW}_n[V(\mathrm{BS}_n^i-F_i^1)\cup V(\mathrm{BS}_n^j-F_j^1)]$ 对于 $i,j\in[n]$ 和 $i\neq j$ 是连通的。设 $x\in V(\mathrm{BS}_n^n-F_2)$。由性质 2.2.22, $N(x)\cap\{(1)^+,(1)^-,(1)^*,(12)^+,(12)^-,(12)^*\}=\varnothing$。所以, CW_n-F_2 是连通的。断言 1 证毕。

根据断言 1, $\delta(\mathrm{CW}_n-F_2)\geqslant 1$。注意到 CW_n-F_1 有分支 CW_n-F_2, $\mathrm{CW}_n[A]\cong K_2$ 和 $\delta(K_2)=1$。所以, F_1 是一个自然割。从而, $\kappa^{(1)}(\mathrm{CW}_n)\leqslant 4n-6$。

设 F 是 S_n 的一个子集及其 $|F|\leqslant 4n-7$。把 CW_n 划分成 n 个子图在最后一个位置, 由 $\mathrm{BS}_n^i(i=1,2,\cdots,n)$ 表示, 则 BS_n^i 和 BS_{n-1} 是同构的。设 $F_i=F\cap V(\mathrm{BS}_n^i)$ 对于 $i\in\{1,2,\cdots,n\}$ 及其 $|F_1|\geqslant|F_{i_2}|\geqslant\cdots\geqslant|F_{i_n}|$。其中 $\{F_{i_2},\cdots,F_{i_n}\}=\{F_2,\cdots,F_n\}$。

断言 2: $|F_{i_3}|\geqslant 1$ 和 $1\leqslant|F_{i_2}|\leqslant 2n-4$。

如果 $|F_{i_3}|=0$, 则 $|F_{i_3}|=|F_{i_4}|=\cdots=|F_{i_n}|=0$。由性质 2.2.25和性质 2.2.23, $\mathrm{CW}_n[V(\mathrm{BS}_n^{i_3})\cup V(\mathrm{BS}_n^{i_4})\cup\cdots\cup V(\mathrm{BS}_n^{i_n})]$ 是连通的。由性质 2.2.22, CW_n-F 是连通的, 存在一个矛盾。所以 $|F_{i_3}|\geqslant 1$。由于 $|F_{i_2}|\geqslant|F_{i_3}|$ 和 $|F_{i_3}|\geqslant 1$, 所以我们有 $|F_{i_2}|\geqslant 1$。如果 $|F_{i_2}|=2n-4$, 则 $4n-7\geqslant|F|\geqslant 2(2n-4)+1=4n-7$。所以 $|F_{i_2}|\leqslant 2n-4$。

断言 3: F 不是 CW_n 的一个自然割。

我们考虑下面的情况。

情况 1. $|F_1|\leqslant 2n-6=2(n-1)-4$。

由于 $|F_1|\geqslant|F_{i_2}|\geqslant\cdots\geqslant|F_{i_n}|$, $|F_{i_j}|\leqslant 2n-6$。由性质 2.2.25, $\mathrm{BS}_n^{i_j}-F_{i_j}$ 是连通的。由性质 2.2.23, 存在 $3(n-2)!$ 独立的交叉边在两个不同的 BS_n^i 之间和 $3(n-2)!>2n-6+2n-6=4n-12\geqslant|F_i|+|F_j|$, 当 $n\geqslant 5$ 时, 我们有 $\mathrm{CW}_n[V(\mathrm{BS}_n^i-F_i)\cup V(\mathrm{BS}_n^j-F_j)]$ 是连通的对于 $i,j\in[n]$ 和 $i\neq j$。从而,

CW_n-F 是连通的和 F 不是 CW_n 的一个自然割。

情况 2. $2n-5=2(n-1)-3\leqslant|F_1|\leqslant 4n-13=4(n-1)-9$。

情况 2.1. $|F_{i_2}|\leqslant 2n-6$。

由于 $|F_1|\geqslant|F_{i_2}|\geqslant\cdots\geqslant|F_{i_n}|$, 所以我们有 $|F_i|\leqslant 2n-6$ 对于 $i\in\{2,3,\cdots,n\}$。由性质 2.2.25, $\mathrm{BS}_n^j-F_j$ 是连通的对于 $j\in\{2,3,\cdots,n\}$。由于 $3(n-2)!>2n-6+2n-6=4n-12\geqslant|F_i|+|F_j|$ 对于 $i,j\in\{2,3,\cdots,n\}$, 我们有 $\mathrm{CW}_n[V(\mathrm{BS}_n^i-F_i)\cup V(\mathrm{BS}_n^j-F_j)]$ 是连通的 (由性质 2.2.23)。所以, $\mathrm{CW}_n[V(\mathrm{BS}_n^2-F_2)\cup\cdots\cup V(\mathrm{BS}_n^n-F_n)]$ 是连通的。

首先设 $\mathrm{BS}_n^1-F_1$ 是连通的。如果 $|F_{i_n}|=2$, 则 $2(n-1)+(2n-5)=4n-7\geqslant|F|$。因此 $|F_{i_n}|\leqslant 2$。由于当 $n\geqslant 5$ 时 $3(n-2)!>4n-13+2=4n-11\geqslant|F_1|+|F_n|$, 所以由性质 2.2.23, $\mathrm{CW}_n[V(\mathrm{BS}_n^1-F_1)\cup V(\mathrm{BS}_n^{i_n}-F_{i_n})]$ 是连通的。从而, CW_n-F 是连通的, 这与 F 是 CW_n 的一个自然割相矛盾。设 $\mathrm{BS}_n^1-F_1$ 是不连通的。由于 $|F_1|\leqslant 4n-13=4(n-1)-9$, 所以由引理 2.2.7: ① $\mathrm{BS}_n^1-F_1$ 有两个分支, 其中一个分支是孤立点; ② $\mathrm{BS}_n^1-F_1$ 有三个分支, 其中两个分支是孤立点。设 B 是 $\mathrm{BS}_n^1-F_1$ 的最大分支。由于当 $n\geqslant 5$ 时 $3(n-2)!>4n-13+2+2=4n-9\geqslant|F_1|+|F_n|$, 所以由性质 2.2.23, $\mathrm{CW}_n[V(B)\cup V(\mathrm{BS}_n^{i_2}-F_{i_2})\cup\cdots\cup V(\mathrm{BS}_n^n-F_n)]$ 是连通的。所以, 这与 F 是 CW_n 的一个自然割相矛盾。

情况 2.2. $|F_{i_2}|=2n-5$。

在这种情况下, $|F_{i_3}|+\cdots+|F_{i_n}|\leqslant 3$ 和 $2n-5\leqslant|F_1|\leqslant 2n-3$。由性质 2.2.25, $\mathrm{BS}_n^j-F_j$ 是连通的对于 $j\in\{i_3,i_4,\cdots,i_n\}$。由于 $3(n-2)!>3\geqslant|F_i|+|F_j|$ 对于 $i,j\in\{i_3,i_4,\cdots,i_n\}$, 所以由性质 2.2.23 有 $\mathrm{CW}_n[V(\mathrm{BS}_n^i-F_i)\cup V(\mathrm{BS}_n^j-F_j)]$ 是连通的。因此, $\mathrm{CW}_n[V(\mathrm{BS}_n^{i_3}-F_{i_3})\cup\cdots\cup V(\mathrm{BS}_n^{i_n}-F_{i_n})]$ 是连通的。

情况 2.2.1. $\mathrm{BS}_n^{i_2}-F_{i_2}$ 是连通的。

类似情况 2.1, F 不是 CW_n 的一个自然割。

情况 2.2.2. $\mathrm{BS}_n^{i_2}-F_{i_2}$ 是不连通的。

由定理 2.2.12, $\mathrm{BS}_n^{i_2}-F_{i_2}$ 有两个分支, 它的一个是孤立点 u。设 B' 是 $\mathrm{BS}_n^{i_2}-F_{i_2}$ 的最大分支。由于 $3(n-2)!>2n-5+2+2=2n-1\geqslant|F_{i_2}|+|F_{i_n}|$, 当 $n\geqslant 5$ 时, 所以由性质 2.2.23 有 $\mathrm{CW}_n[V(B')\cup V(\mathrm{BS}_n^{i_3}-F_{i_3})\cup\cdots\cup V(\mathrm{BS}_n^{i_n}-F_{i_n})]$ 是连通的。

情况 2.2.2.1. $\mathrm{BS}_n^1-F_1$ 是连通的。

由于 $3(n-2)!>4n-13+2=4n-11\geqslant|F_1|+|F_n|$, 当 $n\geqslant 5$ 时, 所以 $\mathrm{CW}_n[V(\mathrm{BS}_n^1-F_1)\cup V(\mathrm{BS}_n^3-F_3)\cup V(\mathrm{BS}_n^4-F_4)\cup\cdots\cup V(\mathrm{BS}_n^n-F_n)]$ 是连通的 (由性质 2.2.23)。这与 F 是 CW_n 的一个自然割相矛盾。

情况 2.2.2.2. $\mathrm{BS}_n^1-F_1$ 是不连通的。

在这种情况下, $2(n-1)-3=2n-5\leqslant|F_1|\leqslant 4n-13$, $n\geqslant 5$。注意到

$|F_{i_2}|=2n-5$, $|F|\leqslant 4n-7$ 和 $|F_{i_3}|+|F_{i_4}|+\cdots+|F_{i_n}|\leqslant 3$。所以由前面的讨论我们有 $|F_{i_n}|\leqslant 1(n\geqslant 5)$。由于 $n\geqslant 5$, $|F_1|\leqslant 4(n-1)-9=4n-13$, 由引理 2.2.7: ① $\mathrm{BS}_n^1-F_1$ 有两个分支, 其中一个分支是孤立点; ② $\mathrm{BS}_n^1-F_1$ 有三个分支, 其中两个分支是孤立点。设 B 是 $\mathrm{BS}_n^1-F_1$ 的最大分支。由于 $|F_{i_n}|\leqslant 1$ 和 $3(n-2)!>4n-13+1+2\geqslant|F_1|+|F_{i_n}|$, 所以由性质 2.2.23 有 $\mathrm{CW}_n[V(B)\cup V(\mathrm{BS}_n^{i_n}-F_{i_n})]$ 是连通的。因此, $\mathrm{CW}_n[V(B)\cup(V(\mathrm{BS}_n^{i_3}-F_{i_3})\cup\cdots\cup V(\mathrm{BS}_n^{i_n}-F_{i_n}))]$ 是连通的, 所以 $\mathrm{CW}_n[V(B)\cup V(B')\cup \mathrm{CW}_n[V(\mathrm{BS}_n^{i_3}-F_{i_3})\cup\cdots\cup V(\mathrm{BS}_n^{i_n}-F_{i_n})]$ 是连通的。设 $\mathrm{BS}_n^1-F_1$ 有三个分支, 其中两个分支是孤立点 v_1,v_2。由于 $|F_{i_3}|+|F_{i_4}|+\cdots+|F_{i_n}|\leqslant 3$, 由性质 2.2.22, 存在 v_1,v_2 之一, 不失一般性地, 设 v_1 使得 $\mathrm{CW}_n[\{v_1\}\cup V(B)\cup V(B')\cup\mathrm{CW}_n[V(\mathrm{BS}_n^{i_3}-F_{i_3})\cup\cdots\cup V(\mathrm{BS}_n^{i_n}-F_{i_n})]$ 是连通的。由于 $|F_{i_3}|+|F_{i_4}|+\cdots+|F_{i_n}|\leqslant 3$, 由性质 2.2.22, 存在 u,v_2 之一, 不失一般性地, 设 u, 使得 $\mathrm{CW}_n[\{u,v_1\}\cup V(B)\cup V(B')\cup\mathrm{CW}_n[V(\mathrm{BS}_n^{i_3}-F_{i_3})\cup\cdots\cup V(\mathrm{BS}_n^{i_n}-F_{i_n})]$ 是连通的。所以, CW_n-F 是连通的或 CW_n-F 有两个分支, 其中一个分支是孤立点。这与 F 是 CW_n 的一个自然割相矛盾。

情况 2.3. $|F_{i_2}|=2n-4$。

在这种情况下, $|F_1|=|F_{i_2}|=2n-4$, $|F_{i_3}|=1$ 和 $|F_{i_4}|=\cdots=|F_n|=0$。类似情况 2.2, 我们有 F 不是 CW_n 的一个自然割。

情况 3. $4n-12\leqslant|F_1|\leqslant 4n-7$。

由断言 2, $|F_{i_2}|,|F_{i_3}|\geqslant 1$ 和 $4n-12\leqslant|F_1|\leqslant 4n-9$。在这种情况下, $|F_{i_2}|+|F_{i_3}|+|F_{i_4}|+\cdots|F_{i_n}|\leqslant 5$。由于 $|F_{i_3}|\geqslant 1$, $|F_{i_2}|\leqslant 4$。在这种情况下, $|F_i|\leqslant 4$, 其中 $i\in\{2,3,\cdots,n\}$。由性质 2.2.25和性质 2.2.23, $\mathrm{CW}_n[V(\mathrm{BS}_n^{i_2}-F_{i_2})\cup V(\mathrm{BS}_n^{i_3}-F_{i_3})\cup\cdots\cup V(\mathrm{BS}_n^{i_n}-F_{i_n})]$ 是连通的, 其中 $n\geqslant 5$。设 $\mathrm{BS}_n^1-F_1$ 是连通的。由于 $3(n-2)!>5$, 由性质 2.2.23, $\mathrm{CW}_n[V(\mathrm{BS}_n^1-F_1)\cup V(\mathrm{BS}_n^{i_2}-F_{i_2})\cup\cdots\cup V(\mathrm{BS}_n^{n}-F_n)]$ 是连通的。这与 F 是 CW_n 的一个自然割相矛盾。设 $\mathrm{BS}_n^1-F_1$ 是不连通的。设 $\mathrm{BS}_n^1-F_1$ 的分支是 $G_1,G_2,\cdots,G_k$ 对于 $k\geqslant 2$。如果 $|V(G_r)|\geqslant 2\ (1\leqslant r\leqslant k-1)$, 由性质 2.2.22, $|(N(V(G_r))\cap(V(\mathrm{BS}_n^{i_2})\cup\cdots\cup V(\mathrm{BS}_n^{i_n}))|\geqslant 6$。再结合 $|F_{i_2}|+|F_3|+|F_4|+\cdots+|F_n|\leqslant 5$, 我们有 $\mathrm{CW}_n[V(G_r)\cup V(\mathrm{BS}_n^{i_2}-F_{i_2})\cup\cdots\cup V(\mathrm{BS}_n^{n}-F_n)]$ 是连通的。所以, 对于 $|V(G_r)|\geqslant 2$, G_r 不是 CW_n-F 的 1 个分支。如果 $k=3$, 由性质 2.2.22, $|(N(V(G_1)\cup\cdots\cup V(G_{k-1}))\cap(V(\mathrm{BS}_n^{i_2})\cup\cdots\cup V(\mathrm{BS}_n^{n}))|\geqslant 6$。再结合 $|F_{i_2}|+|F_3|+|F_4|+\cdots+|F_n|\leqslant 5$, CW_n-F 是连通的或 CW_n-F 有两个分支, 其中一个分支是孤立点。这与 F 是 CW_n 的一个自然割相矛盾。

由情况 1~ 情况 3, 当 $|F|\leqslant 4n-7$ 时, F 不是 CW_n 的一个自然割。断言 3 证毕。

根据断言 3, $\kappa^{(1)}(\mathrm{CW}_n)=4n-6$。 □

引理 2.2.8 [64] 设 $A=\{(1),(12)\}$。如果 $n\geqslant 4$, $F_1=N_{\mathrm{CW}_n}(A)$, $F_2=A\cup$

$N_{\mathrm{CW}_n}(A)$, 则 $|F_1| = 4n-6$, $|F_2| = 4n-4$, $\delta(\mathrm{CW}_n - F_1) \geqslant 1$ 和 $\delta(\mathrm{CW}_n - F_2) \geqslant 1$。

证明 由 $A = \{(1), (12)\}$, 我们有 $\mathrm{CW}_n[A] \cong K_2$。由于 CW_n 没有 3 圈, 所以 $|N_{\mathrm{CW}_n}(A)| = 4n-6$。从而, 我们有 $|F_1| = 4n-6$, $|F_2| = |A| + |F_1| = 4n-4$。

设 $S = \{(12), (13), \cdots, (1n), (23), (34), \cdots, (n-1, n), (2n)\}$ 和设 $x \in S_n \setminus F_2$。由于 CW_n 是一个偶图, 所以 CW_n 不存在 5 圈 $(1), (ki), x, (12)(lj), (12), (1)$, 其中 $(ki), (lj) \in S \setminus (12)$。设 $u \in N_{\mathrm{CW}_n}((1)) \setminus (12)$。如果 u 相邻到 x, 则 x 是不相邻到 $N_{\mathrm{CW}_n}((12)) \setminus (1)$ 的每一个点。由于 $|N_{\mathrm{CW}_n}((1)) \setminus (12)| = 2n-3$, 所以我们有 x 相邻到最多 $(2n-3)$ 顶点在 F_1 中。因此, $\delta(\mathrm{CW}_n - F_2) \geqslant 2n-2-(2n-3) = 1$。注意到 $\mathrm{CW}_n - F_1$ 有两部分 $\mathrm{CW}_n - F_2$ 和 $\mathrm{CW}_n[A] \cong K_2$, 并且 $\delta(\mathrm{CW}_n[A]) = 1$。所以, $\delta(\mathrm{CW}_n - F_1) \geqslant 1$。 □

2.2.5 对换树生成的凯莱图

当对换简单图是树 Γ_n 时, 称为对换树 [57]。Γ_n 对应的凯莱图表示为 $\mathrm{C}\Gamma_n$。注意到 $\mathrm{C}\Gamma_n$ 是一个特别的凯莱图。所以 $\mathrm{C}\Gamma_n$ 有下面的性质。

定理 2.2.15 $\mathrm{C}\Gamma_n$ 是点传递的。

由于 $\mathrm{C}\Gamma_n$ 的生成集的元素是对换, 所以有下面的性质。

定理 2.2.16 [65] $\mathrm{C}\Gamma_n$ 是偶图。

性质 2.2.26 [66] 设 $\mathrm{C}\Gamma_n$ 是星图。① 如果两个顶点 u, v 是相邻的, 那么 u, v 不存在公共的邻点, 即 $|N(u) \cap N(v)| = 0$。②如果两个顶点 u, v 不是相邻的, 那么 u, v 最多存在一个公共的邻点, 即 $|N(u) \cap N(v)| \leqslant 1$。

性质 2.2.27 [65] 设 $\mathrm{C}\Gamma_n$ 不是星图。①如果两个顶点 u, v 是相邻的, 那么 u, v 不存在公共的邻点, 即 $|N(u) \cap N(v)| = 0$。②如果两个顶点 u, v 不是相邻的, 那么存在最多两个公共的邻点, 即 $|N(u) \cap N(v)| \leqslant 2$。

证明 在这个证明中, 置换用不相交的轮换乘积表示。用反证法证明。对于情况①, 如果两个顶点是相邻的和它们有一个公共的邻点, 那么这三个顶点构成一个 3 圈。它与定理 2.2.16相矛盾。对于情况②, 设两个顶点不是相邻的。设 $|N(u) \cap N(v)| \geqslant 3$。由定理 2.2.15, 不失一般性地, 假设 $u = (1)$, 即 u 是单位元, 则 $v \notin E(\Gamma_n)$。它充分地设 $\{(ia), (jb), (kc)\} \subseteq E(\Gamma_n)$, $\{(ia), (jb), (kc)\} \subseteq N(u) \cap N(v)$ 和 $|\{(ia), (jb), (kc)\}| = 3$。由于 $\mathrm{C}\Gamma_n$ 不是星图, 所以 $\mathrm{C}\Gamma_n$ 的围长是 4。由于 $u, (ia), v, (jb), u$ 是一个 4 圈, 所以我们有 $v = (ia)(jb)$ 和 (ia) 相邻到 (jb)。由于 $u, (ia), v, (kc), u$ 也是一个 4 圈, 所以我们有 $v = (ia)(kc)$ 和 (ia) 相邻到 (kc)。由定理 2.2.13, $v = (ia)(jb) = (ia)(kc)$。从而 $(jb) = (kc)$, 与事实 $|\{(ia), (jb), (kc)\}| = 3$ 相矛盾。所以, $|N(u) \cap N(v)| \leqslant 2$。 □

引理 2.2.9 [67] 对于 $n \geqslant 3$, 设 S_n^* 表示星图, 则 $\kappa^{(g)}(S_n^*) = (g+1)!(n-g-1)$ $(0 \leqslant g \leqslant n-2)$。

引理 2.2.10[65]　对于 $n \geqslant 3$, $\mathrm{C}\Gamma_n$ 的连通度是 $n-1$, 即 $\kappa(\mathrm{C}\Gamma_n)=n-1$。

证明　证明对 n 进行归纳。当 $n=3$ 时, $\varGamma_n$ 是一个星。由引理 2.2.9, $\kappa(\mathrm{C}\Gamma_n)=n-1=2$。结果成立。假设 $\kappa(\mathrm{C}\Gamma_{n-1})=(n-1)-1=n-2$, 当 $n\geqslant 4$ 时。现在考虑 $\mathrm{C}\Gamma_n$。设 F 是 $\mathrm{C}\Gamma_n$ 的任意一个子集及其 $|F|\leqslant n-2$。

由于 $\varGamma_n$ 是一棵对换树, 所以我们能把 $\varGamma_n$ 的 1 度顶点标号为 n。我们沿着最后一个位置划分 $\mathrm{Cay}(\varGamma_n,S_n)$, 记为 $H_i\ (i=1,2,\cdots,n)$。则 H_i 和 $\mathrm{Cay}(\varGamma_n-n,S_{n-1})$ 是同构的。对于给定的分解, 端点在不同的 H_i 中的边称为交叉边。注意到每一个顶点是关联到确切的一条交叉边和存在 $(n-2)!$ 独立的交叉边在两个不同的 H_i 之间。设 $F_i=F\cap V(H_i)$。我们考虑下面的情况。

情况 1. $|F_i|\leqslant n-3$。

在这种情况下, 由归纳假设, H_i-F_i 是连通的。由于存在 $(n-2)!$ 独立的交叉边在两个不同的 H_i 之间, 所以当 $n\geqslant 5$ 时, $(n-2)!>n-2$。因此, $\mathrm{C}\Gamma_n-F$ 是连通的。当 $n=4$ 时, $|F|\leqslant n-2=2$。当 $|F|\leqslant n-2=1$ 时, $(n-2)!>n-2$。因此, $\mathrm{C}\Gamma_n-F$ 是连通的。当 $|F|=2$ 时, $(n-2)!=n-2$。注意到在这种条件下只有两个 H_i-F_i 之间没有交叉边, 其他 H_i-F_i 之间有交叉边, 因此, $\mathrm{C}\Gamma_n-F$ 是连通的。

情况 2. $|F_1|=n-2$。

在这种情况下, $|F_i|=0$ 和 $H_i-F_i\ (i=2,\cdots,n)$ 是连通的。由于存在 $(n-2)!$ 独立的交叉边在两个不同的 H_i 之间, 所以 $\mathrm{C}\Gamma_n[V(H_2-F_2)\cup\cdots\cup V(H_n-F_n)]$ 是连通的。注意到 H_1-F_1 的每一个点是相邻到 H_i-F_i 之一的一个点。因此, $\mathrm{C}\Gamma_n-F$ 是连通的。

由情况 1 和情况 2, $\kappa(\mathrm{C}\Gamma_n)\geqslant n-1$。注意到 $\mathrm{C}\Gamma_n$ 的正则度是 $n-1$。由性质 2.2.24, $\kappa(\mathrm{C}\Gamma_n)\leqslant n-1$。因此, $\kappa(\mathrm{C}\Gamma_n)=n-1$。 □

引理 2.2.11[65]　对于 $n\geqslant 4$, $\mathrm{C}\Gamma_n$ 是超连通的。

证明　设 F 是 $\mathrm{C}\Gamma_n$ 的任意一个最小割。由引理 2.2.10, $|F|=n-1$。

由于 $\varGamma_n$ 是一棵对换树, 所以我们能把 $\varGamma_n$ 的 1 度顶点标号为 n。我们沿着最后一个位置划分 $\mathrm{Cay}(\varGamma_n,S_n)$, 记为 $H_i\ (i=1,2,\cdots,n)$。则 H_i 和 $\mathrm{Cay}(\varGamma_n-n,S_{n-1})$ 是同构的。对于给定的分解, 端点在不同的 H_i 中的边称为交叉边。注意到每一个顶点是关联到确切的一条交叉边和存在 $(n-2)!$ 独立的交叉边在两个不同的 H_i 之间。设 $F_i=F\cap V(H_i)$。我们考虑下面的情况。

情况 1. $|F_i|\leqslant n-3$。

在这种情况下, 由引理 2.2.10, H_i-F_i 是连通的。由于存在 $(n-2)!$ 独立的交叉边在两个不同的 H_i 之间。当 $n\geqslant 5$ 时, $(n-2)!>n-2$。因此, $\mathrm{C}\Gamma_n-F$ 是连通的。当 $n=4$ 时, $|F|\leqslant n-2=2$。当 $|F|\leqslant n-2=1$ 时, $(n-2)!>n-2$。因此, $\mathrm{C}\Gamma_n-F$ 是连通的。当 $|F|=2$ 时, $(n-2)!=n-2$。注意到在这种条件下

只有两个 $H_i - F_i$ 之间没有交叉边, 其他 $H_i - F_i$ 之间有交叉边, 因此, $\mathrm{C}\Gamma_n - F$ 是连通的。

情况 2. $|F_1| = n-2$。

在这种情况下, $|F_i| \leqslant 1$ $(i = 2, \cdots, n)$。由引理 2.2.10, $H_i - F_i$ $(i = 2, \cdots, n)$ 是连通的。由于存在 $(n-2)!$ 独立的交叉边在两个不同的 H_i 之间和 $(n-2)! > 1$, 所以 $\mathrm{C}\Gamma_n[V(H_2-F_2)\cup\cdots\cup V(H_n-F_n)]$ 是连通的。如果 H_1-F_1 是连通的, 那么存在 H_1-F_1 的一个顶点相邻到 H_i-F_i $(2 \leqslant i \leqslant n)$ 的一个顶点, $\mathrm{C}\Gamma_n - F$ 是连通的。设 H_1-F_1 不是连通的和设 H_1-F_1 的最小分支是 B。如果 $|V(B)| \geqslant 2$, 那么由 $|F_i| \leqslant 1$ 存在 B 的一个顶点是相邻到 $H_i - F_i$ $(2 \leqslant i \leqslant n)$ 的一个顶点。其他分支同样。因此, $\mathrm{C}\Gamma_n - F$ 是连通的, 所以 $|V(B)| = 1$。假如 H_1-F_1 有两个孤立点 u,v。由性质 2.2.26和性质 2.2.27, $|N(\{u,v\})| \leqslant 2(n-2)-2 = 2n-6$。如果 $n \geqslant 5$, 那么 $2n-6 > n-2 = |F_1|$, 这产生矛盾。所以当 $n \geqslant 5$ 时, H_1-F_1 仅有 1 个孤立点。当 $n=4$ 时, H_1 是一个 6 圈。所以 H_1-F_1 仅有 1 个孤立点。因此, H_1-F_1 有两个分支, 其中一个分支是孤立点。注意到 $|V(H_1-F_1-V(B))| \geqslant (n-1)!-(n-2)-1 > 2$, 所以存在 $H_1 - F_1 - V(B)$ 的一个顶点是相邻到 $H_i - F_i$ $(2 \leqslant i \leqslant n)$ 的一个顶点。因此, $\mathrm{C}\Gamma_n[V(H_1 - F_1 - V(B)) \cup V(H_2 - F_2) \cup \cdots \cup V(H_n - F_n)]$ 是连通的。设 $\{u\} = V(B)$。如果 $N(u) \notin F_2 \cup \cdots \cup F_n$, 那么 $\mathrm{C}\Gamma_n - F$ 是连通的。如果 $N(u) \in F_2 \cup \cdots \cup F_n$, 那么 $\mathrm{C}\Gamma_n - F$ 有两个分支, 其中一个分支是孤立点。

情况 3. $|F_1| = n-1$。

在这种情况下, $|F_i| = 0$ $(i = 2, \cdots, n)$, 所以 $\mathrm{C}\Gamma_n[V(H_2 - F_2)\cup\cdots\cup V(H_n - F_n)]$ 是连通的。由于 $H_1 - F_1$ 的一个顶点相邻到 $H_i - F_i$ $(2 \leqslant i \leqslant n)$ 的一个顶点, $\mathrm{C}\Gamma_n - F$ 是连通的。

由情况 1~ 情况 3, 对于 $\mathrm{C}\Gamma_n$ 的任意一个最小割 F, $\mathrm{C}\Gamma_n - F$ 有两个分支, 其中一个分支是孤立点, 即 $\mathrm{C}\Gamma_n$ 是超连通的。 □

定理 2.2.17 [65] 对于 $n \geqslant 3$, $\mathrm{C}\Gamma_n$ 的自然连通度是 $2n-4$, 即 $\kappa^{(1)}(\mathrm{C}\Gamma_n) = 2n-4$。

证明 由引理 2.2.9, $\kappa^{(1)}(\mathrm{C}\Gamma_n) = 2n-4$, 如果 $\mathrm{C}\Gamma_n$ 是星图。从而, 设 $\mathrm{C}\Gamma_n$ 不是一个星图和 $n \geqslant 4$ 作为下面的讨论情况, 则 $\mathrm{C}\Gamma_n$ 的围长是 4。设 $(12) \in E(\varGamma_n)$ 和 $A = \{(1), (12)\}$, 则 $\mathrm{C}\Gamma_n[A] = K_2$。由于 $\mathrm{C}\Gamma_n$ 没有 3 圈, 所以 $|N_{\mathrm{C}\Gamma_n}(A)| = 2n-4$。设 $F_1 = N_{\mathrm{C}\Gamma_n}(A)$ 和 $F_2 = A \cup N_{\mathrm{C}\Gamma_n}(A)$。

在 F_1 中我们寻找最多两个顶点相邻到 $S_n \setminus F_2$ 中的一个顶点 x。

断言 1: 对于任意的 $x \in S_n \setminus F_2$, $|N_{\mathrm{C}\Gamma_n}(x) \cap F_2| \leqslant 2$。

设 $(ki), (lj) \in E(\varGamma_n)$, 其中 $3 \leqslant i, j \leqslant n$。由于 $\mathrm{C}\Gamma_n$ 是一个偶图, 所以 $\mathrm{C}\Gamma_n$ 中不存在 5 圈 $(1), (ki), x, (12)(lj), (12), (1)$。注意到 $\mathrm{C}\Gamma_n - F_1$ 有两部分 $\mathrm{C}\Gamma_n - F_2$ 和 $\mathrm{C}\Gamma_2$。由于 $F_1 = N_{\mathrm{C}\Gamma_n}(A)$, 所以 x 不是相邻到 $V(\mathrm{C}\Gamma_2) = A$ 的每一个点。由

性质 2.2.27, $|N_{\mathrm{C}\Gamma_n}(x)\cap F_2|\leqslant 2$ 对于任意的 $x\in S_n\setminus F_2$。断言 1 证毕。

由断言 1, $\delta(\mathrm{C}\Gamma_n-F_2)\geqslant n-1-2=n-3\geqslant 1$, 由于 $n\geqslant 4$, 所以 $\mathrm{C}\Gamma_n-F_1$ 有两部分 $\mathrm{C}\Gamma_n-F_2$ 和 $\mathrm{C}\Gamma_2=K_2$。注意到 $\delta(\mathrm{C}\Gamma_2)=1$。所以, $\delta(\mathrm{C}\Gamma_n-F_1)\geqslant 1$ 对于 $n\geqslant 4$。从而, F_1 是一个自然割。从而, $\kappa^1(\mathrm{C}\Gamma_n)\leqslant 2n-4$。

设 F 是 S_n 的一个子集使得 $|F|\leqslant 2n-5$。

断言 2: F 不是 $\mathrm{C}\Gamma_n$ 的一个自然割。

由于 $\varGamma_n$ 是一棵对换树, 所以我们能把 $\varGamma_n$ 的 1 度顶点标号为 n。我们沿着最后一个位置划分 $\mathrm{Cay}(\varGamma_n,S_n)$, 记为 $H_i\ (i=1,2,\cdots,n)$。则 H_i 和 $\mathrm{Cay}(\varGamma_n-n,S_{n-1})$ 是同构的。对于给定的分解, 端点在不同的 H_i 中的边称为交叉边。注意到每一个顶点是关联到确切的一条交叉边和存在 $(n-2)!$ 独立的交叉边在两个不同的 H_i 之间。设 $F_i=F\cap V(H_i)$ 和 $|F_1|\geqslant|F_{i_2}|\geqslant\cdots\geqslant|F_{i_n}|$。其中 $\{F_{i_2},\cdots,F_{i_n}\}=\{F_2,\cdots,F_n\}$。我们考虑下面的情况。

情况 1. $|F_1|\leqslant n-3$。

在这种情况下, $|F_i|\leqslant n-3$。当 $n=4$ 时, $|F_i|\leqslant n-3=1$ 和 H_i-F_i 是连通的。注意到 $|F|\leqslant 2n-5=3$。所以 $|F_{i_4}|=0$。由于存在 $(n-2)!=2$ 独立的交叉边在两个不同的 H_i 之间, 所以 $\mathrm{C}\Gamma_n-F$ 是连通的。设 $n\geqslant 5$。由于 $(n-2)!>2n-5$, 所以 $\mathrm{C}\Gamma_n[V(H_j-F_j)\cup V(H_{i_n}-F_{i_n})]$ 是连通的对于 $j\in\{i_2,\cdots,i_{n-1}\}$ 和 $\mathrm{C}\Gamma_n[V(H_2-F_2)\cup\cdots\cup V(H_n-F_n)]$ 是连通的。由于 $(n-1)!-(n-3)>2n-5$, 当 $n\geqslant 5$ 时, 所以 $\mathrm{C}\Gamma_n-F$ 是连通的。

情况 2. $|F_1|=n-2$。

在这种情况下, $|F_i|\leqslant n-3$。当 $n=4$ 时, $|F_i|\leqslant n-3=1$ 和 H_i-F_i 是连通的。注意到 $|F|\leqslant 2n-5=3$。所以 $|F_{i_4}|=0$。由于存在 $(n-2)!=2$ 独立的交叉边在两个不同的 H_i 之间, 所以 $\mathrm{C}\Gamma_n-F$ 是连通的。设 $n\geqslant 5$。由于 $(n-2)!>2n-5$, 所以 $\mathrm{C}\Gamma_n[V(H_j-F_j)\cup V(H_{i_n}-F_{i_n})]$ 是连通的对于 $j\in\{i_2,\cdots,i_{n-1}\}$ 和 $\mathrm{C}\Gamma_n[V(H_2-F_2)\cup\cdots\cup V(H_n-F_n)]$ 是连通的。设 H_1-F_1 是连通的。由于 $(n-1)!-(n-2)>2n-5$, 当 $n\geqslant 5$ 时, 所以 $\mathrm{C}\Gamma_n-F$ 是连通的。设 H_1-F_1 不是连通的。由引理 2.2.11, H_1-F_1 有两个分支, 其中一个分支是孤立点。由于 $(n-1)!-(n-2)-1>2n-5$, 当 $n\geqslant 5$ 时, 所以 $\mathrm{C}\Gamma_n-F$ 是连通的或者 $\mathrm{C}\Gamma_n-F$ 有两个分支, 其中一个分支是孤立点。

情况 3. $n-1\leqslant|F_1|\leqslant 2(n-1)-5=2n-7$。

在这种情况下, 当 $n=4$ 时, $|F_i|\leqslant n-3=1$ 和 H_i-F_i 是连通的。注意到 $|F|\leqslant 2n-5=3$。所以 $|F_{i_4}|=0$。由于存在 $(n-2)!=2$ 独立的交叉边在两个不同的 H_i 之间, 所以 $\mathrm{C}\Gamma_n-F$ 是连通的。设 $n\geqslant 5$。在这种情况下, $|F_i|\leqslant n-4$ $(i=2,3,\cdots,n)$。所以由引理 2.2.10, $H_i-F_i\ (i=2,3,\cdots,n)$ 是连通的。由于 $(n-2)!>2n-5$, 当 $n\geqslant 5$ 时, 所以 $\mathrm{C}\Gamma_n[V(H_2-F_2)\cup\cdots\cup V(H_n-F_n)]$ 是连通的。

设 H_1-F_1 是连通的。由于 $(n-1)!-(2n-7)>n-4$, 当 $n\geqslant 5$ 时, 所以 $C\Gamma_n-F$ 是连通的。设 H_1-F_1 不是连通的。假如 H_1-F_1 有两个孤立点 u,v。由性质 2.2.26和性质 2.2.27, $|N(\{u,v\})|\leqslant 2(n-2)-2=2n-6>2n-7$, 这将产生矛盾。假如 H_1-F_1 有一个 $K_2=uv$。由定理 2.2.16, $|N(\{u,v\})|\leqslant 2(n-3)=2n-6>2n-7$, 这将产生矛盾。所以 H_1-F_1 的分支有一个孤立点, 其他分支的基数都大于或等于 3, 或者 H_1-F_1 的分支的基数都大于或等于 3。设 H_1-F_1 的分支的基数都大于或等于 3。由于 $|F_2\cup\cdots\cup F_n|\leqslant 2$, 那么 $C\Gamma_n-F$ 是连通的。设 H_1-F_1 的分支有一个孤立点, 其他分支的基数都大于或等于 3, 则 $C\Gamma_n-F$ 是连通的或者 $C\Gamma_n-F$ 有两个分支, 它的一个分支是孤立点。

情况 4. $|F_1|=2n-6$。

在这种情况下, $|F_i|\leqslant 1$ $(i=2,3,\cdots,n)$ 和 $|F_{i_n}|=0$。因此, H_i-F_i 是连通的 $(i=2,3,\cdots,n)$。由于 $(n-2)!\geqslant 2$, 所以 $C\Gamma_n[V(H_j-F_j)\cup V(H_{i_n}-F_{i_n})]$ 是连通的对于 $j\in\{i_2,\cdots,i_{n-1}\}$ 和 $C\Gamma_n[V(H_2-F_2)\cup\cdots\cup V(H_n-F_n)]$ 是连通的。设 $|F_i|=0$ $(i=2,3,\cdots,n)$。由于 H_1-F_1 的每一个顶点是相邻到 H_i 的一个顶点 $(i=2,3,\cdots,n)$, 所以 $C\Gamma_n-F$ 是连通的。设 $|F_{i_2}|=1$, 则 $|F_{i_j}|=0$ $(j=3,4,\cdots,n)$。由于 H_1-F_1 的每一个顶点是相邻到 H_i 的一个顶点 $(i=2,3,\cdots,n)$, 所以 $C\Gamma_n-F$ 是连通的或者 $C\Gamma_n-F$ 有两个分支, 它的一个分支是孤立点。

情况 5. $|F_1|=2n-5$。

在这种情况下, $|F_i|=0$ $(i=2,3,\cdots,n)$。由于 H_1-F_1 的每一个顶点是相邻到 H_i 的一个顶点 $(i=2,3,\cdots,n)$, 所以 $C\Gamma_n-F$ 是连通的。断言 2 证毕。

由断言 2, $\kappa^{(1)}(C\Gamma_n)\geqslant 2n-4$。再组合 $\kappa^{(1)}(C\Gamma_n)\leqslant 2n-4$, 有 $\kappa^{(1)}(C\Gamma_n)=2n-4$。 □

2.3 互联网络的高阶限制连通度

网络的 g 限制诊断度概念是 2016 年被提出来的。在 PMC 模型下, 网络的 g 限制诊断度和 g 限制连通度有密切的关系。但在 MM* 模型下, 网络的 g 限制诊断度和 g 限制连通度就没有密切的关系了。本节主要证明了超级彼得松图的 g 限制连通度、局部扭曲立方的 g 限制连通度、交叉立方的 g 限制连通度和交错群图的紧超 3 限制连通度。

2.3.1 超级彼得松图的 g 限制连通度

图 G_1 和 G_2 的笛卡儿积是图 $G_1\otimes G_2$, 其中顶点集 $\{(x,y):x\in V(G_1),y\in V(G_2)\}$, 顶点 x_1y_1 和 x_2y_2 在 $G_1\otimes G_2$ 中相邻当且仅当 $x_1=x_2$ 和 $y_1y_2\in E(G_2)$, 或者 $x_1x_2\in E(G_1)$ 和 $y_1=y_2$。

定义 2.3.1 [68]　3 维彼得松图 HP_3 如图 2.5所示。对于 $n \geqslant 4$, n 维彼得松图由 HP_n 表示, 被定义为 $HP_n = HP_{n-1} \otimes K_2$。

定义 2.3.2　对于 $n \geqslant 3$, 一个 n 维彼得松图由 HP_n 表示, 被递归地定义为如下。

(1) HP_3 是彼得松图, 由 10 个顶点标号分别为 $0,1,\cdots,9$ 的顶点和 15 条边 $(0,1)$, $(0,4)$, $(0,5)$, $(1,2)$, $(1,6)$, $(2,3)$, $(2,7)$, $(3,4)$, $(3,8)$, $(4,9)$, $(5,7)$, $(5,8)$, $(6,8)$, $(6,9)$ 和 $(7,9)$ 组成。

(2) 对于 $n \geqslant 4$, 设 $0HP_{n-1}$ 表示对 HP_{n-1} 的每一个顶点标号前加上 0 获得的一个图。设 $1HP_{n-1}$ 表示对 HP_{n-1} 的每一个顶点标号前加上 1 获得的一个图。在 HP_n 中, 连接 $0HP_{n-1}$ 的每一个顶点 $0x_{n-1}\cdots x_4x_3$ 到 $1HP_{n-1}$ 的顶点 $1x_{n-1}\cdots x_4x_3$, 其中 $x_i \in \{0,1\}, i \in \{4,\cdots,n\}, x_3 \in \{0,1,\cdots,9\}$。

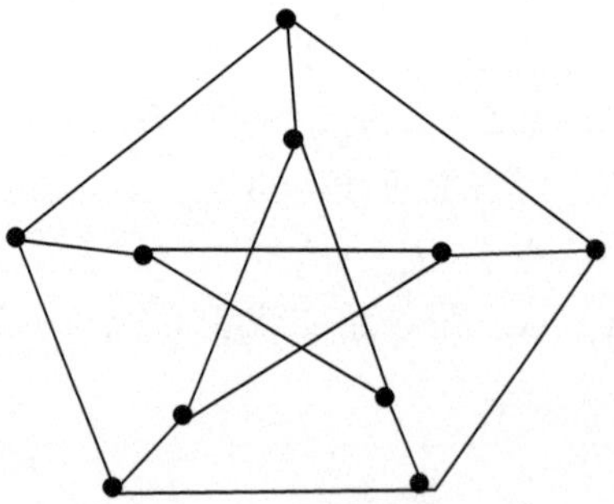

图 2.5　3 维彼得松图

4 维彼得松图 HP_4 如图 2.6所示。从 HP_n 的定义容易看到 HP_n 是一个 n 正则图, 有 $10 \times 2^{n-3}$ 个顶点和 $5n \times 2^{n-3}$ 条边。边的两个端点在不同的 iHP_{n-1} 中称为交叉边对于 $i = 0,1$。由定义 2.3.2, HP_n 的整个交叉边是一个完美匹配。

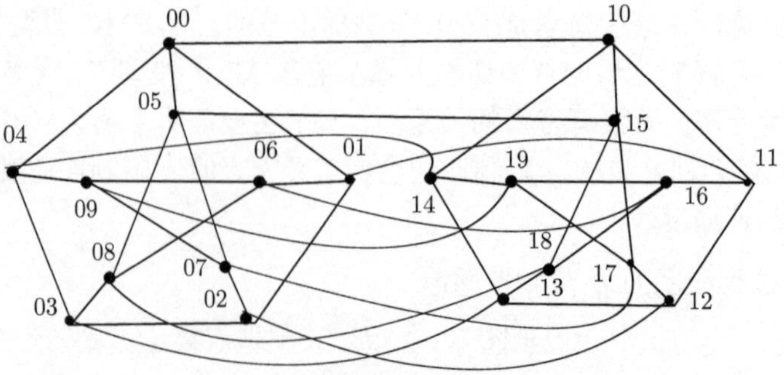

图 2.6　4 维彼得松图

性质 2.3.1 [68] 设 HP_n 是 n 维超彼得松图 ($n \geqslant 3$), 则连通度 $\kappa(HP_n) = n$。

一个 r 限制连通的图 G 是超 r 限制连通的, 如果 $G-F$ 有一个分支基数为 $r+1$ 对于 G 的每一个最小的 r 限制割 F。一个超 r 限制连通的图 G 是 $|F|$ 两超 r 限制, 如果 $G-F$ 有两分支对于 G 的每一个最小的 r 限制割 F。特别地, G 称为 $|F|$ 两超连通的, 如果 $r=0$。

定理 2.3.1 [69] HP_n ($n \geqslant 3$) 是 n 两超连通的。

证明 证明对 n 进行归纳。设 S 是 HP_n 的一个最小割。由性质 2.3.1, 我们有 $|S| = n$。注意到 HP_3 是彼得松图。由于彼得松图是顶点传递的, 不失一般性地, 设 $0 \in S$ 和 $S = \{0, x, y\}$。由检查 $S = \{0, x, y\}$ 整个的可能性, 我们有 HP_3 是 3 两超连通的。结果是正确的, 当 $n = 3$ 时。假设 $n \geqslant 4$, 这和结果是成立的对于 HP_{n-1}。设 $S_i = S \cap V(i\mathrm{HP}_{n-1})$ ($i = 0, 1$)。由 $n \geqslant 4$, 我们有 $5 \times 2^{n-3} - n \geqslant 1$。所以存在至少一条边在 $0\mathrm{HP}_{n-1} - S_0$ 和 $1\mathrm{HP}_{n-1} - S_1$ 之间。不失一般性, 假设 $|S_0| \leqslant |S_1|$。如果 $|S_0| = 0$, 那么 $0\mathrm{HP}_{n-1} - S_0$ 是连通的。由于 HP_n 的整个交叉边是一个完美匹配, 所以 $HP_n - S$ 是连通的, 这产生矛盾。从而, $|S_0| \geqslant 1$。如果 $|S_0| \geqslant 2$, 那么 $|S_0| \leqslant |S_1| \leqslant n-2$。由于 $i\mathrm{HP}_{n-1}$ ($i = 0, 1$) 可以同构到 HP_{n-1}, 由性质 2.3.1, $i\mathrm{HP}_{n-1}$ 是连通的。由于存在至少一条边在 $0\mathrm{HP}_{n-1} - S_0$ 和 $1\mathrm{HP}_{n-1} - S_1$ 之间, 所以 $HP_n - S$ 仍然是连通的, 这产生矛盾。因此, $|S_0| = 1, |S_1| = n-1$。设 $S_0 = \{v\}$, 则 $0\mathrm{HP}_{n-1} - S_0$ 是连通的。如果 $1\mathrm{HP}_{n-1} - S_1$ 也是连通的, 那么 $HP_n - S$ 仍然是连通的, 这产生矛盾, 则 $1\mathrm{HP}_{n-1} - S_1$ 不是连通的。由归纳假设, $1\mathrm{HP}_{n-1} - S_1$ 确切有两个分支, 其中一个分支是一个孤立顶点 u。由于 $5 \times 2^{n-3} - (n+1) \geqslant 1$ 和 HP_n 的整个交叉边是一个完美匹配, 所以我们有 $HP_n[V(0\mathrm{HP}_{n-1} - S_0) \cup V(1\mathrm{HP}_{n-1} - S_1 - u)]$ 是连通的。如果 $N(u) \cap V(0\mathrm{HP}_{n-1} - S_0) \neq \varnothing$, 那么 $HP_n - S$ 仍然是连通的, 这产生矛盾。否则, u 相邻到 v 在 HP_n 中。因此, $HP_n - S$ 确切有两个分支, 它的一个分支是孤立顶点 u。 □

由超彼得松图的定义, 我们有下面的结果。

性质 2.3.2 [69] 对于任意的整数 $n \geqslant 4$, HP_n 的围长是 4。

性质 2.3.3 [69] 如果 $u, v \in V(HP_n)$ 和 $uv \in E(HP_n)$, 那么 $|N(u) \cap N(v)| = 0$。如果 $u, v \in V(HP_n)$ 和 $uv \notin E(HP_n)$, 那么 $|N(u) \cap N(v)| \leqslant 2$。

证明 如果两个顶点 u, v 是相邻的, 那么, 由性质 2.3.1, $|N(u) \cap N(v)| = 0$。设两顶点 u, v 不是相邻的。设 $P \cong HP_3$ 和 $u, v \in V(P)$。由于彼得松图 P 是顶点传递的, 不失一般性地, 设 $u = 0$。由检查 $0, v$ 整个的可能性, 我们有 $|N(u) \cap N(v)| \leqslant 1 < 2$。设 P_1 和 P_2 在 HP_n 中是两个不同的彼得松图 (这里的彼得松图有编号), 其中 $u \in V(P_1)$ 且 $v \in V(P_2)$。则 $|N(u) \cap V(P_2)| \leqslant 1$ 和

$|N(v)\cap V(P_1)|\leqslant 1$。如果 $|N(u)\cap V(P_2)|=1$, 那么 $|N(v)\cap V(P_1)|=1$。所以 $|N(u)\cap N(v)|\leqslant 2$。如果 $|N(u)\cap V(P_2)|=0$, 那么, 由性质 2.3.1, $|N(u)\cap N(v)|\leqslant 2$。 □

引理 2.3.1 [70] 对于 3 个整数 r_1, r_2 和 r, 如果 $r_1, r_2\geqslant 1$ 和 $r_1+r_2=r$, 那么 $\dfrac{r+1}{2}+1\geqslant r+\dfrac{r_1+1}{2}+\dfrac{r_2+1}{2}$。

对于两个整数 n 和 r 及其 $n\geqslant 1$ 和 $r\geqslant 0$, 设 $f_n(r)=-\dfrac{1}{2}r^2+(n-\dfrac{3}{2})r+n$。

引理 2.3.2 [71] 设 $0\leqslant r_1, r_2\leqslant n-2$ 和 $0\leqslant r\leqslant n-3$。如果 $r+1<r_1+1+r_2+1$, 那么 $f_n(r)+1\leqslant f_{n-1}(r_1)+f_{n-1}(r_2)$。

引理 2.3.3 [69] 设 $S\subseteq V(\mathrm{HP}_n)$ 及其 $|S|=3$, 则 $|N(S)|\geqslant f_n(2)=3n-5$。

证明 证明对 n 进行归纳。设 $n=3$, 则 HP_3 是彼得松图和 $f_3(2)=4$。设 $S\subseteq V(\mathrm{HP}_3)$ 及其 $|S|=3$。由于彼得松图是顶点传递的, 不失一般性, 设 $0\in S$ 和 $S=\{0,x,y\}$。由检查 $S=\{0,x,y\}$ 整个的可能性, 我们有 $N_{\mathrm{HP}_3}(S)|\geqslant 4$。所以结果是正确的, 当 $n=3$ 时。假设 $n=k-1$ $(k\geqslant 4)$, 这和结果是成立的对于 HP_{k-1}, 即 $|N_{\mathrm{HP}_{k-1}}(S)|\geqslant f_{k-1}(2)=3(k-1)-5=3k-8$。我们将证明引理是成立的对于 $n=k$, 即 $|N_{\mathrm{HP}_k}(S)|\geqslant f_k(2)=3k-5$ 对于 $S\subseteq V(\mathrm{HP}_k)$ 及其 $|S|=3$。我们考虑下面的情况。

情况 1. $S\subseteq V(P)$, 其中 $P\cong \mathrm{HP}_3$。

注意到 $|N_P(S)|\geqslant 4$。由 HP_n 的定义, $|N_{\mathrm{HP}_k}(S)|\geqslant 4+3(k-3)=3k-5=f_k(2)$。

情况 2. $S\not\subseteq V(P)$。

情况 2.1. $|S\cap V(P)|=2$。

在这种情况下, 明显地有 $|N_P(S)|\geqslant 4$。由 HP_n 的定义, $|N_{\mathrm{HP}_k}(S)|\geqslant 4+2(k-3)+(k-1)\geqslant 3k-5=f_k(2)$。

情况 2.2. $|S\cap V(P)|=1$。

由 HP_n 的定义, $|N_{\mathrm{HP}_k}(S)|\geqslant 6+3(k-4)\geqslant f_k(2)$。 □

性质 2.3.4 [69] 对于任意整数 $r\geqslant 0$ 和任意整数 $n\geqslant\left\lceil\dfrac{r+2}{2}\right\rceil$, 如果 $S\subseteq V(\mathrm{HP}_n)$ 及其 $|S|=r+1$, 那么 $|N(S)|\geqslant f_n(r)=-\dfrac{1}{2}r^2+\left(n-\dfrac{3}{2}\right)r+n$。

证明 由 HP_n 的定义, 有 $n\geqslant 3$, 所以 $n\geqslant\left\lceil\dfrac{r+2}{2}\right\rceil$ 对于 $0\leqslant r\leqslant 1$。由性质 2.3.1, $|N(u_0)|=n$。这个结果是正确的对于 $r=0$。根据 HP_n 是 n 正则的和性质 2.3.1, $|N(\{u_0,u_1\})|=2n-2$。这个结果是正确的对于 $r=1$。由引理 2.3.3, $|N(\{u_0,u_1,u_2\})|=3n-5$。这个结果是正确的对于 $r=2$。证明这个性质对 r 进

行归纳。设 $r=3$, 则 $n=\left\lceil\frac{r+2}{2}\right\rceil=3$。假设性质是成立的对于 $r\leqslant k-1\ (k\geqslant 4)$, 即当 $r\leqslant k-1$ 和 $1\leqslant|S|\leqslant k$ 时, $|N(S)|\geqslant f_n(r)=n(r+1)-\frac{1}{2}r(r+3)$ 是成立的对于任意整数 $n\geqslant\left\lceil\frac{k+1}{2}\right\rceil$ (记为假设 (A))。我们将证明性质是成立的对于任意整数 $n\geqslant\left\lceil\frac{k+2}{2}\right\rceil$ 和 $r=k$, 即 $|N(S)|\geqslant f_n(k)=n(k+1)-\frac{1}{2}k(k+3)$, 其中 $|S|=k+1$ 和 $n\geqslant\left\lceil\frac{k+2}{2}\right\rceil$。我们考虑下面的情况。

情况 1. $n=\left\lceil\frac{k+2}{2}\right\rceil$。

注意到 HP_n 的整个交叉边是一个完美匹配在 $V(0\mathrm{HP}_{n-1})$ 和 $V(1\mathrm{HP}_{n-1})$ 之间。对于任意 $S\subseteq V(\mathrm{HP}_n)$ 及其 $|S|=k+1$, 设 $S=V_0\cup V_1$, 其中 $V_i\subseteq V(i\mathrm{HP}_{n-1})$, $i=0,1$。不失一般性, 设 $|V_0|\leqslant|V_1|$。我们分别处理下面的情况。

情况 1.1. $|V_0|=0$。

在这种情况下, 有

$$\begin{aligned}|N(S)|&\geqslant|N(V_1)\cap V(0\mathrm{HP}_{n-1})|=|S|=k+1\\&\geqslant(k+1)\left\lceil\frac{k+2}{2}\right\rceil-\frac{k(k+3)}{2}=f_n(k)\end{aligned}$$

情况 1.2. $1\leqslant|V_0|\leqslant\lfloor\frac{k+1}{2}\rfloor$。

我们能容易验证 $\left\lceil\frac{k+2}{2}\right\rceil-1\geqslant\left\lceil\frac{\lfloor\frac{k+1}{2}\rfloor+1}{2}\right\rceil$。因此, $n-1\geqslant\left\lceil\frac{(|V_0|-1)+2}{2}\right\rceil>\left\lceil\frac{(|V_0|-1)+1}{2}\right\rceil$。由于 $k\geqslant 4$, $|V_0|\leqslant\lfloor\frac{k+1}{2}\rfloor\leqslant\left\lceil\frac{k+1}{2}\right\rceil\leqslant k-1$, 由归纳假设 (A), 我们有

$$|N_{0\mathrm{HP}_{n-1}}(V_0)|\geqslant|V_0|(n-1)-\frac{(|V_0|-1)(|V_0|+2)}{2}\tag{2.1}$$

考虑下面的情况。

情况 1.2.1. $|V_0|=1$。

明显地, $1\leqslant|V_0|\leqslant|V_1|$ 和 $|V_1|=k+1-|V_0|=k$。如果 k 是偶数, 那么 $n-1=\left\lceil\frac{k+2}{2}\right\rceil-1=\frac{k}{2}=\left\lceil\frac{k}{2}\right\rceil=\left\lceil\frac{|V_1|}{2}\right\rceil=\left\lceil\frac{(|V_1|-1)+1}{2}\right\rceil$。由归纳假设 (A),

有

$$|N_{1\mathrm{HP}_{n-1}}(V_1)| \geqslant |V_1|(n-1) - \frac{(|V_1|-1)(|V_1|+2)}{2} \tag{2.2}$$

由式 (2.1) 和式 (2.2), 以及引理 2.3.1, 我们有

$$\begin{aligned}|N(S)| &\geqslant |N_{0\mathrm{HP}_{n-1}}(V_0)| + |N_{1\mathrm{HP}_{n-1}}(V_1)| \\ &\geqslant (k+1)(n-1) - (\frac{(|V_0|-1)(|V_0|+2)}{2} + \frac{(|V_1|-1)(|V_1|+2)}{2}) \\ &= (k+1)(n-1) - (\frac{|V_0|(|V_0|+1)}{2} + \frac{|V_1|(|V_1|+1)}{2} - 2) \\ &= n(k+1) - (k+1+\frac{|V_0|(|V_0|+1)}{2} + \frac{|V_1|(|V_1|+1)}{2} - 2) \\ &\geqslant n(k+1) - \left(\frac{(k+1)(k+2)}{2} - 1\right) = n(k+1) - \frac{k(k+3)}{2}\end{aligned}$$

如果 k 是奇数, 那么 $\left\lceil \frac{k+2}{2} \right\rceil = \frac{k+3}{2}$。因此, 有

$$(k+1)n - \frac{k(k+3)}{2} = (k+1)\left\lceil \frac{k+2}{2} \right\rceil - \frac{k(k+3)}{2} = (k+1)\frac{k+3}{2} - \frac{k(k+3)}{2} = \frac{k+3}{2}$$

从而

$$|N(S)| \geqslant |N_{0\mathrm{HP}_{n-1}}(V_0)| + |V(1\mathrm{HP}_{n-1}) \cap N(V_0)| = n = \frac{k+3}{2} = (k+1)n - \frac{k(k+3)}{2}$$

情况 1.2.2. $2 \leqslant |V_0| \leqslant \left\lfloor \frac{k+1}{2} \right\rfloor$。

在这种情况下, $|V_1| \leqslant k-1$。由于 $n-1 = \left\lceil \frac{k+2}{2} \right\rceil - 1 = \left\lceil \frac{k}{2} \right\rceil \geqslant \left\lceil \frac{(|V_1|-1)+1}{2} \right\rceil$。由归纳假设 (A), 有

$$|N_{1\mathrm{HP}_{n-1}}(V_1)| \geqslant |V_1|(n-1) - \frac{(|V_1|-1)(|V_1|+2)}{2} \tag{2.3}$$

由式 (2.1) 和式 (2.3), 以及引理 2.3.1, 我们有

$$\begin{aligned}|N(S)| &\geqslant |N_{0\mathrm{HP}_{n-1}}(V_0)| + |N_{1\mathrm{HP}_{n-1}}(V_1)| \\ &\geqslant n(k+1) - \left(\frac{(k+1)(k+2)}{2} - 1\right) = n(k+1) - \frac{k(k+3)}{2}\end{aligned}$$

因此, 我们有 $|N(S)| \geqslant f_n(k) = n(k+1) - \frac{1}{2}k(k+3)$ 对于 $n = \left\lceil \frac{k+2}{2} \right\rceil$ 和 $|S| = k+1$, 当 $r = k$ 时。

现在, 假设 $|N(S)| \geqslant f_n(k) = n(k+1) - \frac{1}{2}k(k+3)$ 是成立的对于 $n = \left\lceil \frac{k+2}{2} \right\rceil + j$ 和 $|S| = k+1$, 当 $j \geqslant 0$ 时 (记为假设 (B))。我们将证明 $|N(S)| \geqslant f_n(k) = n(k+1) - \frac{1}{2}k(k+3)$ 是成立的对于 $n = \left\lceil \frac{k+2}{2} \right\rceil + j + 1$。

情况 2. $n > \left\lceil \frac{k+2}{2} \right\rceil$。

注意到 HP_n 的整个交叉边是一个完美匹配在 $V(0\mathrm{HP}_{n-1})$ 和 $V(1\mathrm{HP}_{n-1})$ 之间。对于任意 $S \subseteq V(\mathrm{HP}_n)$ 及其 $|S| = k+1$, 设 $S = V_0 \cup V_1$, 其中 $V_i \subseteq V(i\mathrm{HP}_{n-1})$, $i = 0, 1$。不失一般性地, 设 $|V_0| \leqslant |V_1|$。我们处理下面的情况。

情况 2.1. $|V_0| = 0$。

在这种情况下, $|V_1| = k+1$。由归纳假设 (B), 有

$$|N_{1\mathrm{HP}_{n-1}}(V_1)| \geqslant (k+1)\left(\left\lceil \frac{k+2}{2} \right\rceil + j\right) - \frac{k(k+3)}{2}$$

从而

$$\begin{aligned}
|N(S)| &\geqslant |V(0\mathrm{HP}_{n-1}) \cap N(V_1)| + |N_{1\mathrm{HP}_{n-1}}(V_1)| \\
&\geqslant (k+1) + \left((k+1)\left(\left\lceil \frac{k+2}{2} \right\rceil + j\right) - \frac{k(k+3)}{2}\right) \\
&= (k+1)\left(\left\lceil \frac{k+2}{2} \right\rceil + j + 1\right) - \frac{k(k+3)}{2}
\end{aligned}$$

情况 2.2. $1 \leqslant |V_0| \leqslant \lfloor \frac{k+1}{2} \rfloor$。

在这种情况下, 由于 $k \geqslant 4$, 对于 $j = 0, 1$, $1 \leqslant |V_j| \leqslant k-1$ 和 $n - 1 = \left\lceil \frac{k+2}{2} \right\rceil + j + 1 - 1 \geqslant \left\lceil \frac{(k-1)+1}{2} \right\rceil$。由归纳假设 (A), 对于 $j = 0, 1$, 我们有

$$|N_{j\mathrm{HP}_{n-1}}(V_j)| \geqslant |V_j|\left(\left\lceil \frac{k+2}{2} \right\rceil + j\right) - \frac{(|V_j|-1)(|V_j|+2)}{2}$$

从而, 由引理 2.3.1, 我们有

$$|N(S)| \geqslant |N_{0\mathrm{HP}_{n-1}}(V_0)| + |N_{1\mathrm{HP}_{n-1}}(V_1)|$$

$$\geqslant (k+1)\left(\left\lceil\frac{k+2}{2}\right\rceil+j\right)-\left(\frac{(|V_0|-1)(|V_0|+2)}{2}+\frac{(|V_1|-1)(|V_1|+2)}{2}\right)$$
$$\geqslant (k+1)\left(\left\lceil\frac{k+2}{2}\right\rceil+j\right)-\left(\frac{|V_0|(|V_0|+1)}{2}+\frac{|V_1|(|V_1|+1)}{2}-2\right)$$
$$=\left(\left\lceil\frac{k+2}{2}\right\rceil+j+1\right)(k+1)-\left(k+1+\frac{|V_0|(|V_0|+1)}{2}+\frac{|V_1|(|V_1|+1)}{2}-2\right)$$
$$\geqslant\left(\left\lceil\frac{k+2}{2}\right\rceil+j+1\right)(k+1)-\left(\frac{(k+1)(k+2)}{2}-1\right)$$
$$=\left(\left\lceil\frac{k+2}{2}\right\rceil+j+1\right)(k+1)-\frac{k(k+3)}{2}$$

根据这些情况, 性质是成立的。 □

性质 2.3.5[72]　如果 $0\leqslant r\leqslant n-2$, $f_n(r)$ 是一个严格递增函数, 那么 $f_n(r)$ 最大为 $f_n(n-2)=\dfrac{1}{2}n^2-\dfrac{1}{2}n+1$ 和 $f_n(n-2)=f_n(n-1)>f_n(n-3)=f_n(n)>f_n(r)$ 对于 $0\leqslant r\leqslant n-4$。

引理 2.3.4[69]　设 $n\geqslant 4$, $0\leqslant r\leqslant n-3$ 和 $S\subseteq V(\mathrm{HP}_n)$。如果 $|S|\leqslant f_n(r)-k$ 及其 $0\leqslant k\leqslant 1$ 和 HP_n-S 不是连通的, 那么 HP_n-S 有一个分支且至少有 $10\times 2^{n-3}-|S|-(r+1-k)$ 个顶点。

证明　对 r 进行归纳。设 $r=0$, 则 $|S|\leqslant n-k$。由性质 2.3.1, 如果 $k=1$, 那么 HP_n-S 是连通的。由定理 2.3.1, 如果 $k=0$ 和 $|S|=n$, 那么 HP_n-S 或者是连通的, 或者有两个分支, 其中一个分支是孤立顶点。这个推出结果对于 $r=0$ 是正确的。对于 $r=r-1$ 假设结果是成立的, 即 HP_n-S 有一个分支且至少有 $10\times 2^{n-3}-|S|-(r-k)$ 个顶点对于 $|S|\leqslant f_n(r-1)-k=nr-\dfrac{r(r+3)}{2}-k$。对于 $r=r$ $(r\geqslant 1)$ 我们的验证结果是成立的。设 $S_i=S\cap V(i\mathrm{HP}_{n-1})$ $(i=0,1)$。不失一般性地, 假设 $|S_0|\leqslant|S_1|$。我们考虑下面的情况。

情况 1. $|S_0|\leqslant n-2$。

在这种情况下, 因为 $\kappa(0\mathrm{HP}_{n-1})=n-1$ 及性质 2.3.1, $0\mathrm{HP}_{n-1}-S_0$ 是连通的。设 C 是 HP_n-S 包含 $0\mathrm{HP}_{n-1}-S_0$ 的那个分支, 并设 C' 是 HP_n-S 中其他分支的并, 则 $V(C')\subseteq V(1\mathrm{HP}_{n-1})\subseteq V(\mathrm{HP}_n)$。由于 HP_n 的整个交叉边是一个完美匹配, 所以我们有 $|V(C')|=|N(V(C'))\cap V(0\mathrm{HP}_{n-1})|\leqslant|S_0|\leqslant n-2$, 并且有 $\left\lceil\dfrac{|V(C')|-1+2}{2}\right\rceil\leqslant\left\lceil\dfrac{n-2+1}{2}\right\rceil\leqslant n$。由性质 2.3.4, 我们有 $|N_{\mathrm{HP}_n}(V(C')|\geqslant f_n(|V(C')|-1)$。由于 C' 是 HP_n-S 中其他分支的并, 所以 $|N_{\mathrm{HP}_n}(V(C'))|\leqslant|S|$ 是成立的, 并且有 $f_n(r)-k\geqslant|S|\geqslant|N_{\mathrm{HP}_n}(V(C'))|\geqslant f_n(|V(C')|-1)$。由性质

2.3.5, 如果 $k=0$, 那么 $|V(C')|-1\leqslant r$, 所以 $|V(C')|\leqslant r+1$; 如果 $k=1$, 那么 $|V(C')|-1<r$, 所以 $|V(C')|\leqslant r=(r+1)-1$。从而, 有 $|V(C')|\leqslant(r+1)-k$, 所以 $|V(C)|\geqslant 10\times 2^{n-3}-|S|-(r+1-k)$。

情况 2. $|S_0|>n-2$。

在这种情况下, 我们有

$$|S_0|\leqslant|S_1|=|S|-|S_0|\leqslant f_n(r)-k-(n-1)=f_{n-1}(r-1)-k$$

由归纳假设, 对于每一个 $i=0,1$, $i\mathrm{HP}_{n-1}-S_i$ 有一个分支 A_i 及其至少 $10\times 2^{n-4}-|S_i|-(r-k)$ 个顶点。明显地, $|S|+2r\leqslant f_n(r)-k+2r$。由性质 2.3.5, $f_n(r)\leqslant f_n(n-3)=\dfrac{n^2-n}{2}$。并且有 $|S|+2r\leqslant f_n(n-3)-k+2(n-3)=\dfrac{n^2+3n-12-2k}{2}<10\times 2^{n-4}$, 因为 $n\geqslant 4$。注意到存在 $10\times 2^{n-4}$ 点不相交的边在 $V(0\mathrm{HP}_{n-1})$ 和 $V(1\mathrm{HP}_{n-1})$ 之间。所以存在一些边在 A_0 与 A_1 和 HP_n-S 之间。设 C 是 HP_n-S 的分支包含 A_0 和 A_1, 并且设 C' 是 HP_n-S 的整个另外的分支的并。设 $V_i=V(C')\cap V(i\mathrm{HP}_{n-1})$ 对于 $i=0,1$, 则 $|V_0|,|V_1|\leqslant r-k\leqslant n-3$。注意到 $|S|\geqslant|N_{0\mathrm{HP}_{n-1}}(V_0)|+|N_{1\mathrm{HP}_{n-1}}(V_1)|$。由性质 2.3.4, $|N_{0\mathrm{HP}_{n-1}}(V_0)|+|N_{1\mathrm{HP}_{n-1}}(V_1)|\geqslant f_{n-1}(|V_0|-1)+f_{n-1}(|V_1|-1)$。并且有 $|S|\geqslant f_{n-1}(|V_0|-1)+f_{n-1}(|V_1|-1)$。由于 $|S|\leqslant f_n(r)-k$, 所以有 $f_n(r)-k\geqslant f_{n-1}(|V_0|-1)+f_{n-1}(|V_1|-1)$。根据引理 2.3.2, $|V_0|+|V_1|\leqslant r+1$。如果 $k=0$, 那么 $|V_0|+|V_1|\leqslant r+1=r+1-k$。设 $k=1$。由于 $|V_0|+|V_1|=r+1$, $r_0=|V_0|-1$, 我们有

$$f_{n-1}(|V_0|-1)+f_{n-1}(|V_1|-1)=f_n(r)+r_0(r-r_0-1)$$

由于 $r-r_0-1=|V_1|-1\geqslant 0$, 我们有 $f_{n-1}(|V_0|-1)+f_{n-1}(|V_1|-1)\geqslant f_n(r)$, 这与 $f_n(r)-1\geqslant f_{n-1}(|V_0|-1)+f_{n-1}(|V_1|-1)$ 相矛盾。从而, $|V_0|+|V_1|\leqslant r$。因此, 有 $V(C')=|V_0|+|V_1|\leqslant r+1-k$。所以 $|V(C)|\geqslant 10\times 2^{n-3}-|S|-(r+1-k)$。 □

由引理 2.3.4, 我们有下面的结果。

定理 2.3.2[69] 设 $n\geqslant 4$, $0\leqslant r\leqslant n-3$ 和设 HP_n 是 n 维超彼得松图。如果 S 是 HP_n 的一个 r 限制割和 $|S|\leqslant f_n(r)=-\dfrac{1}{2}r^2+(n-\dfrac{3}{2})r+n$, 那么 $|S|=f_n(r)$ 和 HP_n 是 $f_n(r)$ 两超 r 限制连通的。

证明 如果 $|S|\leqslant f_n(r)-1$, 那么, 由引理 2.3.4, HP_n-S 有一个分支且最多有 r 个顶点, 这与 S 是 HP_n 的一个 r 限制割相矛盾, 所以 $|S|=f_n(r)$。再由引理 2.3.4, HP_n-S 有一个分支 (记为 C) 及其至少有 $10\times 2^{n-3}-|S|-(r+1)$ 个顶点。设 A 是 HP_n-S 中与 C 不同的一个分支, 则 $|V(A)|\leqslant r+1$。由于 S 是

HP_n 的一个 r 限制割, 所以有 $|V(A)| = r+1$。因此, $\mathrm{HP}_n - S$ 确切有两个分支, 分别为 C 和 A。 □

设 $u_0 = 0^{n-2} = \underbrace{00\cdots0}_{n-2}, u_i = 0^{n-i-3}10^i$ $(1 \leqslant i \leqslant g)$ 和 $A = \{u_j : j \in \{0,1,\cdots,r\}\}$, 则 $\mathrm{HP}_n[A]$ 是一个星。

定理 2.3.3 [69] 设 $n \geqslant 4$, $0 \leqslant r \leqslant n-3$ 和 HP_n 是 n 维超彼得松图, 则 $\widetilde{\kappa}^{(r)}(G) = f_n(r) = -\dfrac{1}{2}r^2 + (n-\dfrac{3}{2})r + n$ 和 HP_n 是 $f_n(r)$ 两超 r 限制连通的。

证明 我们考虑下面的断言。

断言 1: $|N(A)| = -\dfrac{1}{2}r^2 + (n-\dfrac{3}{2})r + n = f_n(r)$ 对于 $n \geqslant 4$ 和 $0 \leqslant r \leqslant n-3$。

我们证明这个断言归纳在 r。设 $r=0$。由性质 2.3.1, $|N(u_0)| = n$。这个结果对于 $r=0$ 是正确的。根据 HP_n 是 n 正则的和性质 2.3.1, $|N(\{u_0,u_1\})| = 2n-2$。这个结果对于 $r=1$ 是正确的。假设 $r \geqslant 1$, 这个结果对于 $r=k-1$ 是成立的, 即 $|N(A)| = |N(\{u_0,u_1,\cdots,u_{k-1}\})| = f_n(k-1) = nk - \dfrac{1}{2}(k-1)(k+2)$。我们将证明对于 $r=k$ 结果是成立的。注意到 $u_k = 0^{n-k-3}10^k$。由 HP_n 的定义, u_k 相邻到 u_0。由 HP_n 的定义, u_k 相邻到 $0^{n-k-3}10^j10^{k-j-1}$, 其中 $0 \leqslant j \leqslant k-2$。注意到 $u_i = 0^{n-i-3}10^i$ $(1 \leqslant i \leqslant k-1)$。由 HP_n 的定义, u_i 相邻到 $0^{n-k-3}10^{k-i-1}10^i$。当 $i = k-j-1$ 时, $|N(u_i) \cap N(u_k)| = 1$。所以

$$|N(A)| = |N(\{u_0,u_1,\cdots,u_{k-1},u_k\})| = f_n(k-1) + (n-1) - 1 - (k-1)$$

$$= nk - \frac{1}{2}(k-1)(k+2) + (n-1) - 1 - (k-1) = n(k+1) - \frac{1}{2}k(k+3) = f_n(k)$$

注意到 $|A| = r+1$。由引理 2.3.4, $N(A)$ 是 HP_n 的一个 r 限制割。根据定理 2.3.3的证明, $N(A)$ 是 HP_n 的一个最小 r 限制割。所以 $\widetilde{\kappa}^{(r)}(\mathrm{HP}_n) = f_n(r) = -\dfrac{1}{2}r^2 + \left(n - \dfrac{3}{2}\right)r + n$。由定理 2.3.3, HP_n 是 $f_n(r)$ 两超 r 限制连通的。 □

2.3.2 局部扭曲立方的 g 限制连通度

局部扭曲立方的定义和一些性质见 3.3.2 节。本节给出局部扭曲立方的 g 限制连通度。

拟超立方体网络 [73] (一些文献也使用 BC 网络[70,72,74]), 由 $\mathbb{L}_n$ 表示, 包括超立方体、交叉立方体、扭曲立方体、局部扭曲立方体等。

引理 2.3.5 [72] 设 $n \geqslant 4, 0 \leqslant g \leqslant n-4$ 是两个整数, 则一个 n 维 BC 网络的 g 限制连通度是 $\widetilde{\kappa}^{(g)}(X_n) = n(g+1) - \dfrac{g(g+3)}{2}$。

引理 2.3.6 [73,74] 设 $n \geqslant 5$, $0 \leqslant g \leqslant n-3$ 和 $X_n \in \mathbb{L}_n$, 则 $\widetilde{\kappa}^{(g)}(X_n) \geqslant n(g+1) - \frac{1}{2}g(g+3)$, 其中, 一般来说 $\widetilde{\kappa}^{(g)}(X_n) = n(g+1) - \frac{1}{2}g(g+3)$ 是不成立的。

本节将利用文献 [73] 中的结果。

由引理 2.3.6, 有 $\widetilde{\kappa}^{(g)}(X_n) = n(g+1) - \frac{1}{2}g(g+3)$ 不总是成立的。所以 $\widetilde{\kappa}^{(g)}(X_n)$ 由不同的网络决定。下面证明 $\widetilde{\kappa}^{(g)}(\mathrm{LTQ}_n)$ 是 $n(g+1) - \frac{1}{2}g(g+3)$ 对于 $n \geqslant 5$, $0 \leqslant g \leqslant n-3$。

引理 2.3.7 [75] LTQ_n 的整个的交叉边是一个完美匹配。

引理 2.3.8 [76] 设 LTQ_n 是局部扭曲立方, 则 $\kappa(\mathrm{LTQ}_n) = n$。

引理 2.3.9 [77] 如果 $0 \leqslant g \leqslant n-2$, 那么 $f_n(g)$ 是严格单调递增的。并且, 最大的 $f_n(g)$ 是 $f_n(n-2) = \frac{1}{2}n(n-1)+1$ 和 $f_n(n-1) = f_n(n-2) > f_n(n) = f_n(n-3) > f_n(g)$ 对于 $0 \leqslant g \leqslant n-4$。

引理 2.3.10 [78] 设 $f(x) = 2^x - \frac{1}{2}x^2 - \frac{1}{2}x - 1 - x$。对于任意的 $x \geqslant 4$, $f(x)$ 是严格单调递增的且 $f(x) > 0$。

证明 对于 $x \geqslant 4$, 由于 $f(x) = 2^x - \frac{1}{2}x^2 - \frac{1}{2}x - 1 - x = 2^x - \frac{1}{2}x^2 - \frac{3}{2}x - 1$, $f^{'}(x) = 2^x ln2 - x - \frac{3}{2}$ 和 $f^{''}(x) = 2^x(ln2)^2 - 1 > 0$。由于 $f^{''}(x) > 0$ 对于 $x \geqslant 4$, $f^{'}(x) = 2^x ln2 - x - \frac{3}{2}$ 是严格单调递增的。从而, 对于 $x \geqslant 4$, $f^{'}(x) \geqslant f^{'}(4) > 0$。由于对于 $x \geqslant 4$, $f^{'}(x) > 0$, $f(x)$ 是严格单调递增的且 $f(x) \geqslant f(4) > 0$。 □

设 $n \geqslant 5$, $0 \leqslant g \leqslant n-3$。我们构造 LTQ_n 的一个连通子图 $K_{1,g}$ (一个星)。设 $u_1 = 0^n, u_2 = 0^{n-1}1, u_3 = 0^{n-2}10, u_i = 0^{n-i+1}10^{i-2}1$ $(4 \leqslant i \leqslant g+1)$, 并设 $u_1 = 0^n$ 是星的核。设 $V(K_{1,g}) = \{u_1, u_2, \cdots, u_{g+1}\}$, $E(K_{1,g}) = \{u_1u_j : 2 \leqslant j \leqslant g+1\}$, 并设 $V(K_{1,g-1}) = \{u_1, u_2, \cdots, u_g\}$, $E(K_{1,g-1}) = \{u_1u_j : 2 \leqslant j \leqslant g\}$。

引理 2.3.11 [78] 设 $K_{1,g}$ 如上面的定义, 并设 $F_1 = N_{\mathrm{LTQ}_n}(V(K_{1,g}))$ 和 $F_2 = N_{\mathrm{LTQ}_n}(V(K_{1,g})) \cup V(K_{1,g})$。如果 $n \geqslant 5$, $0 \leqslant g \leqslant n-3$, 那么 $|F_1| = n(g+1) - \frac{1}{2}g(g+3)$, $|F_2| = (n+1)(g+1) - \frac{1}{2}g(g+3)$, $\mathrm{LTQ}_n - F_1$ 有两个分支和 F_1 是 LTQ_n 的一个 g 限制割。

证明 由 $K_{1,g}$ 的定义, 明显地, $|V(K_{1,g})| = g+1$。我们通过对 g 进行归纳证明 $|N_{\mathrm{LTQ}_n}(V(K_{1,g}))| = n(g+1) - \frac{1}{2}g(g+3)$。当 $g = 0$ 时, $V(K_{1,g}) = \{0^n\}$。由于 LTQ_n 是一个 n 正则图, 那么 $|F| = n$ 对于 $g = 0$。当 $g = 1$ 时, $V(K_{1,g}) = \{0^{n-1}1, 0^n\}$。由

引理 2.3.7, $|F|=2n-2$。这个结果对于 $g=0$ 和 $g=1$ 是正确的。假设结果是成立的对于 $g=k-1\ (k\geqslant 2)$, 即 $|N_{\mathrm{LTQ}_n}(V(K_{1,g}))|=n(k-1+1)-\dfrac{1}{2}(k-1)(k-1+3)=nk-\dfrac{1}{2}(k-1)(k+2)$ 对于 $g=k-1\ (k\geqslant 2)$。我们将证明这个引理也是正确的对于 $g=k\ (k\geqslant 2)$, 即 $|N_{\mathrm{LTQ}_n}(V(K_{1,g}))|=n(k+1)-\dfrac{1}{2}k(k+3)$。我们将 LTQ_n 分成 $0\mathrm{LTQ}_{n-1}$ 和 $1\mathrm{LTQ}_{n-1}$。则 $0\mathrm{LTQ}_{n-1}$ 和 $1\mathrm{LTQ}_{n-1}$ 可以同构到 LTQ_{n-1}。设 $F_i=F\cap V(i\mathrm{LTQ}_{n-1}), i\in\{0,1\}$。由归纳假设, $|N_{\mathrm{LTQ}_n}(V(K_{1,k-1}))|=nk-\dfrac{1}{2}(k-1)(k+2)$。注意到 $K_{1,k}=K_{1,k-1}\cup K_1$, 其中 $V(K_1)=\{u_1,u_{k+1}\}$ 和 $E(K_1)=\{u_1u_{k+1}\}$。由 LTQ_n 的定义, $|(N(u_{k+1})\cap N(u_i))\setminus\{u_1\}|=1$ 对于 $i=2,3,\cdots,k$。注意到 $d_{K_{1,k}}(u_1)=k$ 和 $d_{K_{1,k-1}}(u_1)=k-1$。因此, $|F|=|N_{\mathrm{LTQ}_n}(V(K_{1,k}))|=nk-\dfrac{1}{2}(k-1)(k+2)+(n-1-(k-1))-1=n(k+1)-\dfrac{1}{2}k(k+3)$。

由 $K_{1,g}$ 的定义, $K_{1,g}$ 是 $0\mathrm{LTQ}_{n-1}$ 的一个子图。由引理 2.3.6, $|V(1\mathrm{LTQ}_{n-1})\cap F_1|=|V(1\mathrm{LTQ}_{n-1})\cap N_{\mathrm{LTQ}_n}(V(K_{1,g}))|=g+1$。由于 $0\leqslant g\leqslant n-3$, 所以 $g+1\leqslant n-2$ 成立。由引理 2.3.7, $1\mathrm{LTQ}_{n-1}-F_1$ 是连通的。对于每一个 $x\in V(0\mathrm{LTQ}_{n-1}-F_2)$, 由引理 2.3.6, $\mathrm{LTQ}_n[V(1\mathrm{LTQ}_{n-1}-F_1)\cup\{x\}]$ 是连通的。因此, LTQ_n-F_2 是连通的和 $|V(\mathrm{LTQ}_n-F_2)|=2^n-(g+1)-(n(g+1)-\dfrac{1}{2}g(g+3))$。由引理 2.3.9和 $g\leqslant n-3$, $|V(\mathrm{LTQ}_n-F_2)|>2^n-(n+1)(n-2)+\dfrac{1}{2}n(n-3)$。由引理 2.3.10, $|V(\mathrm{LTQ}_n-F_2)|>g+1$。注意到 $|V(K_{1,g})|=g+1$。因此, F_1 是 LTQ_n 的一个 g 限制割。 □

给出一个正整数 n, 设 $f_n(g)=n(g+1)-\dfrac{1}{2}g(g+3)$ 是 g 的一个函数。

引理 2.3.12[73] 对于每一个 $X_n\in\mathbb{L}_n$, 设 $F\subseteq V(X_n)$。如果 $|F|\leqslant f_n(g)-k$ 及其 $0\leqslant k\leqslant 1$, 那么 X_n-F 有一个分支且至少有 $2^n-|F|-(g+1-k)$ 个顶点对于 $n\geqslant 5$ 和 $0\leqslant g\leqslant n-3$。

定理 2.3.4[78] 设 LTQ_n 是局部扭曲立方, 并设 $n\geqslant 5$ 和 $0\leqslant g\leqslant n-3$。则 LTQ_n 的 g 限制连通度是 $n(g+1)-\dfrac{1}{2}g(g+3)$, 即 $\widetilde{\kappa}^{(g)}(\mathrm{LTQ}_n)=n(g+1)-\dfrac{1}{2}g(g+3)$。

证明 设 $K_{1,g}$ 被定义在引理 2.3.11和 $F_1=N_{\mathrm{LTQ}_n}(V(K_{1,g}))$。由引理 2.3.11, F_1 是一个 g 限制割和 $|F_1|=n(g+1)-\dfrac{1}{2}g(g+3)$。因此, $\widetilde{\kappa}^{(g)}(\mathrm{LTQ}_n)\leqslant n(g+1)-\dfrac{1}{2}g(g+3)$。

设 F 是一个 g 限制割。如果 $|F|\leqslant f_n(g)-1$, 则由引理 2.3.12, LTQ_n-F

有一个分支 C 和 $|V(C)| \geqslant 2^n - |F| - g$。从而, $|V(\mathrm{LTQ}_n)| - |V(C)| - |F| \leqslant 2^n - (2^n - |F| - g) - |F| = g$, 这与 F 是一个 g 限制割相矛盾。因此, $|F| > f_n(g) - 1$, 即 $|F| \geqslant f_n(g)$。注意到 $f_n(g) = n(g+1) - \frac{1}{2}g(g+3)$。因此, $\widetilde{\kappa}^{(g)}(\mathrm{LTQ}_n) \geqslant n(g+1) - \frac{1}{2}g(g+3)$。从而, LTQ_n 的 g 限制连通度是 $n(g+1) - \frac{1}{2}g(g+3)$。□

引理 2.3.13 [73] 设 $n \geqslant 5$, $0 \leqslant g \leqslant n-3$, $X_n \in \mathbb{L}_n$ 和 S 是 X_n 的一个 g 限制割。如果 $|S| \leqslant n(g+1) - \frac{1}{2}g(g+3)$, 那么 $|S| = n(g+1) - \frac{1}{2}g(g+3)$ 和 X_n 是紧 $(n(g+1) - \frac{1}{2}g(g+3))$ 超 g 限制连通的。

定理 2.3.5 [78] 设 LTQ_n 是局部扭曲立方, $n \geqslant 5$ 和 $0 \leqslant g \leqslant n-3$, 则 LTQ_n 是紧 $(n(g+1) - \frac{1}{2}g(g+3))$ 超 g 限制连通的, 即 $\mathrm{LTQ}_n - S$ 确切有两个分支, 它的一个确切分支有 $(g+1)$ 个顶点。

证明 注意到 $\mathrm{LTQ}_n \in \mathbb{L}_n$。设 S 是 LTQ_n 的一个 g 限制割。则由定理 2.3.4, $|S| \geqslant n(g+1) - \frac{1}{2}g(g+3)$。由引理 2.3.13, $|S| = n(g+1) - \frac{1}{2}g(g+3)$, LTQ_n 是紧 $(n(g+1) - \frac{1}{2}g(g+3))$ 超 g 限制连通的。□

2.3.3 交叉立方的 g 限制连通度

定义 2.3.3 设 $R = \{(00,00),(10,10),(01,11),(11,01)\}$。两个二进制字符串 $u = u_1u_0$ 和 $v = v_1v_0$ 是对相关的, 由 $u \sim v$ 表示, 当且仅当 $(u,v) \in R$。

定义 2.3.4 一个交叉立方 CQ_n 的顶点集是 $\{v_{n-1}v_{n-2}\cdots v_0 : 0 \leqslant i \leqslant n-1, v_i \in \{0,1\}\}$。两个顶点 $u = u_{n-1}u_{n-2}\cdots u_0$ 和 $v = v_{n-1}v_{n-2}\cdots v_0$ 是相邻的当且仅当下面的条件之一被满足 (见图 2.7)。

(1) 存在一个整数 $l\ (1 \leqslant l \leqslant n-1)$ 使得: ① $u_{n-1}u_{n-2}\cdots u_l = v_{n-1}v_{n-2}\cdots v_l$; ② $u_{l-1} \neq v_{l-1}$; ③ 如果 l 是偶数, $u_{l-2} = v_{l-2}$; ④ $u_{2i+1}u_{2i} \sim v_{2i+1}v_{2i}$, 对于 $0 \leqslant i < \lfloor \frac{l-1}{2} \rfloor$。

(2) ①$u_{n-1} \neq v_{n-1}$; ②如果 n 是偶数, $u_{n-2} = v_{n-2}$; ③ $u_{2i+1}u_{2i} \sim v_{2i+1}v_{2i}$, 对于 $0 \leqslant i < \lfloor \frac{n-1}{2} \rfloor$。

设 $n \geqslant 2$。我们定义两个图 CQ_n^0 和 CQ_n^1 分别如下。如果 $u = u_{n-2}u_{n-3}\cdots u_0 \in V(\mathrm{CQ}_{n-1})$, 那么 $u^0 = 0u_{n-2}u_{n-3}\cdots u_0 \in V(\mathrm{CQ}_n^0)$ 和 $u^1 = 1u_{n-2}u_{n-3}\cdots u_0 \in V(\mathrm{CQ}_n^1)$。如果 $uv \in E(\mathrm{CQ}_{n-1})$, 那么 $u^0v^0 \in E(\mathrm{CQ}_n^0)$ 和 $u^1v^1 \in E(\mathrm{CQ}_n^1)$。则 $\mathrm{CQ}_n^0 \cong \mathrm{CQ}_{n-1}$ 和 $\mathrm{CQ}_n^1 \cong \mathrm{CQ}_{n-1}$。根据下面的规则定义边在 CQ_n^0 和 CQ_n^1 顶点之间。

顶点 $u = 0u_{n-2}u_{n-3}\cdots u_0 \in V(\mathrm{CQ}_n^0)$ 和顶点 $v = 1v_{n-2}v_{n-3}\cdots v_0 \in V(\mathrm{CQ}_n^1)$ 是相邻的当且仅当:

(1) $u_{n-2} = v_{n-2}$, 如果 n 是偶数;

(2) $(u_{2i+1}u_{2i}, v_{2i+1}v_{2i}) \in R$, 对于 $0 \leqslant i < \lfloor\frac{n-1}{2}\rfloor$。

边在 CQ_n^0 和 CQ_n^1 顶点之间被认为是交叉边。由 CQ_n 的定义, 我们有下面的性质。

性质 2.3.6 CQ_n 的整个的交叉边是一个完美匹配。

性质 2.3.7 [79] CQ_n 没有三角形。

性质 2.3.8 [80] $\kappa(\mathrm{CQ}_n) = n$。

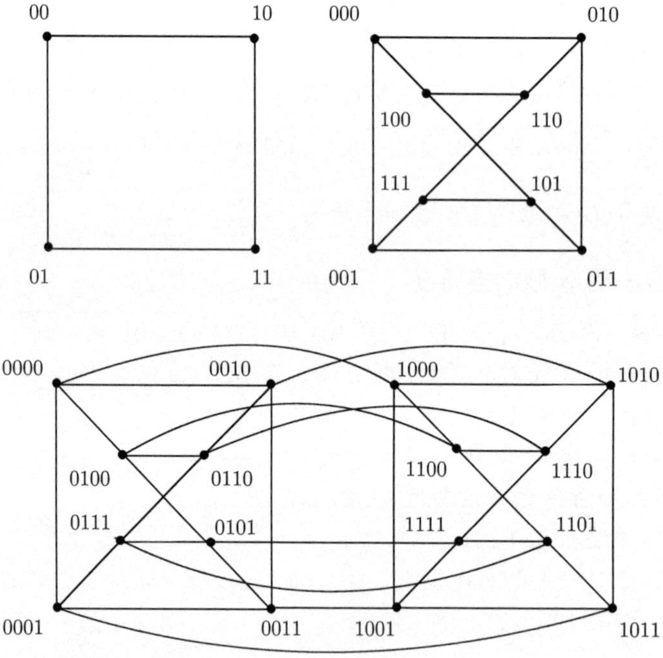

图 2.7 CQ_2、CQ_3 和 CQ_4

设 $v_0 = 0^n = \underbrace{00\cdots0}_{n}$ 和 $v_k = 0^{n-2k}10^{2k-1}$ $(1 \leqslant k \leqslant g \leqslant \lfloor\frac{n}{2}\rfloor)$, 于是我们在 CQ_n 中构造一个连通的子图 $K_{1,g}$。设 $V(K_{1,g}) = \{v_0, v_1, \cdots, v_g\}$ 和 $E(K_{1,g}) = \{v_0v_k | 1 \leqslant k \leqslant g\}$, 则 $K_{1,g} = \mathrm{CQ}_n[\{v_0, v_1, \cdots, v_g\}]$ 对于 $0 \leqslant g \leqslant \lfloor\frac{n}{2}\rfloor$。

引理 2.3.14 [81] 设 CQ_n 是交叉立方。$K_{1,g}$ 如上面的定义对于 $0 \leqslant g \leqslant \lfloor\frac{n}{2}\rfloor$

和 $n \geqslant 5$, 则 $|N_{\mathrm{CQ}_n}(V(K_{1,g}))| = n(g+1) - \frac{1}{2}g(g+3)$。

证明 当 $g = 0$ 时, $V(K_{1,0}) = \{0^n\}$。由于 CQ_n 是 n 正则的, 所以 $|N_{\mathrm{CQ}_n}(V(K_{1,0}))| = n$。当 $g = 1$ 时, $V(K_{1,1}) = \{0^n, 0^{n-2}10\}$。由性质 2.3.7, $|N_{\mathrm{CQ}_n}(V(K_{1,1}))| = 2n-2$。对于 $g=0$ 和 $g=1$ 这个结果是正确的。假设结果是正确的, 对于 $g = k-1$ $(k \geqslant 2)$, 即 $|N_{\mathrm{CQ}_n}(V(K_{1,k-1}))| = n(k-1+1) - \frac{1}{2}(k-1)(k-1+3) = nk - \frac{1}{2}(k-1)(k+2)$。我们将证明对于 $g = k$ $(k \geqslant 2)$ 这个引理是正确的, 即 $|N_{\mathrm{CQ}_n}(V(K_{1,k}))| = n(k+1) - \frac{1}{2}k(k+3)$。注意到 $v_k = 0^{n-2k}10^{2k-1}$ 和 $v_i = 0^{n-2i}10^{2i-1}$ 对于 $i = 1, 2, \cdots, k-1$。设 $v_m = 0^{n-2k}10^{2k-2i-1}10^{2i-1}$。由于 $1 \leqslant i \leqslant k-1$, $1 \leqslant 2k-2i-1 \leqslant 2k-3$。为了方便, $v_k = 0^{n-2k}10^{2k-1} = v^k_{n-1}, \cdots, v^k_0$, $v_i = 0^{n-2i}10^{2i-1} = v^i_{n-1}, \cdots, v^i_0$ 和 $v_m = 0^{n-2k}10^{2k-2i-1}10^{2i-1} = v^m_{n-1}, \cdots, v^m_0$。注意到: ① 当 $i=1$ 时, $v^m_{n-1}, \cdots, v^m_{2i} = v^k_{n-1}, \cdots, v^k_{2i}$, $v^m_{2i-1} = \overline{v^k_{2i-1}}$ 和 $v^m_{2i-2} = v^k_{2i-2}$; ② 当 $i \geqslant 2$ 时, $v^m_{n-1}, \cdots, v^m_{2i} = v^k_{n-1}, \cdots, v^k_{2i}$, $v^m_{2i-1} = \overline{v^k_{2i-1}}$, $v^m_{2i-2} = v^k_{2i-2}$ 和 $(v^m_{2j+1}v^m_{2j}, v^k_{2j+1}v^k_{2j}) = (00, 00)$ 对于 $j = 0, 1, \cdots, i-2$ 和 $(v^m_{2j+1}v^m_{2j}, v^k_{2j+1}v^k_{2j}) = (00, 00)$ 对于 $j = 0, 1, \cdots, i-2$。因此, v^m 可以相邻到 v^k。注意到: ①当 $i=1$ 时, $v^m_{n-1}, \cdots, v^m_{2k} = v^i_{n-1}, \cdots, v^i_{2k}$, $v^m_{2k-1} = \overline{v^i_{2k-1}}$, $v^m_{2k-2} = v^i_{2k-2}$, $(v^m_{2j+1}v^m_{2j}, v^i_{2j+1}v^i_{2j}) = (00, 00)$ 对于 $j = 1, 2, \cdots, k-2$ 和 $(v^m_1 v^m_0, v^i_1 v^k_0) = (10, 10)$; ②当 $i \geqslant 2$ 时, $v^m_{n-1}, \cdots, v^m_{2i} = v^k_{n-1}, \cdots, v^k_{2i}$, $v^m_{2i-1} = \overline{v^k_{2i-1}}$, $v^m_{2i-2} = v^k_{2i-2}$, $(v^m_{2j+1}v^m_{2j}, v^i_{2j+1}v^i_{2j}) = (00, 00)$ 对于 $j = i, i+1, \cdots, k-2$, $(v^m_{2i-1}v^m_{2i-2}, v^i_{2i-1}v^i_{2i-2}) = (10, 10)$ 和 $(v^m_{2j+1}v^m_{2j}, v^i_{2j+1}v^i_{2j}) = (00, 00)$ 对于 $j = 0, 1, \cdots, i-2$。因此, v^m 与 v^i 是相邻的, $|(N(v_k) \cap N(v_i)) \setminus \{v_0\}| = 1$ 对于 $i = 1, 2, \cdots, k-1$。注意到 $d_{K_{1,k}}(v_0) = k$ 和 $d_{K_{1,k-1}}(v_0) = k-1$。因此, $|N_{\mathrm{CQ}_n}(V(K_{1,k}))| = nk - \frac{1}{2}(k-1)(k+2) + (n-1-(k-1)) - 1 = n(k+1) - \frac{1}{2}k(k+3)$。 □

给出一个正整数 n, 设 $f_n(g) = n(g+1) - \frac{1}{2}g(g+3)$ 是 g 的一个函数。

引理 2.3.15[82] 如果 $0 \leqslant g \leqslant n-2$, 那么 $f_n(g)$ 是一个严格单调递增函数。并且, $f_n(g)$ 最大为 $f_n(n-2) = \frac{n(n-1)}{2} + 1$ 和 $f_n(n-1) = f_n(n-2) > f_n(n) = f_n(n-3) > f_n(g)$ 对于 $0 \leqslant g \leqslant n-4$。

引理 2.3.16[82] 设 $n \geqslant 5$, $0 \leqslant g \leqslant n-3$。对于任意的 $X_n \in \mathbb{L}_n$, 设 $F \subseteq V(X_n)$。如果 $|F| \leqslant f_n(g) - k$ 及其 $0 \leqslant k \leqslant 1$, 那么 $X_n - F$ 有一个分支且至少有 $2^n - |F| - (g+1-k)$ 个顶点。

引理 2.3.17 [81]　设 CQ_n 是交叉立方, $K_{1,g}$ 如上面的定义对于 $0 \leqslant g \leqslant \lfloor \frac{n}{2} \rfloor$ 和 $n \geqslant 5$, 则 $\mathrm{CQ}_n - V(K_{1,g}) - N_{\mathrm{CQ}_n}(V(K_{1,g}))$ 是连通的和 $|V(\mathrm{CQ}_n - V(K_{1,g}) - N_{\mathrm{CQ}_n}(V(K_{1,g})))| \geqslant g+1$。

证明　明显地, $|V(K_{1,g})| = g+1$。设 $F = N_{\mathrm{CQ}_n}(V(K_{1,g}))$, 则 $K_{1,g}$ 是 $\mathrm{CQ}_n - F$ 的一个分支。由引理 2.3.14, $|F| = n(g+1) - \frac{1}{2}g(g+3) = f_n(g)$。由于 $\mathrm{CQ}_n \in \mathbb{L}_n$, 所以由引理 2.3.16, $\mathrm{CQ}_n - F$ 有一个分支且至少有 $(2^n - |F| - (g+1))$ 个顶点。设 C 是分支及其 $|V(C)| \geqslant 2^n - |F| - (g+1)$。由于 $|V(C)| + |V(K_{1,g})| + |F| \geqslant 2^n - |F| - (g+1) + (g+1) + |F| = 2^n = |V(\mathrm{CQ}_n)|$, 所以 $\mathrm{CQ}_n - F$ 有两个分支, 分别是 $K_{1,g}$ 和 $\mathrm{CQ}_n - V(K_{1,g}) - F$。因此, $\mathrm{CQ}_n - V(K_{1,g}) - N_{\mathrm{CQ}_n}(V(K_{1,g}))$ 是连通的。

由于 $g \leqslant \lfloor \frac{n}{2} \rfloor \leqslant n-3$ 对于 $n \geqslant 5$, 由引理 2.3.15, $f_n(g) \leqslant f_n(n-3) = \frac{1}{2}n(n-1)$。因此, $|F| \leqslant \frac{1}{2}n(n-1)$ 和 $g+1 \leqslant n-2$。我们有 $|V(\mathrm{CQ}_n - V(K_{1,g}) - F)| = |V(\mathrm{CQ}_n)| - |V(K_{1,g})| - |F| \geqslant 2^n - (g+1) - \frac{1}{2}n(n-1) \geqslant 2^n - (n-2) - \frac{1}{2}n(n-1)$ 对于 $n \geqslant 5$。

设 $h(x) = 2^x - (x-2) - \frac{1}{2}x(x-1) - (x-2) = 2^x - \frac{1}{2}x^2 - \frac{3}{2}x + 4$, 则 $h'(x) = 2^x \ln 2 - x - \frac{3}{2}$, 和 $h''(x) = 2^x(\ln 2)^2 - 1$。注意到 $h''(x)$ 是严格单调递增的。由于 $h''(x) > 0$ 对于 $x \geqslant 2$, 所以 $h'(x)$ 是严格单调递增的, 当 $x \geqslant 2$ 时。由于 $h'(x) > 0$ 对于 $x \geqslant 3$, $h(x)$ 是严格单调递增的, 当 $x \geqslant 3$ 时。由于 $h(x) \geqslant h(3) = 3 > 0$, $2^x - (x-2) - \frac{1}{2}x(x-1) > x-2 \geqslant g+1$ 对于 $x \geqslant 5$。

因此, $|V(\mathrm{CQ}_n - V(K_{1,g}) - N_{\mathrm{CQ}_n}(V(K_{1,g})))| \geqslant g+1$ 对于 $n \geqslant 5$。 □

引理 2.3.18 [82]　g 限制连通度 $\tilde{\kappa}^{(g)}(\mathrm{CQ}_n) \leqslant n(g+1) - \frac{1}{2}g(g+3)$ 对于 $0 \leqslant g \leqslant \lfloor \frac{n}{2} \rfloor$ 和 $n \geqslant 5$。

证明　设 $K_{1,g}$ 如上面的定义和 $F = N_{\mathrm{CQ}_n}(V(K_{1,g}))$。明显地, $|V(K_{1,g})| = g+1$。由引理 2.3.14, $|F| = n(g+1) - \frac{1}{2}g(g+3)$。由引理 2.3.17, $\mathrm{CQ}_n - V(K_{1,g}) - F$ 是连通的和 $|V(\mathrm{CQ}_n - V(K_{1,g}) - F)| \geqslant g+1$。因此, $\mathrm{CQ}_n - F$ 有两个分支, 分别是 $K_{1,g}$ 和 $\mathrm{CQ}_n - V(K_{1,g}) - F$。所以 F 是 CQ_n 的一个 g 限制割。由 g 限制连通度的定义, $\tilde{\kappa}^{(g)}(\mathrm{CQ}_n) \leqslant |F| = n(g+1) - \frac{1}{2}g(g+3)$。 □

引理 2.3.19 [82] g 限制连通度 $\tilde{\kappa}^{(g)}(\mathrm{CQ}_n) \geqslant n(g+1)-\frac{1}{2}g(g+3)$ 对于 $0 \leqslant g \leqslant n-3$ 和 $n \geqslant 5$。

证明 设 F 是 CQ_n 的一个任意的 g 限制割。注意到 $\mathrm{CQ}_n \in \mathbb{L}_n$。如果 $|F| \leqslant n(g+1)-\frac{1}{2}g(g+3)-1$, 那么, 由引理 2.3.16, $\mathrm{CQ}_n - F$ 有一个分支且至少有 $(2^n-|F|-g)$ 个顶点。设 C 是分支及其 $|V(C)| \geqslant 2^n-|F|-g$。由于 F 是 CQ_n 的一个割, 所以 $\mathrm{CQ}_n - F$ 有至少两个分支。设 A 是 $\mathrm{CQ}_n - F$ 另外的分支, 则 $|V(A)| \leqslant |V(\mathrm{CQ}_n)|-|F|-|V(C)| \leqslant 2^n-|F|-(2^n-|F|-g)=g$, 这与 F 是 CQ_n 的一个 g 限制割相矛盾。因此, $|F| \geqslant n(g+1)-\frac{1}{2}g(g+3)$。由 F 的任意性, $\tilde{\kappa}^{(g)}(\mathrm{CQ}_n)=|F| \geqslant n(g+1)-\frac{1}{2}g(g+3)$。 □

组合引理 2.3.18和引理 2.3.19, 我们有下面的定理。

定理 2.3.6 [81] 设 CQ_n 是交叉立方, 则 CQ_n 的 g 限制连通度是 $n(g+1)-\frac{1}{2}g(g+3)$ 对于 $0 \leqslant g \leqslant \lfloor \frac{n}{2} \rfloor$, $n \geqslant 5$。

引理 2.3.20 [82] 设 $n \geqslant 5$, $0 \leqslant g \leqslant n-3$。对于任意 $X_n \in \mathbb{L}_n$, 设 S 是 X_n 的一个 g 限制割。如果 $|S| \leqslant n(g+1)-\frac{1}{2}g(g+3)$, 那么 $|S|=n(g+1)-\frac{1}{2}g(g+3)$ 和 X_n 是紧 $n(g+1)-\frac{1}{2}g(g+3)$ 超 g 限制连通的。

由定理 2.3.1和引理 2.3.20, 我们有下面的推论。

推论 2.3.1 [81] 对于 $n \geqslant 5$, $0 \leqslant g \leqslant n-3$, 交叉立方 CQ_n 是紧 $n(g+1)-\frac{1}{2}g(g+3)$ 超 g 限制连通的。

2.3.4 交错群图的紧超 3 限制连通度

设 $[n]=\{1,2,\cdots,n\}$ 和 S_n 是对称群在 $[n]$ 上包含 $[n]$ 的整个置换 $p=p_1p_2\cdots p_n$。交叉群 A_n 是 S_n 的一个子群包含整个偶置换。我们知道 $\{(12i),(1i2): i=3,\cdots,n\}$ 是 A_n 的一个生成集。

定义 2.3.5 一个 n 维交错群图 AG_n 是一个图。它的顶点集是 $V(\mathrm{AG}_n)=A_n$。两个顶点 u,v 是相邻的当且仅当 $u=v(12i)$ 或 $u=v(1i2)$, $3 \leqslant i \leqslant n$。

A_n 单位元是 (1)。图 AG_3 和 AG_4 的图例如图 2.8所示。从 AG_n 的定义, 容易看到 AG_n 是一个 $2(n-2)$ 正则图, 有 $n!/2$ 个顶点。我们沿着最后一个位置分解 AG_n, 表示为 $\mathrm{AG}_n^1, \mathrm{AG}_n^2, \cdots, \mathrm{AG}_n^n$。明显地, AG_n^i 可以同构到 AG_{n-1} 对于 $i \in [n]$。边的端点在不同的 AG_n^i 和 AG_n^j 中称为外部的边 (或者交叉边), 边的端点在相同的 AG_n^i 中称为内部边。许多研究者在文献 [83]~ [88] 中研究了交错

群图。

作为一个互联网络的良好拓扑结构, 交错群图已被证明具有许多理想的特性, 例如, 强层次结构、高连通性、小直径、平均距离等。

定理 2.3.7 [84]　AG_n 是顶点传递和边传递的。

性质 2.3.9 [83]　设 AG_n^i 定义如上, 则存在 $(n-2)!$ 个独立的交叉边在两个不同的 AG_n^i 之间。

性质 2.3.10 [83]　$\kappa(\mathrm{AG}_n)=\delta(\mathrm{AG}_n)=2n-4$, 其中 $n\geqslant 3$。

引理 2.3.21 [83]　设 u,v 是 AG_n 的任意两个顶点, 则: ① 如果 $uv\in E(\mathrm{AG}_n)$, 那么 $|N(u)\cap N(v)|=1$; ② 如果 $uv\notin E(\mathrm{AG}_n)$, 那么 $|N(u)\cap N(v)|\leqslant 2$。

性质 2.3.11 [83]　设 F 是 AG_n 的一个割 $(n\geqslant 5)$ 使得 $|F|\leqslant 4n-11$, 则 AG_n-F 满足下面的条件之一: ① AG_n-F 有两个分支, 其中一个分支是孤立点; ② AG_n-F 有两个分支, 其中一个分支是一条边。且 $|F|=4n-11$, F 由边端点的邻域构成。

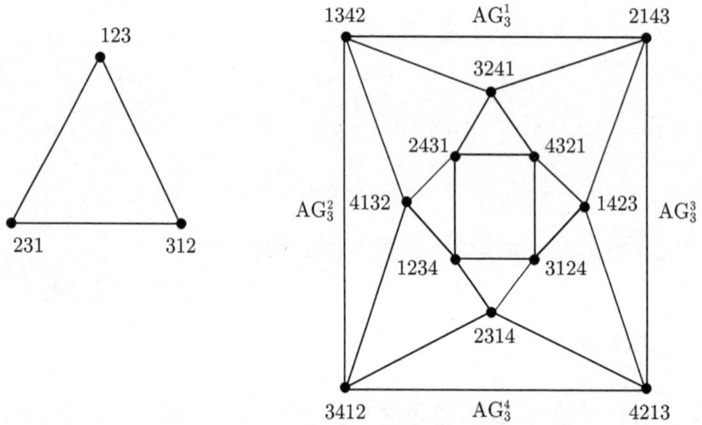

图 2.8　AG_3 和 AG_4

性质 2.3.12 [83]　设 F 是 AG_n 的一个割 $(n\geqslant 5)$ 使得 $|F|\leqslant 6n-20$, 则 AG_n-F 满足下面的条件之一: ① AG_n-F 有两个分支, 其中一个分支是孤立点或一条边; ② AG_n-F 有三个分支, 其中两个分支是孤立点。

性质 2.3.13 [83]　设 F 是 AG_n 的一个割 $(n\geqslant 5)$ 使得 $|F|\leqslant 6n-19$, 则 AG_n-F 满足下面的条件之一: ① AG_n-F 有两个分支, 其中一个分支是孤立点或一条边或一条 2 路; ② AG_n-F 有三个分支, 其中两个分支是孤立点。

性质 2.3.14 [83]　设 F 是 AG_n 的一个割 $(n\geqslant 5)$ 使得 $|F|\leqslant 8n-29$, 则 AG_n-F 满足下面的条件之一: ① AG_n-F 有两个分支, 其中一个分支是孤立点或一条边或一条 2 路或一个 3 圈; ② AG_n-F 有三个分支, 其中两个分支是孤立

点或者一个孤立点和一条边; ③ $AG_n - F$ 有四个分支, 其中三个分支是孤立点。

定理 2.3.8 [83] AG_n 的 3 限制连通度 $\tilde{\kappa}^{(3)}(AG_n) = 8n - 28$, 其中 $n \geqslant 5$。

设 $u \in V(AG_n^r)$, u 的外部边是 uu^+ 和 uu^-。

性质 2.3.15 [89] 对于 $u \in V(AG_n^r)$, $u^+ \in V(AG_n^i)$, $u^- \in V(AG_n^j)$ 和 $i \neq j$。

证明 由于 $u = \begin{Bmatrix} 1 & 2 & \cdots & n \\ p_1 & p_2 & \cdots & p_n \end{Bmatrix} \in V(AG_n^r)$, 我们有

$$u=\begin{Bmatrix} 1 & 2 & \cdots & n-1 & n \\ p_1 & p_2 & \cdots & p_{n-1} & r \end{Bmatrix}, u^+ = u(12n) = \begin{Bmatrix} 1 & 2 & \cdots & n-1 & n \\ p_2 & r & \cdots & p_{n-1} & p_1 \end{Bmatrix} \in V(AG_n^{p_1})$$

和 $u^- = u(1n2) = \begin{Bmatrix} 1 & 2 & \cdots & n-1 & n \\ r & p_1 & \cdots & p_{n-1} & p_2 \end{Bmatrix} \in V(AG_n^{p_2})$。注意到 $p_1 \neq p_2$。设 $i = p_1$ 和 $j = p_2$。 □

由性质 2.3.15, 我们有下面的性质。

性质 2.3.16 [89] 对于 $u \in V(AG_n^1 \cup AG_n^2)$, $u^+ \in V(AG_n^3 \cup \cdots \cup AG_n^n)$ 或 $u^- \in V(AG_n^3 \cup \cdots \cup AG_n^n)$。

引理 2.3.22 [88] 任意一个 4 圈在 AG_n 中有形式 $u_1u_2u_3u_4u_1$, 其中 $u_2 = u_1(12i)$, $u_3 = u_2(12j)$, $u_4 = u_3(12i)$, $u_1 = u_4(12j)$, $i \neq j$。

引理 2.3.23 [89] 设 F 是 AG_4 的一个割使得 $|F| = 4$, 则 $AG_4 - F$ 满足下面的条件之一: ① $AG_4 - F$ 有两个分支, 其中一个分支是孤立点; ② $AG_4 - F$ 有两个分支, 这两个分支是 4 圈。

证明 设 $F = \{2314, 3124, 2431, 4132\}$, 则 $AG_4 - F$ 有两个分支, 其中一个分支是孤立点 1234。由定理 2.3.7, AG_4 是顶点传递的。因此, $AG_4 - F$ 有两个分支, 其中一个分支是孤立点, 如果 $v \in A_4$ 和 $F = N(v)$。

假设在 $AG_4 - F$ 中存在两个孤立点 u, v, 则 $N(u), N(v) \subseteq F$。由于 $|F| = 4$, 所以 $N(u) = F = N(v)$, 这与引理 2.3.21相矛盾。因此, 在 $AG_4 - F$ 中不存在两个孤立点。

假设在 $AG_4 - F$ 中存在 $K_2 = uv$, 则 $N(u) - v, N(v) - u \subseteq F$。由于 $|N(u) - v| = |N(v) - u| = 3$ 和 $|F| = 4$, 我们有 $|(N(u) - v) \cap (N(v) - u)| = 2$, 这与引理 2.3.21相矛盾。

假设在 $AG_4 - F$ 中存在三个孤立点 u, v 和 w, 则 $N(u), N(v) \subseteq F$。由于 $|F| = |N(u)| = 4$, 所以 $N(u) = F = N(v)$, 这与引理 2.3.21相矛盾。因此, 在 $AG_4 - F$ 中不存在三个孤立点。

假设 $AG_4 - F$ 有三个分支, 其中两个是一个孤立点 w 和一条边 uv, 则 $N(u) - v, N(v) - u \subseteq F$。由于 $|N(u) - v| = |N(v) - u| = 3$ 和 $|F| = 4$, 所以我们有

$|(N(u)-v)\cap(N(v)-u)|=2$, 这与引理 2.3.21相矛盾。

假设 AG_4-F 有两个分支, 其中一个是路 uwv, 则 $N(u)-w, N(v)-w\subseteq F$。由于 $|N(u)-w|=|N(v)-w|=3$ 和 $|F|=4$, 所以我们有 $|(N(u)-w)\cap(N(v)-w)|=2$, 这与引理 2.3.21相矛盾。

假设 AG_4-F 有两个分支, 其中一个是 $K_3=uwvu$。由于 u 和 v 是相邻的, 所以, 由引理 2.3.21, $|(N(u)-w)\cap(N(v)-w)|=0$。相似地, $|(N(v)-u)\cap(N(w)-u)|=0$。因此, $|N(u,v,w)|=6>4=|F|$, 这将产生矛盾。

设 $F=\{2314,1423,3241,4132\}$, 则 AG_4-F 有两个分支, 这两个分支是 4 圈。 □

引理 2.3.24 [89]　设 F 是 AG_4 的一个割使得 $|F|=5$, 则 AG_4-F 满足下面的条件之一: ① AG_4-F 有两个分支, 其中一个分支是孤立点; ② AG_4-F 有两个分支, 其中一个分支是 K_2; ③ AG_4-F 有两个分支, 其中一个分支是一条 2 路。

证明　设 $F=\{2314,3124,2431,4132,4321\}$, 则 AG_4-F 有两个分支, 其中一个是孤立点 1234。

设 $F=\{3124,4213,3412,4132,2431\}$, 则 AG_4-F 有两个分支, 其中一个是 K_2: 1234, 2314。

假设在 AG_4-F 中存在两个孤立点 u, v, 则 $N(u),N(v)\subseteq F$ 和 $N(u)\cup N(v)\subseteq F$。由引理 2.3.21, $6\leqslant|N(u)\cup N(v)|\leqslant|F|=5$, 这将产生矛盾。因此, 在 AG_4-F 中不存在两个孤立点。

假设在 AG_4-F 中, 存在三个孤立点 u, v 和 w, 则 $N(u),N(v)\subseteq F$ 和 $N(u)\cup N(v)\subseteq F$。由引理 2.3.21, $6\leqslant|N(u)\cup N(v)|\leqslant|F|=5$, 这将产生矛盾。因此, 在 AG_4-F 中不存在三个孤立点。

设 $F=\{2314,1423,4321,3241,4132\}$, 则 AG_4-F 有两个分支, 其中一个是一条 2 路: 2431, 1234, 3124。

假设 AG_4-F 有两个分支, 其中一个是 $K_3=uwvu$。由于 u 和 v 是相邻的, 所以, 由引理 2.3.21, $|(N(u)-w)\cap(N(v)-w)|=0$。相似地, $|(N(v)-u)\cap(N(w)-u)|=0$。因此, $|N(u,v,w)|=6>5=|F|$, 这将产生矛盾。 □

引理 2.3.25 [89]　设 F 是 AG_4 的一个割使得 $|F|=6$, 则 AG_4-F 满足下面的条件之一: ① AG_4-F 有两个分支, 其中一个分支是孤立点; ② AG_4-F 有两个分支, 其中一个分支是 K_2; ③ AG_4-F 有三个分支, 其中两个分支是孤立点; ④ AG_4-F 有两个分支, 其中一个分支是一条 2 路或一个 3 圈。

证明　设 $F=\{3412,4213,1423,4321,2431,4132\}$, 则 AG_4-F 有两个分支, 其中两个是 3 圈。

设 $F=\{4132,2314,1423,4321,3241,2143\}$, 则 AG_4-F 有两个分支, 其中

两个是 2 路。

设 $F=\{3412,4132,3241,2143,2314,1423\}$, 则 AG_4-F 有三个分支, 其中两个是孤立点: $1342,4213$。

在 AG_4 中, 容易看到 AG_4-F 有两个分支, 其中一个是孤立点或 AG_4-F 有两个分支, 其中一个是 K_2。

我们将证明 AG_4-F 没有三个孤立点。用反证法证明。假设 AG_4-F 有三个孤立顶点 v_1,v_2,v_3, 由定理 2.3.7, 设 $v_1=(1)$。由于 v_1 是一个孤立点在 AG_4-F, 所以 $N((1))\subseteq F$。相似地, $N(v_2)\subseteq F$。由引理 2.3.21, $|N(v_1)\cap N(v_2)|\leqslant 2$。注意到 $d(v_1)=d(v_2)=4$。如果 $|N(v_1)\cap N(v_2)|\leqslant 1$, $|F|\geqslant 7$ 成立, 这与 $|F|=6$ 相矛盾。因此, $|N(v_1)\cap N(v_2)|=2$。设 $N(v_1)\cap N(v_2)=\{x,y\}$, 则 $(1)xv_2y(1)$ 是一个 4 圈 C。由引理 2.3.22, $x=(123)$, $v_2=(13)(24)$, $y=(142)$ 或 $x=(124)$, $v_2=(14)(23)$, $y=(132)$。不失一般性地, 设 $x=(123)$, $v_2=(13)(24)$, $y=(142)$。注意到 $N(\{(1),(13)(24)\})=\{4213,2314,3124,4132,2431,1342\}=F$ 和 $\mathrm{AG}_4-F-\{(1),(13)(24)\}$ 是一个 4 圈。注意到 v_3 是 $3241,2143,4321,1423$ 之一, 但 $N(v_3)\not\subseteq F$, 这将产生矛盾。 □

我们沿着最后一个位置分解 AG_n, 表示为 $\mathrm{AG}_n^i(i=1,2,\cdots,n)$, 则 AG_n^i 和 AG_{n-1} 是同构的。设 $F_i=F\cap V(\mathrm{AG}_n^i)$ 对于 $i\in\{1,2,\cdots,n\}$ 及其 $|F_1|\geqslant|F_2|\geqslant\cdots\geqslant|F_n|$。设 B_i 是 $\mathrm{AG}_n^i-F_i$ 的最大分支对于 $i=2,3,\cdots,n$ (如果 $\mathrm{AG}_n^i-F_i$ 是连通的, 那么设 $B_i=\mathrm{AG}_n^i-F_i$)。

性质 2.3.17[89] 设 F 是 AG_n 的一个 3 限制割 $(n\geqslant 5)$ 使得 $|F|=8n-28$, $|F_1|=4n-15$ 和 $|F_2|=4n-15$。如果 $\mathrm{AG}_n^1-F_1$ 有两个分支, 其中一个是 K_2, 以及 $\mathrm{AG}_n^2-F_2$ 有两个分支, 其中一个是 K_2, 那么, AG_n-F 满足下面的条件之一: ① AG_n-F 有两个分支, 其中一个分支是 4 圈; ② AG_n-F 有两个分支, 其中一个分支是 3 圈。

证明 由于 $|F|=8n-28$, $|F_3|+\cdots+|F_n|=2$。由性质 2.3.10, $\mathrm{AG}_5^i-F_i$ 是连通的对于 $i\in\{3,4,\cdots,n\}$。由于 $(5-2)!=6>2$, 所以我们有 $\mathrm{AG}_n[V(\mathrm{AG}_n^i-F_i)\cup V(\mathrm{AG}_n^n-F_n)]$ 是连通的和 $\mathrm{AG}_n[V(B_3)\cup\cdots\cup V(B_n)]$ 是连通的。由于 $\dfrac{(n-1)!}{2}-(4n-15)-2>2$, 所以由性质 2.3.15, $\mathrm{AG}_n[V(B_1)\cup\cdots\cup V(B_n)]$ 是连通的。设 $\mathrm{AG}_n^i-F_i$ 有两个分支, 其中一个是基数为 2 的完全图, 表示为 $K_2^i=u_iv_i$ 对于 $i\in\{1,2\}$。由性质 2.3.15 和性质 2.3.16, $|V(\mathrm{AG}_n^2)\cap N(\{u_1,v_1\})|\leqslant 2$。我们考虑下面的情况。

情况 1.[89] $|V(\mathrm{AG}_n^2)\cap N(\{u_1,v_1\})|\leqslant 1$。

在这种情况下, $|(V(\mathrm{AG}_n^3)\cup\cdots\cup V(\mathrm{AG}_n^n))\cap N(\{u_1,v_1\})|\geqslant 3$。由于 $|F_3|+\cdots+|F_n|=2$, 所以由性质 2.3.15 和性质 2.3.16, $\mathrm{AG}_n[V(K_2^1)\cup V(B_1)\cup\cdots\cup V(B_n)]$

是连通的。因此, $|V(\mathrm{AG}_n-F-(V(K_2^1)\cup V(B_1)\cup\cdots\cup V(B_n)))|\leqslant 2$, 这与 F 是 AG_n 的一个 3 限制割相矛盾。

情况 2. $|V(\mathrm{AG}_n^2)\cap N(\{u_1,v_1\})|=2$。

如果 $|V(B_2)\cap N(\{u_1,v_1\})|\neq 0$, 那么 $|V(\mathrm{AG}_n-F-(V(K_2^1)\cup V(B_1)\cup\cdots\cup V(B_n)))|\leqslant 2$, 这与 F 是 AG_n 的一个 3 限制割相矛盾。因此, $|V(B_2)\cap N(\{u_1,v_1\})|=0$。如果 $|F_2\cap N(\{u_1,v_1\})|=2$, 那么 AG_n-F 有三个分支, 其中两个是 K_2, 这与 F 是 AG_n 的一个 3 限制割相矛盾。因此, $1\leqslant |V(K_2^2)\cap N(\{u_1,v_1\})|\leqslant 2$。从而, AG_n-F 满足下面的条件之一: ① AG_n-F 有两个分支, 其中一个是 4 圈; ② AG_n-F 有两个分支, 其中一个是 3 圈。

注意到 $(1n)(14)=(14n)$ 和 $(1n)(14)(123)=(1234n)$ 是相邻的, $(14n)$, $(1234n)\in V(\mathrm{AG}_n^1)$。注意到 $(1n)(14)=(14n)$ 和 $(1n)(14)(1n2)=(24n)$ 是相邻的, $(1n)(14)(1n2)=(24n)\in V(\mathrm{AG}_n^2)$。注意到 $(1n)(14)(123)=(1234n)$ 和 $(1n)(14)(123)(12n)=(134n2)$ 是相邻的, $(1n)(14)(123)(12n)=(134n2)\in V(\mathrm{AG}_n^2)$。注意到 $(1n)(14)(123)=(1234n)$ 和 $(1n)(14)(123)(1n2)=(34n)$ 是相邻的, $(1n)(14)(123)(1n2)=(34n)\in V(\mathrm{AG}_n^3)$。注意到 $(1n)(14)=(14n)$ 和 $(1n)(14)(12n)=(12)(4n)$ 是相邻的, $(12)(4n)\in V(\mathrm{AG}_n^4)$。注意到 $(24n)$ 和 $(12)(4n)$ 是相邻的, $(134n2)$ 和 $(12)(4n)$ 是相邻的。设 $u_1=(14n)$, $v_1=(1234n)$, $u_2=(24n)$ 和 $v_2=(134n2)$, 则在 AG_n 中 $u_1v_1v_2u_2u_1$ 是一个 4 圈。设 $F_1=N(\{u_1,v_1\})$, $F_2=N(\{u_2,v_2\})$, $F_3=\{(34n)\}$, $F_4=\{(12)(4n)\}$, $F_5=\cdots=F_n=\varnothing$, 则 AG_n-F 有两个分支, 其中一个是 4 圈。 □

引理 2.3.26 [89]　如果 $\mathrm{AG}_5^5-F_5$ 有两个分支, 其中一个分支是一条 2 路 P, 或一个 3 圈 K_3, 那么 $|N(V(P))\cap V(\mathrm{AG}_5^i)|\leqslant 3$ 或 $|N(V(K_3))\cap V(\mathrm{AG}_5^i)|\leqslant 3$, 其中 $i\in\{1,2,3,4\}$。

证明　由定理 2.3.7, 不失一般性地, 设 $V(K_3)=\{(1),(123),(132)\}$, 则 $(1)^+=(125)$, $(1)^-=(152)$, $(123)^+=(13)(25)$, $(123)^-=(153)$, $(132)^+=(253)$, $(132)^-=(23)(15)$。因此, $|N(V(K_3))\cap V(\mathrm{AG}_5^i)|\leqslant 2$ 属于这种情况。

由定理 2.3.7, 不失一般性地, 设 $V(K_3)=\{(1),(124),(142)\}$, 则 $(1)^+=(125)$, $(1)^-=(152)$, $(124)^+=(14)(25)$, $(124)^-=(154)$, $(142)^+=(254)$, $(142)^-=(24)(15)$。因此, $|N(V(K_3))\cap V(\mathrm{AG}_5^i)|\leqslant 2$ 属于这种情况。

由定理 2.3.7, 不失一般性地, 设 $P=(1),(123),(123)(124)$, 则 $(1)^+=(125)$, $(1)^-=(152)$, $(123)^+=(13)(25)$, $(123)^-=(153)$, $[(123)(124)]^+=(14253)$, $[(123)(124)]^-=(15423)$。因此, $|N(V(P))\cap V(\mathrm{AG}_5^i)|\leqslant 2$ 属于这种情况。

由定理 2.3.7, 不失一般性地, 设 $P=(1),(123),(123)(142)$, 则 $(1)^+=(125)$, $(1)^-=(152)$, $(123)^+=(13)(25)$, $(123)^-=(153)$, $[(123)(142)]^+=(12543)$, $[(123)(142)]^-=(15243)$。因此, $|N(V(P))\cap V(\mathrm{AG}_5^i)|\leqslant 3$ 属于这种情况。

由定理 2.3.7, 不失一般性地, 设 $P=(1),(132),(132)(124)$, 则 $(1)^+=(125)$, $(1)^-=(152)$, $(132)^+=(253)$, $(132)^-=(15)(23)$, $[(132)(124)]^+=(14325)$, $[(132)(124)]^-=(15432)$。因此, $|N(V(P))\cap V(\mathrm{AG}_5^i)|\leqslant 3$ 属于这种情况。

由定理 2.3.7, 不失一般性地, 设 $P=(1),(132),(132)(142)$, 则 $(1)^+=(125)$, $(1)^-=(152)$, $(132)^+=(253)$, $(132)^-=(15)(23)$, $[(132)(142)]^+=(13254)$, $[(132)(142)]^-=(15324)$。因此, $|N(V(P))\cap V(\mathrm{AG}_5^i)|\leqslant 2$ 属于这种情况。

由定理 2.3.7, 不失一般性地, 设 $P=(1),(124),(124)(123)$, 则 $(1)^+=(125)$, $(1)^-=(152)$, $(124)^+=(14)(25)$, $(124)^-=(154)$, $[(124)(123)]^+=(13254)$, $[(124)(123)]^-=(15324)$。因此, $|N(V(P))\cap V(\mathrm{AG}_5^i)|\leqslant 2$ 属于这种情况。

由定理 2.3.7, 不失一般性地, 设 $P=(1),(124),(124)(132)$, 则 $(1)^+=(125)$, $(1)^-=(152)$, $(124)^+=(14)(25)$, $(124)^-=(154)$, $[(124)(132)]^+=(12534)$, $[(124)(132)]^-=(15234)$。因此, $|N(V(P))\cap V(\mathrm{AG}_5^i)|\leqslant 3$ 属于这种情况。

由定理 2.3.7, 不失一般性地, 设 $P=(1),(142),(142)(123)$, 则 $(1)^+=(125)$, $(1)^-=(152)$, $(142)^+=(254)$, $(142)^-=(15)(24)$, $[(142)(123)]^+=(13425)$, $[(142)(123)]^-=(15342)$。因此, $|N(V(P))\cap V(\mathrm{AG}_5^i)|\leqslant 3$ 属于这种情况。

由定理 2.3.7, 不失一般性地, 设 $P=(1),(142),(142)(132)$, 则 $(1)^+=(125)$, $(1)^-=(152)$, $(142)^+=(254)$, $(142)^-=(15)(24)$, $[(142)(132)]^+=(14253)$, $[(142)(132)]^-=(15423)$。因此, $|N(V(P))\cap V(\mathrm{AG}_5^i)|\leqslant 2$ 属于这种情况。 □

一个连通的图 G 是超 r 限制连通的, 如果 G 的每一个最小 r 限制割 F 孤立, 则其为一个基数为 $(r+1)$ 的连通子图。此外, 如果 $G-F$ 有两个分支, 其中一个是基数为 $(r+1)$ 的连通子图, 那么 G 是紧 $|F|$ 超 r 限制连通的。

引理 2.3.27[89] 交错群图 AG_5 是紧 12 超 3 限制连通的。

证明 我们考虑 AG_5 对于每一个最小 3 限制割 $F\subseteq V(\mathrm{AG}_5)$。由定理 2.3.8, $|F|=12$。我们沿着最后一个位置分解 AG_5, 表示为 AG_5^i $(i=1,2,,\cdots,5)$, 则 AG_5^i 和 AG_4 是同构的。设 $F_i=F\cap V(\mathrm{AG}_5^i)$, 其中 $i=1,2,\cdots,5$ 且 $|F_1|\geqslant|F_2|\geqslant\cdots\geqslant|F_5|$。设 B_i 是 $\mathrm{AG}_5^i-F_i$ 的最大分支, 其中 $i=2,\cdots,5$ (如果 $\mathrm{AG}_5^i-F_i$ 是连通的, 那么设 $B_i=\mathrm{AG}_5^i-F_i$)。

断言 1: $|F_3|\geqslant 1$ 和 $1\leqslant|F_2|\leqslant 5$。

如果 $|F_3|=0$, 那么 $|F_3|=|F_4|=|F_5|=0$。由性质 2.3.10 和性质 2.3.9, $\mathrm{AG}_5[V(\mathrm{AG}_5^3)\cup V(\mathrm{AG}_5^4)\cup V(\mathrm{AG}_5^5)]$ 是连通的。因此, 由性质 2.3.16, AG_5-F 是连通的, 这将产生矛盾。所以 $|F_3|\geqslant 1$。由于 $|F_2|\geqslant|F_3|$ 和 $|F_3|\geqslant 1$, 我们有 $|F_2|\geqslant 1$。如果 $|F_2|=6$, 那么 $12=|F|\geqslant|F_1|+|F_2|+|F_3|\geqslant 2\times 6+1=13$, 这将产生矛盾。因此, $|F_2|\leqslant 5$。我们考虑下面的情况。

情况 1. $|F_1|<4$。

在这种情况下, $|F_5|\leqslant 2$。由于 $|F_1|\geqslant|F_2|\geqslant\cdots\geqslant|F_5|$, $|F_i|<4$。由性质

2.3.10, $AG_5^i - F_i$ 是连通的。由性质 2.3.9, 存在 $(5-2)! = 6$ 独立的交叉边在两个不同的 AG_5^i 和 $(5-2)! = 6 > 3+2 \geqslant |F_i| + |F_5|$, 我们有 $AG_5[V(AG_5^i - F_i) \cup V(AG_5^5 - F_5)]$ 是连通的。从而, $AG_5 - F$ 是连通的, 这与 F 是 AG_5 的一个 3 限制割相矛盾。

情况 2. $|F_1| = 4$。

在这种情况下, $|F_2| + |F_3| + |F_4| + |F_5| = 8$。

情况 2.1. $|F_2| < 4$。

由于 $|F_1| \geqslant |F_2| \geqslant \cdots \geqslant |F_5|$, 我们有 $|F_i| \leqslant 3$ 对于 $i \in \{2,3,4,5\}$ 属于这种情况。由性质 2.3.10, $AG_5^j - F_j$ 是连通的对于 $j \in \{2,3,4,5\}$ 和 $B_i = AG_5^j - F_j$ 对于 $i \in \{2,3,4,5\}$。由于 $(5-2)! = 6 > 3+2 = 5$, 由性质 2.3.9, 我们有 $AG_5[V(B_i) \cup V(B_5)]$ 是连通的和 $AG_5[V(B_2) \cup \cdots \cup V(B_5)]$ 是连通的。

设 $AG_5^1 - F_1$ 是连通的, 则 $B_1 = AG_5^1 - F_1$。由于 $2\left[\dfrac{(5-1)!}{2} - 4\right] = 16 > 8$, 由性质 2.3.15, $AG_5\left[V(B_1) \cup \cdots \cup V(B_5)\right] = AG_5 - F$ 是连通的, 这与 F 是 AG_5 的一个 3 限制割相矛盾。则 $AG_5^1 - F_1$ 不是连通的。由引理 2.3.23, $AG_5^1 - F_1$ 满足下面的条件之一: ① $AG_5^1 - F_1$ 有两个分支, 其中一个是孤立点; ② $AG_5^1 - F_1$ 有两个分支, 这两个分支是 4 圈。设 $AG_5^1 - F_1$ 有两个分支, 其中一个是孤立点。由于 $2\left[\dfrac{(5-1)!}{2} - 5\right] = 14 > 8$, 所以由性质 2.3.15, $AG_5[V(B_1) \cup \cdots \cup V(B_5)]$ 是连通的。因此, $AG_5 - F$ 有两个分支, 其中一个是孤立点, 这与 F 是 AG_5 的一个 3 限制割相矛盾。设 $AG_5^1 - F_1$ 有两个分支, 这两个分支是 4 圈。我们有 $AG_n[V(B_1) \cup \cdots \cup V(B_n)]$ 是连通的。如果 $(F_2 \cup \cdots \cup F_n) \neq (N(V(H)) \cap (V(AG_n^2) \cup \cdots \cup V(AG_n^n))$, 那么在 $AG_5^1 - F_1$ 中设 $C_1 = u_1u_2u_3u_4u_1$ 是一个 4 圈。由引理 2.3.22, 其中 $u_2 = u_1(12i)$, $u_3 = u_2(12j)$, $u_4 = u_3(12i)$, $u_1 = u_4(12j)$ 对于 i, j 及其 $i \neq j$。不失一般性地, 设 $i = 3$ 和 $j = 4$。设 $u_1 = \begin{Bmatrix} 1 & 2 & 3 & 4 & 5 \\ p_1 & p_2 & p_3 & p_4 & 1 \end{Bmatrix}$, 则 $u_1^+ = u_1(125) = \begin{Bmatrix} 1 & 2 & 3 & 4 & 5 \\ p_2 & 1 & p_3 & p_4 & p_1 \end{Bmatrix}$, $u_1^- = u(152) = \begin{Bmatrix} 1 & 2 & 3 & 4 & 5 \\ 1 & p_1 & p_3 & p_4 & p_2 \end{Bmatrix}$, $u_2^+ = u_1(123)(125) = \begin{Bmatrix} 1 & 2 & 3 & 4 & 5 \\ p_3 & 1 & p_1 & p_4 & p_2 \end{Bmatrix}$, $u_2^- = u_1(123)(152) = \begin{Bmatrix} 1 & 2 & 3 & 4 & 5 \\ 1 & p_2 & p_1 & p_4 & p_3 \end{Bmatrix}$, $u_3^+ = u_1(123)(124)(125) = \begin{Bmatrix} 1 & 2 & 3 & 4 & 5 \\ p_4 & 1 & p_1 & p_2 & p_3 \end{Bmatrix}$, $u_3^- = u_1(123)(124)(152) = \begin{Bmatrix} 1 & 2 & 3 & 4 & 5 \\ 1 & p_3 & p_1 & p_2 & p_4 \end{Bmatrix}$, $u_4^+ = u_1(123)(124)(123)(125) = \begin{Bmatrix} 1 & 2 & 3 & 4 & 5 \\ p_1 & 1 & p_3 & p_2 & p_4 \end{Bmatrix}$ 和 $u_4^- =$

$u_1(123)(124)(123)(152) = \left\{\begin{matrix} 1 & 2 & 3 & 4 & 5 \\ 1 & p_4 & p_3 & p_2 & p_1 \end{matrix}\right\}$。因此, $|N\{u_1, u_2, u_3, u_4\} \cap V(\mathrm{AG}_5^i)| = 2$ 对于 $i \in \{2,3,4,5\}$。设 $F_i = N\{u_1,u_2,u_3,u_4\} \cap V(\mathrm{AG}_5^i)$ 对于 $i \in \{2,3,4,5\}$。由性质 2.3.10, $\mathrm{AG}_5^j - F_j$ 是连通的对于 $j \in \{2,3,4,5\}$ 和 $\mathrm{AG}_5[V(B_2) \cup \cdots \cup V(B_5)]$ 是连通的, 其中 $B_i = \mathrm{AG}_5^j - F_j$ 对于 $i \in \{2,3,4,5\}$。设 $B_1 = \mathrm{AG}_5^1 - F_1 - V(C_1)$。由性质 2.3.15, $\mathrm{AG}_5[V(B_1) \cup V(B_2) \cup \cdots \cup V(B_5)]$ 是连通的。因此, F 是 AG_5 的一个 3 限制割。如果 $1 \leqslant |(F_2 \cup \cdots \cup F_5) \cap N(V(C_1))| \leqslant 3$, 那么 $\mathrm{AG}_5 - F$ 是连通的, 这与 F 是 AG_5 的一个 3 限制割相矛盾。

情况 2.2. $|F_2| = 4$。

在这种情况下, $|F_5| \leqslant 1$。由引理 2.3.23, $\mathrm{AG}_5^2 - F_2$ 满足下面的条件之一: ① $\mathrm{AG}_5^2 - F_2$ 有两个分支, 其中一个是孤立点; ② $\mathrm{AG}_5^2 - F_2$ 有两个分支, 这两个分支是 4 圈; ③ $\mathrm{AG}_5^2 - F_2$ 是连通的。

基于情况 2.1, 如果 $\mathrm{AG}_5^2 - F_2$ 是连通的, 因此, 只需讨论 $\mathrm{AG}_5^i - F_i$ $(i = 1, 2)$ 是不连通的, 或 $\mathrm{AG}_5^2 - F_2$ 是不连通的, $\mathrm{AG}_5^1 - F_1$ 是连通的。

情况 2.2.1. $\mathrm{AG}_5^2 - F_2$ 是不连通的和 $\mathrm{AG}_5^1 - F_1$ 是连通的。

情况 2.2.1.1. $|F_3| \leqslant 3$。

由于 $|F_i| \leqslant 3$ 对于 $i \in \{3,4,5\}$, 由性质 2.3.10, $\mathrm{AG}_5^j - F_j = B_i$ 是连通的对于 $i \in \{3,4,5\}$。由于 $(5-2)! = 6 > 4$, 由性质 2.3.9, 我们有 $\mathrm{AG}_5[V(B_i) \cup V(B_5)]$ 是连通的和 $\mathrm{AG}_5[V(B_3) \cup \cdots \cup V(B_5)]$ 是连通的。

设 $\mathrm{AG}_5^2 - F_2$ 有两个分支, 其中一个是孤立点。由于 $\dfrac{(5-1)!}{2} - 5 = 7 > 4$, 由性质 2.3.15 和性质 2.3.16, $\mathrm{AG}_5[V(B_2) \cup \cdots \cup V(B_5)]$ 是连通的。由于 $\dfrac{(5-1)!}{2} - 4 = 8 > 4$, 由性质 2.3.15 和性质 2.3.16, $\mathrm{AG}_5[V(B_1) \cup \cdots \cup V(B_5)]$ 是连通的。因此, $|V(\mathrm{AG}_5 - F - V(B_1) - \cdots - V(B_5)| \leqslant 1$, 这与 F 是 AG_5 的一个 3 限制割相矛盾。从而, $\mathrm{AG}_5^2 - F_2$ 有两个分支, 这两个分支是 4 圈 C_1、C_2, 由上面的讨论, $|N(V(C_1)) \cap V(\mathrm{AG}_5^i)| = 2$ 对于 $i \in \{1,3,4,5\}$。注意到 $\mathrm{AG}_5^5 - F_5$ 是连通的和 $|F_5| \leqslant 1$, 则 $\mathrm{AG}_5[V(\mathrm{AG}_5^2 - F_2) \cup V(\mathrm{AG}_5^5 - F_5)]$ 是连通的。由于 $\mathrm{AG}_5^1 - F_1$ 是连通的和 $\dfrac{(5-1)!}{2} - 4 = 8 > 4$, 由性质 2.3.15 和性质 2.3.16, $\mathrm{AG}_5[V(B_1) \cup \cdots \cup V(B_5)]$ 是连通的, 即 $\mathrm{AG}_5 - F$ 是连通的, 这与 F 是 AG_5 的一个 3 限制割相矛盾。

情况 2.2.1.2. $|F_3| = 4$。

在这种情况下, $|F_1| = |F_2| = |F_3| = 4$ 和 $|F_4| = |F_5| = 0$。由于 $|F_i| = 0$ 对于 $i \in \{4,5\}$, 由性质 2.3.10, $\mathrm{AG}_5^j - F_j = B_i$ 是连通的对于 $i \in \{4,5\}$。由于 $(5-2)! = 6 > 4$, 由性质 2.3.9, 我们有 $\mathrm{AG}_5[V(B_4) \cup V(B_5)]$ 是连通的。注

意到 $AG_5^1 - F_1 = B_1$ 是连通的。由于 $(5-2)! = 6 > 4$, 由性质 2.3.9, 我们有 $AG_5[V(B_1) \cup V(B_5)]$ 是连通的和 $AG_5[V(B_1) \cup V(B_4) \cup V(B_5)]$ 是连通的。

设 $AG_5^2 - F_2$ 有两个分支, 其中一个是孤立点。由于 $\dfrac{(5-1)!}{2} - 5 = 7 > 4$, 由性质 2.3.15 和性质 2.3.16, $AG_5[V(B_1) \cup V(B_2) \cup V(B_4) \cup V(B_5)]$ 是连通的。如果 $AG_5^3 - F_3$ 是连通的, 由 $(5-2)! = 6 > 4$, $AG_5[V(B_3) \cup V(B_5)]$ 是连通的。所以 $AG_5[V(B_1) \cup V(B_2) \cup V(B_3) \cup V(B_4) \cup V(B_5)]$ 是连通的和 $AG_5 - F$ 有两个分支, 其中一个是孤立点, 这将产生矛盾。如果 $AG_5^3 - F_3$ 有两个分支, 其中一个是孤立点, 由 $(5-2)! = 6 > 4 + 1 = 5$, $AG_5[V(B_3) \cup V(B_5)]$ 是连通的。因此, $AG_5[V(B_1) \cup V(B_2) \cup V(B_3) \cup V(B_4) \cup V(B_5)]$ 是连通的和 $|V(AG_5 - F - (V(B_1) \cup V(B_2) \cup V(B_3) \cup V(B_4) \cup V(B_5)))| \leqslant 2$, 这与 F 是 AG_5 的一个 3 限制割相矛盾。设 $AG_5^3 - F_3$ 有两个分支, 这两个分支是 4 圈 C_1、C_2, 由上面的讨论, $|N(V(C_1)) \cap V(AG_5^i)| = 2$ 对于 $i \in \{1, 2, 4, 5\}$。注意到 $AG_5^5 - F_5$ 是连通的和 $|F_5| = 0$, 则 $AG_5[V(AG_5^3 - F_3) \cup V(AG_5^5 - F_5)]$ 是连通的和 $AG_5 - F$ 有两个分支, 其中一个是孤立点或 $AG_5 - F$ 是连通的, 这将产生矛盾。

设 $AG_5^2 - F_2$ 有两个分支, 这两个分支是 4 圈 C_1、C_2。由上面的讨论, $AG_5[V(B_1) \cup V(AG_5^2 - F_2) \cup V(B_4) \cup V(B_5)]$ 是连通的。

如果 $AG_5^3 - F_3$ 是连通的, 由 $(5-2)! = 6 > 4$, $AG_5[V(B_3) \cup V(B_5)]$ 是连通的。所以 $AG_5[V(B_1) \cup V(AG_5^2 - F_2) \cup V(B_3) \cup V(B_4) \cup V(B_5)]$ 是连通的和 $AG_5 - F$ 是连通的, 这将产生矛盾。如果 $AG_5^3 - F_3$ 有两个分支, 其中一个是孤立点, 由 $(5-2)! = 6 > 4 + 1 = 5$, $AG_5[V(B_3) \cup V(B_5)]$ 是连通的。因此, $AG_5[V(B_1) \cup V(AG_5^2 - F_2) \cup V(B_3) \cup V(B_4) \cup V(B_5)]$ 是连通的和 $|V(AG_5 - F - (V(B_1) \cup V(AG_5^2 - F_2) \cup V(B_3) \cup V(B_4) \cup V(B_5)))| \leqslant 2$, 这与 F 是 AG_5 的一个 3 限制割相矛盾。设 $AG_5^3 - F_3$ 有两个分支, 这两个分支是 4 圈 C_1、C_2, 由上面的讨论, $|N(V(C_1)) \cap V(AG_5^i)| = 2$ 对于 $i \in \{1, 2, 4, 5\}$。注意到 $AG_5^5 - F_5$ 是连通的和 $|F_5| = 0$, 则 $AG_5[V(AG_5^2 - F_2) \cup V(AG_5^5 - F_5)]$ 是连通的和 $AG_5 - F$ 有两个分支, 其中一个是孤立点, 这将产生矛盾。

情况 2.2.2. $AG_5^i - F_i$ $(i = 1, 2)$ 是不连通的。

情况 2.2.2.1. $|F_3| \leqslant 3$。

由于 $|F_i| \leqslant 3$ 对于 $i \in \{3, 4, 5\}$, 由性质 2.3.10, $AG_5^j - F_j = B_i$ 是连通的对于 $i \in \{3, 4, 5\}$。由于 $(5-2)! = 6 > 4$, 由性质 2.3.9, 我们有 $AG_5[V(B_i) \cup V(B_5)]$ 是连通的和 $AG_5[V(B_3) \cup \cdots \cup V(B_5)]$ 是连通的。

设 $AG_5^i - F_i$ 有两个分支, 其中一个是孤立点对于 $i \in \{1, 2\}$。由于 $\dfrac{(5-1)!}{2} - 5 = 7 > 4$, 由性质 2.3.15 和性质 2.3.16, $AG_5[V(B_1) \cup \cdots \cup V(B_5)]$ 是连通的。因

此, $|V(AG_5 - F - (V(B_1) \cup \cdots \cup V(B_5)))| \leqslant 2$, 这与 F 是 AG_5 的一个 3 限制割相矛盾。

不失一般性地, $AG_5^1 - F_1$ 是两个 4 圈和 $AG_5^2 - F_2$ 有两个分支, 其中一个是孤立点。设 $|F_5| \leqslant 1$ 属于这种情况。由于 $(5-2)! = 6 > 4+1 = 5$, 由性质 2.3.9, 我们有 $AG_5[V(B_2) \cup V(B_5)]$ 是连通的和 $AG_5[V(B_2) \cup \cdots \cup V(B_5)]$ 是连通的。在 $AG_5^1 - F_1$ 中设 $C_1 = u_1u_2u_3u_4u_1$ 是一个 4 圈。由上面的讨论, $|N\{u_1, u_2, u_3, u_4\} \cap V(AG_5^i)| = 2$ 对于 $i \in \{2,3,4,5\}$。由于 $|F_2| = 4$, 所以我们有 $|F_3| + |F_4| + |F_5| = 4$ 和 $AG_5[(V(C_1) \cup V(B_2) \cup \cdots \cup V(B_5)]$ 是连通的。因此, $AG_5[(V(AG_5^1 - F_1) \cup V(B_2) \cup \cdots \cup V(B_5)]$ 是连通的。从而, $|V(AG_5 - F - (V(AG_5^1 - F_1) \cup V(B_2) \cup \cdots \cup V(B_5)))| \leqslant 1$, 这与 F 是 AG_5 的一个 3 限制割相矛盾。

设 $AG_5^i - F_i$ 是两个 4 圈对于 $i \in \{1,2\}$。由上面的讨论, $AG_5[(V(AG_5^i - F_i) \cup V(B_3) \cup \cdots \cup V(B_5)]$ 是连通的和 $AG_5 - F$ 是连通的, 这将产生矛盾。

情况 2.2.2.2. $|F_3| = 4$。

在这种情况下, $|F_1| = |F_2| = |F_3| = 4$ 和 $|F_4| = |F_5| = 0$。由于 $|F_i| = 0$ 对于 $i \in \{4,5\}$, 由性质 2.3.10, $AG_5^j - F_j = B_i$ 是连通的对于 $i \in \{4,5\}$。由于 $(5-2)! = 6 > 4$, 由性质 2.3.9, 我们有 $AG_5[V(B_4) \cup V(B_5)]$ 是连通的。

设 $AG_5^i - F_i$ 是两个 4 圈对于 $i \in \{1,2,3\}$。由上面的讨论, $AG_5[(V(AG_5^i - F_i) \cup V(B_4) \cup V(B_5)]$ 是连通的。

设 $AG_5^i - F_i$ 有两个分支, 其中一个是孤立点。由于 $(5-2)! = 6 > 4$, 由性质 2.3.9, $AG_5[V(B_i) \cup V(B_4) \cup V(B_5)]$ 是连通的, 则 $|V(AG_5 - F - (V(B_1) \cup V(B_2) \cup V(B_3) \cup V(B_4) \cup V(B_5)))| \leqslant 3$, 这与 F 是 AG_5 的一个 3 限制割相矛盾。不失一般性地, 假设 $AG_5^1 - F_1$ 是两个 4 圈和 $AG_5^i - F_i$ 有两个分支, 其中一个是孤立点 $i \in \{2,3\}$。则 $|V(AG_5 - F - (V(AG_5^1 - F_1) \cup V(B_2) \cup V(B_3) \cup V(B_4) \cup V(B_5)))| \leqslant 2$, 这与 F 是 AG_5 的一个 3 限制割相矛盾。不失一般性地, 假设 $AG_5^1 - F_1$ 是两个 4 圈 $i \in \{1,2\}$ 和 $AG_5^3 - F_3$ 有两个分支, 其中一个是孤立点。则 $|V(AG_5 - F - (V(AG_5^1 - F_1) \cup V(AG_5^2 - F_2) \cup V(B_3) \cup V(B_4) \cup V(B_5)))| \leqslant 1$, 这与 F 是 AG_5 的一个 3 限制割相矛盾。不失一般性地, 假设 $AG_5^1 - F_1$ 是两个 4 圈 $i \in \{1,2,3\}$。则 $|V(AG_5 - F - (V(AG_5^1 - F_1) \cup V(AG_5^2 - F_2) \cup V(AG_5^3 - F_3) \cup V(B_4) \cup V(B_5)))| = 0$, 这将产生矛盾。

情况 3. $|F_1| = 5$。

在这种情况下, $|F_2| + |F_3| + |F_4| + |F_5| = 7$。如果 $|F_5| = 2$, 那么 $4 \times 2 + 5 = 13 > |F|$ 和 $|F_5| \leqslant 1$。

情况 3.1. $|F_2| < 4$。

由于 $|F_1| \geqslant |F_2| \geqslant \cdots \geqslant |F_5|$, 我们有 $|F_i| \leqslant 3$ 对于 $i \in \{2,3,4,5\}$ 属于这种

情况。由性质 2.3.10, $AG_5^j - F_j$ 是连通的对于 $j \in \{2,3,4,5\}$ 和 $B_i = AG_5^j - F_j$ 对于 $i \in \{2,3,4,5\}$。由于 $(5-2)! = 6 > 3+1 = 4$, 由性质 2.3.9, 我们有 $AG_5[V(B_i) \cup V(B_5)]$ 是连通的和 $AG_5[V(B_2) \cup \cdots \cup V(B_5)]$ 是连通的。

设 $AG_5^1 - F_1$ 是连通的, 则 $B_1 = AG_5^1 - F_1$。由于 $2[\frac{(5-1)!}{2} - 5] = 14 > 7$, 由性质 2.3.15 和性质 2.3.16, $AG_5[V(B_1) \cup \cdots \cup V(B_5)]$ 是连通的和 $AG_5 - F$ 是连通的, 这将产生矛盾。设 $AG_5^1 - F_1$ 是不连通的。由引理 2.3.24, $AG_5^1 - F_1$ 满足下面的条件之一: ① $AG_5^1 - F_1$ 有两个分支, 其中一个是孤立点; ② $AG_5^1 - F_1$ 有两个分支, 其中一个是 K_2; ③ $AG_5^1 - F_1$ 有两个分支, 其中一个是一条 2 路。

设 $AG_5^1 - F_1$ 有两个分支, 其中一个是孤立点。由于 $2[\frac{(5-1)!}{2} - 6] = 12 > 7$, 由性质 2.3.15 和性质 2.3.16, $AG_5[V(B_1) \cup \cdots \cup V(B_5)]$ 是连通的。因此, $|V(AG_5 - F - (V(B_1) \cup \cdots \cup V(B_5)))| \leqslant 1$, 这与 F 是 AG_5 的一个 3 限制割相矛盾。

设 $AG_5^1 - F_1$ 有两个分支, 其中一个是 K_2。由于 $2[\frac{(5-1)!}{2} - 7] = 10 > 7$, 由性质 2.3.15 和性质 2.3.16, $AG_5[V(B_1) \cup \cdots \cup V(B_5)]$ 是连通的。因此, $|V(AG_5 - F - (V(B_1) \cup \cdots \cup V(B_5)))| \leqslant 2$, 这与 F 是 AG_5 的一个 3 限制割相矛盾。

设 $AG_5^1 - F_1$ 有两个分支, 其中一个是一条 2 路。由于 $2[\frac{(5-1)!}{2} - 8] = 8 > 7$, 由性质 2.3.15 和性质 2.3.16, $AG_5[V(B_1) \cup \cdots \cup V(B_5)]$ 是连通的。因此, $|V(AG_5 - F - (V(B_1) \cup \cdots \cup V(B_5)))| \leqslant 3$, 这与 F 是 AG_5 的一个 3 限制割相矛盾。

情况 3.2. $|F_2| = 4$。

在这种情况下, $|F_5| \leqslant 1$ 和 $|F_3| + |F_4| + |F_5| = 3$。由于 $|F_i| \leqslant 3$ 对于 $i \in \{3,4,5\}$, 由性质 2.3.10, $AG_5^j - F_j$ 是连通的对于 $j \in \{3,4,5\}$。由于 $(5-2)! = 6 > 3+1 = 4$, 由性质 2.3.9, $AG_5[V(B_j) \cup V(B_5)]$ 是连通的对于 $j \in \{3,4,5\}$ 和 $AG_5[V(B_3) \cup \cdots \cup V(B_5)]$ 是连通的。

由上面的分析, 充分地讨论 $AG_5^i - F_i$ $(i = 1,2)$ 是不连通的, 以及 $AG_5^1 - F_1$ 是连通的和 $AG_5^2 - F_2$ 是不连通的。设 $AG_5^1 - F_1$ 是连通的和 $AG_5^2 - F_2$ 是不连通的。由于 $2[\frac{(5-1)!}{2} - 5] = 7 > 3$, 由性质 2.3.15 和性质 2.3.16, $AG_5[V(B_1) \cup V(B_3) \cup \cdots \cup V(B_5)]$ 是连通的。设 $AG_5^2 - F_2$ 是两个 4 圈。由上面的讨论, $AG_5[V(B_1) \cup V(AG_5^2 - F_2) \cup V(B_3) \cup \cdots \cup V(B_5)]$ 是连通的, 这将产生矛盾。假设 $AG_5^2 - F_2$ 有两个分支, 其中一个是孤立点。则 $|V(AG_5 - F - (V(B_1) \cup V(B_2) \cup V(B_3) \cup V(B_4) \cup V(B_5)))| \leqslant 1$, 这与 F 是 AG_5 的一个 3 限制割相矛盾。

设 $AG_5^i - F_i$ $(i = 1,2)$ 是不连通的。由引理 2.3.24, $AG_5^1 - F_1$ 满足下面的条

件之一: ① $\mathrm{AG}_5^1 - F_1$ 有两个分支, 其中一个是孤立点; ② $\mathrm{AG}_5^1 - F_1$ 有两个分支, 其中一个是 K_2; ③ $\mathrm{AG}_5^1 - F_1$ 有两个分支, 其中一个是一条 2 路。由引理 2.3.23, $\mathrm{AG}_5^2 - F_2$ 满足下面的条件之一: ① $\mathrm{AG}_5^2 - F_2$ 有两个分支, 其中一个是孤立点; ② $\mathrm{AG}_5^2 - F_2$ 有两个分支, 这两个分支是 4 圈。

设 $\mathrm{AG}_5^2 - F_2$ 有两个分支, 其中一个是孤立点。由于 $\dfrac{(5-1)!}{2} - 7 = 5 > 3$, 由性质 2.3.15 和性质 2.3.16, $\mathrm{AG}_5[V(B_2) \cup \cdots \cup V(B_5)]$ 是连通的。设 $\mathrm{AG}_5^1 - F_1$ 有两个分支, 其中一个是孤立点或 $\mathrm{AG}_5^1 - F_1$ 有两个分支, 其中一个是 K_2。由于 $\dfrac{(5-1)!}{2} - 7 = 5 > 3$, 由性质 2.3.15 和性质 2.3.16, $\mathrm{AG}_5[V(B_1) \cup V(B_2) \cup \cdots \cup V(B_5)]$ 是连通的。因此, $|V(\mathrm{AG}_5 - F - (V(B_1) \cup \cdots \cup V(B_5)))| \leqslant 3$, 这与 F 是 AG_5 的一个 3 限制割相矛盾。设 $\mathrm{AG}_5^1 - F_1$ 有两个分支, 其中一个是一条 2 路。由于 $\dfrac{(5-1)!}{2} - 8 = 4 > 3$, 由性质 2.3.15 和性质 2.3.16, $\mathrm{AG}_5[V(B_1) \cup V(B_2) \cup \cdots \cup V(B_5)]$ 是连通的。在这种情况下, 如果 F 是 AG_n 的一个 3 限制割, 那么 $\mathrm{AG}_n - F$ 有两个分支, 其中一个是基数为 4 的子图。

设 $\mathrm{AG}_5^2 - F_2$ 有两个分支, 这两个分支是 4 圈。由于 $\dfrac{(5-1)!}{2} - 8 = 4 > 3$, 由性质 2.3.15 和性质 2.3.16, $\mathrm{AG}_5[V(B_1) \cup V(\mathrm{AG}_5^2 - F_2) \cup V(B_3) \cup \cdots \cup V(B_5)]$ 是连通的。因此, $|V(\mathrm{AG}_5 - F - (V(B_1) \cup V(\mathrm{AG}_5^2 - F_2) \cup V(B_3) \cup \cdots \cup V(B_5)))| \leqslant 3$, 这与 F 是 AG_5 的一个 3 限制割相矛盾。

情况 3.3. $|F_2| = 5$。

在这种情况下, $|F_3| + |F_4| + |F_5| = 2$ 和 $|F_5| = 0$。由性质 2.3.10, $\mathrm{AG}_5^j - F_j$ 是连通的对于 $j \in \{3,4,5\}$ 和 $B_i = \mathrm{AG}_5^j - F_j$ 对于 $i \in \{3,4,5\}$。由于 $(5-2)! = 6 > 2$, 由性质 2.3.9, 我们有 $\mathrm{AG}_5[V(B_i) \cup V(B_5)]$ 是连通的和 $\mathrm{AG}_5[V(B_3) \cup \cdots \cup V(B_5)]$ 是连通的。注意到 $\mathrm{AG}_5^i - F_i$ 有两个分支, 其中一个是一条 2 路对于 $i \in \{1,2\}$。由于 $\dfrac{(5-1)!}{2} - 8 = 4 > 2$, 由性质 2.3.15 和性质 2.3.16, $\mathrm{AG}_5[V(B_1) \cup V(B_2) \cup \cdots \cup V(B_5)]$ 是连通的。如果 $\mathrm{AG}_5^2 - F_2$ 是连通的, 那么 $|V(\mathrm{AG}_5 - F - (V(B_1) \cup V(\mathrm{AG}_5^2 - F_2) \cup V(B_3) \cup \cdots \cup V(B_5)))| \leqslant 3$, 这与 F 是 AG_5 的一个 3 限制割相矛盾。因此, 设 $\mathrm{AG}_5^2 - F_2$ 是不连通的, 设 $\mathrm{AG}_5^1 - F_1$ 是连通的。相似地, 我们有 $|V(\mathrm{AG}_5 - F - (V(\mathrm{AG}_5^1 - F_1) \cup V(B_2) \cup V(B_3) \cup \cdots \cup V(B_5)))| \leqslant 3$, 这将产生矛盾。因此, $\mathrm{AG}_5^1 - F_1$ 是不连通的。由引理 2.3.24, $\mathrm{AG}_5^i - F_5$ $(i \in \{1,2\})$ 满足下面的条件之一: ① $\mathrm{AG}_5^i - F_i$ 有两个分支, 其中一个是孤立点; ② $\mathrm{AG}_5^i - F_i$ 有两个分支, 其中一个是 K_2; ③ $\mathrm{AG}_5^i - F_i$ 有两个分支, 其中一个是一条 2 路。

设 $\mathrm{AG}_5^i - F_i$ $(i \in \{1,2\})$ 有两个分支, 其中一个是一条 2 路 P。由性质 2.3.16

和性质 2.3.15, 可得在 AG_5 中 $|N(V(P))\cap(V(AG_5^3)\cup\cdots\cup V(AG_5^5))|=3$。由于 $|F_3|+|F_4|+|F_5|=2$, $AG_5[V(AG_5^i-F_i)\cup V(B_3)\cup\cdots\cup V(B_5)]$ 是连通的和 AG_5-F 是连通的, 这将产生矛盾。不失一般性地, 假设 $AG_5^1-F_1$ 有两个分支, 其中一个是一条 2 路 P, 以及 $AG_5^2-F_2$ 满足下面的条件之一: ① $AG_5^2-F_2$ 有两个分支, 其中一个是孤立点; ② $AG_5^2-F_2$ 有两个分支, 其中一个是 K_2。则 $AG_5[V(AG_5^1-F_1)\cup V(B_3)\cup\cdots\cup V(B_5)]$ 是连通的。由于 $\dfrac{(5-1)!}{2}-7=5>2$, 由性质 2.3.15 和性质 2.3.16, $AG_5[V(AG_5^1-F_1)\cup V(B_2)\cup\cdots\cup V(B_5)]$ 是连通的。因此, $|V(AG_5-F-(V(AG_5^1-F_1)\cup V(B_2)\cup V(B_3)\cup\cdots\cup V(B_5)))|\leqslant 2$, 这与 F 是 AG_5 的一个 3 限制割相矛盾。所以 $AG_5^i-F_i$ $(i\in\{1,2\})$ 满足下面的条件之一: ① $AG_5^i-F_i$ 有两个分支, 其中一个是孤立点; ② $AG_5^i-F_i$ 有两个分支, 其中一个是 K_2。

设 $AG_5^1-F_1$ 和 $AG_5^2-F_2$ 之一有两个分支, 其中一个是孤立点。则 $|V(AG_5-F-(V(B_1)\cup V(B_2)\cup V(B_3)\cup\cdots\cup V(B_5)))|\leqslant 3$, 这与 F 是 AG_5 的一个 3 限制割相矛盾。

设 $AG_5^i-F_i$ $(i\in\{1,2\})$ 有两个分支, 其中一个是 K_2。注意到 $AG_5[V(B_1)\cup V(B_2)\cup\cdots\cup V(B_5)]$ 是连通的。在这种情况下, 如果 F 是 AG_n 的一个 3 限制割, 那么 AG_n-F 有两个分支, 其中一个是基数为 4 的子图。

情况 4. $|F_1|=6$。

在这种情况下, $|F_2|+|F_3|+|F_4|+|F_5|=6$。如果 $|F_5|=2$, 那么 $4\times2+6=14>|F|$ 和 $|F_5|\leqslant 1$。

情况 4.1. $|F_2|<4$。

由于 $|F_1|\geqslant|F_2|\geqslant\cdots\geqslant|F_5|$, 我们有 $|F_i|\leqslant 3$ 对于 $i\in\{2,3,4,5\}$ 属于这种情况。由性质 2.3.10, $AG_5^j-F_j$ 是连通的对于 $j\in\{2,3,4,5\}$ 和 $B_i=AG_5^j-F_j$ 对于 $i\in\{2,3,4,5\}$。由于 $(5-2)!=6>3+1=4$, 由性质 2.3.9, 我们有 $AG_5[V(B_i)\cup V(B_5)]$ 是连通的和 $AG_5[V(B_2)\cup\cdots\cup V(B_5)]$ 是连通的。如果 $AG_5^1-F_1$ 是连通的, 那么 $|N(V(B_1))\cap(V(AG_5^3)\cup\cdots\cup V(AG_5^5))|\geqslant 12$。由于 $|F_2|+|F_3|+|F_4|+|F_5|=6$, F 不是 AG_5 的一个 3 限制割, 这将产生矛盾。因此, $AG_5^1-F_1$ 是不连通的。

由引理 2.3.25, $AG_5^1-F_1$ 满足下面的条件之一: ① $AG_5^1-F_1$ 有两个分支, 其中一个是孤立点; ② $AG_5^1-F_1$ 有两个分支, 其中一个是 K_2; ③ $AG_5^1-F_1$ 有三个分支, 这两个分支是孤立点; ④ $AG_5^1-F_1$ 有两个分支, 其中一个是一条 2 路, 或一个 3 圈。

设 $AG_5^1-F_1$ 有两个分支, 其中一个是一条 2 路 P, 或一个 3 圈 K_3。由定理 2.3.7, AG_n 是顶点传递的。再结合引理 2.3.26, $|N(V(P))\cap V(AG_5^i)|\leqslant 3$ 或

$|N(V(K_3)) \cap V(\mathrm{AG}_5^i)| \leqslant 3$ 对于 $i \in \{2,3,4,5\}$。如果 $\mathrm{AG}_5 - F$ 的一个 2 路 P 是一个分支, 那么 $N(V(P)) \cap (V(\mathrm{AG}_5^2) \cup \cdots \cup V(\mathrm{AG}_5^5)) \subseteq (F_2 \cup \cdots \cup F_5)$。由于 $|N(V(P)) \cap (V(\mathrm{AG}_5^2) \cup \cdots \cup V(\mathrm{AG}_5^5))| = 6$ 和 $|F_2| + |F_3| + |F_4| + |F_5| = 6$, 我们有 $N(V(P)) \cap (V(\mathrm{AG}_5^2) \cup \cdots \cup V(\mathrm{AG}_5^5)) = (F_2 \cup \cdots \cup F_5)$。相似地, 我们有 $N(V(K_3)) \cap (V(\mathrm{AG}_5^2) \cup \cdots \cup V(\mathrm{AG}_5^5)) = (F_2 \cup \cdots \cup F_5)$。因此, $|F_i| \leqslant 3$ 对于 $i \in \{2,3,4,5\}$。由性质 2.3.10, $\mathrm{AG}_5^i - F_i$ 是连通的对于 $i \in \{2,3,4,5\}$。由于 $(5-2)! = 6 > 3+1 = 4$, 由性质 2.3.9, 我们有 $\mathrm{AG}_5[V(B_i) \cup V(B_5)]$ 是连通的和 $\mathrm{AG}_5[V(B_2) \cup V(B_3) \cup \cdots \cup V(B_5)]$ 是连通的。注意到 $B_1 = \mathrm{AG}_5^1 - F_1 - V(P)$。因此, $\mathrm{AG}_5[V(B_1) \cup V(B_2) \cup \cdots \cup V(B_5)]$ 是连通的。因此, $|V(\mathrm{AG}_5 - F - (V(B_1) \cup V(B_2) \cup V(B_3) \cup \cdots \cup V(B_5)))| \leqslant 3$, 这与 F 是 AG_5 的一个 3 限制割相矛盾。

设 $\mathrm{AG}_5^1 - F_1$ 有两个分支, 其中一个是孤立点或 $\mathrm{AG}_5^1 - F_1$ 有两个分支, 其中一个是 K_2 或 $\mathrm{AG}_5^1 - F_1$ 有三个分支, 其中两个分支是孤立点。则 $|N(V(B_1)) \cap (V(\mathrm{AG}_5^2) \cup \cdots \cup V(\mathrm{AG}_5^5))| \geqslant 8$。由于 $|F_2|+|F_3|+|F_4|+|F_5| = 6$, 所以 $\mathrm{AG}_5[V(B_1) \cup V(B_2) \cup \cdots \cup V(B_5)]$ 是连通的。因此, $|V(\mathrm{AG}_5 - F - (V(B_1) \cup V(B_2) \cup V(B_3) \cup \cdots \cup V(B_5)))| \leqslant 2$, 这与 F 是 AG_5 一个 3 限制割相矛盾。

情况 4.2. $|F_2| = 4$。

在这种情况下, $|F_3|+|F_4|+|F_5| = 2$。由性质 2.3.10 和性质 2.3.9, $\mathrm{AG}_5[V(B_3) \cup \cdots \cup V(B_5)]$ 是连通的。设 $\mathrm{AG}_5^2 - F_2$ 是连通的。则类似上面的分析, F 不是 AG_5 的一个 3 限制割, 这将产生矛盾。则 $\mathrm{AG}_5^2 - F_2$ 是不连通的。由引理 2.3.23, $\mathrm{AG}_5^2 - F_2$ 满足下面的条件之一: ① $\mathrm{AG}_5^2 - F_2$ 有两个分支, 其中一个是孤立点; ② $\mathrm{AG}_5^2 - F_2$ 有两个分支, 这两个分支是 4 圈。

设 $\mathrm{AG}_5^2 - F_2$ 有两个分支, 其中一个是孤立点。由于 $\dfrac{(5-1)!}{2} - 5 = 7 > 2$, 由性质 2.3.15 和性质 2.3.16, $\mathrm{AG}_5[V(B_2) \cup V(B_3) \cup \cdots \cup V(B_5)]$ 是连通的。如果 $\mathrm{AG}_5^1 - F_1$ 是连通的或 $\mathrm{AG}_5^1 - F_1$ 满足下面的条件之一: ① $\mathrm{AG}_5^1 - F_1$ 有两个分支, 其中一个是孤立点; ② $\mathrm{AG}_5^1 - F_1$ 有两个分支, 其中一个是 K_2; ③ $\mathrm{AG}_5^1 - F_1$ 有三个分支, 其中两个分支是孤立点。由于 $\dfrac{(5-1)!}{2} - 8 = 4 > 2$, 由性质 2.3.15 和性质 2.3.16, $\mathrm{AG}_5[V(B_1) \cup V(B_2) \cup \cdots \cup V(B_5)]$ 是连通的。因此, $|V(\mathrm{AG}_5 - F - (V(B_1) \cup V(B_2) \cup V(B_3) \cup \cdots \cup V(B_5)))| \leqslant 3$, 这与 F 是 AG_5 的一个 3 限制割相矛盾。设 $\mathrm{AG}_5^1 - F_1$ 有两个分支, 其中一个是一条 2 路 P, 或一个 3 圈 K_3。注意到 $|N(V(P)) \cap (V(\mathrm{AG}_5^2) \cup \cdots \cup V(\mathrm{AG}_5^5))| \geqslant 3$ 和 $|N(V(K_3)) \cap (V(\mathrm{AG}_5^2) \cup \cdots \cup V(\mathrm{AG}_5^5))| \geqslant 3$。由于 $|F_3| + |F_4| + |F_5| = 2$, 我们有 $\mathrm{AG}_5[V(P) \cup V(B_2) \cup \cdots \cup V(B_5)]$ 是连通的和 $\mathrm{AG}_5[V(K_3) \cup V(B_2) \cup \cdots \cup V(B_5)]$ 是连通的。因此, $|V(\mathrm{AG}_5 - F - (V(\mathrm{AG}_5^1 - F_1) \cup V(B_2) \cup V(B_3) \cup \cdots \cup V(B_5)))| \leqslant 1$,

这与 F 是 AG_5 的一个 3 限制割相矛盾。

设 $\mathrm{AG}_5^2-F_2$ 有两个分支, 这两个分支是 4 圈。由于 $|F_3|+|F_4|+|F_5|=2$, 由性质 2.3.16 和性质 2.3.15, $\mathrm{AG}_5[V(\mathrm{AG}_5^2-F_2)\cup V(B_3)\cup\cdots\cup V(B_5)]$ 是连通的。因此, $|V(\mathrm{AG}_5-F-(V(B_1)\cup V(\mathrm{AG}_5^2-F_2)\cup V(B_3)\cup\cdots\cup V(B_5)))|\leqslant 3$, 这与 F 是 AG_5 的一个 3 限制割相矛盾。

情况 4.3. $|F_2|=5$。

在这种情况下, $|F_3|=1$ 和 $|F_4|=|F_5|=0$。设 $v_i\in V(\mathrm{AG}_5^i-F_i)$ 使得 $N(v_i)\cap(V(\mathrm{AG}_5^3)\cup\cdots\cup V(\mathrm{AG}_5^5))\subseteq(F_3\cup\cdots\cup F_5)$ 对于 $i\in\{1,2\}$。由于 $|F_3|+|F_4|+|F_5|=1$, 我们有 $|V(\mathrm{AG}_5-F-(V(\mathrm{AG}_5^1-F_1-v_1)\cup V(\mathrm{AG}_5^2-F_2-v_2)\cup V(B_3)\cup\cdots\cup V(B_5)))|\leqslant 2$, 这与 F 是 AG_5 的一个 3 限制割相矛盾。

情况 5. $|F_1|=7$。

在这种情况下, $|F_2|+|F_3|+|F_4|+|F_5|=5$。

情况 5.1. $|F_2|\leqslant 3$。

由于 $|F_1|\geqslant|F_2|\geqslant\cdots\geqslant|F_5|$, 我们有 $|F_i|\leqslant 3$ 对于 $i\in\{2,3,4,5\}$ 属于这种情况下。由性质 2.3.10, $\mathrm{AG}_5^j-F_j$ 是连通的对于 $j\in\{2,3,4,5\}$ 和 $B_i=\mathrm{AG}_5^j-F_j$ 对于 $i\in\{2,3,4,5\}$。由于 $(5-2)!=6>5$, 由性质 2.3.9, 我们有 $\mathrm{AG}_5[V(B_i)\cup V(B_5)]$ 是连通的和 $\mathrm{AG}_5[V(B_2)\cup\cdots\cup V(B_5)]$ 是连通的。由于 $|F_2|+|F_3|+|F_4|+|F_5|=5$, $|V(\mathrm{AG}_5-F-(V(B_1)\cup V(B_2)\cup V(B_3)\cup\cdots\cup V(B_5)))|\leqslant 2$, 这与 F 是 AG_5 的一个 3 限制割相矛盾。

情况 5.2. $|F_2|=4$。

设 $\mathrm{AG}_5^2-F_2$ 是连通的。则类似上面的分析, F 不是 AG_5 的一个 3 限制割, 这将产生矛盾。则 $\mathrm{AG}_5^2-F_2$ 是不连通的。由引理 2.3.23, $\mathrm{AG}_5^2-F_2$ 满足下面的条件之一: ① $\mathrm{AG}_5^2-F_2$ 有两个分支, 其中一个是孤立点; ② $\mathrm{AG}_5^2-F_2$ 有两个分支, 这两个分支是 4 圈。由性质 2.3.10 和性质 2.3.9, $\mathrm{AG}_5[V(B_3)\cup\cdots\cup V(B_5)]$ 是连通的, 其中 $B_i=\mathrm{AG}_5^i-F_i$。

设 $\mathrm{AG}_5^2-F_2$ 有两个分支, 其中一个是孤立点。设 $v\in V(\mathrm{AG}_5^1-F_1)$ 使得 $N(v)\cap(V(\mathrm{AG}_5^3)\cup\cdots\cup V(\mathrm{AG}_5^5))\subseteq(F_3\cup\cdots\cup F_5)$。由于 $|F_3|+|F_4|+|F_5|=1$, 我们有 $|V(\mathrm{AG}_5-F-(V(\mathrm{AG}_5^1-F_1-v)\cup V(B_2)\cup V(B_3)\cup\cdots\cup V(B_5)))|\leqslant 2$, 这与 F 是 AG_5 的一个 3 限制割相矛盾。

设 $\mathrm{AG}_5^2-F_2$ 有两个分支, 这两个分支是 4 圈。由于 $|F_3|+|F_4|+|F_5|=1$, 由性质 2.3.16 和性质 2.3.15, $\mathrm{AG}_5[V(\mathrm{AG}_5^2-F_2)\cup V(B_3)\cup\cdots\cup V(B_5)]$ 是连通的。因此, $|V(\mathrm{AG}_5-F-(V(\mathrm{AG}_5^1-F_1-v)\cup V(\mathrm{AG}_5^2-F_2)\cup V(B_3)\cup\cdots\cup V(B_5)))|\leqslant 1$, 这与 F 是 AG_5 的一个 3 限制割相矛盾。

情况 6. $8\leqslant|F_1|\leqslant 12$。

由断言 1, $8\leqslant|F_1|\leqslant 10$, $|F_2|+|F_3|+|F_4|+|F_5|\leqslant 4$ 和 $|F_i|\leqslant 3$ 对

于 $i \in \{2,3,4,5\}$。由性质 2.3.10 和性质 2.3.9, $AG_5[V(B_2)\cup\cdots\cup V(B_5)]$ 是连通的, 其中 $B_i = AG_5^i - F_i$。由于 $|F_2|+|F_3|+|F_4|+|F_5| \leqslant 4$, 所以我们有 $|V(AG_5 - F - (V(B_1)\cup V(B_2)\cup V(B_3)\cup\cdots\cup V(B_5)))| \leqslant 2$, 这与 F 是 AG_5 的一个 3 限制割相矛盾。

由情况 1~ 情况 6, AG_5 是紧超 3 限制连通的。 □

定理 2.3.9[89] 对于 $n \geqslant 4$, 交错群图 AG_n 是紧 $(8n-28)$ 超 3 限制连通的。

证明 由引理 2.3.23, AG_4 是紧 4 超 3 限制连通的。我们沿着最后一个位置分解 AG_n, 表示为 AG_n^i $(i=1,2,\cdots,n)$。则 AG_n^i 和 AG_{n-1} 是同构的。由引理 2.3.27, 结果是成立的对于 $n=5$。证明对 n 进行归纳。假设 $n \geqslant 6$ 和结果是成立的对于 $AG_{n-1} \cong AG_n^i$。现在考虑 AG_n 对于任意最小的 3 限制割 $F \subseteq V(AG_n)$。由定理 2.3.8, $|F| = 8n-28$。设 $F_i = F \cap V(AG_n^i)$ 对于 $i \in \{1,2,\cdots,n\}$ 及其 $|F_1| \geqslant |F_2| \geqslant \cdots \geqslant |F_n|$。设 B_i 是 $AG_n^i - F_i$ 的最大分支对于 $i=1,2,\cdots,n$ (如果 $AG_n^i - F_i$ 是连通的, 那么设 $B_i = AG_n^i - F_i$)。

断言 1: $|F_3| \geqslant 1$ 和 $1 \leqslant |F_2| \leqslant 4n-15$。

如果 $|F_3|=0$, 那么 $|F_3|=|F_4|=\cdots=|F_n|=0$。由性质 2.3.9, $AG_n[V(AG_n^3)\cup V(AG_n^4)\cup\cdots\cup V(AG_n^n)]$ 是连通的。因此, 由性质 2.3.16, $AG_n - F$ 是连通的, 这将产生一个矛盾。因此, $|F_3| \geqslant 1$。由于 $|F_2| \geqslant |F_3|$ 和 $|F_3| \geqslant 1$, 我们有 $|F_2| \geqslant 1$。如果 $|F_2| = 4n-14$, 那么 $8n-28 = |F| \geqslant |F_1|+|F_2|+|F_3| \geqslant 2(4n-14)+1 = 8n-27$, 这将产生一个矛盾。因此, $|F_2| \leqslant 4n-15$。我们考虑下面的情况。

情况 1. $|F_i| \leqslant 2n-7$ 对于 $i \in \{1,2,\cdots,n\}$。

由于 $|F_1| \geqslant |F_2| \geqslant \cdots \geqslant |F_n|$, $|F_i| \leqslant 2n-7 = 2(n-1)-5$。由性质 2.3.10, $AG_n^i - F_i$ 是连通的。由性质 2.3.9, 存在 $(n-2)!$ 独立的交叉边在 2 个不同的 AG_n^i 之间和 $(n-2)! > 4n-14 \geqslant |F_i|+|F_j|$, 当 $n \geqslant 6$ 时, 我们有 $AG_n[V(AG_n^i - F_i)\cup V(AG_n^j - F_j)]$ 是连通的。从而, $AG_n - F$ 是连通的, 这与 F 是 AG_n 的一个 3 限制割相矛盾。

情况 2. $2n-6 = 2(n-1)-4 \leqslant |F_1| \leqslant 4n-15$。

由 $|F_1| \geqslant |F_2| \geqslant \cdots \geqslant |F_n|$ 和 $|F_3| \geqslant 1$, 我们有 $|F_i| \leqslant 4n-15$。如果 $|F_n| = 6$, 那么 $6(n-1)+(2n-6) = 8n-12 > 8n-28 = |F|$, 这将产生矛盾, 则 $|F_n| \leqslant 5$。

情况 2.1. $|F_2| \leqslant 2n-7$。

由于 $|F_1| \geqslant |F_2| \geqslant \cdots \geqslant |F_n|$, $|F_i| \leqslant 2n-7 = 2(n-1)-5$ 对于 $i \in \{2,3,4,\cdots,n\}$。由性质 2.3.10, $AG_n^i - F_i$ 是连通的。由性质 2.3.9, 存在 $(n-2)!$ 独立的交叉边在 2 个不同的 AG_n^i 之间和 $(n-2)! > 4n-14 \geqslant |F_i|+|F_j|$ $(j \in \{2,3,4,\cdots,n\}$ 和 $j \neq i)$, 当 $n \geqslant 6$ 时, 我们有 $AG_n[V(AG_n^i - F_i)\cup V(AG_n^j - F_j)]$ 是连通的。从而, $AG_n[V(B_2)\cup V(B_3)\cup\cdots\cup V(B_n)]$ 是连通的。

由于 $|F_1| \leqslant 4n-15$, 由性质 2.3.11, $AG_n^1 - F_1$ 满足下面的条件之一:

① $AG_n^1 - F_1$ 有两个分支, 其中一个是孤立点; ② $AG_n^1 - F_1$ 有两个分支, 其中一个是一条边。并且, $|F_1| = 4(n-1) - 11 = 4n - 15$, F_1 由那条边的端点的邻域构成。由于 $(n-2)! > 4n - 15 + 5 + 2 = 4n - 8 \geqslant |F_1| + |F_n|$, 由性质 2.3.9, $AG_n[V(B_1) \cup V(B_2) \cup \cdots \cup V(B_n)]$ 是连通的。因此, $|V(AG_n - F - (V(B_1) \cup V(B_2) \cup V(B_3) \cup \cdots \cup V(B_5)))| \leqslant 2$, 这与 F 是 AG_n 的一个 3 限制割相矛盾。

情况 2.2. $2n - 6 \leqslant |F_2| \leqslant 4n - 16$。

由于 $8n - 28 - 3(2n - 6) = 2n - 10 < 2n - 6$, 我们有 $|F_i| \leqslant 2n - 7$ 对于 $i \in \{4, 5, \cdots, n\}$。由性质 2.3.10, $AG_n^i - F_i$ 是连通的。由于 $(n-2)! > 4n - 14 \geqslant |F_i| + |F_j|$, 当 $n \geqslant 6$ 时, 由性质 2.3.9, 我们有 $AG_n[V(B_4) \cup V(B_5) \cup \cdots \cup V(B_n)]$ 是连通的。由性质 2.3.11, $AG_n^i - F_i$ $(i \in \{1, 2, 3\})$ 满足下面的条件之一: ① $AG_n^i - F_i$ 有两个分支, 其中一个是孤立点; ② $AG_n^i - F_i$ 有两个分支, 其中一个是一条边。并且, $|F_i| = 4(n-1) - 11 = 4n - 15$, F_i 由那条边的端点的邻域构成。由于 $(n-2)! > 4n - 15 + 5 + 2 = 4n - 8 \geqslant |F_i| + |F_n|$, 当 $n \geqslant 6$ 时, 由性质 2.3.9, 我们有 $AG_n[V(B_i) \cup V(B_n)]$ 是连通的对于 $i \in \{1, 2, 3\}$ 和 $AG_n[V(B_1) \cup V(B_2) \cup \cdots \cup V(B_n)]$ 是连通的。

如果 $2n - 6 \leqslant |F_3| \leqslant \left\lfloor \dfrac{8n - 28}{3} \right\rfloor$, 那么 $|F_1| \leqslant 4n - 16$。由性质 2.3.11, $AG_n^i - F_i$ 有两个分支, 其中一个是孤立点对于 $i \in \{1, 2, 3\}$。因此, $|V(AG_n - F - (V(B_1) \cup V(B_2) \cup V(B_3) \cup \cdots \cup V(B_5)))| \leqslant 3$, 这与 F 是 AG_n 的一个 3 限制割相矛盾。

如果 $|F_3| < 2n - 6$, 那么 $AG_n^3 - F_3$ 是连通的。由于 $|F_2| \leqslant 4n - 16$, $AG_n^2 - F_2$ 有两个分支, 其中一个是孤立点。因此, $|V(AG_n - F - (V(B_1) \cup V(B_2) \cup V(B_3) \cup \cdots \cup V(B_5)))| \leqslant 3$, 这与 F 是 AG_n 的一个 3 限制割相矛盾。

情况 2.3. $|F_2| = 4n - 15$。

在这种情况下, $|F_1| = |F_2| = 4n - 15$ 和 $|F_3| + \cdots + |F_n| = 2$。由性质 2.3.10 和性质 2.3.9, $AG_n[V(B_3) \cup \cdots \cup V(B_n)]$ 是连通的, 其中 $B_i = AG_n^i - F_i$ 是连通的对于 $i \in \{3, 4, \cdots, n\}$。由于 $(n-2)! > 4n - 15 + 5 + 2 = 4n - 8 \geqslant |F_i| + |F_n|$, 当 $n \geqslant 6$ 时, 所以由性质 2.3.9, 我们有 $AG_n[V(B_i) \cup V(B_n)]$ 是连通的对于 $i \in \{1, 2\}$ 和 $AG_n[V(B_1) \cup V(B_2) \cup \cdots \cup V(B_n)]$ 是连通的。

如果 $AG_n^1 - F_1$ 和 $AG_n^2 - F_2$ 之一有两个分支, 其中一个是孤立点, 那么 $|V(AG_n - F - (V(B_1) \cup V(B_2) \cup V(B_3) \cup \cdots \cup V(B_n)))| \leqslant 3$, 这与 F 是 AG_n 的一个 3 限制割相矛盾。所以 $AG_n^i - F_i$ 有两个分支, 其中一个是 K_2 对于 $i \in \{1, 2\}$。在这种情况下, 如果 F 是 AG_n 的一个 3 限制割, 那么 $AG_n - F$ 有两个分支, 其中一个是基数为 4 的子图。

情况 3. $4n - 14 \leqslant |F_1| \leqslant 6(n-1) - 20 = 6n - 26$。

如果 $|F_n| = 4$, 那么 $4(n-1)+(4n-14) = 8n-18 > 8n-28 = |F|$, 这将产生矛盾, 则 $|F_n| \leqslant 3$。由于 $8n-28-(4n-14) = 4n-14$ 和 $|F_3| \geqslant 1$, 我们有 $|F_2| \leqslant 4n-15$。

情况 3.1. $|F_2| \leqslant 2n-7$。

由于 $|F_1| \geqslant |F_2| \geqslant \cdots \geqslant |F_n|$, $|F_i| \leqslant 2n-7 = 2(n-1)-5$ 对于 $i \in \{2,3,4,\cdots,n\}$。由性质 2.3.10, $\mathrm{AG}_n^i - F_i$ 是连通的。由于 $(n-2)! > 4n-14 \geqslant |F_i|+|F_j|$, 当 $n \geqslant 6$ 时, 由性质 2.3.9, 我们有 $\mathrm{AG}_n[V(\mathrm{AG}_n^i - F_i) \cup V(\mathrm{AG}_n^j - F_j)]$ 是连通的。从而, $\mathrm{AG}_n[V(B_2) \cup V(B_3) \cup \cdots \cup V(B_n)]$ 是连通的。

由于 $|F_1| \leqslant 6(n-1)-20 = 6n-26$, 由性质 2.3.12, $\mathrm{AG}_n^1 - F_1$ 满足下面的条件之一: ① $\mathrm{AG}_n^1 - F_1$ 有两个分支, 其中一个是孤立点或一条边; ② $\mathrm{AG}_n^1 - F_1$ 有三个分支, 其中两个是孤立点。由于 $(n-2)! > 6n-26+3+2 = 6n-21 \geqslant |F_1|+|F_n|$, 由性质 2.3.9, $\mathrm{AG}_n[V(B_1) \cup V(B_2) \cup \cdots \cup V(B_n)]$ 是连通的。因此, $|V(\mathrm{AG}_n - F - (V(B_1) \cup V(B_2) \cup V(B_3) \cup \cdots \cup V(B_5)))| \leqslant 2$, 这与 F 是 AG_n 的一个 3 限制割相矛盾。

情况 3.2. $2n-6 \leqslant |F_2| \leqslant 4n-16$。

由于 $8n-28-(4n-14)-(2n-6) = 2n-8 < 2n-6$, 我们有 $|F_i| \leqslant 2n-7$ 对于 $i \in \{3,4,5,\cdots,n\}$。由性质 2.3.10, $\mathrm{AG}_n^i - F_i$ 是连通的。由于 $(n-2)! > 2n-8 \geqslant |F_i|+|F_j|$, 当 $n \geqslant 6$ 时, 由性质 2.3.9, 我们有 $\mathrm{AG}_n[V(B_3) \cup V(B_4) \cup \cdots \cup V(B_n)]$ 是连通的。由性质 2.3.11, $\mathrm{AG}_n^2 - F_2$ 有两个分支, 其中一个是孤立点。

由于 $(n-2)! > 4n-16+1+3 = 4n-12 \geqslant |F_2|+|F_n|$, 当 $n \geqslant 6$ 时, 由性质 2.3.9, 我们有 $\mathrm{AG}_n[V(B_2) \cup V(B_n)]$ 是连通的和 $\mathrm{AG}_n[V(B_2) \cup V(B_3) \cup \cdots \cup V(B_n)]$ 是连通的。

由于 $|F_1| \leqslant 6(n-1)-20 = 6n-26$, 由性质 2.3.12, $\mathrm{AG}_n^1 - F_1$ 满足下面的条件之一: ① $\mathrm{AG}_n^1 - F_1$ 有两个分支, 其中一个是孤立点或一条边; ② $\mathrm{AG}_n^1 - F_1$ 有三个分支, 其中两个是孤立点。由于 $(n-2)! > 6n-26+2+3 = 6n-21 \geqslant |F_1|+|F_n|$, 当 $n \geqslant 6$ 时, 由性质 2.3.9, 我们有 $\mathrm{AG}_n[V(B_1) \cup V(B_n)]$ 是连通的和 $\mathrm{AG}_n[V(B_1) \cup V(B_2) \cup \cdots \cup V(B_n)]$ 是连通的。因此, $|V(\mathrm{AG}_n - F - (V(B_1) \cup V(B_2) \cup V(B_3) \cup \cdots \cup V(B_n)))| \leqslant 3$, 这与 F 是 AG_n 的一个 3 限制割相矛盾。

情况 3.3. $|F_2| = 4n-15$。

在这种情况下, $|F_1| = 4n-14$ 和 $|F_3|+\cdots+|F_n| = 1$。由性质 2.3.10 和性质 2.3.9, $\mathrm{AG}_n[V(B_3) \cup \cdots \cup V(B_n)]$ 是连通的, 其中 $B_i = \mathrm{AG}_n^i - F_i$ 是连通的对于 $i \in \{3,4,\cdots,n\}$。

由于 $|F_2| = 4(n-1)-11 = 4n-15$, 由性质 2.3.11, $\mathrm{AG}_n^2 - F_2$ 满足下面的条件之一: ① $\mathrm{AG}_n^2 - F_2$ 有两个分支, 其中一个是孤立点; ② $\mathrm{AG}_n^2 - F_2$ 有两个分支, 其中一个是一条边。并且, $|F_2| = 4(n-1)-11 = 4n-15$, F_2 由那条边的端点的邻域

构成。由于 $(n-2)! > 4n-15+2+1 = 4n-12 \geqslant |F_2|+|F_n|$, 当 $n \geqslant 6$ 时, 由性质 2.3.9, 我们有 $\mathrm{AG}_n[V(B_2)\cup V(B_n)]$ 是连通的和 $\mathrm{AG}_n[V(B_2)\cup V(B_3)\cup\cdots\cup V(B_n)]$ 是连通的。

设分支在 $\mathrm{AG}_n^1 - F_1$ 中是 $G_1, G_2, \cdots, G_k$ 对于 $k \geqslant 2$。如果 $|V(G_r)| \geqslant 2$ $(1 \leqslant r \leqslant k-1)$, 由性质 2.3.16, $|N(V(G_r)) \cap (V(\mathrm{AG}_n^3) \cup \cdots \cup V(\mathrm{AG}_n^n))| \geqslant 2$。如果 $k \geqslant 3$ $(1 \leqslant r \leqslant k-1)$, 由性质 2.3.16, $|(N(V(G_1)) \cup \cdots \cup N(V(G_{k-1}))) \cap (V(\mathrm{AG}_n^3) \cup \cdots \cup V(\mathrm{AG}_n^n))| \geqslant 2$。再结合 $|F_3| + |F_4| + \cdots + |F_n| = 1$, 我们有 $\mathrm{AG}_n[V(G_r) \cup V(\mathrm{AG}_n^3 - F_3) \cup \cdots \cup V(\mathrm{AG}_n^n - F_n)]$ 是连通的。因此, G_r 不是 $\mathrm{AG}_n - F$ 的一个分支, 其中 $|V(G_r)| \geqslant 2$; $\mathrm{AG}_n - F - V(\mathrm{AG}_n^2)$ 满足下面的条件之一: ① $\mathrm{AG}_n - F - V(\mathrm{AG}_n^2)$ 是连通的; ② $\mathrm{AG}_n - F - V(\mathrm{AG}_n^2)$ 有两个分支, 其中一个是孤立点。从而, $|V(\mathrm{AG}_n - F - (V(\mathrm{AG}_n^1 - F_1)\cup V(B_2)\cup V(B_3)\cup\cdots\cup V(B_5)))| \leqslant 3$, 这与 F 是 AG_n 的一个 3 限制割相矛盾。

情况 4. $|F_1| = 6(n-1) - 19 = 6n - 25$。

如果 $|F_n| = 2$, 那么 $2(n-1) + (6n-25) = 8n - 27 > 8n - 28 = |F|$, 这将产生矛盾, 则 $|F_n| \leqslant 1$。由于 $8n - 28 - (6n-25) = 2n - 3$ 和 $|F_3| \geqslant 1$, 所以我们有 $|F_2| \leqslant 2n - 4$。

情况 4.1. $|F_2| \leqslant 2n - 7$。

由于 $|F_1| \geqslant |F_2| \geqslant \cdots \geqslant |F_n|$, $|F_i| \leqslant 2n - 7 = 2(n-1) - 5$ 对于 $i \in \{2, 3, 4, \cdots, n\}$。由性质 2.3.10, $\mathrm{AG}_n^i - F_i$ 是连通的。由于 $(n-2)! > 4n - 14 \geqslant |F_i| + |F_j|$, 当 $n \geqslant 6$ 时, 由性质 2.3.9, 我们有 $\mathrm{AG}_n[V(\mathrm{AG}_n^i - F_i) \cup V(\mathrm{AG}_n^j - F_j)]$ 是连通的。从而, $\mathrm{AG}_n[V(B_2) \cup V(B_3) \cup \cdots \cup V(B_n)]$ 是连通的。

由于 $|F_1| = 6(n-1) - 19 = 6n - 25$, 由性质 2.3.13, $\mathrm{AG}_n^1 - F_1$ 满足下面的条件之一: ① $\mathrm{AG}_n^1 - F_1$ 有两个分支, 其中一个是孤立点, 一条边或一条 2 路; ② $\mathrm{AG}_n^1 - F_1$ 有三个分支, 其中两个是孤立点。由于 $(n-2)! > 6n - 25 + 3 + 1 = 6n - 21 \geqslant |F_1| + |F_n|$, 由性质 2.3.9, $\mathrm{AG}_n[V(B_1) \cup V(B_2) \cup \cdots \cup V(B_n)]$ 是连通的。因此, $|V(\mathrm{AG}_n - F - (V(B_1) \cup V(B_2) \cup V(B_3) \cup \cdots \cup V(B_5)))| \leqslant 3$, 这与 F 是 AG_n 的一个 3 限制割相矛盾。

情况 4.2. $|F_2| = 2n - 6$。

如果 $\mathrm{AG}_n^2 - F_2$ 是连通的, 同情况 4.1 相似, F 不是 AG_n 的一个 3 限制割, 这将产生矛盾。因此, $\mathrm{AG}_n^2 - F_2$ 是不连通的。由于 $n \geqslant 6$, 我们有 $2n - 6 \leqslant 4n - 16 = 4(n-1) - 12$。由性质 2.3.11, $\mathrm{AG}_n^2 - F_2$ 有两个分支, 其中一个是孤立点。

由于 $|F_1| = 6n - 25$, 我们有 $|F_3| + \cdots + |F_n| = 3$。由性质 2.3.10, $\mathrm{AG}_n^i - F_i$ 是连通的对于 $i \in \{3, 4, \cdots, n\}$。由于 $(n-2)! > 3 \geqslant |F_i| + |F_j|$, 当 $n \geqslant 6$ 时, 由性质 2.3.9, 我们有 $\mathrm{AG}_n[V(B_3) \cup V(B_4) \cup \cdots \cup V(B_n)]$ 是连通的。由于 $(n-2)! > 2n - 6 + 1 + 1 = 2n - 4 \geqslant |F_2| + |F_n|$, 当 $n \geqslant 6$ 时, 由性质 2.3.9, 我们

有 $\mathrm{AG}_n[V(B_2)\cup V(B_3)\cup\cdots\cup V(B_n)]$ 是连通的。

由于 $|F_1|=6(n-1)-19=6n-25$, 由性质 2.3.13, $\mathrm{AG}_n^1-F_1$ 满足下面的条件之一: ① $\mathrm{AG}_n^1-F_1$ 有两个分支, 其中一个是孤立点, 一条边或者一条路; ② $\mathrm{AG}_n^1-F_1$ 有三个分支, 其中两个是孤立点。由于 $(n-2)!>6n-25+3+1=6n-21\geqslant|F_1|+|F_n|$, 由性质 2.3.9, $\mathrm{AG}_n[V(B_1)\cup V(B_2)\cup\cdots\cup V(B_n)]$ 是连通的。如果 $\mathrm{AG}_n^1-F_1$ 有两个分支, 其中一个是孤立点, 一条边或者 $\mathrm{AG}_n^1-F_1$ 有三个分支, 其中两个是孤立点, 那么 $|V(\mathrm{AG}_n-F-(V(B_1)\cup V(B_2)\cup V(B_3)\cup\cdots\cup V(B_5)))|\leqslant 3$, 这与 F 是 AG_n 的一个 3 限制割相矛盾。所以 $\mathrm{AG}_n^1-F_1$ 有两个分支, 其中一个是一条 2 路。在这种情况下, 如果 F 是 AG_n 的一个 3 限制割, 那么 AG_n-F 有两个分支, 其中一个是基为 4 的子图。

情况 4.3. $2n-5\leqslant|F_2|\leqslant 2n-4$。

如果 $\mathrm{AG}_n^2-F_2$ 是连通的, 同情况 4.1 相似, F 不是 AG_n 的一个 3 限制割, 这将产生矛盾。因此, $\mathrm{AG}_n^2-F_2$ 是不连通的。由于 $n\geqslant 6$, 我们有 $2n-4\leqslant 4n-16=4(n-1)-12$。由性质 2.3.11, $\mathrm{AG}_n^2-F_2$ 有两个分支, 其中一个是孤立点。

由于 $|F_1|=6n-25$, 我们有 $|F_3|+\cdots+|F_n|\leqslant 2$。由性质 2.3.10, $\mathrm{AG}_n^i-F_i$ 是连通的对于 $i\in\{3,4,\cdots,n\}$。由于 $(n-2)!>2\geqslant|F_i|+|F_j|$, 当 $n\geqslant 6$ 时, 由性质 2.3.9, 我们有 $\mathrm{AG}_n[V(B_3)\cup V(B_4)\cup\cdots\cup V(B_n)]$ 是连通的。由于 $(n-2)!>2n-6+1+1=2n-3\geqslant|F_2|+|F_n|$, 当 $n\geqslant 6$ 时, 由性质 2.3.9, 我们有 $\mathrm{AG}_n[V(B_2)\cup V(B_3)\cup\cdots\cup V(B_n)]$ 是连通的。

设分支在 $\mathrm{AG}_n^1-F_1$ 中是 $G_1,G_2,\cdots,G_k$ 对于 $k\geqslant 2$。如果 $|V(G_r)|\geqslant 3$ $(1\leqslant r\leqslant k-1)$, 由性质 2.3.16, $|N(V(G_r))\cap(V(\mathrm{AG}_n^3)\cup\cdots\cup V(\mathrm{AG}_n^n))|\geqslant 3$。如果 $k\geqslant 4$ $(1\leqslant r\leqslant k-1)$, 由性质 2.3.16, $|(N(V(G_1))\cup\cdots\cup N(V(G_{k-1})))\cap(V(\mathrm{AG}_n^3)\cup\cdots\cup V(\mathrm{AG}_n^n))|\geqslant 3$。再结合 $|F_3|+|F_4|+\cdots+|F_n|\leqslant 2$, 我们有 $\mathrm{AG}_n[V(G_r)\cup V(\mathrm{AG}_n^3-F_3)\cup\cdots\cup V(\mathrm{AG}_n^n-F_n)]$ 是连通的。因此, G_r 不是 AG_n-F 的一个分支, 其中 $|V(G_r)|\geqslant 3$, $\mathrm{AG}_n-F-V(G_n^2)$ 满足下面的条件之一: ① $\mathrm{AG}_n-F-V(\mathrm{AG}_n^2)$ 是连通的; ② $\mathrm{AG}_n-F-V(\mathrm{AG}_n^2)$ 有两个分支, 其中一个是孤立点或一条边; ③ $\mathrm{AG}_n-F-V(\mathrm{AG}_n^2)$ 有三个分支, 其中两个是孤立点; ④ $\mathrm{AG}_n-F-V(\mathrm{AG}_n^2)$ 有两个分支, 其中一个是 K_2。从而, $|V(\mathrm{AG}_n-F-(V(\mathrm{AG}_n^1-F_1)\cup V(B_2)\cup V(B_3)\cup\cdots\cup V(B_5)))|\leqslant 3$, 这与 F 是 AG_n 的一个 3 限制割相矛盾。

情况 5. $6n-24\leqslant|F_1|\leqslant 8(n-1)-29=8n-37$。

如果 $|F_n|=2$, 那么 $2(n-1)+(6n-24)=8n-26>8n-28=|F|$, 这将产生矛盾, 则 $|F_n|\leqslant 1$。由于 $8n-28-(6n-24)=2n-4$ 和 $|F_3|\geqslant 1$, 所以我们有 $|F_2|\leqslant 2n-5$。

情况 5.1. $|F_2|\leqslant 2n-7$。

由于 $|F_1| \geqslant |F_2| \geqslant \cdots \geqslant |F_n|$, $|F_i| \leqslant 2n-7=2(n-1)-5$ 对于 $i \in \{2,3,4,\cdots,n\}$。由性质 2.3.10, $\mathrm{AG}_n^i - F_i$ 是连通的。由于 $(n-2)! > 4n-14 \geqslant |F_i|+|F_j|$, 当 $n \geqslant 6$ 时, 由性质 2.3.9, 我们有 $\mathrm{AG}_n[V(\mathrm{AG}_n^i - F_i) \cup V(\mathrm{AG}_n^j - F_j)]$ 是连通的。从而, $\mathrm{AG}_n[V(B_2) \cup V(B_3) \cup \cdots \cup V(B_n)]$ 是连通的。

由于 $|F_1| \leqslant 8(n-1)-29 = 8n-37$, 由性质 2.3.14, $\mathrm{AG}_n^1 - F_1$ 满足下面的条件之一: ① $\mathrm{AG}_n^1 - F_1$ 有两个分支, 其中一个是孤立点, 或一条边, 一条 2 路, 或一个 3 圈; ② $\mathrm{AG}_n^1 - F_1$ 有三个分支, 其中两个是孤立点或者一个孤立点和一条边; ③ $\mathrm{AG}_n^1 - F_1$ 有四个分支, 其中三个是孤立点。由于 $(n-2)! > 8n-37+3+1 = 8n-33 \geqslant |F_1|+|F_n|$, 由性质 2.3.9, $\mathrm{AG}_n[V(B_1) \cup V(B_2) \cup \cdots \cup V(B_n)]$ 是连通的。因此, $|V(\mathrm{AG}_n - F - (V(B_1) \cup V(B_2) \cup V(B_3) \cup \cdots \cup V(B_5)))| \leqslant 3$, 这与 F 是 AG_n 的一个 3 限制割相矛盾。

情况 5.2. $2n-6 \leqslant |F_2| \leqslant 2n-5$。

如果 $\mathrm{AG}_n^2 - F_2$ 是连通的, 同情况 5.1 相似, F 不是 AG_n 的一个 3 限制割, 这将产生矛盾。因此, $\mathrm{AG}_n^2 - F_2$ 不是连通的。由于 $n \geqslant 6$, 我们有 $2n-5 \leqslant 4n-16 = 4(n-1)-12$。由性质 2.3.11, $\mathrm{AG}_n^2 - F_2$ 有两个分支, 其中一个是孤立点。

由于 $|F_1| \geqslant 6n-24$, 我们有 $|F_3|+\cdots+|F_n| \leqslant 2$。由性质 2.3.10, $\mathrm{AG}_n^i - F_i$ 是连通的对于 $i \in \{3,4,\cdots,n\}$。由于 $(n-2)! > 2 \geqslant |F_i|+|F_j|$, 当 $n \geqslant 6$ 时, 由性质 2.3.9, 我们有 $\mathrm{AG}_n[V(B_3) \cup V(B_4) \cup \cdots \cup V(B_n)]$ 是连通的。由于 $(n-2)! > 2n-6+1+1 = 2n-4 \geqslant |F_2|+|F_n|$, 当 $n \geqslant 6$ 时, 由性质 2.3.9, 我们有 $\mathrm{AG}_n[V(B_2) \cup V(B_3) \cup \cdots \cup V(B_n)]$ 是连通的。设 $\mathrm{AG}_n^1 - F_1$ 的分支是 $G_1, G_2, \cdots, G_k$ 对于 $k \geqslant 2$。如果 $|V(G_r)| \geqslant 3$ $(1 \leqslant r \leqslant k-1)$, 由性质 2.3.16, $|N(V(G_r)) \cap (V(\mathrm{AG}_n^3) \cup \cdots \cup V(\mathrm{AG}_n^n))| \geqslant 3$。如果 $k \geqslant 4$ $(1 \leqslant r \leqslant k-1)$, 由性质 2.3.16, $|(N(V(G_1)) \cup \cdots \cup N(V(G_{k-1}))) \cap (V(\mathrm{AG}_n^3) \cup \cdots \cup V(\mathrm{AG}_n^n))| \geqslant 3$。再结合 $|F_3|+|F_4|+\cdots+|F_n| \leqslant 2$, 我们有 $\mathrm{AG}_n[V(G_r) \cup V(\mathrm{AG}_n^3 - F_3) \cup \cdots \cup V(\mathrm{AG}_n^n - F_n)]$ 是连通的。因此, G_r 不是 $\mathrm{AG}_n - F$ 的一个分支对于 $|V(G_r)| \geqslant 3$ 和 $\mathrm{AG}_n - F - V(\mathrm{AG}_n^2)$ 满足下面的条件之一: ① $\mathrm{AG}_n - F - V(\mathrm{AG}_n^2)$ 是连通的; ② $\mathrm{AG}_n - F - V(\mathrm{AG}_n^2)$ 有两个分支, 其中一个是孤立点或一条边; ③ $\mathrm{AG}_n - F - V(\mathrm{AG}_n^2)$ 有三个分支, 其中两个是孤立点; ④ $\mathrm{AG}_n - F - V(\mathrm{AG}_n^2)$ 有两个分支, 其中一个是 K_2。从而, $|V(\mathrm{AG}_n - F - (V(\mathrm{AG}_n^1 - F_1) \cup V(B_2) \cup V(B_3) \cup \cdots \cup V(B_5)))| \leqslant 3$, 这与 F 是 AG_n 的一个 3 限制割相矛盾。

情况 6. $|F_1| = 8(n-1)-28 = 8n-36$。

在这种情况下, $8n-28-(8n-36) = 8$。

设 F_1 是 AG_n^1 的一个 3 限制割。由归纳假设, $\mathrm{AG}_n^1 - F_1$ 有两个分支, 其中一个是基数为 4 的子图 H。由性质 2.3.16 和性质 2.3.15, $|F_3|+\cdots+|F_n| \geqslant 4$ 和 $|F_2| \leqslant 4$。由性质 2.3.10, $\mathrm{AG}_n^i - F_i$ 是连通的对于 $i \in \{2,3,\cdots,n\}$。由于

$(n-2)!>8$, 当 $n\geqslant 6$ 时, 由性质 2.3.9, 我们有 $\mathrm{AG}_n[V(B_2)\cup\cdots\cup V(B_n)]$ 是连通的。由于 $(n-2)!>8n-36+4+1=8n-31$, 当 $n\geqslant 6$ 时, 由性质 2.3.9, 我们有 $\mathrm{AG}_n[V(B_1)\cup\cdots\cup V(B_n)]$ 是连通的。如果 $(F_2\cup\cdots\cup F_n)\neq(N(V(H))\cap(V(\mathrm{AG}_n^2)\cup\cdots\cup V(\mathrm{AG}_n^n))$, 那么 AG_n-F 是连通的, 这将产生矛盾。因此, $(F_2\cup\cdots\cup F_n)=(N(V(H))\cap(V(\mathrm{AG}_n^2)\cup\cdots\cup V(\mathrm{AG}_n^n))$ 和 AG_n-F 有两个分支, 其中一个是基数为 4 的子图 H。

设 F_1 不是 AG_n^1 的一个 3 限制割。设 $\mathrm{AG}_n^1-F_1$ 的分支是 $G_1,G_2,\cdots,G_k$ 对于 $k\geqslant 2$。如果 $|V(G_r)|\geqslant 5$ $(1\leqslant r\leqslant k-1)$, 由性质 2.3.16, $|N(V(G_r))\cap(V(\mathrm{AG}_n^2)\cup\cdots\cup V(\mathrm{AG}_n^n))|\geqslant 10$。如果 $k\geqslant 6$ $(1\leqslant r\leqslant k-1)$, 由性质 2.3.16, $|(N(V(G_1))\cup\cdots\cup N(V(G_{k-1})))\cap(V(\mathrm{AG}_n^2)\cup\cdots\cup V(\mathrm{AG}_n^n))|\geqslant 10$。再结合 $|F_2|+|F_3|+|F_4|+\cdots+|F_n|=8$, 我们有 $\mathrm{AG}_n[V(G_r)\cup V(\mathrm{AG}_n^3-F_3)\cup\cdots\cup V(\mathrm{AG}_n^n-F_n)]$ 是连通的。因此, G_r 不是 AG_n-F 的一个分支, 其中 $|V(G_r)|\geqslant 5$。设 $G_1,G_2,\cdots,G_k$ 中存在一个 G_x $(|V(G_x)|=4)$, 使得 $(F_2\cup\cdots\cup F_n)=(N(V(G_x))\cap(V(\mathrm{AG}_n^2)\cup\cdots\cup V(\mathrm{AG}_n^n))$。由性质 2.3.16 和性质 2.3.15, $|F_3|+\cdots+|F_n|\geqslant 4$ 和 $|F_2|\leqslant 4$。由性质 2.3.10, $\mathrm{AG}_n^i-F_i$ 是连通的对于 $i\in\{2,3,\cdots,n\}$。由于 $(n-2)!>8$, 当 $n\geqslant 6$ 时, 由性质 2.3.9, 我们有 $\mathrm{AG}_n[V(B_2)\cup\cdots\cup V(B_n)]$ 是连通的。因此, $\mathrm{AG}_n[V(\mathrm{AG}_n^1-F_1)\cup V(B_2)\cup\cdots\cup V(B_n)]$ 有两个分支, 其中一个是基数为 4 的子图, 即 AG_n-F 有两个分支, 其中一个是基数为 4 的子图。

设 $G_1,G_2,\cdots,G_k$ 中不存在 G_x $(|V(G_x)|=4)$, 使得 $(F_2\cup\cdots\cup F_n)=(N(V(G_x))\cap(V(\mathrm{AG}_n^2)\cup\cdots\cup V(\mathrm{AG}_n^n))$。

设 $n\geqslant 7$。由 $|F_3|\geqslant 1$, $|F_2|\leqslant 7$ 是成立的。由性质 2.3.10, $\mathrm{AG}_n^i-F_i=B_i$ 是连通的对于 $i\in\{2,3,\cdots,n\}$。由于 $(n-2)!>8$, 由性质 2.3.9, 我们有 $\mathrm{AG}_n[V(B_2)\cup\cdots\cup V(B_n)]$ 是连通的。因此, AG_n-F 每一个分支 G_r 有 $|V(G_r)|\leqslant 3$ 和 F 不是 AG_n 的一个 3 限制割, 这将产生矛盾。

设 $n=6$。如果 $|F_2|\leqslant 5$, 由性质 2.3.10, $\mathrm{AG}_n^i-F_i$ 是连通的对于 $i\in\{2,3,\cdots,n\}$。根据上面的结果, F 不是 AG_n 的一个 3 限制割, 这将产生矛盾。因此, $|F_2|=6$ 和 $|F_3|+|F_4|+\cdots+|F_6|=2$。由于 $6<4(6-1)-12=8$, 由性质 2.3.11, $\mathrm{AG}_6^2-F_6$ 有两个分支, 其中一个是孤立点。设分支在 $\mathrm{AG}_6^1-F_1$ 中是 $G_1,G_2,\cdots,G_k$ 对于 $k\geqslant 2$。如果 $|V(G_r)|\geqslant 3$ $(1\leqslant r\leqslant k-1)$, 由性质 2.3.16, $|N(V(G_r))\cap(V(\mathrm{AG}_6^3)\cup\cdots\cup V(\mathrm{AG}_6^6))|\geqslant 3$。如果 $k\geqslant 4$ $(1\leqslant r\leqslant k-1)$, 由性质 2.3.16, $|(N(V(G_1))\cup\cdots\cup N(V(G_{k-1})))\cap(V(\mathrm{AG}_6^3)\cup\cdots\cup V(\mathrm{AG}_6^6))|\geqslant 3$。再结合 $|F_3|+|F_4|+\cdots+|F_6|=2$, 我们有 $\mathrm{AG}_n[V(G_r)\cup V(\mathrm{AG}_n^3-F_3)\cup\cdots\cup V(\mathrm{AG}_6^6-F_6)]$ 是连通的。因此, G_r 不是 AG_6-F 的一个分支对于 $|V(G_r)|\geqslant 3$ 和 $\mathrm{AG}_6-F-V(\mathrm{AG}_6^2)$ 满足下面的条件之一: ① $\mathrm{AG}_6-F-V(\mathrm{AG}_6^2)$ 是连通的; ② $\mathrm{AG}_6-F-V(\mathrm{AG}_6^2)$ 有两个分支, 其中一个是孤立点或一条边; ③ $\mathrm{AG}_6-F-V(\mathrm{AG}_6^2)$ 有三个分支,

其中两个是孤立点; ④ $\mathrm{AG}_n - F - V(\mathrm{AG}_n^2)$ 有两个分支, 其中一个是 K_2。从而, $|V(\mathrm{AG}_6 - F - (V(\mathrm{AG}_6^1 - F_1) \cup V(B_2) \cup V(B_3) \cup \cdots \cup V(B_6)))| \leqslant 3$, 这与 F 是 AG_6 的一个 3 限制割相矛盾。

情况 7. $8n-35 \leqslant |F_1| \leqslant 8n-28$。

由断言 1, $|F_2|, |F_3| \geqslant 1$ 和 $8n-35 \leqslant |F_1| \leqslant 8n-30$。在这种情况下, $|F_2| + |F_3| + |F_4| + \cdots |F_n| \leqslant 7$ 和 $|F_n| \leqslant 1$。再结合 $|F_3| \geqslant 1$, 我们有 $|F_2| \leqslant 6$。在这种情况下, $|F_i| \leqslant 6$ 对于 $\in \{2, 3, \cdots, n\}$。

设 $n \geqslant 7$。由性质 2.3.10, $\mathrm{AG}_n^i - F_i$ 是连通的对于 $i \in \{2, 3, \cdots, n\}$。由于 $(n-2)! > 7$, 由性质 2.3.9, 我们有 $\mathrm{AG}_n[V(B_2) \cup \cdots \cup V(B_n)]$ 是连通的。

设分支在 $\mathrm{AG}_n^1 - F_1$ 中是 $G_1, G_2, \cdots, G_k$ 对于 $k \geqslant 2$。如果 $|V(G_r)| \geqslant 4$ $(1 \leqslant r \leqslant k-1)$, 由性质 2.3.16, $|N(V(G_r)) \cap (V(\mathrm{AG}_n^2) \cup \cdots \cup V(\mathrm{AG}_n^n))| \geqslant 8$。如果 $k \geqslant 5$ $(1 \leqslant r \leqslant k-1)$, 由性质 2.3.16, $|(N(V(G_1)) \cup \cdots \cup N(V(G_{k-1}))) \cap (V(\mathrm{AG}_n^2) \cup \cdots \cup V(\mathrm{AG}_n^n))| \geqslant 8$。再结合 $|F_2| + |F_3| + |F_4| + \cdots + |F_n| \leqslant 7$, 我们有 $\mathrm{AG}_n[V(G_r) \cup V(\mathrm{AG}_n^2 - F_2) \cup \cdots \cup V(\mathrm{AG}_n^5 - F_5)]$ 是连通的。因此, G_r 不是 $\mathrm{AG}_n - F$ 的一个分支, 其中 $|V(G_r)| \geqslant 4$。由于 $(n-2)! > 8n-30+1+3 = 8n-26$, 由性质 2.3.9, 我们有 $\mathrm{AG}_n[V(B_1) \cup \cdots \cup V(B_n)]$ 是连通的。因此, $\mathrm{AG}_n - F$ 的每一个分支 G_r 有 $|V(G_r)| \leqslant 3$ 和 F 不是 AG_n 的一个 3 限制割, 这将产生矛盾。

设 $n = 6$。如果 $|F_2| \leqslant 5$, 由性质 2.3.10, $\mathrm{AG}_n^i - F_i$ 是连通的对于 $i \in \{2, 3, \cdots, n\}$。根据上面的结果, F 不是 AG_n 的一个 3 限制割, 这将产生矛盾。因此, $|F_2| = 6$ 和 $|F_3| + |F_4| + \cdots + |F_6| = 1$。由于 $6 < 4(6-1) - 12 = 8$, 由性质 2.3.11, $\mathrm{AG}_6^2 - F_6$ 有两个分支, 其中一个是孤立点。设 $\mathrm{AG}_6^1 - F_1$ 的分支是 $G_1, G_2, \cdots, G_k$, 其中 $k \geqslant 2$。如果 $|V(G_r)| \geqslant 2$ $(1 \leqslant r \leqslant k-1)$, 由性质 2.3.16, $|N(V(G_r)) \cap (V(\mathrm{AG}_6^3) \cup \cdots \cup V(\mathrm{AG}_6^6))| \geqslant 2$。如果 $k \geqslant 3$ $(1 \leqslant r \leqslant k-1)$, 由性质 2.3.16, $|(N(V(G_1)) \cup \cdots \cup N(V(G_{k-1}))) \cap (V(\mathrm{AG}_6^3) \cup \cdots \cup V(\mathrm{AG}_6^6))| \geqslant 2$。再结合 $|F_3| + |F_4| + \cdots + |F_6| = 1$, 我们有 $\mathrm{AG}_6[V(G_r) \cup V(\mathrm{AG}_6^3 - F_3) \cup \cdots \cup V(\mathrm{AG}_6^6 - F_6)]$ 是连通的。因此, G_r 不是 $\mathrm{AG}_6 - F$ 的一个分支, 其中 $|V(G_r)| \geqslant 2$ 和 $\mathrm{AG}_6 - F - V(\mathrm{AG}_6^2)$ 满足下面的条件之一: ① $\mathrm{AG}_6 - F - V(\mathrm{AG}_6^2)$ 是连通的; ② $\mathrm{AG}_6 - F - V(\mathrm{AG}_6^2)$ 有两个分支, 其中一个是孤立点。从而, $|V(\mathrm{AG}_6 - F - (V(\mathrm{AG}_6^1 - F_1) \cup V(B_2) \cup V(B_3) \cup \cdots \cup V(B_6)))| \leqslant 2$, 这与 F 是 AG_6 的一个 3 限制割相矛盾。

由情况 1～ 情况 7, AG_n 是紧 $(8n-28)$ 超 3 限制连通的。 □

第 3 章 网络的连通度和诊断度

3.1 网络可诊断的充要条件

网络可诊断的充要条件受到广泛的关注。本章给出网络可诊断的充要条件。

定理 3.1.1 图 $G=(V,E)$ 在 PMC 模型下是 g 好邻 t-可诊断的当且仅对于任意一对不同的 g 好邻集 $F_1,F_2\subseteq V(G)$, $|F_1|\leqslant t$ 和 $|F_2|\leqslant t$, 有 $V(G-F_1-F_2)\neq\varnothing$ 且 $V(G-F_1-F_2)$ 与 $(F_1\bigtriangleup F_2)$ 之间有边。

证明 充分性。由于 F_1 和 F_2 是一对不同的 g 好邻集, 所以 $F_1\bigtriangleup F_2\neq\varnothing$。设 $V(G-F_1-F_2)\neq\varnothing$, $uv\in E(G)$, $u\in V\setminus(F_1\cup F_2)$ 和 $v\in F_1\bigtriangleup F_2$。由于 $u\in V\setminus(F_1\cup F_2)$, 所以 $u\in V\backslash F_1$ 和 $u\in V\backslash F_2$。设 $v\in F_1\backslash F_2$。由于 F_1 和 σ 是一致的, 所以 $\sigma(uv)=1$。由于 F_2 和 σ 是一致的, 所以 $\sigma(uv)=0$。因此, $\sigma(F_1)\cap\sigma(F_2)=\varnothing$ 和 (F_1,F_2) 可区分在 PMC 模型下。相同地, 对于 $v\in F_2\backslash F_1$, (F_1,F_2) 可区分在 PMC 模型下。

由定义 1.4.1, 如果对于 V 的每对不同的 g 好邻集 F_1, $|F_1|\leqslant t$, 和 F_2, $|F_2|\leqslant t$, (F_1,F_2) 是可区分的, 那么 $G=(V,E)$ 是 g 好邻 t-可诊断的在 PMC 模型下。因此, G 是 g 好邻 t-可诊断的在 PMC 模型下。

必要性。图 $G=(V,E)$ 在 PMC 模型下是 g 好邻 t-可诊断的。由定义 1.4.1, 有对于 V 的每对不同的 g 好邻集 F_1, $|F_1|\leqslant t$, 以及 F_2, $|F_2|\leqslant t$, $\sigma(F_1)\cap\sigma(F_2)=\varnothing$ 和 (F_1,F_2) 是可区分对。由于 F_1 和 F_2 是一对不同的 g 好邻集, 所以 $F_1\bigtriangleup F_2\neq\varnothing$。

断言 1: $V(G-F_1-F_2)\neq\varnothing$。

假设 $V(G-F_1-F_2)=\varnothing$, 则 $V(G)=F_1\cup F_2$。设 $uv\in E(G)$, $u\in F_1\backslash F_2$ 和 $v\in F_2\backslash F_1$。由于 F_2 和 σ 是一致的, 所以对于 F_2, $\sigma(uv)=1$ 在 PMC 模型下。由于 F_1 和 σ 是一致的, 所以对于 F_1, $\sigma(uv)=1$ 或 $\sigma(uv)=0$ 在 PMC 模型下。

设 $u\in F_1\backslash F_2$ 和 $v\in F_2\cap F_1$。由于 F_2 和 σ 是一致的, 所以对于 F_2, $\sigma(uv)=1$ 在 PMC 模型下。由于 F_1 和 σ 是一致的, 所以对于 F_1, $\sigma(uv)=1$ 或 $\sigma(uv)=0$ 在 PMC 模型下。

设 $u,v\in F_1\backslash F_2$。由于 F_2 和 σ 是一致的, 所以对于 F_2, $\sigma(uv)=0$ 在 PMC 模型下。由于 F_1 和 σ 是一致的, 所以对于 F_1, $\sigma(uv)=1$ 或 $\sigma(uv)=0$ 在 PMC 模型下。

设 $u\in F_1\cap F_2$ 和 $v\in F_2\backslash F_1$。由于 F_2 和 σ 是一致的, 所以对于 F_2, $\sigma(uv)=0$

或 $\sigma(uv)=1$ 在 PMC 模型下。由于 F_1 和 σ 是一致的, 所以对于 $F_1, \sigma(uv)=1$ 或 $\sigma(uv)=0$ 在 PMC 模型下。

设 $u, v \in F_1 \cap F_2$。由于 F_2 和 σ 是一致的, 所以对于 $F_2, \sigma(uv)=0$ 或 $\sigma(uv)=1$ 在 PMC 模型下。由于 F_1 和 σ 是一致的, 所以对于 $F_1, \sigma(uv)=1$ 或 $\sigma(uv)=0$ 在 PMC 模型下。

因此, 在上面讨论的情况下, 对于 F_1 和 F_2, 每条边 uv 都有相同的 $\sigma(uv)=i$ 对于 $i \in \{0,1\}$。对于剩余的情况: ① $uv \in E(G)$, 设 $u \in F_2 \backslash F_1$ 和 $v \in F_1 \backslash F_2$; ② 设 $u \in F_2 \backslash F_1$ 和 $v \in F_1 \cap F_2$, 由于对称性, 对于 F_1 和 F_2, 每条边 uv 都有相同的 $\sigma(uv)=i$ 对于 $i \in \{0,1\}$。因此, $\sigma(F_1) \cap \sigma(F_2) \neq \varnothing$。这与 (F_1, F_2) 可诊断相矛盾。所以 $V(G-F_1-F_2) \neq \varnothing$。

断言 2: $V(G-F_1-F_2)$ 和 $(F_1 \triangle F_2)$ 之间有边。

假设 $V(G-F_1-F_2)$ 和 $(F_1 \triangle F_2)$ 之间没有边。由断言 1, $V(G-F_1-F_2) \neq \varnothing$。设 $uv \in E(G-F_1-F_2)$, 则对于 F_1 和 F_2, $\sigma(uv)=0$ 在 PMC 模型下。设 $uv \in E(G), u \in V(G-F_1-F_2)$ 和 $v \in F_1 \cap F_2$。由于 F_2 和 σ 是一致的, 所以对于 F_2, $\sigma(uv)=1$ 在 PMC 模型下。由于 F_1 和 σ 是一致的, 所以对于 $F_1, \sigma(uv)=1$ 在 PMC 模型下。

设 $uv \in E(G[F_1 \cup F_2])$。由断言 1 的证明过程, 对于 F_1 和 F_2, 每条边 uv 都有相同的 $\sigma(uv)=i$ 对于 $i \in \{0,1\}$。

设 $uv \in E(G), u \in F_1 \cap F_2$ 和 $v \in V(G-F_1-F_2)$。由于 F_2 和 σ 是一致的, 所以对于 $F_2, \sigma(uv)=1$ 或 $\sigma(uv)=0$ 在 PMC 模型下。由于 F_1 和 σ 是一致的, 所以对于 $F_1, \sigma(uv)=1$ 或 $\sigma(uv)=0$ 在 PMC 模型下。

综合, 有 $\sigma(F_1) \cap \sigma(F_2) \neq \varnothing$。这与 (F_1, F_2) 可诊断相矛盾。所以 $V(G-F_1-F_2)$ 和 $(F_1 \triangle F_2)$ 之间有边。 □

定理 3.1.2 图 $G=(V, E)$ 在 MM^* 模型下是 g 好邻 t-可诊断的当且仅对于任意一对不同的 g 好邻集 $F_1, F_2 \subseteq V(G)$, $|F_1| \leqslant t$ 和 $|F_2| \leqslant t$ (令 L 是 $G-F_1-F_2$ 中孤立点组成的集合和 $H=G-F_1-F_2-L$), 有 $V(G-F_1-F_2) \neq \varnothing$ 和满足下列条件:

(1) $G-F_1-F_2$ 没有孤立点, $V(G-F_1-F_2)$ 和 $F_1 \triangle F_2$ 之间有边;

(2) $G-F_1-F_2$ 有孤立点和 $g \geqslant 2$;

(3) $V(H)=\varnothing$ 和 $g \leqslant 1$, 存在 wu, wv 在 $G[L \cup (F_1 \backslash F_2)]$ 或 wu, wv 在 $G[L \cup (F_2 \backslash F_1)]$, 其中 $w \in L$;

(4) $L \neq \varnothing, V(H) \neq \varnothing$ 和 $g \leqslant 1$, $V(H)$ 和 $F_1 \triangle F_2$ 之间有边, 或存在 wu, wv 在 $G[L \cup (F_1 \backslash F_2)]$ 或 wu, wv 在 $G[L \cup (F_2 \backslash F_1)]$, 其中 $w \in L$。

证明 充分性。由于 F_1 和 F_2 是一对不同的 g 好邻集, 所以 $F_1 \triangle F_2 \neq \varnothing$。设 $V(G-F_1-F_2) \neq \varnothing$。

(1) 设 $L=\varnothing$, $V(G-F_1-F_2)$ 和 $F_1 \triangle F_2$ 之间有边。

设 wv 是 $V(G-F_1-F_2)$ 和 $F_1 \triangle F_2$ 之间的边, 其中 $w\in V(G-F_1-F_2)$ 和 $v\in F_1\triangle F_2$。由于 $d(w)\geqslant 1$ 在 $G-F_1-F_2$, 所以存在 $u\in V(G-F_1-F_2)$ 使得 $uw\in E(G-F_1-F_2)$。由于 $w\in V\setminus(F_1\cup F_2)$, 所以 $w\in V\backslash F_1$ 和 $w\in V\backslash F_2$。设 $v\in F_1\backslash F_2$。由于 F_2 和 σ 是一致的, 所以对于 F_2, $\sigma(uv)_w=0$ 在 MM* 模型下。由于 F_1 和 σ 是一致的, 所以对于 F_1, $\sigma(uv)_w=1$ 在 MM* 模型下。设 $v\in F_2\backslash F_1$。由于 F_2 和 σ 是一致的, 所以对于 F_2, $\sigma(uv)_w=1$ 在 MM* 模型下。由于 F_1 和 σ 是一致的, 所以对于 F_1, $\sigma(uv)_w=0$ 在 MM* 模型下。因此, $\sigma(F_1)\cap\sigma(F_2)=\varnothing$ 和 (F_1,F_2) 可区分在 MM* 模型下。

(2) $V(H)=\varnothing$ 和 $g\geqslant 2$。

在这种情况下, $L\neq\varnothing$。设 $w\in L$。由于 F_1 是一个 g ($g\geqslant 2$) 好邻集, 所以存在 $u,v\in F_2\backslash F_1$ 使得 $uw,vw\in E(G)$。由于 F_2 和 σ 是一致的, 所以对于 F_2, $\sigma(uv)_w=1$ 在 MM* 模型下。由于 F_1 和 σ 是一致的, 所以对于 F_1, $\sigma(uv)_w=0$ 在 MM* 模型下。因此, $\sigma(F_1)\cap\sigma(F_2)=\varnothing$ 和 (F_1,F_2) 可区分在 MM* 模型下。

(3) $V(H)=\varnothing$ 和 $g\leqslant 1$。存在 wu,wv 在 $G[L\cup(F_1\backslash F_2)]$ 或 wu,wv 在 $G[L\cup(F_2\backslash F_1)]$。其中 $w\in L$。

在这种情况下, $L\neq\varnothing$。设 wu,wv 在 $G[L\cup(F_1\backslash F_2)]$。由于 $w\in V\setminus(F_1\cup F_2)$, 所以 $w\in V\backslash F_1$ 和 $w\in V\backslash F_2$。设 $u,v\in F_1\backslash F_2$。由于 F_2 和 σ 是一致的, 所以对于 F_2, $\sigma(uv)_w=0$ 在 MM* 模型下。由于 F_1 和 σ 是一致的, 所以对于 F_1, $\sigma(uv)_w=1$ 在 MM* 模型下。相似地, 对于 $u,v\in F_2\backslash F_1$, $\sigma(F_1)\cap\sigma(F_2)=\varnothing$ 和 (F_1,F_2) 可区分在 MM* 模型下。

(4) $L\neq\varnothing$, $V(H)\neq\varnothing$ 和 $g\leqslant 1$。$V(H)$ 和 $F_1\triangle F_2$ 之间有边, 或存在 wu,wv 在 $G[L\cup(F_1\backslash F_2)]$ 或 wu,wv 在 $G[L\cup(F_2\backslash F_1)]$。其中 $w\in L$。

当 $V(H)$ 和 $F_1\triangle F_2$ 之间有边时, 由 (1) 的证明, (F_1,F_2) 可区分在 MM* 模型下。当 wu,wv 在 $G[L\cup(F_1\backslash F_2)]$ 或 wu,wv 在 $G[L\cup(F_2\backslash F_1)]$ 时, 由 (3) 的证明, (F_1,F_2) 可区分在 MM* 模型下。

由 (1)~(4), 以及定义 1.4.3, $G=(V,E)$ 是 g 好邻 t-可诊断的在 MM* 模型下。

必要性。图 $G=(V,E)$ 在 MM* 模型下是 g 好邻 t-可诊断的。由定义 1.4.3, 对于 V 的每对不同的 g 好邻集 F_1, $|F_1|\leqslant t$, 以及 F_2, $|F_2|\leqslant t$, 有 $\sigma(F_1)\cap\sigma(F_2)=\varnothing$ 和 (F_1,F_2) 是可区分的。由于 F_1 和 F_2 是一对不同的 g 好邻集, 所以 $F_1\triangle F_2\neq\varnothing$。

断言 1: $V(G-F_1-F_2)\neq\varnothing$。

假设 $V(G-F_1-F_2)=\varnothing$, 则 $V(G)=F_1\cup F_2$。设 $uw,wv\in E(G)$, 则 $w\in F_1\backslash F_2$ 或 $w\in F_1\cap F_2$ 或 $w\in F_2\backslash F_1$。设 $w\in F_1\backslash F_2$ 或 $w\in F_1\cap F_2$。由于 F_1 和 σ 是一致的, 所以对于 F_1, $\sigma(uv)_w=1$ 或 $\sigma(uv)_w=0$ 在 MM* 模型下。因此, 在这

种情况下, 对于 F_1 和 F_2, 边 uw, wv 都有一个相同的 $\sigma(uv)_w = i$ 对于 $i \in \{0,1\}$。

设 $w \in F_2 \backslash F_1$。由于 F_2 和 σ 是一致的, 所以对于 F_2, $\sigma(uv)_w = 1$ 或 $\sigma(uv)_w = 0$ 在 MM* 模型下。因此, 在这种情况下, 对于 F_1 和 F_2, 对于边 uw, wv 都有一个相同的 $\sigma(uv)_w = i$ 对于 $i \in \{0,1\}$。

因此, $\sigma(F_1) \cap \sigma(F_2) \neq \varnothing$。这与 (F_1, F_2) 可诊断相矛盾。所以 $V(G - F_1 - F_2) \neq \varnothing$。

断言 1.1: 若 $L = \varnothing$, 则 $V(G - F_1 - F_2)$ 和 $F_1 \triangle F_2$ 之间有边。

假设 $V(G - F_1 - F_2)$ 和 $F_1 \triangle F_2$ 之间没有边。

设 $uw, wv \in E(G[F_1 \cup F_2])$, 则 $w \in F_1 \backslash F_2$ 或 $w \in F_1 \cap F_2$ 或 $w \in F_2 \backslash F_1$。设 $w \in F_1 \backslash F_2$ 或 $w \in F_1 \cap F_2$。由于 F_1 和 σ 是一致的, 所以对于 F_1, $\sigma(uv)_w = 1$ 或者 $\sigma(uv)_w = 0$ 在 MM* 模型下。因此, 在这种情况下, 对于 F_1 和 F_2, 边 uw, wv 都有一个相同的 $\sigma(uv)_w = i$ 对于 $i \in \{0,1\}$。设 $w \in F_2 \backslash F_1$。由于 F_2 和 σ 是一致的, 所以对于 F_2, $\sigma(uv)_w = 1$ 或 $\sigma(uv)_w = 0$ 在 MM* 模型下。因此, 在这种情况下, 对于 F_1 和 F_2, 边 uw, wv 都有一个相同的 $\sigma(uv)_w = i$ 对于 $i \in \{0,1\}$。

设 $uw, wv \in E(G[(F_1 \cap F_2) \cup V(H)])$, 则 $w \in F_1 \cap F_2$ 或 $w \in V(H)$。设 $w \in F_1 \cap F_2$, 则对于 F_1 和 F_2, $\sigma(uv)_w = 1$ 或 $\sigma(uv)_w = 0$ 在 MM* 模型下。设 $w \in V(H)$, $u, v \in V(H)$, 则对于 F_1 和 F_2, $\sigma(uv)_w = 0$ 在 MM* 模型下。设 u 和 v 至少有一个在 $F_1 \cap F_2$ 中, 则对于 F_1 和 F_2, $\sigma(uv)_w = 1$ 在 MM* 模型下。因此, 在这种情况下, 对于 F_1 和 F_2, 边 uw, wv 都有一个相同的 $\sigma(uv)_w = i$ 对于 $i \in \{0,1\}$。

综合, $\sigma(F_1) \cap \sigma(F_2) \neq \varnothing$。这与 (F_1, F_2) 可诊断相矛盾。所以, 若 $L = \varnothing$, 则 $V(G - F_1 - F_2)$ 和 $F_1 \triangle F_2$ 之间有边。

断言 1.2: 若 $V(H) = \varnothing$, 则 $g \geqslant 2$, 或存在 wu, wv 在 $G[L \cup (F_1 \backslash F_2)]$ 或存在 wu, wv 在 $G[L \cup (F_2 \backslash F_1)]$, 其中 $w \in L$。

由于 $V(G - F_1 - F_2) \neq \varnothing$ 和 $V(H) = \varnothing$, 所以 $L \neq \varnothing$。假设 $g < 2$, $wu, wv \notin G[L \cup (F_1 \backslash F_2)]$, $wu, wv \notin G[L \cup (F_2 \backslash F_1)]$, 其中 $w \in L$, 则 $g \leqslant 1$。设 $uw, wv \in E(G[L \cup (F_1 \cup F_2)])$, 则 $w \in F_1 \backslash F_2$ 或 $w \in F_1 \cap F_2$ 或 $w \in F_2 \backslash F_1$ 或 $w \in L$。

设 $w \in L$, $u \in F_1 \backslash F_2$, 则 $v \in F_1 \cap F_2$ 或 $v \in F_2 \backslash F_1$。由于 F_1 和 σ 是一致的, 所以 $\sigma(uv)_w = 1$。由于 F_2 和 σ 是一致的, 所以 $\sigma(uv)_w = 1$ 在 MM* 模型下。设 $u \in F_1 \cap F_2$ 或 $u \in F_2 \backslash F_1$。相似地, $\sigma(uv)_w = 1$ 在 MM* 模型下。

设 $w \in F_1 \backslash F_2$ 或 $w \in F_1 \cap F_2$ 或 $w \in F_2 \backslash F_1$, 则对于 F_1 和 F_2, $\sigma(uv)_w = 1$ 或 $\sigma(uv)_w = 0$ 在 MM* 模型下。因此, 在这种情况下, 对于 F_1 和 F_2, 边 uw, wv 都有一个相同的 $\sigma(uv)_w = i$ 对于 $i \in \{0,1\}$。

综上所述, $\sigma(F_1) \cap \sigma(F_2) \neq \varnothing$。这与 (F_1, F_2) 可诊断相矛盾。所以, 若 $V(H) =$

$\varnothing$, 则 $g \geqslant 2$ 或存在 wu, wv 在 $G[L \cup (F_1 \backslash F_2)]$ 或 $G[L \cup (F_2 \backslash F_1)]$, 其中 $w \in L$。

断言 1.3: 若 $V(H) \neq \varnothing$ 和 $L \neq \varnothing$, 则 $V(H)$ 和 $F_1 \bigtriangleup F_2$ 之间有边, 或 $g \geqslant 2$, 或存在 wu, wv 在 $G[L \cup (F_1 \backslash F_2)]$ 或存在 wu, wv 在 $G[L \cup (F_2 \backslash F_1)]$, 其中 $w \in L$。

由断言 1.1 和断言 1.2, 有断言 1.3 成立。 □

定理 3.1.3 图 $G = (V, E)$ 在 PMC 模型下是 g 限制 t-可诊断的当且仅对于任意一对不同的 g 限制集 $F_1, F_2 \subseteq V(G)$, $|F_1| \leqslant t$ 以及 $|F_2| \leqslant t$, 有 $V(G - F_1 - F_2) \neq \varnothing$ 和 $V(G - F_1 - F_2)$ 与 $(F_1 \bigtriangleup F_2)$ 之间有边。

证明 充分性。由于 F_1 和 F_2 是一对不同的 g 限制集, 所以 $F_1 \bigtriangleup F_2 \neq \varnothing$。设 $V(G - F_1 - F_2) \neq \varnothing$, 以及 $uv \in E(G)$, $u \in V \setminus (F_1 \cup F_2)$ 和 $v \in F_1 \bigtriangleup F_2$。由于 $u \in V \setminus (F_1 \cup F_2)$, 所以 $u \in V \backslash F_1$ 和 $u \in V \backslash F_2$。设 $v \in F_1 \backslash F_2$。由于 F_1 和 σ 是一致的, 所以 $\sigma(uv) = 1$。由于 F_2 和 σ 是一致的, 所以 $\sigma(uv) = 0$。因此, $\sigma(F_1) \cap \sigma(F_2) = \varnothing$ 和 (F_1, F_2) 可区分在 PMC 模型下。相同地, 对于 $v \in F_2 \backslash F_1$, (F_1, F_2) 可区分在 PMC 模型下。

由定义 1.4.4, 如果对于 V 的每对不同的 g 限制集 F_1, $|F_1| \leqslant t$, 以及 F_2, $|F_2| \leqslant t$, (F_1, F_2) 是可区分的, 那么 $G = (V, E)$ 是 g 限制 t-可诊断的在 PMC 模型下。因此, G 是 g 限制 t-可诊断的在 PMC 模型下。

必要性。图 $G = (V, E)$ 在 PMC 模型下是 g 限制 t-可诊断的。由定义 1.4.4, 有对于 V 的每对不同的 g 限制集 F_1, $|F_1| \leqslant t$, 以及 F_2, $|F_2| \leqslant t$, $\sigma(F_1) \cap \sigma(F_2) = \varnothing$ 和 (F_1, F_2) 是可区分的。由于 F_1 和 F_2 是一对不同的 g 限制集, 所以 $F_1 \bigtriangleup F_2 \neq \varnothing$。

断言 1: $V(G - F_1 - F_2) \neq \varnothing$。

假设 $V(G - F_1 - F_2) = \varnothing$, 则 $V(G) = F_1 \cup F_2$。设 $uv \in E(G)$, $u \in F_1 \backslash F_2$ 和 $v \in F_2 \backslash F_1$。由于 F_2 和 σ 是一致的, 所以对于 F_2, $\sigma(uv) = 1$ 在 PMC 模型下。由于 F_1 和 σ 是一致的, 所以对于 F_1, $\sigma(uv) = 1$ 或 $\sigma(uv) = 0$ 在 PMC 模型下。

设 $u \in F_1 \backslash F_2$ 和 $v \in F_2 \cap F_1$。由于 F_2 和 σ 是一致的, 所以对于 F_2, $\sigma(uv) = 1$ 在 PMC 模型下。由于 F_1 和 σ 是一致的, 所以对于 F_1, $\sigma(uv) = 1$ 或 $\sigma(uv) = 0$ 在 PMC 模型下。

设 $u, v \in F_1 \backslash F_2$。由于 F_2 和 σ 是一致的, 所以对于 F_2, $\sigma(uv) = 0$ 在 PMC 模型下。由于 F_1 和 σ 是一致的, 所以对于 F_1, $\sigma(uv) = 1$ 或 $\sigma(uv) = 0$ 在 PMC 模型下。

设 $u \in F_1 \cap F_2$ 和 $v \in F_2 \backslash F_1$。由于 F_2 和 σ 是一致的, 所以对于 F_2, $\sigma(uv) = 0$ 或 $\sigma(uv) = 1$ 在 PMC 模型下。由于 F_1 和 σ 是一致的, 所以对于 F_1, $\sigma(uv) = 1$ 或 $\sigma(uv) = 0$ 在 PMC 模型下。

设 $u, v \in F_1 \cap F_2$。由于 F_2 和 σ 是一致的, 所以对于 F_2, $\sigma(uv) = 0$ 或 $\sigma(uv) = 1$ 在 PMC 模型下。由于 F_1 和 σ 是一致的, 所以对于 F_1, $\sigma(uv) = 1$ 或 $\sigma(uv) = 0$ 在 PMC 模型下。

因此, 在上面讨论的情况下, 对于 F_1 和 F_2, 每条边 uv 都有相同的 $\sigma(uv)=i$ 对于 $i\in\{0,1\}$。对于剩余的情况: ① $uv\in E(G)$, 设 $u\in F_2\backslash F_1$ 和 $v\in F_1\backslash F_2$; ② 设 $u\in F_2\backslash F_1$ 和 $v\in F_1\cap F_2$, 由于对称性, 对于 F_1 和 F_2, 每条边 uv 都有相同的 $\sigma(uv)=i$ 对于 $i\in\{0,1\}$。因此, $\sigma(F_1)\cap\sigma(F_2)\neq\varnothing$。这与 (F_1,F_2) 可诊断相矛盾。所以 $V(G-F_1-F_2)\neq\varnothing$。

断言 2: $V(G-F_1-F_2)$ 和 $(F_1\triangle F_2)$ 之间有边。

假设 $V(G-F_1-F_2)$ 和 $(F_1\triangle F_2)$ 之间没有边。由断言 1, $V(G-F_1-F_2)\neq\varnothing$。设 $uv\in E(G-F_1-F_2)$, 则对于 F_1 和 F_2, $\sigma(uv)=0$ 在 PMC 模型下。设 $uv\in E(G)$, $u\in V(G-F_1-F_2)$ 和 $v\in F_1\cap F_2$。由于 F_2 和 σ 是一致的, 所以对于 F_2, $\sigma(uv)=1$ 在 PMC 模型下。由于 F_1 和 σ 是一致的, 所以对于 F_1, $\sigma(uv)=1$ 在 PMC 模型下。

设 $uv\in E(G[F_1\cup F_2])$。由断言 1 的证明过程, 对于 F_1 和 F_2, 每条边 uv 都有相同的 $\sigma(uv)=i$ 对于 $i\in\{0,1\}$。

设 $uv\in E(G)$, $u\in F_1\cap F_2$ 和 $v\in V(G-F_1-F_2)$。由于 F_2 和 σ 是一致的, 所以对于 F_2, $\sigma(uv)=1$ 或 $\sigma(uv)=0$ 在 PMC 模型下。由于 F_1 和 σ 是一致的, 所以对于 F_1, $\sigma(uv)=1$ 或 $\sigma(uv)=0$ 在 PMC 模型下。

综合, 有 $\sigma(F_1)\cap\sigma(F_2)\neq\varnothing$。这与 (F_1,F_2) 可诊断相矛盾。所以 $V(G-F_1-F_2)$ 和 $(F_1\triangle F_2)$ 之间有边。 □

定理 3.1.4 图 $G=(V,E)$ 在 MM* 模型下是 g 限制 t-可诊断的当且仅对于任意一对不同的 g 限制集 $F_1,F_2\subseteq V(G)$, $|F_1|\leqslant t$ 和 $|F_2|\leqslant t$ (令 L 是 $G-F_1-F_2$ 中孤立点组成的集合和 $H=G-F_1-F_2-L$), 有 $V(G-F_1-F_2)\neq\varnothing$ 和满足下列条件:

(1) $L=\varnothing$, $V(G-F_1-F_2)$ 和 $F_1\triangle F_2$ 之间有边;

(2) $V(H)=\varnothing$ 和存在 wu,wv 在 $G[L\cup(F_1\backslash F_2)]$ 或 wu,wv 在 $G[L\cup(F_2\backslash F_1)]$, 其中 $w\in L$;

(3) $L\neq\varnothing$ 和 $V(H)\neq\varnothing$, $V(H)$ 和 $F_1\triangle F_2$ 之间有边, 或存在 wu,wv 在 $G[L\cup(F_1\backslash F_2)]$ 或 wu,wv 在 $G[L\cup(F_2\backslash F_1)]$, 其中 $w\in L$。

证明 充分性。由于 F_1 和 F_2 是一对不同的 g 限制集, 所以 $F_1\triangle F_2\neq\varnothing$。设 $V(G-F_1-F_2)\neq\varnothing$。

(1) 设 $L=\varnothing$, $V(G-F_1-F_2)$ 和 $F_1\triangle F_2$ 之间有边。

设 wv 是 $V(G-F_1-F_2)$ 和 $F_1\triangle F_2$ 之间的边, 其中 $w\in V(G-F_1-F_2)$ 和 $v\in F_1\triangle F_2$。由于 $d(w)\geqslant 1$ 在 $G-F_1-F_2$, 所以存在 $u\in V(G-F_1-F_2)$ 使得 $uw\in E(G-F_1-F_2)$。由于 $w\in V\setminus(F_1\cup F_2)$, 所以 $w\in V\backslash F_1$ 和 $w\in V\backslash F_2$。设 $v\in F_1\backslash F_2$。由于 F_2 和 σ 是一致的, 所以对于 F_2, $\sigma(uv)_w=0$ 在 MM* 模型下。由于 F_1 和 σ 是一致的, 所以对于 F_1, $\sigma(uv)_w=1$ 在 MM* 模型下。设 $v\in F_2\backslash F_1$。

由于 F_2 和 σ 是一致的, 所以对于 F_2, $\sigma(uv)_w = 1$ 在 MM* 模型下。由于 F_1 和 σ 是一致的, 所以对于 F_1, $\sigma(uv)_w = 0$ 在 MM* 模型下。因此, $\sigma(F_1) \cap \sigma(F_2) = \varnothing$ 和 (F_1, F_2) 可区分在 MM* 模型下。

(2) $V(H) = \varnothing$ 和存在 wu, wv 在 $G[L \cup (F_1 \backslash F_2)]$ 或 wu, wv 在 $G[L \cup (F_2 \backslash F_1)]$, 其中 $w \in L$。

在这种情况下, $L \neq \varnothing$。设 wu, wv 在 $G[L \cup (F_1 \backslash F_2)]$。由于 $w \in V \setminus (F_1 \cup F_2)$, 所以 $w \in V \backslash F_1$ 和 $w \in V \backslash F_2$。设 $u, v \in F_1 \backslash F_2$。由于 F_2 和 σ 是一致的, 所以对于 F_2, $\sigma(uv)_w = 0$ 在 MM* 模型下。由于 F_1 和 σ 是一致的, 所以对于 F_1, $\sigma(uv)_w = 1$ 在 MM* 模型下。相似地, 对于 $u, v \in F_2 \backslash F_1$, $\sigma(F_1) \cap \sigma(F_2) = \varnothing$ 和 (F_1, F_2) 可区分在 MM* 模型下。

(3) $L \neq \varnothing$ 和 $V(H) \neq \varnothing$。$V(H)$ 和 $F_1 \triangle F_2$ 之间有边, 或存在 wu, wv 在 $G[L \cup (F_1 \backslash F_2)]$ 或 wu, wv 在 $G[L \cup (F_2 \backslash F_1)]$, 其中 $w \in L$。

由 (1) 和 (2) 的证明, 在 (3) 的条件下, (F_1, F_2) 可区分在 MM* 模型下。

由 (1)~(3), 及定义 1.4.4, $G = (V, E)$ 是 g 限制 t-可诊断在 MM* 模型下。

必要性。图 $G = (V, E)$ 在 MM* 模型下是 g 限制 t-可诊断的。由定义 1.4.4, 对于 V 的每对不同的 g 限制集 F_1, $|F_1| \leqslant t$, 以及 F_2, $|F_2| \leqslant t$, 有 $\sigma(F_1) \cap \sigma(F_2) = \varnothing$ 和 (F_1, F_2) 是可区分的。由于 F_1 和 F_2 是一对不同的 g 限制集, 所以 $F_1 \triangle F_2 \neq \varnothing$。

断言 1: $V(G - F_1 - F_2) \neq \varnothing$。

假设 $V(G - F_1 - F_2) = \varnothing$, 则 $V(G) = F_1 \cup F_2$。设 $uw, wv \in E(G)$, 则 $w \in F_1 \backslash F_2$ 或 $w \in F_1 \cap F_2$ 或 $w \in F_2 \backslash F_1$。设 $w \in F_1 \backslash F_2$ 或 $w \in F_1 \cap F_2$。由于 F_1 和 σ 是一致的, 所以对于 F_1, $\sigma(uv)_w = 1$ 或 $\sigma(uv)_w = 0$ 在 MM* 模型下。因此, 在这种情况下, 对于 F_1 和 F_2, 边 uw, wv 都有一个相同的 $\sigma(uv)_w = i$ 对于 $i \in \{0, 1\}$。

设 $w \in F_2 \backslash F_1$。由于 F_2 和 σ 是一致的, 所以对于 F_2, $\sigma(uv)_w = 1$ 或 $\sigma(uv)_w = 0$ 在 MM* 模型下。因此, 在这种情况下, 对于 F_1 和 F_2, 边 uw, wv 都有一个相同的 $\sigma(uv)_w = i$ 对于 $i \in \{0, 1\}$。

因此, $\sigma(F_1) \cap \sigma(F_2) \neq \varnothing$。这与 (F_1, F_2) 可诊断相矛盾。所以 $V(G - F_1 - F_2) \neq \varnothing$。

断言 1.1: 若 $L = \varnothing$, 则 $V(G - F_1 - F_2)$ 和 $F_1 \triangle F_2$ 之间有边。

假设 $V(G - F_1 - F_2)$ 和 $F_1 \triangle F_2$ 之间没有边。

设 $uw, wv \in E(G[F_1 \cup F_2])$, 则 $w \in F_1 \backslash F_2$ 或 $w \in F_1 \cap F_2$ 或 $w \in F_2 \backslash F_1$。设 $w \in F_1 \backslash F_2$ 或 $w \in F_1 \cap F_2$。由于 F_1 和 σ 是一致的, 所以对于 F_1, $\sigma(uv)_w = 1$ 或 $\sigma(uv)_w = 0$ 在 MM* 模型下。因此, 在这种情况下, 对于 F_1 和 F_2, 对于边 uw, wv 都有一个相同的 $\sigma(uv)_w = i$ 对于 $i \in \{0, 1\}$。设 $w \in F_2 \backslash F_1$。由于 F_2 和 σ 是一致的, 所以对于 F_2, $\sigma(uv)_w = 1$ 或 $\sigma(uv)_w = 0$ 在 MM* 模型下。因此, 在这种情况下, 对于 F_1 和 F_2, 边 uw, wv 都有一个相同的 $\sigma(uv)_w = i$ 对于 $i \in \{0, 1\}$。

设 $uw, wv \in E(G[(F_1 \cap F_2) \cup V(H)])$, 则 $w \in F_1 \cap F_2$ 或 $w \in V(H)$。设 $w \in F_1 \cap F_2$, 则对于 F_1 和 F_2, $\sigma(uv)_w = 1$ 或 $\sigma(uv)_w = 0$ 在 MM* 模型下。设 $w \in V(H)$, $u, v \in V(H)$, 则对于 F_1 和 F_2, $\sigma(uv)_w = 0$ 在 MM* 模型下。设 u 和 v 至少有一个在 $F_1 \cap F_2$ 中, 则对于 F_1 和 F_2, $\sigma(uv)_w = 1$ 在 MM* 模型下。因此, 在这种情况下, 对于 F_1 和 F_2, 边 uw, wv 都有一个相同的 $\sigma(uv)_w = i$ 对于 $i \in \{0, 1\}$。

综上所述, $\sigma(F_1) \cap \sigma(F_2) \neq \varnothing$。这与 (F_1, F_2) 可诊断相矛盾。所以, 若 $L = \varnothing$, 则 $V(G - F_1 - F_2)$ 和 $F_1 \triangle F_2$ 之间有边。

断言 1.2: 若 $V(H) = \varnothing$, 则存在 wu, wv 在 $G[L \cup (F_1 \backslash F_2)]$ 或存在 wu, wv 在 $G[L \cup (F_2 \backslash F_1)]$, 其中 $w \in L$。

由于 $V(G - F_1 - F_2) \neq \varnothing$ 和 $V(H) = \varnothing$, 所以 $L \neq \varnothing$。假设不存在 wu, wv 在 $G[L \cup (F_1 \backslash F_2)]$, 也不存在 wu, wv 在 $G[L \cup (F_2 \backslash F_1)]$。设 $uw, wv \in E(G[L \cup (F_1 \cup F_2)])$, 则 $w \in F_1 \backslash F_2$ 或 $w \in F_1 \cap F_2$ 或 $w \in F_2 \backslash F_1$ 或 $w \in L$。

设 $w \in L$, $u \in F_1 \backslash F_2$, 则 $v \in F_1 \cap F_2$ 或 $v \in F_2 \backslash F_1$。由于 F_1 和 σ 是一致的, 所以 $\sigma(uv)_w = 1$。由于 F_2 和 σ 是一致的, 所以 $\sigma(uv)_w = 1$ 在 MM* 模型下。设 $u \in F_1 \cap F_2$ 或 $u \in F_2 \backslash F_1$。相似地, $\sigma(uv)_w = 1$ 在 MM* 模型下。

设 $w \in F_1 \backslash F_2$ 或 $w \in F_1 \cap F_2$ 或 $w \in F_2 \backslash F_1$, 则对于 F_1 和 F_2, $\sigma(uv)_w = 1$ 或 $\sigma(uv)_w = 0$ 在 MM* 模型下。因此, 在这种情况下, 对于 F_1 和 F_2, 边 uw, wv 都有一个相同的 $\sigma(uv)_w = i$ 对于 $i \in \{0, 1\}$。

综上所述, $\sigma(F_1) \cap \sigma(F_2) \neq \varnothing$。这与 (F_1, F_2) 可诊断相矛盾。所以, 若 $V(H) = \varnothing$, 则存在 wu, wv 在 $G[L \cup (F_1 \backslash F_2)]$ 或 $G[L \cup (F_2 \backslash F_1)]$, 其中 $w \in L$。

断言 1.3: 若 $V(H) \neq \varnothing$ 和 $L \neq \varnothing$, 则 $V(H)$ 和 $F_1 \triangle F_2$ 之间有边, 或存在 wu, wv 在 $G[L \cup (F_1 \backslash F_2)]$ 或存在 wu, wv 在 $G[L \cup (F_2 \backslash F_1)]$, 其中 $w \in L$。

由断言 1.1 和断言 1.2, 有断言 1.3 成立。 □

3.2 自然诊断度

3.2.1 扩展 k 元 n 立方体

1. 在 PMC 模型的自然诊断度

下面我们将证明扩展 k 元 n 立方体在 PMC 模型下的自然诊断度。对于一个系统 $G = (V, E)$, 设 F_1 和 F_2 是 V 的 2 个不同的集。定义对称差 $F_1 \triangle F_2 = (F_1 \setminus F_2) \cup (F_2 \setminus F_1)$。

引理 3.2.1 [55] 设 XQ_n^k 是扩展 k 元 n 立方体具有偶数 $k \geqslant 6$, 则 XQ_n^k 的自然诊断度在 PMC 模型下小于或等于 $8n - 3$, 即 $t_n^{\mathrm{PMC}}(\mathrm{XQ}_n^k) \leqslant 8n - 3$。

证明 设 A 被定义在定理 2.2.2 中, 并设 $F_1 = N_{\mathrm{XQ}_n^k}(A)$, $F_2 = A \cup N_{\mathrm{XQ}_n^k}(A)$ (见图 2.2)。由引理 2.2.1, $|F_1| = 8n - 4$, $|F_2| = 8n - 2$, $\delta(\mathrm{XQ}_n^k - F_1) \geqslant 1$ 和

$\delta(\mathrm{XQ}_n^k - F_2) \geqslant 1$。因此, F_1 和 F_2 是 XQ_n^k 的 2 个自然集具有 $|F_1| = 8n-4$ 和 $|F_2| = 8n-2$。由于 $A = F_1 \triangle F_2$ 和 $N_{\mathrm{XQ}_n^k}(A) = F_1 \subset F_2$, 所以不存在 XQ_n^k 的边 XQ_n^k 在 $V(\mathrm{XQ}_n^k)\backslash(F_1 \cup F_2)$ 和 $F_1 \triangle F_2$ 之间。由定理 3.1.1, 我们也认为 XQ_n^k 在 PMC 模型下不是自然 $(8n-2)$ 可诊断的。所以, 由自然诊断度的定义, 有 XQ_n^k 的自然诊断度小于 $8n-2$, 即 $t_n(\mathrm{XQ}_n^k) \leqslant 8n-3$。 □

引理 3.2.2 [55] 设 $n \geqslant 2$ 和 XQ_n^k 是扩展 k 元 n 立方体具有偶数 $k \geqslant 6$, 则 XQ_n^k 的自然诊断度在 PMC 模型下大于或等于 $8n-3$, 即 $t_n^{\mathrm{PMC}}(\mathrm{XQ}_n^k) \geqslant 8n-3$。

证明 设 $V(\mathrm{XQ}_n^k)$ 的每一对不同的自然集 F_1 和 F_2, $|F_1| \leqslant 8n-3$ 和 $|F_2| \leqslant 8n-3$。注意到 $|V(\mathrm{XQ}_n^k)| = k^n$ 和 $|F_1 \cup F_2| = |F_1| + |F_2| - |F_1 \cap F_2| \leqslant |F_1| + |F_2| \leqslant 2(8n-3) = 16n-6$。由于 $n \geqslant 2$, 所以 $V(\mathrm{XQ}_n^k) \neq F_1 \cup F_2$。注意到 $F_1 \triangle F_2 \neq \varnothing$。

由自然诊断度的定义, 充分地证明了 XQ_n^k 是自然 $(8n-3)$ 可诊断的。由定理 3.1.1, 证明 XQ_n^k 是自然 $(8n-3)$ 可诊断的, 它等价于证明对于 $V(\mathrm{XQ}_n^k)$ 的每一对不同的自然集 F_1 和 F_2, $|F_1| \leqslant 8n-3$ 和 $|F_2| \leqslant 8n-3$ 具有 $V(\mathrm{XQ}_n^k - F_1 - F_2) \neq \varnothing$, 以及存在一条边 $uv \in E(\mathrm{XQ}_n^k)$ 使得 $u \in V(\mathrm{XQ}_n^k)\backslash(F_1 \cup F_2)$ 和 $v \in F_1 \triangle F_2$。

反证法。设存在 $V(\mathrm{XQ}_n^k)$ 的 2 个不同的自然集 F_1 和 F_2 具有 $|F_1| \leqslant 8n-3$ 和 $|F_2| \leqslant 8n-3$, 但不存在 $V(\mathrm{XQ}_n^k)\backslash(F_1 \cup F_2)$ 和 $F_1 \triangle F_2$ 之间的边。

由于不存在 $V(\mathrm{XQ}_n^k)\backslash(F_1 \cup F_2)$ 和 $F_1 \triangle F_2$ 之间的边, 以及 F_1 是自然集, 所以 $\mathrm{XQ}_n^k - F_1$ 有 2 部分 $\mathrm{XQ}_n^k - F_1 - F_2$ 和 $\mathrm{XQ}_n^k[F_2 \backslash F_1]$。从而, $\delta(\mathrm{XQ}_n^k - F_1 - F_2) \geqslant 1$ 和 $\delta(\mathrm{XQ}_n^k[F_2 \backslash F_1]) \geqslant 1$。相似地, $\delta(\mathrm{XQ}_n^k[F_1 \backslash F_2]) \geqslant 1$, 当 $F_1 \backslash F_2 \neq \varnothing$ 时。因此, $F_1 \cap F_2$ 也是自然集。当 $F_1 \backslash F_2 = \varnothing$ 时, $F_1 \cap F_2 = F_1$ 也是自然集。由于 $V(\mathrm{XQ}_n^k - F_1 - F_2)$ 和 $F_1 \triangle F_2$ 之间没有边, 所以 $F_1 \cap F_2$ 是自然割。由定理 2.2.4, $|F_1 \cap F_2| \geqslant 8n-4$。注意到 $|F_2 \backslash F_1| \geqslant 2$。因此, $|F_2| = |F_2 \backslash F_1| + |F_1 \cap F_2| \geqslant 2 + 8n - 4 = 8n-2$, 这与 $|F_2| \leqslant 8n-3$ 相矛盾。所以 XQ_n^k 是自然 $(8n-3)$ 可诊断的。由 $t_n(\mathrm{XQ}_n^k)$ 的定义, $t_n^{\mathrm{PMC}}(\mathrm{XQ}_n^k) \geqslant 8n-3$。 □

组合引理 3.2.1 和引理 3.2.2, 有下面的定理。

定理 3.2.1 [55] 设 $n \geqslant 2$ 和设 XQ_n^k 是扩展 k 元 n 立方体具有偶数 $k \geqslant 6$, 则 XQ_n^k 的自然诊断度在 PMC 模型下是 $8n-3$。

2. 在 MM* 模型的自然诊断度

下面我们将证明扩展 k 元 n 立方体的自然诊断度在 MM* 模型下。

引理 3.2.3 [55] 设 XQ_n^k 是扩展 k 元 n 立方体具有偶数 $k \geqslant 6$, 则 XQ_n^k 的自然诊断度在 MM* 模型下是小于或等于 $8n-3$ 的, 即 $t_n^{\mathrm{MM}^*}(\mathrm{XQ}_n^k) \leqslant 8n-3$。

证明 设 A, F_1 和 F_2 被定义在引理 2.2.1 中 (见图 2.2)。由引理 2.2.1, $|F_1| = 8n-4$, $|F_2| = 8n-2$, $\delta(\mathrm{XQ}_n^k - F_1) \geqslant 1$ 和 $\delta(\mathrm{XQ}_n^k - F_2) \geqslant 1$。所以 F_1 和 F_2 是 XQ_n^k 的 2 个自然集有 $|F_1| = 8n-4$ 和 $|F_2| = 8n-2$。由 F_1 和 F_2 的定义,

$F_1 \triangle F_2 = A$。注意 $F_1 \setminus F_2 = \varnothing$, $F_2 \setminus F_1 = A$ 和 $(V(\mathrm{XQ}_n^k) \setminus (F_1 \cup F_2)) \cap A = \varnothing$。因此, F_1 和 F_2 不满足定理 3.1.2的条件, 以及 XQ_n^k 不是自然 $(8n-2)$ 可诊断的。所以 $t_n^{\mathrm{MM}^*}(\mathrm{XQ}_n^k) \leqslant 8n-3$。 □

引理 3.2.4[55] 设 $n \geqslant 2$ 和设 XQ_n^k 是扩展 k 元 n 立方体具有偶数 $k \geqslant 6$, 则 XQ_n^k 的自然诊断度在 MM* 模型下大于或等于 $8n-3$, 即 $t_n^{\mathrm{MM}^*}(\mathrm{XQ}_n^k) \geqslant 8n-3$。

证明 设 $V(\mathrm{XQ}_n^k)$ 的每一对不同的自然集 F_1 和 F_2, $|F_1| \leqslant 8n-3$ 和 $|F_2| \leqslant 8n-3$。注意到 $|V(\mathrm{XQ}_n^k)| = k^n$ 和 $|F_1 \cup F_2| = |F_1|+|F_2|-|F_1 \cap F_2| \leqslant |F_1|+|F_2| \leqslant 2(8n-3) = 16n-6$。由于 $n \geqslant 2$, 所以 $V(\mathrm{XQ}_n^k) \neq F_1 \cup F_2$。注意到 $F_1 \triangle F_2 \neq \varnothing$。

由自然诊断度的定义, 充分地证明了 XQ_n^k 是自然 $(8n-3)$ 可诊断的。反证法。由定理 3.1.2, 设存在 $V(\mathrm{XQ}_n^k)$ 的 2 个不同的自然集 F_1 和 F_2 具有 $|F_1| \leqslant 8n-3$ 和 $|F_2| \leqslant 8n-3$, 但不满足定理 3.1.2的任意条件。不失一般性地, 假设 $F_2 \setminus F_1 \neq \varnothing$。

断言: $\mathrm{XQ}_n^k - F_1 - F_2$ 没有孤立点。

假设 $\mathrm{XQ}_n^k - F_1 - F_2$ 至少有一个孤立点 w。由于 F_1 是一个自然集, 所以至少存在一点 $u \in F_2 \setminus F_1$ 使得 u 与 w 相邻。

同时, 由于顶点对 (F_1, F_2) 不满足定理 3.1.2中任一种情形, 根据定理 3.1.2 至多存在一点 $u \in F_2 \setminus F_1$ 使得 u 与 w 相邻。因此, 恰有一点 $u \in F_2 \setminus F_1$ 使得 u 与 w 相邻。同理, 可推出当 $F_1 \setminus F_2 \neq \varnothing$ 时也恰有一点 $v \in F_1 \setminus F_2$ 使得 $vw \in E(\mathrm{XQ}_n^k)$。设 $W \subseteq V(\mathrm{XQ}_n^k) \setminus (F_1 \cup F_2)$ 是 $\mathrm{XQ}_n^k[V(\mathrm{XQ}_n^k) \setminus (F_1 \cup F_2)]$ 的孤立点集和设 $H = \mathrm{XQ}_n^k - (F_1 \cup F_2 \cup W)$, 则对于任意 $w \in W$, 存在 $(4n-2)$ 邻点在 $F_1 \cap F_2$。由于 $|F_2| \leqslant 8n-3$, 所以 $\sum\limits_{w \in W} |N_{\mathrm{XQ}_n^k[(F_1 \cap F_2) \cup W]}(w)| = |W|(4n-2) \leqslant \sum\limits_{v \in F_1 \cap F_2} d_{\mathrm{XQ}_n^k}(v) \leqslant |F_1 \cap F_2|(4n-2) \leqslant (|F_2|-1)(4n-2) \leqslant (8n-4)(4n-2) = 32n^2-32n+8$。因此, $|W| \leqslant \dfrac{32n^2-32n+8}{4n-2} \leqslant 8n-4$。注意 $|F_1 \cup F_2| = |F_1|+|F_2|-|F_1 \cap F_2| \leqslant 2(8n-3)-(4n-2) = 12n-4$。假设 $V(H) = \varnothing$, 则 $k^n = |V(\mathrm{XQ}_n^k)| = |F_1 \cup F_2| + |W| \leqslant 12n-4+8n-4 = 20n-8$。这与 $n \geqslant 2$ 相矛盾。所以 $V(H) \neq \varnothing$。由于 (F_1, F_2) 不满足定理 3.1.2的任意条件, 所以在 $V(H)$ 和 $F_1 \triangle F_2$ 之间没有边。从而, $F_1 \cap F_2$ 是 XQ_n^k 的一个割。由于 $\delta(H) \geqslant 1$, 所以 $\delta(\mathrm{XQ}_n^k - (F_1 \cap F_2)) \geqslant 1$, 即 $F_1 \cap F_2$ 是 XQ_n^k 的一个自然割。由定理 2.2.4, $|F_1 \cap F_2| \geqslant 8n-4$。因为 $|F_1| \leqslant 8n-3$, $|F_2| \leqslant 8n-3$, 并且 $F_1 \setminus F_2$ 和 $F_2 \setminus F_1$ 都不是空集, 所以有 $|F_1 \setminus F_2| = |F_2 \setminus F_1| = 1$。设 $F_1 \setminus F_2 = \{v_1\}$ 和 $F_2 \setminus F_1 = \{v_2\}$, 则对于任意点 $w \in W$, w 与 v_1 和 v_2 都相邻。当 $k \geqslant 8$ 时, 根据性质 2.2.7, 对于任意一对顶点最多有 2 个共同的邻点, 所以在 $\mathrm{XQ}_n^k - F_1 - F_2$ 中最多存在 2 个孤立点, 即 $|W| \leqslant 2$。

设在 $\mathrm{XQ}_n^k - F_1 - F_2$ 中只有一个孤立的顶点 v。设 v_1 和 v_2 都与 v 相邻, 则

$N_{\mathrm{XQ}_n^k}(v)\setminus\{v_1,v_2\}\subseteq F_1\cap F_2$, $N_{\mathrm{XQ}_n^k}(v_1)\setminus\{v,v_2\}\subseteq F_1\cap F_2$, $N_{\mathrm{XQ}_n^k}(v_2)\setminus\{v,v_1\}\subseteq F_1\cap F_2$, $|(N_{\mathrm{XQ}_n^k}(v)\setminus\{v_1,v_2\})\cap(N_{\mathrm{XQ}_n^k}(v_1)\setminus\{v,v_2\})|\leqslant 1$ 和 $|(N_{\mathrm{XQ}_n^k}(v)\setminus\{v_1,v_2\})\cap(N_{\mathrm{XQ}_n^k}(v_2)\setminus\{v,v_1\})|\leqslant 1$ 和 $|[N_{\mathrm{XQ}_n^k}(v_1)\setminus\{v\}]\cap[N_{\mathrm{XQ}_n^k}(v_2)\setminus\{v\}]|\leqslant 1$。从而, $|F_1\cap F_2|\geqslant|N_{\mathrm{XQ}_n^k}(v)\setminus\{v_1,v_2\}|+|N_{\mathrm{XQ}_n^k}(v_1)\setminus\{v,v_2\}|+|N_{\mathrm{XQ}_n^k}(v_2)\setminus\{v,v_1\}|=(4n-2)+(4n-2)+(4n-2)-3=12n-9$。因此, $|F_2|=|F_2\setminus F_1|+|F_1\cap F_2|\geqslant 1+12n-9=12n-8>8n-3\ (n\geqslant 2)$, 这与 $|F_2|\leqslant 8n-3$ 相矛盾。

设在 $\mathrm{XQ}_n^k-F_1-F_2$ 中恰有两个孤立的顶点 v 和 w。设 v_1 和 v_2 分别与 v 和 w 相邻, 则 $N_{\mathrm{XQ}_n^k}(v)\setminus\{v_1,v_2\}\subseteq F_1\cap F_2$, $N_{\mathrm{XQ}_n^k}(w)\setminus\{v_1,v_2\}\subseteq F_1\cap F_2$, $N_{\mathrm{XQ}_n^k}(v_1)\setminus\{v,w,v_2\}\subseteq F_1\cap F_2$, $N_{\mathrm{XQ}_n^k}(v_2)\setminus\{v,w,v_1\}\subseteq F_1\cap F_2$, $|(N_{\mathrm{XQ}_n^k}(v)\setminus\{v_1,v_2\})\cap(N_{\mathrm{XQ}_n^k}(v_1)\setminus\{v,w,v_2\})|\leqslant 1$ 和 $|(N_{\mathrm{XQ}_n^k}(v)\setminus\{v_1,v_2\})\cap(N_{\mathrm{XQ}_n^k}(v_2)\setminus\{v,w,v_1\})|\leqslant 1$。$|(N_{\mathrm{XQ}_n^k}(w)\setminus\{v_1,v_2\})\cap(N_{\mathrm{XQ}_n^k}(v_1)\setminus\{v,w,v_2\})|\leqslant 1$ 和 $|(N_{\mathrm{XQ}_n^k}(w)\setminus\{v_1,v_2\})\cap(N_{\mathrm{XQ}_n^k}(v_2)\setminus\{v,w,v_1\})|\leqslant 1$。由性质 2.2.7, 对于任意一对顶点最多有 2 个共同的邻点在 XQ_n^k 中。因此, $|(N_{\mathrm{XQ}_n^k}(v_1)\setminus\{v,w,v_2\})\cap(N_{\mathrm{XQ}_n^k}(v_2)\setminus\{v,w,v_1\})|=0$ 和 $|(N_{\mathrm{XQ}_n^k}(v)\setminus\{v_1,v_2\})\cap(N_{\mathrm{XQ}_n^k}(w)\setminus\{v_1,v_2\})|=0$。从而, $|F_1\cap F_2|\geqslant|N_{\mathrm{XQ}_n^k}(v)\setminus\{v_1,v_2\}|+|N_{\mathrm{XQ}_n^k}(w)\setminus\{v_1,v_2\}|+|N_{\mathrm{XQ}_n^k}(v_1)\setminus\{v,w,v_2\}|+|N_{\mathrm{XQ}_n^k}(v_2)\setminus\{v,w,v_1\}|=(4n-2)+(4n-2)+(4n-3)+(4n-3)-1-1-1-1=16n-14$。因此, $|F_2|=|F_2\setminus F_1|+|F_1\cap F_2|\geqslant 1+16n-14=16n-13>8n-3\ (n\geqslant 2)$, 这与 $|F_2|\leqslant 8n-3$ 相矛盾。

设 $k=6$, 且 v_1 和 v_2 是相邻的。根据性质 2.2.7, $|N(v_1)\cap N(v_2)|\leqslant 2$。因此, $|W|\leqslant 2$。

设在 $\mathrm{XQ}_n^k-F_1-F_2$ 中只有 1 个孤立的顶点 v。设 v_1 和 v_2 都与 v 相邻, 则 $N_{\mathrm{XQ}_n^k}(v)\setminus\{v_1,v_2\}\subseteq F_1\cap F_2$, $N_{\mathrm{XQ}_n^k}(v_1)\setminus\{v,v_2\}\subseteq F_1\cap F_2$, $N_{\mathrm{XQ}_n^k}(v_2)\setminus\{v,v_1\}\subseteq F_1\cap F_2$, $|(N_{\mathrm{XQ}_n^k}(v)\setminus\{v_1,v_2\})\cap(N_{\mathrm{XQ}_n^k}(v_1)\setminus\{v,v_2\})|\leqslant 1$ 和 $|(N_{\mathrm{XQ}_n^k}(v)\setminus\{v_1,v_2\})\cap(N_{\mathrm{XQ}_n^k}(v_2)\setminus\{v,v_1\})|\leqslant 1$ 和 $|[N_{\mathrm{XQ}_n^k}(v_1)\setminus\{v\}]\cap[N_{\mathrm{XQ}_n^k}(v_2)\setminus\{v\}]|\leqslant 1$。从而, $|F_1\cap F_2|\geqslant|N_{\mathrm{XQ}_n^k}(v)\setminus\{v_1,v_2\}|+|N_{\mathrm{XQ}_n^k}(v_1)\setminus\{v,v_2\}|+|N_{\mathrm{XQ}_n^k}(v_2)\setminus\{v,v_1\}|=(4n-2)+(4n-2)+(4n-2)-3=12n-9$。因此, $|F_2|=|F_2\setminus F_1|+|F_1\cap F_2|\geqslant 1+12n-9=12n-8>8n-3\ (n\geqslant 2)$, 这与 $|F_2|\leqslant 8n-3$ 相矛盾。

设在 $\mathrm{XQ}_n^k-F_1-F_2$ 中恰有 2 个孤立的顶点 v 和 w。设 v_1 和 v_2 分别与 v 和 w 相邻, 则 $N_{\mathrm{XQ}_n^k}(v)\setminus\{v_1,v_2\}\subseteq F_1\cap F_2$, $N_{\mathrm{XQ}_n^k}(w)\setminus\{v_1,v_2\}\subseteq F_1\cap F_2$, $N_{\mathrm{XQ}_n^k}(v_1)\setminus\{v,w,v_2\}\subseteq F_1\cap F_2$, $N_{\mathrm{XQ}_n^k}(v_2)\setminus\{v,w,v_1\}\subseteq F_1\cap F_2$, $|(N_{\mathrm{XQ}_n^k}(v)\setminus\{v_1,v_2\})\cap(N_{\mathrm{XQ}_n^k}(v_1)\setminus\{v,w,v_2\})|\leqslant 1$ 和 $|(N_{\mathrm{XQ}_n^k}(v)\setminus\{v_1,v_2\})\cap(N_{\mathrm{XQ}_n^k}(v_2)\setminus\{v,w,v_1\})|\leqslant 1$。$|(N_{\mathrm{XQ}_n^k}(w)\setminus\{v_1,v_2\})\cap(N_{\mathrm{XQ}_n^k}(v_1)\setminus\{v,w,v_2\})|\leqslant 1$ 和 $|(N_{\mathrm{XQ}_n^k}(w)\setminus\{v_1,v_2\})\cap(N_{\mathrm{XQ}_n^k}(v_2)\setminus\{v,w,v_1\})|\leqslant 1$。由性质 2.2.7, 在 XQ_n^k 中对于任意一对顶点最多有 2 个共同的邻点, $|(N_{\mathrm{XQ}_n^k}(v)\setminus\{v_1,v_2\})\cap(N_{\mathrm{XQ}_n^k}(w)\setminus\{v_1,v_2\})|=0$。因此, $|(N_{\mathrm{XQ}_n^k}(v_1)\setminus\{v,w,v_2\})\cap(N_{\mathrm{XQ}_n^k}(v_2)\setminus\{v,w,v_1\})|=0$ 和 $|(N_{\mathrm{XQ}_n^k}(v)\setminus\{v_1,v_2\})\cap$

$(N_{XQ_n^k}(w)\setminus\{v_1,v_2\})|=0$。从而, $|F_1\cap F_2|\geqslant|N_{XQ_n^k}(v)\setminus\{v_1,v_2\}|+|N_{XQ_n^k}(w)\setminus\{v_1,v_2\}|+|N_{XQ_n^k}(v_1)\setminus\{v,w,v_2\}|+|N_{XQ_n^k}(v_2)\setminus\{v,w,v_1\}|=(4n-2)+(4n-2)+(4n-3)+(4n-3)-1-1-1-1=16n-14$。因此, $|F_2|=|F_2\setminus F_1|+|F_1\cap F_2|\geqslant 1+16n-14=16n-13>8n-3\ (n\geqslant 2)$, 这与 $|F_2|\leqslant 8n-3$ 相矛盾。

设 $k=6$, 且 v_1 和 v_2 不是相邻的。根据性质 2.2.7, $|N(v_1)\cap N(v_2)|\leqslant 4$ 和 $|W|\leqslant 4$。如果 $|N(v_1)\cap N(v_2)|=4$, 则 $v_1,v_2\in V(XQ[i])$。从而, $XQ_1^6[N(v_1)\cap N(v_2)]$ 是连通的。因此, $|W|\leqslant 3$。由于 $|N(v_1)\cap N(v_2)|\neq 3$, 所以 $|W|\leqslant 2$。

设在 $XQ_n^k-F_1-F_2$ 中只有 1 个孤立的顶点 v。设 v_1 和 v_2 都与 v 相邻, 则 $N_{XQ_n^k}(v)\setminus\{v_1,v_2\}\subseteq F_1\cap F_2$, $N_{XQ_n^k}(v_1)\setminus\{v\}\subseteq F_1\cap F_2$, $N_{XQ_n^k}(v_2)\setminus\{v\}\subseteq F_1\cap F_2$, $|(N_{XQ_n^k}(v)\setminus\{v_1,v_2\})\cap(N_{XQ_n^k}(v_1)\setminus\{v\})|\leqslant 2$ 和 $|(N_{XQ_n^k}(v)\setminus\{v_1,v_2\})\cap(N_{XQ_n^k}(v_2)\setminus\{v\})|\leqslant 2$ 和 $|[N_{XQ_n^k}(v_1)\setminus\{v\}]\cap[N_{XQ_n^k}(v_2)\setminus\{v\}]|\leqslant 3$。从而, $|F_1\cap F_2|\geqslant|N_{XQ_n^k}(v)\setminus\{v_1,v_2\}|+|N_{XQ_n^k}(v_1)\setminus\{v\}|+|N_{XQ_n^k}(v_2)\setminus\{v\}|=(4n-2)+(4n-1)+(4n-1)-2-2-3=12n-11$。因此, $|F_2|=|F_2\setminus F_1|+|F_1\cap F_2|\geqslant 1+12n-11=12n-10>8n-3\ (n\geqslant 2)$, 这与 $|F_2|\leqslant 8n-3$ 相矛盾。

设在 $XQ_n^k-F_1-F_2$ 中恰有 2 个孤立的顶点 v 和 w。设 v_1 和 v_2 分别与 v 和 w 相邻, 则 $N_{XQ_n^k}(v)\setminus\{v_1,v_2\}\subseteq F_1\cap F_2$, $N_{XQ_n^k}(w)\setminus\{v_1,v_2\}\subseteq F_1\cap F_2$, $N_{XQ_n^k}(v_1)\setminus\{v,w\}\subseteq F_1\cap F_2$, $N_{XQ_n^k}(v_2)\setminus\{v,w\}\subseteq F_1\cap F_2$, $|(N_{XQ_n^k}(v)\setminus\{v_1,v_2\})\cap(N_{XQ_n^k}(v_1)\setminus\{v,w\})|\leqslant 2$ 和 $|(N_{XQ_n^k}(v)\setminus\{v_1,v_2\})\cap(N_{XQ_n^k}(v_2)\setminus\{v,w\})|\leqslant 2$。$|(N_{XQ_n^k}(w)\setminus\{v_1,v_2\})\cap(N_{XQ_n^k}(v_1)\setminus\{v,w\})|\leqslant 2$ 和 $|(N_{XQ_n^k}(w)\setminus\{v_1,v_2\})\cap(N_{XQ_n^k}(v_2)\setminus\{v,w\})|\leqslant 2$。由性质 2.2.7, 在 XQ_n^k 中对于任意一对顶点最多有 4 个共同的邻点。因此, $|(N_{XQ_n^k}(v_1)\setminus\{v,w\})\cap(N_{XQ_n^k}(v_2)\setminus\{v,w\})|\leqslant 2$。

从而, $|F_1\cap F_2|\geqslant|N_{XQ_n^k}(v)\setminus\{v_1,v_2\}|+|N_{XQ_n^k}(w)\setminus\{v_1,v_2\}|+|N_{XQ_n^k}(v_1)\setminus\{v,w\}|+|N_{XQ_n^k}(v_2)\setminus\{v,w\}|=(4n-2)+(4n-2)+(4n-2)+(4n-2)-2-2-2-2-2=16n-18$。因此, $|F_2|=|F_2\setminus F_1|+|F_1\cap F_2|\geqslant 1+16n-18=16n-17>8n-3\ (n\geqslant 2)$, 这与 $|F_2|\leqslant 8n-3$ 相矛盾。

设 $F_1\setminus F_2=\varnothing$, 则 $F_1\subseteq F_2$。由于 F_2 是自然集, 所以 $XQ_n^k-F_2=XQ_n^k-F_1-F_2$ 没有孤立点。断言证毕。

设 $u\in V(XQ_n^k)\setminus(F_1\cup F_2)$。由断言, 在 $XQ_n^k-F_1-F_2$ 中 u 至少有一个邻点。由于 (F_1,F_2) 不满足定理 3.1.2 的任意条件, 所以对于任意一对相邻顶点 $u,w\in V(XQ_n^k)\setminus(F_1\cup F_2)$, 不存在 $v\in F_1\triangle F_2$ 使得 $uw\in E(XQ_n^k)$ 和 $vw\in E(XQ_n^k)$。因此, u 没有邻点在 $F_1\triangle F_2$。由 u 的任意性, 不存在边在 $V(XQ_n^k)\setminus(F_1\cup F_2)$ 和 $F_1\triangle F_2$ 之间。由于 $F_2\setminus F_1\neq\varnothing$ 和 F_1 是自然集, $\delta_{XQ_n^k}([F_2\setminus F_1])\geqslant 1$ 和 $|F_2\setminus F_1|\geqslant 2$。由于 F_1 和 F_2 是自然集, 不存在边在 $V(XQ_n^k)\setminus(F_1\cup F_2)$ 和 $F_1\triangle F_2$ 之间, 所以 $F_1\cap F_2$ 是 XQ_n^k 的一个自然割。由定理 2.2.4, 有 $|F_1\cap F_2|\geqslant 8n-4$。因此, $|F_2|=|F_2\setminus F_1|+|F_1\cap F_2|\geqslant 2+(8n-4)=8n-2$, 这与 $|F_2|\leqslant 8n-3$ 相

矛盾。因此, XQ_n^k 是自然 $(8n-3)$ 可诊断的并且 $t_n^{\mathrm{MM}^*}(\mathrm{XQ}_n^k) \geqslant 8n-3$。 □

组合引理 3.2.3 和引理 3.2.4, 有下面的定理。

定理 3.2.2 [55] 设 $n \geqslant 2$, 则扩展 k 元 n 立方体的自然诊断度在 MM^* 模型下是 $8n-3$。

3.2.2 巢图

1. 在 PMC 模型下的自然诊断度

下面我们将证明巢图的自然诊断度在 PMC 模型下。

引理 3.2.5 [58] 设 $A = \{(1),(12)\}$ 和 CK_n 表示巢图。如果 $n \geqslant 4$, $F_1 = N_{\mathrm{CK}_n}(A)$, $F_2 = A \cup N_{\mathrm{CK}_n}(A)$, 那么 $|F_1| = n^2-n-2$, $|F_2| = n^2-n$, $\delta(\mathrm{CK}_n - F_1) \geqslant 1$, $\delta(\mathrm{CK}_n - F_2) \geqslant 1$。

证明 由 $A = \{(1),(12)\}$, 有 $\mathrm{CK}_n[A] \cong \mathrm{CK}_2 = K_2$。由于 CK_n 没有 3 圈, 所以 $|N_{\mathrm{CK}_n}(A)| = n^2-n-2$。从而, 有 $|F_1| = n^2-n-2$, $|F_2| = |A|+|F_1| = n^2-n$。

在 F_1 中我们将证明最多有三个顶点相邻到一个顶点 x, 在 $S_n \setminus F_2$ 中, 即 $|N_{\mathrm{CK}_n}(x) \cap F_2| \leqslant 3$ 对于任意的 $x \in S_n \setminus F_2$。注意到 $\mathrm{CK}_n - F_1$ 有 2 部分 $\mathrm{CK}_n - F_2$ 和 CK_2 (为了方便)。由于 $F_1 = N_{\mathrm{CK}_n}(A)$, 所以 x 不是相邻到 $V(\mathrm{CK}_2) = A$ 的任意顶点的。如果 $|N(x) \cap N((1))| \neq 0$, 那么 $|N(x) \cap N((12))| = 0$ (由定理 2.2.5)。由性质 2.2.13, 有 $|N(x) \cap N((1))| \leqslant 3$。所以, $\delta(\mathrm{CK}_n - F_2) \geqslant \dfrac{n(n-1)}{2} - 3$。注意到 $\delta(\mathrm{CK}_2) = 1$。当 $n \geqslant 4$ 时, 有 $\delta(\mathrm{CK}_n - F_2) \geqslant \dfrac{n(n-1)}{2} - 3 \geqslant 1$。所以, $\delta(\mathrm{CK}_n - F_1) \geqslant 1$ 对于 $n \geqslant 4$。 □

引理 3.2.6 [58] 设 $n \geqslant 4$, 则 CK_n 的自然诊断度在 PMC 模型下小于或等于 n^2-n-1, 即 $t_1^{\mathrm{PMC}}(\mathrm{CK}_n) \leqslant n^2-n-1$。

证明 设 A 的定义见上面, 并设 $F_1 = N_{\mathrm{CK}_n}(A)$, $F_2 = A \cup N_{\mathrm{CK}_n}(A)$ (见图 3.1)。由引理 3.2.5, $|F_1| = n^2-n-2$, $|F_2| = n^2-n$, $\delta(\mathrm{CK}_n - F_1) \geqslant 1$ 和 $\delta(\mathrm{CK}_n - F_2) \geqslant 1$。所以, F_1 和 F_2 是 CK_n 的 2 个自然集及其 $|F_1| = n^2-n-2$ 和 $|F_2| = n^2-n$。注意到 $n! = |V(\mathrm{CK}_n)|$, $|F_2| = n^2-n$ 和 $n!-(n^2-n) > 0$。所以 $V(\mathrm{CK}_n - F_1 - F_2) \neq \varnothing$。由于 $A = F_1 \triangle F_2$ 和 $N_{\mathrm{CK}_n}(A) = F_1 \subset F_2$, 不存在 CK_n 的边在 $V(\mathrm{CK}_n) \setminus (F_1 \cup F_2)$ 和 $F_1 \triangle F_2$ 之间。由定理 3.1.1, 我们有 CK_n 不是自然 (n^2-n) 可诊断的在 PMC 模型下。因此, 由自然诊断度的定义, CK_n 的自然诊断度小于 (n^2-n), 即 $t_1^{\mathrm{PMC}}(\mathrm{CK}_n) \leqslant n^2-n-1$。 □

引理 3.2.7 [58] 设 $n \geqslant 4$, 则 CK_n 的自然诊断度在 PMC 模型下大于或等于 n^2-n-1, 即 $t_1^{\mathrm{PMC}}(\mathrm{CK}_n) \geqslant n^2-n-1$。

证明 由自然诊断度的定义, 充分地证明了 CK_n 是自然 (n^2-n-1) 可诊断的。设 F_1 和 F_2 是任意 2 个不同的 $V(\mathrm{CK}_n)$ 的自然集及其 $|F_1| \leqslant n^2-n-1$ 和

$|F_2| \leqslant n^2-n-1$。注意到 $n! > 2(n^2-n-1)$, 当 $n \geqslant 4$ 时。所以 $V(\mathrm{CK}_n-F_1-F_2) \neq \varnothing$。由定理 3.1.1, 证明 CK_n 是自然 (n^2-n-1) 可诊断的, 它等价证明存在一条边 $uv \in E(\mathrm{CK}_n)$ 及其 $u \in V(\mathrm{CK}_n)\backslash(F_1 \cup F_2)$ 和 $v \in F_1 \triangle F_2$ 对于 $V(\mathrm{CK}_n)$ 的每一对不同的自然集 F_1 和 F_2 及其 $|F_1| \leqslant n^2-n-1$ 和 $|F_2| \leqslant n^2-n-1$。

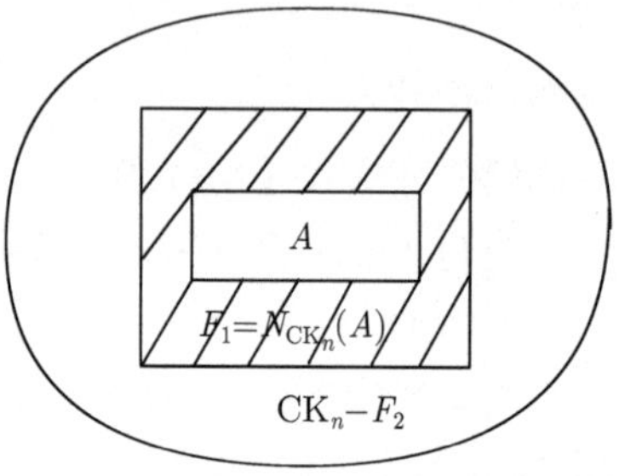

图 3.1　关于引理 3.2.6 和引理 3.2.8的证明的图例

用反证法证明。设存在 $V(\mathrm{CK}_n)$ 的 2 个不同的自然集 F_1 和 F_2 及其 $|F_1| \leqslant n^2-n-1$ 和 $|F_2| \leqslant n^2-n-1$, 但 (F_1, F_2) 不满足定理 3.1.1的条件, 即不存在边在 $V(\mathrm{CK}_n)\backslash(F_1 \cup F_2)$ 和 $F_1 \triangle F_2$ 之间。不失一般性地, 假设 $F_2 \setminus F_1 \neq \varnothing$。

由于不存在边在 $V(\mathrm{CK}_n)\backslash(F_1 \cup F_2)$ 和 $F_1 \triangle F_2$ 之间, 以及 F_1 是一个自然集, 所以 CK_n-F_1 有 2 部分 $\mathrm{CK}_n-F_1-F_2$ 和 $\mathrm{CK}_n[F_2 \setminus F_1]$, $\delta(\mathrm{CK}_n-F_1-F_2) \geqslant 1$ 和 $\delta(\mathrm{CK}_n[F_2 \setminus F_1]) \geqslant 1$。相似地, $\delta(\mathrm{CK}_n[F_1 \setminus F_2]) \geqslant 1$, 当 $F_1 \setminus F_2 \neq \varnothing$ 时。所以, $F_1 \cap F_2$ 也是一个自然集。由于不存在边在 $V(\mathrm{CK}_n-F_1-F_2)$ 和 $F_1 \triangle F_2$ 之间, 所以 $F_1 \cap F_2$ 是一个自然割。由于 $n \geqslant 4$, 由定理 2.2.9, $|F_1 \cap F_2| \geqslant n^2-n-2$。由于 $\delta(\mathrm{CK}_n[F_2 \setminus F_1]) \geqslant 1$, 所以 $|F_2 \backslash F_1| \geqslant 2$。因此, $|F_2| = |F_2 \backslash F_1| + |F_1 \cap F_2| \geqslant 2+n^2-n-2 = n^2-n$, 这与 $|F_2| \leqslant n^2-n-1$ 相矛盾。设 $F_1 \backslash F_2 = \varnothing$, 那么 $F_1 \subseteq F_2$。由于 F_1 是 CK_n 的一个自然集, 所以 $\delta(\mathrm{CK}_n[F_2 \backslash F_1]) \geqslant 1$ 和 $\delta(\mathrm{CK}_n-F_1-F_2) \geqslant 1$。由于不存在边在 $V(\mathrm{CK}_n-F_1-F_2)$ 和 $\mathrm{CK}_n[F_2 \setminus F_1]$ 之间, 所以 F_1 是 CK_n 的一个自然割。因此, $|F_2| = |F_2 \backslash F_1| + |F_1 \cap F_2| = |F_2 \backslash F_1| + |F_1| \geqslant 2+n^2-n-2 = n^2-n$, 这与 $|F_2| \leqslant n^2-n-1$ 相矛盾。所以 CK_n 是自然 (n^2-n-1) 可诊断的。由 $t_1^{\mathrm{PMC}}(\mathrm{CK}_n)$ 的定义, $t_1^{\mathrm{PMC}}(\mathrm{CK}_n) \geqslant n^2-n-1$。 □

结合引理 3.2.6 和引理 3.2.7, 有下面的定理。

定理 3.2.3[58]　设 $n \geqslant 4$, 则 CK_n 的自然诊断度在 PMC 模型下是 n^2-n-1。

2. 在 MM^* 模型下的自然诊断度

下面我们将证明巢图的自然诊断度在 MM^* 模型下。

引理 3.2.8[58]　设 $n \geqslant 4$, 则 CK_n 的自然诊断度在 MM^* 模型下小于或等于 n^2-n-1, 即 $t_1^{\mathrm{MM}^*}(\mathrm{CK}_n) \leqslant n^2-n-1$。

证明 设 A, F_1 和 F_2 被定义在引理 3.2.5中 (见图 3.1)。由引理 3.2.5, $|F_1| = n^2 - n - 2$, $|F_2| = n^2 - n$, $\delta(\mathrm{CK}_n - F_1) \geqslant 1$ 和 $\delta(\mathrm{CK}_n - F_2) \geqslant 1$。所以 F_1 和 F_2 是自然集。注意到 $n! = |V(\mathrm{CK}_n)|$, $|F_2| = n^2 - n$ 和 $n! - (n^2 - n) > 0$。所以 $V(\mathrm{CK}_n - F_1 - F_2) \neq \varnothing$。由 F_1 和 F_2 的定义, $F_1 \triangle F_2 = A$。注意到 $F_1 \setminus F_2 = \varnothing$, $F_2 \setminus F_1 = A$ 和 $(V(\mathrm{CK}_n) \setminus (F_1 \cup F_2)) \cap A = \varnothing$。所以, F_1 和 F_2 不满足定理 3.1.2的条件, 和 CK_n 不是自然 $(n^2 - n)$ 可诊断的。因此, $t_1^{\mathrm{MM}^*}(\mathrm{CK}_n) \leqslant n^2 - n - 1$。□

引理 3.2.9[58] 设 $n \geqslant 5$, 则 CK_n 的自然诊断度在 MM^* 模型下大于或等于 $n^2 - n - 1$, 即 $t_1^{\mathrm{MM}^*}(\mathrm{CK}_n) \geqslant n^2 - n - 1$。

证明 由自然诊断度的定义, 只需证明 CK_n 是自然 $(n^2 - n - 1)$ 可诊断的。设 F_1 和 F_2 是任意 2 个不同的 $V(\mathrm{CK}_n)$ 的自然集及其 $|F_1| \leqslant n^2 - n - 1$ 和 $|F_2| \leqslant n^2 - n - 1$。注意到 $n! > 2(n^2 - n - 1)$, 当 $n \geqslant 5$ 时。所以 $V(\mathrm{CK}_n - F_1 - F_2) \neq \varnothing$。用反证法证明。由定理 3.1.2, 假设存在 CK_n 的 2 个不同的自然集 F_1 和 F_2 及其 $|F_1| \leqslant n^2 - n - 1$ 和 $|F_2| \leqslant n^2 - n - 1$, 但在定理 3.1.2中 (F_1, F_2) 不满足任意条件。不失一般性地, 设 $F_2 \setminus F_1 \neq \varnothing$。

断言: $\mathrm{CK}_n - F_1 - F_2$ 没有孤立点。

假设 $\mathrm{CK}_n - F_1 - F_2$ 至少有 1 个孤立点 w。由于 F_1 是一个自然集, 所以存在一个顶点 $u \in F_2 \setminus F_1$ 使得 u 与 w 相邻。由于在定理 3.1.2中 (F_1, F_2) 不满足任意条件, 所以存在最多一个顶点 $u \in F_2 \setminus F_1$ 使得 u 与 w 相邻。从而, 确切存在一个顶点 $u \in F_2 \setminus F_1$ 使得 u 相邻到 w。相似地, 我们有确切存在一个顶点 $v \in F_1 \setminus F_2$ 使得 v 与 w 相邻, 当 $F_1 \setminus F_2 \neq \varnothing$ 时。设 $W \subseteq S_n \setminus (F_1 \cup F_2)$ 是一个孤立点集在 $\mathrm{CK}_n[S_n \setminus (F_1 \cup F_2)]$ 中, 并设 H 是一个子图由顶点集 $S_n \setminus (F_1 \cup F_2 \cup W)$ 导出。那么对于任意的 $w \in W$, 存在 $\dfrac{n(n-1)}{2} - 2$ 邻点在 $F_1 \cap F_2$ 中, 当 $F_1 \setminus F_2 \neq \varnothing$ 时。由于 $|F_2| \leqslant n^2 - n - 1$, 所以 $\sum\limits_{w \in W} |N_{\mathrm{CK}_n[(F_1 \cap F_2) \cup W]}(w)| = |W| \left(\dfrac{n(n-1)}{2} - 2\right) \leqslant \sum\limits_{v \in F_1 \cap F_2} d_{\mathrm{CK}_n}(v) = |F_1 \cap F_2| \dfrac{n(n-1)}{2} \leqslant (|F_2| - 1) \dfrac{n(n-1)}{2} \leqslant \dfrac{(n-2)(n-1)n(n+1)}{2}$。并且 $|W| \leqslant \dfrac{(n-2)(n-1)n(n+1)}{n^2 - n - 4} \leqslant \dfrac{(n-2)(n-1)n(n+1)}{(n-2)(n-1)} = n(n+1)$ 对于 $n \geqslant 5$。注意到 $|F_1 \cup F_2| = |F_1| + |F_2| - |F_1 \cap F_2| \leqslant 2(n^2 - n - 1) - \dfrac{n(n-1)}{2} + 2 = \dfrac{3}{2} n(n-1)$。设 $V(H) = \varnothing$, 则 $n! = |S_n| = |V(\mathrm{CK}_n)| = |F_1 \cup F_2| + |W| \leqslant \dfrac{3}{2} n(n-1) + n(n+1)$。这与 $n \geqslant 5$ 相矛盾。所以当 $n \geqslant 5$ 时, $V(H) \neq \varnothing$。由于 (F_1, F_2) 不满足定理 3.1.2的任意条件, 以及 $V(H)$ 的任意顶点在 H 中不是孤立点, 我们推出不存在边在 $V(H)$ 和 $F_1 \triangle F_2$ 之间。从而, $F_1 \cap F_2$ 是 CK_n 的一个顶点割和 $\delta(\mathrm{CK}_n - (F_1 \cap F_2)) \geqslant 1$,

即 $F_1\cap F_2$ 是 CK_n 的一个自然割。由定理 2.2.9, $|F_1\cap F_2|\geqslant n^2-n-2$。因为 $|F_1|\leqslant n^2-n-1$, $|F_2|\leqslant n^2-n-1$, 以及既没有 $F_1\setminus F_2$ 也没有 $F_2\setminus F_1$ 是空的, 所以 $|F_1\setminus F_2|=|F_2\setminus F_1|=1$。设 $F_1\setminus F_2=\{v_1\}$ 且 $F_2\setminus F_1=\{v_2\}$。因此, 对于任意的顶点 $w\in W$, w 与 v_1 和 v_2 相邻。根据性质 2.2.13, 对于 CK_n 的任意一对顶点最多存在 3 个公共邻点, 于是在 $\mathrm{CK}_n-F_1-F_2$ 中最多存在 3 个孤立点。

设在 $\mathrm{CK}_n-F_1-F_2$ 中恰有一个孤立点 v。设 v_1 和 v_2 与 v 相邻, 则 $N_{\mathrm{CK}_n}(v)\setminus\{v_1,v_2\}\subseteq F_1\cap F_2$。由于 CK_n 没有三角形, 所以 $N_{\mathrm{CK}_n}(v_j)\setminus\{v\}\subseteq F_1\cap F_2$ 和 $[N_{\mathrm{CK}_n}(v)\setminus\{v_1,v_2\}]\cap[N_{\mathrm{CK}_n}(v_j)\setminus\{v\}]=\varnothing$ 对于 $j\in\{1,2\}$。由性质 2.2.13, 对于 CK_n 的任意一对顶点最多存在 3 个共同的邻点。从而, $\left|\bigcap\limits_{j=1}^{2}[N_{\mathrm{CK}_n}(v_j)\setminus\{v\}]\right|\leqslant 2$, 以及 $|F_1\cap F_2|\geqslant|N_{\mathrm{CK}_n}(v)\setminus\{v_1,v_2\}|+\sum\limits_{j=1}^{2}|N_{\mathrm{CK}_n}(v_j)\setminus\{v\}|-|\bigcap\limits_{j=1}^{2}[N_{\mathrm{CK}_n}(v_j)\setminus\{v\}]|=\dfrac{n(n-1)}{2}-2+2\left(\dfrac{n(n-1)}{2}-1\right)-2=\dfrac{3}{2}n(n-1)-6$。由于 $|F_2|=|F_2\setminus F_1|+|F_1\cap F_2|\geqslant 1+\dfrac{3}{2}n(n-1)-6=\dfrac{3}{2}n(n-1)-5>n^2-n-1$, 其中 $n\geqslant 5$, 这与 $|F_2|\leqslant n^2-n-1$ 相矛盾。

设在 $\mathrm{CK}_n-F_1-F_2$ 中恰有 2 个孤立点 v_1' 和 v_2'。设 v_1 和 v_2 分别与 v_1' 和 v_2' 相邻, 则 $N_{\mathrm{CK}_n}(v_i')\setminus\{v_1,v_2\}\subseteq F_1\cap F_2$ 对于 $i\in\{1,2\}$。由于 CK_n 没有三角形, 所以 $N_{\mathrm{CK}_n}(v_j)\setminus\{v_1',v_2'\}\subseteq F_1\cap F_2$, $[N_{\mathrm{CK}_n}(v_i')\setminus\{v_1,v_2\}]\cap[N_{\mathrm{CK}_n}(v_j)\setminus\{v_1',v_2'\}]=\varnothing$, 其中 $i,j\in\{1,2\}$。由性质 2.2.13, 对于 CK_n 的任意一对顶点最多存在 3 个共同的邻点。从而, $|\bigcap\limits_{j=1}^{2}[N_{\mathrm{CK}_n}(v_j)\setminus\{v_1',v_2'\}]|=1$ 和 $|F_1\cap F_2|\geqslant\sum\limits_{i=1}^{2}|N_{\mathrm{CK}_n}(v_i')\setminus\{v_1,v_2\}|+\sum\limits_{j=1}^{2}|N_{\mathrm{CK}_n}(v_j)\setminus\{v_1',v_2'\}|-|\bigcap\limits_{j=1}^{2}[N_{\mathrm{CK}_n}(v_j)\setminus\{v_1',v_2'\}]|=4\left(\dfrac{n(n-1)}{2}-2\right)-1=2n(n-1)-9$。跟随着 $|F_2|=|F_2\setminus F_1|+|F_1\cap F_2|\geqslant 2n(n-1)-8>n^2-n-1$ 对于 $n\geqslant 5$, 这与 $|F_2|\leqslant n^2-n-1$ 相矛盾。

设在 $\mathrm{CK}_n-F_1-F_2$ 中恰有 3 个孤立点 v_i', 其中 $i\in\{1,2,3\}$。设 v_1 和 v_2 分别与 v_i' 相邻, 则 $N_{\mathrm{CK}_n}(v_i')\setminus\{v_1,v_2\}\subseteq F_1\cap F_2$。由于 CK_n 没有三角形, 所以 $N_{\mathrm{CK}_n}(v_j)\setminus\{v_1',v_2',v_3'\}\subseteq F_1\cap F_2$, $[N_{\mathrm{CK}_n}(v_i')\setminus\{v_1,v_2\}]\cap[N_{\mathrm{CK}_n}(v_j)\setminus\{v_1',v_2',v_3'\}]=\varnothing$, 其中 $i\in\{1,2,3\}$ 和 $j\in\{1,2\}$。由性质 2.2.13, 对于 CK_n 的任意一对顶点最多存在 3 个共同的邻点。从而, $|\bigcap\limits_{j=1}^{2}[N_{\mathrm{CK}_n}(v_j)\setminus\{v_1',v_2',v_3'\}]|=0$ 和 $|F_1\cap F_2|\geqslant\sum\limits_{i=1}^{3}|N_{\mathrm{CK}_n}(v_i')\setminus\{v_1,v_2\}|+\sum\limits_{j=1}^{2}|N_{\mathrm{CK}_n}(v_j)\setminus\{v_1',v_2',v_3'\}|=\dfrac{5}{2}n(n-1)-12$。于是,

$|F_2| = |F_2 \setminus F_1| + |F_1 \cap F_2| \geqslant \dfrac{5}{2}n(n-1) - 11 > n^2 - n - 1$ 其中 $n \geqslant 5$, 这与 $|F_2| \leqslant n^2 - n - 1$ 相矛盾。

设 $F_1 \setminus F_2 = \varnothing$, 则 $F_1 \subseteq F_2$。由于 F_2 是一个自然集, $\mathrm{CK}_n - F_2 = S_n - F_1 - F_2$ 没有孤立点。断言证毕。

设 $u \in V(\mathrm{CK}_n) \setminus (F_1 \cup F_2)$。由断言 1, u 至少有一个邻点在 $\mathrm{CK}_n - F_1 - F_2$ 中。由于 (F_1, F_2) 不满足定理 3.1.2中任意条件, 所以对于任意的一对相邻顶点 $u, w \in V(\mathrm{CK}_n) \setminus (F_1 \cup F_2)$, 不存在顶点 $v \in F_1 \triangle F_2$ 使得 $uw \in E(\mathrm{CK}_n)$ 和 $vw \in E(\mathrm{CK}_n)$。跟随着 u 没有邻点在 $F_1 \triangle F_2$ 中。由 u 的任意性, 不存在边在 $V(\mathrm{CK}_n) \setminus (F_1 \cup F_2)$ 和 $F_1 \triangle F_2$ 之间。由于 $F_2 \setminus F_1 \neq \varnothing$ 和 F_1 是一个自然集, $\delta_{\mathrm{CK}_n}([F_2 \setminus F_1]) \geqslant 1$。由于 $\delta(\mathrm{CK}_n[F_2 \setminus F_1]) \geqslant 1$, 所以 $|F_2 \setminus F_1| \geqslant 2$。由于 F_1 和 F_2 是自然集, 不存在边在 $V(\mathrm{CK}_n) \setminus (F_1 \cup F_2)$ 和 $F_1 \triangle F_2$ 之间, 所以 $F_1 \cap F_2$ 是 CK_n 的一个自然割。由引理 2.2.4, 有 $|F_1 \cap F_2| \geqslant n^2 - n - 2$。所以, $|F_2| = |F_2 \setminus F_1| + |F_1 \cap F_2| \geqslant 2 + n^2 - n - 2 = n^2 - n$, 这与 $|F_2| \leqslant n^2 - n - 1$ 相矛盾。因此, CK_n 是自然 $(n^2 - n - 1)$ 可诊断的并且 $t_1^{\mathrm{MM}^*}(\mathrm{CK}_n) \geqslant n^2 - n - 1$。□

根据引理 3.2.8 和引理 3.2.9, 有下面的定理。

定理 3.2.4[58]　设 $n \geqslant 5$, 则 CK_n 的自然诊断度在 MM^* 模型下是 n^2-n-1。

3.2.3　泡型图

1. 在 PMC 模型的自然诊断度

下面我们将证明泡型星图在 PMC 模型下的自然诊断度。

引理 3.2.10　最小度为 1 的图至少两个顶点。

这个引理的证明是平凡的。□

引理 3.2.11[63]　设 $n \geqslant 4$, 则泡型星图 BS_n 的自然诊断度在 PMC 模型下小于或等于 $4n-7$, 即 $t_1^{\mathrm{PMC}}(\mathrm{BS}_n) \leqslant 4n-7$。

证明　设 A 的定义同引理 2.2.6, 设 $F_1 = N_{\mathrm{BS}_n}(A)$, $F_2 = A \cup N_{\mathrm{BS}_n}(A)$。由引理 2.2.6, $|F_1| = 4n-8$, $|F_2| = 4n-6$, $\delta(\mathrm{BS}_n - F_1) \geqslant 1$ 和 $\delta(\mathrm{BS}_n - F_2) \geqslant 1$。所以, F_1 和 F_2 是 BS_n 的 2 个自然集及其 $|F_1| = 4n-8$ 和 $|F_2| = 4n-6$。注意到 $n! > 4n-6$, 所以 $V(\mathrm{BS}_n - F_1 - F_2) \neq \varnothing$。由于 $A = F_1 \triangle F_2$ 和 $N_{\mathrm{BS}_n}(A) = F_1 \subset F_2$, 所以不存在 BS_n 的边在 $V(\mathrm{BS}_n) \setminus (F_1 \cup F_2)$ 和 $F_1 \triangle F_2$ 之间。由定理 3.1.1, 我们有 BS_n 不是自然 $(4n-6)$ 可诊断的在 PMC 模型下。因此, 由自然诊断度的定义, 我们有 BS_n 的自然诊断度小于 $4n-6$, 即 $t_1^{\mathrm{PMC}}(\mathrm{BS}_n) \leqslant 4n-7$。□

引理 3.2.12[63]　设 $n \geqslant 4$, 则泡型星图 BS_n 的自然诊断度在 PMC 模型下大于或等于 $4n-7$, 即 $t_1^{\mathrm{PMC}}(\mathrm{BS}_n) \geqslant 4n-7$。

证明　由自然诊断度的定义, 充分地证明了 BS_n 是自然 $(4n-7)$ 可诊断的。

设 F_1 和 F_2 是任意 2 个不同的 BS_n 的自然集及其 $|F_1| \leqslant 4n-7$ 和 $|F_2| \leqslant 4n-7$。注意到 $n! > 2(4n-7)$, 当 $n \geqslant 4$ 时。所以 $V(\mathrm{BS}_n - F_1 - F_2) \neq \varnothing$。由定理 3.1.1, 证明 BS_n 是自然 $(4n-7)$ 可诊断的, 它等价于证明存在一条边 $uv \in E(\mathrm{BS}_n)$ 及其 $u \in V(\mathrm{BS}_n)\backslash(F_1 \cup F_2)$ 和 $v \in F_1 \triangle F_2$ 对于 $V(\mathrm{BS}_n)$ 的每一对不同的自然集 F_1 和 F_2 及其 $|F_1| \leqslant 4n-7$ 和 $|F_2| \leqslant 4n-7$。

用反证法证明。假设存在 BS_n 的 2 个自然集 F_1 和 F_2 及其 $|F_1| \leqslant 4n-7$ 和 $|F_2| \leqslant 4n-7$, 但 (F_1, F_2) 不满足定理 3.1.1的条件, 即不存在边在 $V(\mathrm{BS}_n)\backslash(F_1 \cup F_2)$ 和 $F_1 \triangle F_2$ 之间。不失一般性地, 设 $F_2 \setminus F_1 \neq \varnothing$。

由于不存在边在 $V(\mathrm{BS}_n) \setminus (F_1 \cup F_2)$ 和 $F_1 \triangle F_2$ 之间, 以及 F_1 是一个自然集, 所以 $\mathrm{BS}_n - F_1$ 有 2 部分 $\mathrm{BS}_n - F_1 - F_2$ 和 $\mathrm{BS}_n[F_2 \setminus F_1]$。从而, $\delta(\mathrm{BS}_n - F_1 - F_2) \geqslant 1$ 和 $\delta(\mathrm{BS}_n[F_2 \setminus F_1]) \geqslant 1$。相似地, $\delta(\mathrm{BS}_n[F_1 \setminus F_2]) \geqslant 1$, 当 $F_1 \setminus F_2 \neq \varnothing$ 时。所以, $F_1 \cap F_2$ 也是一个自然集。当 $F_1 \setminus F_2 = \varnothing$ 时, $F_1 \cap F_2 = F_1$ 也是一个自然集。由于不存在边在 $V(\mathrm{BS}_n - F_1 - F_2)$ 和 $F_1 \triangle F_2$ 之间, 所以 $F_1 \cap F_2$ 是一个自然割。由于 $n \geqslant 4$, 由定理 2.2.10, $|F_1 \cap F_2| \geqslant 4n-8$。由引理 3.2.10, $|F_2 \backslash F_1| \geqslant 2$。所以, $|F_2| = |F_2 \backslash F_1| + |F_1 \cap F_2| \geqslant 2 + 4n - 8 = 4n - 6$, 这与 $|F_2| \leqslant 4n-7$ 相矛盾。所以 BS_n 是自然 $(4n-7)$ 可诊断的。由 $t_1^{\mathrm{PMC}}(\mathrm{BS}_n)$ 的定义, $t_1^{\mathrm{PMC}}(\mathrm{BS}_n) \geqslant 4n-7$。□

组合引理 3.2.11 和引理 3.2.12, 我们有下面的定理。

定理 3.2.5 [63]　设 $n \geqslant 4$, 则泡型星图的自然诊断度 BS_n 在 PMC 模型下是 $4n-7$。

2. 在 MM* 模型的自然诊断度

下面我们将证明泡型星图在 MM* 模型下的自然诊断度。

引理 3.2.13 [63]　设 $n \geqslant 4$, 则泡型星图的自然诊断度 BS_n 在 MM* 模型下小于或等于 $4n-7$, 即 $t_1^{\mathrm{MM}^*}(\mathrm{BS}_n) \leqslant 4n-7$。

证明　设 A, F_1 和 F_2 的定义同引理 2.2.6。由引理 2.2.6, $|F_1| = 4n-8$, $|F_2| = 4n-6$, $\delta(\mathrm{BS}_n - F_1) \geqslant 1$ 和 $\delta(\mathrm{BS}_n - F_2) \geqslant 1$。所以 F_1 和 F_2 是自然集。注意到 $n! > 4n-6$, 所以 $V(\mathrm{BS}_n - F_1 - F_2) \neq \varnothing$。由 F_1 和 F_2 的定义, $F_1 \triangle F_2 = A$。注意到 $F_1 \setminus F_2 = \varnothing$, $F_2 \setminus F_1 = A$ 和 $(V(\mathrm{BS}_n) \setminus (F_1 \cup F_2)) \cap A = \varnothing$。所以, F_1 和 F_2 不满足定理 3.1.2的任意条件和 BS_n 不是自然 $(3n-6)$ 可诊断的。因此, $t_1^{\mathrm{MM}^*}(\mathrm{BS}_n) \leqslant 4n-7$。□

引理 3.2.14 [63]　设 $n \geqslant 5$, 则泡型星图的自然诊断度 BS_n 在 MM* 模型下大于或等于 $4n-7$, 即 $t_1^{\mathrm{MM}^*}(\mathrm{BS}_n) \geqslant 4n-7$。

证明　由自然诊断度的定义, 充分地证明了 BS_n 是自然 $(4n-7)$ 可诊断的。设 F_1 和 F_2 是任意 2 个不同的 BS_n 的自然集及其 $|F_1| \leqslant 4n-7$ 和 $|F_2| \leqslant 4n-7$。注意到 $n! > 2(4n-7)$, 当 $n \geqslant 5$ 时。所以 $V(\mathrm{BS}_n - F_1 - F_2) \neq \varnothing$。用反证法证明。

由定理 3.1.2, 假设存在 BS_n 的 2 个不同的自然集 F_1 和 F_2 及其 $|F_1| \leqslant 4n-7$ 和 $|F_2| \leqslant 4n-7$, 但在定理 3.1.2中 (F_1, F_2) 不满足任意条件。不失一般性地, 设 $F_2 \setminus F_1 \neq \varnothing$。

断言: $\mathrm{BS}_n - F_1 - F_2$ 没有孤立点。

假设 $\mathrm{BS}_n - F_1 - F_2$ 至少有一个孤立点 w。由于 F_1 是一个自然集, 所以存在一个顶点 $u \in F_2 \setminus F_1$ 使得 u 与 w 相邻。由于 (F_1, F_2) 不满足定理 3.1.2的任意条件, 所以最多存在一个顶点 $u \in F_2 \setminus F_1$ 使得 u 与 w 相邻。从而, 确切存在一个顶点 $u \in F_2 \setminus F_1$ 使得 u 与 w 相邻。相似地, 我们有确切存在一个顶点 $v \in F_1 \setminus F_2$ 使得 v 与 w 相邻, 当 $F_1 \setminus F_2 \neq \varnothing$ 时。设 $W \subseteq S_n \setminus (F_1 \cup F_2)$ 在 $\mathrm{BS}_n[S_n \setminus (F_1 \cup F_2)]$ 中是一个孤立点集, 以及设 H 是一个子图由顶点集 $S_n \setminus (F_1 \cup F_2 \cup W)$ 导出。则对于每一个顶点 $w \in W$, 存在 $(2n-5)$ 邻点在 $F_1 \cap F_2$ 中。由于 $|F_2| \leqslant 4n-7$, 所以 $\sum\limits_{w \in W} |N_{\mathrm{BS}_n[(F_1 \cap F_2) \cup W]}(w)| = |W|(2n-5) \leqslant \sum\limits_{v \in F_1 \cap F_2} d_{\mathrm{BS}_n}(v) \leqslant |F_1 \cap F_2|(2n-3) \leqslant (|F_2|-1)(2n-3) \leqslant (4n-8)(2n-3) = 8n^2-28n+24$。并且, $|W| \leqslant \dfrac{8n^2-28n+24}{2n-5} < 4n-3$ 对于 $n \geqslant 5$。注意到 $|F_1 \cup F_2| = |F_1| + |F_2| - |F_1 \cap F_2| \leqslant 2(4n-7)-(2n-5) = 6n-9$。假设 $V(H) = \varnothing$, 则 $n! = |S_n| = |V(\mathrm{BS}_n)| = |F_1 \cup F_2| + |W| < 6n-9+4n-3 = 10n-11$。这与 $n \geqslant 5$ 相矛盾。所以 $V(H) \neq \varnothing$。由于 (F_1, F_2) 不满足定理 3.1.2 任意条件, 以及 $V(H)$ 的每一个不是孤立点在 H 中, 所以不存在边在 $V(H)$ 和 $F_1 \triangle F_2$ 之间。从而, $F_1 \cap F_2$ 是 BS_n 的一个顶点割和 $\delta(\mathrm{BS}_n - (F_1 \cap F_2)) \geqslant 1$, 即 $F_1 \cap F_2$ 是 BS_n 的一个自然割。由定理 2.2.10, $|F_1 \cap F_2| \geqslant 4n-8$。因为 $|F_1| \leqslant 4n-7$, $|F_2| \leqslant 4n-7$, 既没有 $F_1 \setminus F_2$ 也没有 $F_2 \setminus F_1$ 是空的, 所以 $|F_1 \setminus F_2| = |F_2 \setminus F_1| = 1$。设 $F_1 \setminus F_2 = \{v_1\}$ 和 $F_2 \setminus F_1 = \{v_2\}$, 则对于每一个顶点 $w \in W$, w 相邻到 v_1 和 v_2 的。根据性质 2.2.18, 在 BS_n 中每一对顶点最多存在 3 个共同的邻点, 于是在 $\mathrm{BS}_n - F_1 - F_2$ 中最多存在 3 个孤立顶点, 即 $|W| \leqslant 3$。

假设在 $\mathrm{BS}_n - F_1 - F_2$ 中只有一个孤立点顶点 v。设 v_1 和 v_2 与 v 相邻, 则 $N_{\mathrm{BS}_n}(v) \setminus \{v_1, v_2\} \subseteq F_1 \cap F_2$。由于 BS_n 没有三角形, 所以 $N_{\mathrm{BS}_n}(v_1) \setminus \{v\} \subseteq F_1 \cap F_2$; $N_{\mathrm{BS}_n}(v_2) \setminus \{v\} \subseteq F_1 \cap F_2$; $[N_{\mathrm{BS}_n}(v) \setminus \{v_1, v_2\}] \cap [N_{\mathrm{BS}_n}(v_1) \setminus \{v\}] = \varnothing$ 和 $[N_{\mathrm{BS}_n}(v) \setminus \{v_1, v_2\}] \cap [N_{\mathrm{BS}_n}(v_2) \setminus \{v\}] = \varnothing$。由性质 2.2.18, $|[N_{\mathrm{BS}_n}(v_1) \setminus \{v\}] \cap [N_{\mathrm{BS}_n}(v_2) \setminus \{v\}]| \leqslant 2$。从而, $|F_1 \cap F_2| \geqslant |N_{\mathrm{BS}_n}(v) \setminus \{v_1, v_2\}| + |N_{\mathrm{BS}_n}(v_1) \setminus \{v\}| + |N_{\mathrm{BS}_n}(v_2) \setminus \{v\}| = (2n-5)+(2n-4)+(2n-4)-2 = 6n-15$。并且, $|F_2| = |F_2 \setminus F_1| + |F_1 \cap F_2| \geqslant 1+6n-15 = 6n-14 > 4n-7 \ (n \geqslant 5)$, 这与 $|F_2| \leqslant 4n-7$ 相矛盾。

假设在 $\mathrm{BS}_n - F_1 - F_2$ 中恰有 2 个孤立点 v 和 w。设 v_1 和 v_2 分别与 v 和 w 相邻, 则 $N_{\mathrm{BS}_n}(v) \setminus \{v_1, v_2\} \subseteq F_1 \cap F_2$。由于 BS_n 没有三角形, 所以 $N_{\mathrm{BS}_n}(v_1) \setminus \{v, w\} \subseteq$

$F_1\cap F_2$, $N_{\mathrm{BS}_n}(v_2)\setminus\{v,w\}\subseteq F_1\cap F_2$, $[N_{\mathrm{BS}_n}(v)\setminus\{v_1,v_2\}]\cap[N_{\mathrm{BS}_n}(v_1)\setminus\{v,w\}]=\varnothing$ 和 $[N_{\mathrm{BS}_n}(v)\setminus\{v_1,v_2\}]\cap[N_{\mathrm{BS}_n}(v_2)\setminus\{v,w\}]=\varnothing$。由性质 2.2.18, 在 BS_n 中每一对顶点最多存在两个共同的邻点。从而, 跟随着 $|[N_{\mathrm{BS}_n}(v_1)\setminus\{v,w\}]\cap[N_{\mathrm{BS}_n}(v_2)\setminus\{v,w\}]|\leqslant 1$。从而, $|F_1\cap F_2|\geqslant|N_{\mathrm{BS}_n}(v)\setminus\{v_1,v_2\}|+|N_{\mathrm{BS}_n}(w)\setminus\{v_1,v_2\}|+|N_{\mathrm{BS}_n}(v_1)\setminus\{v,w\}|+|N_{\mathrm{BS}_n}(v_2)\setminus\{v,w\}|=(2n-5)+(2n-5)-1+(2n-5)+(2n-5)-1=8n-22$。并且, $|F_2|=|F_2\setminus F_1|+|F_1\cap F_2|\geqslant 1+8n-22=8n-21>4n-7\ (n\geqslant 5)$, 这与 $|F_2|\leqslant 4n-7$ 相矛盾。

假设在 $\mathrm{BS}_n-F_1-F_2$ 中恰有 3 个孤立顶点 u,v 和 w。设 v_1 和 v_2 分别与 u,v 和 w 相邻, 则 $N_{\mathrm{BS}_n}(v)\setminus\{v_1,v_2\}\subseteq F_1\cap F_2$。由于 BS_n 没有三角形, 所以 $N_{\mathrm{BS}_n}(v_1)\setminus\{u,v,w\}\subseteq F_1\cap F_2$, $N_{\mathrm{BS}_n}(v_2)\setminus\{u,v,w\}\subseteq F_1\cap F_2$, $[N_{\mathrm{BS}_n}(v)\setminus\{v_1,v_2\}]\cap[N_{\mathrm{BS}_n}(v_1)\setminus\{u,v,w\}]=\varnothing$ 和 $[N_{\mathrm{BS}_n}(v)\setminus\{v_1,v_2\}]\cap[N_{\mathrm{BS}_n}(v_2)\setminus\{u,v,w\}]=\varnothing$。由性质 2.2.18, 在 BS_n 中每一对顶点最多存在 3 个共同的邻点。并且, $|[N_{\mathrm{BS}_n}(v_1)\setminus\{u,v,w\}]\cap[N_{\mathrm{BS}_n}(v_2)\setminus\{u,v,w\}]|=0$。从而, $|F_1\cap F_2|\geqslant|N_{\mathrm{BS}_n}(u)\setminus\{v_1,v_2\}|+|N_{\mathrm{BS}_n}(v)\setminus\{v_1,v_2\}|+|N_{\mathrm{BS}_n}(w)\setminus\{v_1,v_2\}|+|N_{\mathrm{BS}_n}(v_1)\setminus\{u,v,w\}|+|N_{\mathrm{BS}_n}(v_2)\setminus\{u,v,w\}|=(2n-5)+(2n-5)+(2n-5)+(2n-6)+(2n-6)-3=10n-30$。并且, $|F_2|=|F_2\setminus F_1|+|F_1\cap F_2|\geqslant 1+10n-30=10n-29>4n-7\ (n\geqslant 5)$, 这与 $|F_2|\leqslant 4n-7$ 相矛盾。

假设 $F_1\setminus F_2=\varnothing$, 则 $F_1\subseteq F_2$。由于 F_2 是一个自然集, 所以 $\mathrm{BS}_n-F_2=\mathrm{BS}_n-F_1-F_2$ 没有孤立顶点。断言证毕。

设 $u\in V(\mathrm{BS}_n)\setminus(F_1\cup F_2)$。由断言 1, u 至少有一个邻点在 $\mathrm{BS}_n-F_1-F_2$ 中。由于 (F_1,F_2) 不满足定理 3.1.2任意条件对于每一对相邻顶点 $u,w\in V(\mathrm{BS}_n)\setminus(F_1\cup F_2)$, 所以不存在顶点 $v\in F_1\triangle F_2$ 使得 $uw\in E(\mathrm{BS}_n)$ 和 $vw\in E(\mathrm{BS}_n)$。由 u 的任意性, 不存在边在 $V(\mathrm{BS}_n)\setminus(F_1\cup F_2)$ 和 $F_1\triangle F_2$ 之间。由于 $F_2\setminus F_1\neq\varnothing$ 和 F_1 是一个自然集, 所以 $\delta_{\mathrm{BS}_n}([F_2\setminus F_1])\geqslant 1$。由引理 3.2.10, $|F_2\setminus F_1|\geqslant 2$。由于 F_1 和 F_2 是自然集, 且在 $V(\mathrm{BS}_n)\setminus(F_1\cup F_2)$ 和 $F_1\triangle F_2$ 之间不存在边, 所以 $F_1\cap F_2$ 是 BS_n 的一个自然割。由定理 2.2.10, 有 $|F_1\cap F_2|\geqslant 4n-8$。所以, $|F_2|=|F_2\setminus F_1|+|F_1\cap F_2|\geqslant 2+(4n-8)=4n-6$, 这与 $|F_2|\leqslant 4n-7$ 相矛盾。所以, BS_n 是自然 $(4n-7)$ 可诊断的, 即 $t_1^{\mathrm{MM}^*}(\mathrm{BS}_n)\geqslant 4n-7$。 □

结合引理 3.2.13 和引理 3.2.14, 我们有下面的定理。

定理 3.2.6 [63]　设 $n\geqslant 5$, 则泡型星图的自然诊断度 BS_n 在 MM^* 模型下是 $4n-7$。

引理 3.2.15　泡型星图的自然诊断度 BS_4 在 MM^* 模型下大于或等于 8, 即 $t_1^{\mathrm{MM}^*}(\mathrm{BS}_4)\geqslant 8$。

证明　由自然诊断度的定义, 充分地证明了 BS_4 是自然 8 可诊断的。设 F_1 和 F_2 是任意 2 个不同的 BS_4 的自然集及其 $|F_1|\leqslant 8$ 和 $|F_2|\leqslant 8$。注意到 $4!>2\times 8$。

所以 $V(\mathrm{BS}_4 - F_1 - F_2) \neq \varnothing$。用反证法证明。由定理 3.1.2, 假设存在 BS_4 的 2 个不同的自然集 F_1 和 F_2 及其 $|F_1| \leqslant 8$ 和 $|F_2| \leqslant 8$, 但 (F_1, F_2) 在定理 3.1.2中不满足任意条件。不失一般性地, 设 $F_2 \setminus F_1 \neq \varnothing$。设 $W \subseteq S_4 \setminus (F_1 \cup F_2)$ 是一个孤立点集在 $\mathrm{BS}_4[S_4 \setminus (F_1 \cup F_2)]$ 中, 以及设 H 是一个子图由顶点集 $S_4 \setminus (F_1 \cup F_2 \cup W)$ 导出。当 $F_1 \backslash F_2 = \varnothing$ 时, $F_1 \subseteq F_2$。由于 F_2 是一个自然集, 所以 $\mathrm{BS}_4 - F_1 - F_2$ 没有孤立点。我们讨论下面的情况。

情况 1. $V(H) \neq \varnothing$。

注意到 $F_2 \triangle F_1 \neq \varnothing$。由于 (F_1, F_2) 不满足定理 3.1.2的任意条件, 所以 $V(H)$ 和 $F_2 \triangle F_1$ 之间没有边。由于 F_1 是一个自然集, 所以存在 $\delta((F_2 \backslash F_1) \cup W) \geqslant 1$。当 $F_1 \backslash F_2 \neq \varnothing$ 时, 由于 F_2 是一个自然集, 所以存在 $\delta((F_1 \backslash F_2) \cup W) \geqslant 1$。因此, $F_1 \cap F_2$ 是一个自然割。由引理 2.2.5, $|F_1 \cap F_2| \geqslant 8$。注意到 $|F_2| = |F_2 \backslash F_1| + |F_1 \cap F_2| \geqslant 1 + 8 = 9$。所以这与 $|F_2| \leqslant 8$ 相矛盾。如果 $F_1 \backslash F_2 = \varnothing$, 那么 $F_1 \subseteq F_2$。相似地, $F_1 \cap F_2$ 是一个自然割。由引理 2.2.5, $|F_1 \cap F_2| \geqslant 8$。注意到 $|F_2| = |F_2 \backslash F_1| + |F_1 \cap F_2| \geqslant 1 + 8 = 9$。所以这与 $|F_2| \leqslant 8$ 相矛盾。

情况 2. $V(H) = \varnothing$。

在这种情况下, $W \neq \varnothing$ 和 $F_1 \backslash F_2 \neq \varnothing$。设 $w \in W$。由于 F_1 是一个自然集, 所以存在一个顶点 $u \in F_2 \setminus F_1$ 使得 u 与 w 相邻。由于 (F_1, F_2) 不满足定理 3.1.2的任意条件, 所以最多存在一个顶点 $u \in F_2 \setminus F_1$ 使得 u 与 w 相邻。从而, 确切存在一个顶点 $u \in F_2 \setminus F_1$ 使得 u 与 w 相邻。相似地, 我们确切存在一个顶点 $v \in F_1 \setminus F_2$ 使得 v 与 w 相邻。所以 $N_{\mathrm{BS}_4}(w) \setminus \{u, v\} \subseteq F_1 \cap F_2$ 和 $|F_1 \cap F_2| \geqslant 3$。由于 $|F_1| \leqslant 8$ 和 $|F_2| \leqslant 8$, 所以 $|F_1 \cup F_2| = |F_2| + |F_1 \setminus F_2| \leqslant 8 + 5 = 13$。因此, $|W| = 24 - |F_1 \cup F_2| \geqslant 24 - 13 = 11$ 和 $11 \leqslant |W| \leqslant 12$。

由于 $|F_2| \leqslant 8$ 和 $F_2 \backslash F_1 \neq \varnothing$, 所以 $|F_1 \cap F_2| \leqslant 7$。设 $5 \leqslant |F_1 \cap F_2| \leqslant 7$。注意到 BS_4 的独立数是 12。设 $|F_1 \cap F_2| = 5, 6, 7$, 则 $|F_1 \cup F_2| = |F_2| + |F_1 \setminus F_2| \leqslant 8 + 3 = 11$。因此, $|W| \geqslant 13$, 这将产生矛盾。

设 $|F_1 \cap F_2| = 4$。如果 $|F_1 \setminus F_2|$ 和 $|F_1 \setminus F_2|$ 之一小于或者等于 3, 那么 $|W| \geqslant 13$, 这将产生矛盾。因此, $|F_2 \setminus F_1| = 4$ 和 $|F_1 \setminus F_2| = 4$。从而, $|W| = 12$。这时 $F_1 \cup F_2$ 也是一个独立集。注意到不存在 2 个顶点在 $F_2 \setminus F_1$ 中使得它们相邻到 1 个顶点在 W 中和 BS_4 的正则度是 5。由于 $F_2 \setminus F_1$ 是孤立点和 $|F_2 \setminus F_1| = 4$, 所以 $|W| = 20$, 这将产生矛盾。

设 $|F_1 \cap F_2| = 3$, 则 $11 \leqslant |W| \leqslant 12$。如果 $|F_1 \setminus F_2|$ 和 $|F_1 \setminus F_2|$ 之一小于或者等于 3, 那么 $|W| \geqslant 13$, 这将产生矛盾。因此, $|F_2 \setminus F_1| = 4$ 和 $|F_1 \setminus F_2| = 4$, 或 $|F_2 \setminus F_1| = 4$ 和 $|F_1 \setminus F_2| = 5$, 或 $|F_2 \setminus F_1| = 5$ 和 $|F_1 \setminus F_2| = 4$。不失一般性地, 设 $|F_2 \setminus F_1| = 5$ 和 $|F_1 \setminus F_2| = 4$。当 $|F_2 \setminus F_1| = 5$ 和 $|F_1 \setminus F_2| = 4$ 时, $|W| = 12$。同上面的讨论相似, 这将产生矛盾。从而, 设 $|F_2 \setminus F_1| = 4$ 和 $|F_1 \setminus F_2| = 4$。这时

$|W|=11$。注意到 $F_2\setminus F_1$ 和 $F_1\setminus F_2$ 之一存在 3 个孤立点。所以 $|W|\geqslant 15$, 这将产生矛盾。 □

我们应该指出泡型星图 BS_4 在 MM^* 模型下的自然诊断度不是 9。设 $F_1=\{2431,3241,2134,3412,3142,1234,2143,1423,4123\}$ 和 $F_2=\{2431,3241,2134,3412,3142,1234,4213,1423,4123\}$, 则 $BS_4-F_1-F_2$ 有 2 个孤立顶点 1243 和 2413。注意到 F_1 和 F_2 是自然集和在 BS_4 中 $|F_1|=|F_2|=9$, 但 (F_1,F_2) 不满足定理 3.1.2的任意条件。所以 BS_4 在 MM^* 模型下自然诊断度小于或等于 8。再根据引理 3.2.15, 我们有下面的性质。

性质 3.2.1 泡型星图 BS_4 在 MM^* 模型下的自然诊断度是 8。

评论: 由定理 3.2.5, 泡型星图 BS_4 在 PMC 模型下的自然诊断度是 9。然而泡型星图 BS_4 在 PMC 模型下和在 MM^* 模型下的自然诊断度是不同的。

3.2.4 轮图

1. 在 PMC 模型下轮图的自然诊断度

下面我们将证明在 PMC 模型下轮图的自然诊断度。

引理 3.2.16 一个最小度为 1 的图至少有 2 个顶点。

这个引理的证明是平凡的。

引理 3.2.17[64] 设 $n\geqslant 4$, 则在 PMC 模型下轮图 CW_n 的自然诊断度小于或等于 $4n-5$, 即 $t_1^{PMC}(CW_n)\leqslant 4n-5$。

证明 设 A 的定义见引理 2.2.8, $F_1=N_{CW_n}(A)$, $F_2=A\cup N_{CW_n}(A)$。由引理 2.2.8, $|F_1|=4n-6$, $|F_2|=4n-4$, $\delta(CW_n-F_1)\geqslant 1$ 和 $\delta(CW_n-F_2)\geqslant 1$。所以, F_1 和 F_2 是 CW_n 的 2 个自然集及其 $|F_1|=4n-6$ 和 $|F_2|=4n-4$。注意到 $n!>4n-4$, 当 $n\geqslant 4$ 时。所以 $V(CW_n-F_1-F_2)\neq\varnothing$。由于 $A=F_1\triangle F_2$ 和 $N_{CW_n}(A)=F_1\subset F_2$, 不存在 CW_n 的边在 $V(CW_n)\setminus(F_1\cup F_2)$ 和 $F_1\triangle F_2$ 之间。由定理 3.1.1, 我们有 CW_n 不是自然 $(4n-4)$ 可诊断的在 PMC 模型下。因此, 由自然诊断度的定义, 我们有 CW_n 的自然诊断度小于或等于 $4n-4$, 即 $t_1^{PMC}(CW_n)\leqslant 4n-5$。 □

引理 3.2.18[64] 设 $n\geqslant 5$, 则在 PMC 模型下轮图 CW_n 的自然诊断度大于或等于 $4n-5$, 即 $t_1^{PMC}(CW_n)\geqslant 4n-5$。

证明 由自然诊断度的定义, 充分地证明了 CW_n 是自然 $(4n-5)$ 可诊断的。设 F_1 和 F_2 是任意 2 个不同的 CW_n 的自然集及其 $|F_1|\leqslant 4n-5$ 和 $|F_2|\leqslant 4n-5$。注意到 $n!>2(4n-5)$, 当 $n\geqslant 5$ 时。所以 $V(CW_n-F_1-F_2)\neq\varnothing$。由定理 3.1.1, 证明 CW_n 是自然 $(4n-5)$ 可诊断的, 等价地证明了存在一条边 $uv\in E(CW_n)$ 及其 $u\in V(CW_n)\setminus(F_1\cup F_2)$ 和 $v\in F_1\triangle F_2$ 对于任意 2 个不同的 CW_n 的自然集 F_1 和 F_2 及其 $|F_1|\leqslant 4n-5$ 和 $|F_2|\leqslant 4n-5$。不失一般性地, $F_2\setminus F_1\neq\varnothing$。

证明用反证法。设存在 2 个不同的 CW_n 的自然集 F_1 和 F_2 及其 $|F_1| \leqslant 4n-5$ 和 $|F_2| \leqslant 4n-5$, 但 (F_1, F_2) 不满足定理 3.1.1的任意条件, 即不存在边在 $V(\mathrm{CW}_n)\backslash(F_1 \cup F_2)$ 和 $F_1 \triangle F_2$ 之间。由于不存在边在 $V(\mathrm{CW}_n) \setminus (F_1 \cup F_2)$ 和 $F_1 \triangle F_2$ 之间, 以及 F_1 是一个自然集, 所以 $\mathrm{CW}_n - F_1$ 有 2 部分 $\mathrm{CW}_n - F_1 - F_2$ 和 $\mathrm{CW}_n[F_2 \setminus F_1]$ 及其 $\delta(\mathrm{CW}_n - F_1 - F_2) \geqslant 1$ 和 $\delta(\mathrm{CW}_n[F_2 \setminus F_1]) \geqslant 1$。相似地, $\delta(\mathrm{CW}_n[F_1\backslash F_2]) \geqslant 1$, 当 $F_1\backslash F_2 \neq \varnothing$ 时。所以, $F_1 \cap F_2$ 也是一个自然集。当 $F_1\backslash F_2 = \varnothing$ 时, $F_1 \cap F_2 = F_1$ 也是一个自然集。由于不存在边在 $V(\mathrm{CW}_n - F_1 - F_2)$ 和 $F_1 \triangle F_2$ 之间, 所以 $F_1 \cap F_2$ 是一个自然割。由于 $n \geqslant 5$, 由定理 2.2.14, $|F_1 \cap F_2| \geqslant 4n-6$。由引理 3.2.16, $|F_2\backslash F_1| \geqslant 2$。所以, $|F_2| = |F_2\backslash F_1| + |F_1 \cap F_2| \geqslant 2 + 4n - 6 = 4n-4$, 这与 $|F_2| \leqslant 4n-5$ 相矛盾。所以 CW_n 是自然 $(4n-5)$ 可诊断的。由 $t_1^{\mathrm{PMC}}(\mathrm{CW}_n)$ 的定义, $t_1^{\mathrm{PMC}}(\mathrm{CW}_n) \geqslant 4n-5$。 □

根据引理 3.2.17和引理 3.2.18, 我们有下面的定理。

定理 3.2.7 [64] 设 $n \geqslant 5$, 轮图 CW_n 在 PMC 模型下的自然诊断度是 $4n-5$。

2. 在 MM* 模型下轮图的自然诊断度

下面我们将证明在 MM* 模型下轮图的自然诊断度。

引理 3.2.19 [64] 设 $n \geqslant 5$, 则在 MM* 模型下轮图 CW_n 的自然诊断度小于或等于 $4n-5$, 即 $t_1^{\mathrm{MM}^*}(\mathrm{CW}_n) \leqslant 4n-5$。

证明 设 A, F_1 和 F_2 被定义在引理 2.2.8 中。由引理 2.2.8, $|F_1| = 4n-6$, $|F_2| = 4n-4$, $\delta(\mathrm{CW}_n - F_1) \geqslant 1$ 和 $\delta(\mathrm{CW}_n - F_2) \geqslant 1$。所以 F_1 和 F_2 是 2 个自然集。注意到 $n! > 4n-4$, 当 $n \geqslant 5$ 时。所以 $V(\mathrm{CW}_n - F_1 - F_2) \neq \varnothing$。由 F_1 和 F_2 的定义, $F_1 \triangle F_2 = A$。注意到 $F_1 \setminus F_2 = \varnothing$, $F_2 \setminus F_1 = A$ 和 $(V(\mathrm{CW}_n) \setminus (F_1 \cup F_2)) \cap A = \varnothing$。所以, F_1 和 F_2 不满足定理 3.1.1的任意条件。因此, CW_n 不是自然 $(4n-4)$ 可诊断的。从而, $t_1^{\mathrm{MM}^*}(\mathrm{CW}_n) \leqslant 4n-5$。 □

引理 3.2.20 [64] 设 $n \geqslant 5$, 则在 MM* 模型下轮图 CW_n 的自然诊断度大于或等于 $4n-5$, 即 $t_1^{\mathrm{MM}^*}(\mathrm{CW}_n) \geqslant 4n-5$。

证明 由自然诊断度的定义, 充分地证明了 CW_n 是自然 $(4n-5)$ 可诊断的。设 F_1 和 F_2 是任意 2 个不同的 CW_n 的自然集及其 $|F_1| \leqslant 4n-5$ 和 $|F_2| \leqslant 4n-5$。注意到 $n! > 2(4n-5)$, 当 $n \geqslant 5$ 时。所以 $V(\mathrm{CW}_n - F_1 - F_2) \neq \varnothing$。

用反证法证明。由定理 3.1.2, 设存在 2 个不同的 CW_n 的自然集 F_1 和 F_2 及其 $|F_1| \leqslant 4n-5$ 和 $|F_2| \leqslant 4n-5$, 但 (F_1, F_2) 不满足定理 3.1.2的任意条件。不失一般性地, 假设 $F_2 \setminus F_1 \neq \varnothing$。

断言: $\mathrm{CW}_n - F_1 - F_2$ 没有孤立点。

如果 $F_1 \setminus F_2 = \varnothing$, 那么 $F_1 \subseteq F_2$。由于 F_2 是一个自然割, 所以 $\mathrm{CW}_n - F_2 = \mathrm{CW}_n - F_1 - F_2$ 没有孤立点。因此, 设 $F_1 \setminus F_2 \neq \varnothing$。设 $\mathrm{CW}_n - F_1 - F_2$ 至少

有一个孤立点 w。由于 F_1 是一个自然集，所以存在一个顶点 $u \in F_2 \setminus F_1$ 使得 u 与 w 相邻。由于 (F_1, F_2) 不满足定理 3.1.2的任意条件，所以存在最多一个顶点 $u \in F_2 \setminus F_1$ 使得 u 与 w 相邻。从而，确切存在一个顶点 $u \in F_2 \setminus F_1$ 使得 u 与 w 相邻。相似地，确切存在一个顶点 $v \in F_1 \setminus F_2$ 使得 v 与 w 相邻。设 $W \subseteq S_n \setminus (F_1 \cup F_2)$ 在 $\mathrm{CW}_n[S_n \setminus (F_1 \cup F_2)]$ 中是孤立点集，以及设 H 是那个子图由 $S_n \setminus (F_1 \cup F_2 \cup W)$ 导出。则对于任意 $w \in W$，存在 $(2n-4)$ 邻点在 $F_1 \cap F_2$ 中。由于 $|F_2| \leqslant 4n-5$，所以我们有 $\sum\limits_{w \in W} |N_{\mathrm{CW}_n[(F_1 \cap F_2) \cup W]}(w)| \leqslant |W|(2n-4) \leqslant \sum\limits_{v \in F_1 \cap F_2} d_{\mathrm{CW}_n}(v) \leqslant |F_1 \cap F_2|(2n-2) \leqslant (|F_2|-1)(2n-2) \leqslant (4n-6)(2n-2) = 8n^2-20n+10$。并且，$|W| \leqslant \dfrac{8n^2-20n+10}{2n-4} < 4n-1$ 对于 $n \geqslant 5$。设 $|F_1 \cup F_2| = |F_1| + |F_2| - |F_1 \cap F_2| \leqslant 2(4n-5)-(2n-4) = 6n-6$。设 $V(H) = \varnothing$，则 $n! = |S_n| = |V(\mathrm{CW}_n)| = |F_1 \cup F_2| + |W| < 6n-6+4n-1 = 10n-7$。这与 $n \geqslant 5$ 相矛盾。所以 $V(H) \neq \varnothing$。由于 (F_1, F_2) 不满足定理 3.1.2的任意条件，以及 $V(H)$ 的每一个点不是孤立点在 H 中，所以不存在边在 $V(H)$ 和 $F_1 \triangle F_2$ 之间。注意到 $F_1 \triangle F_2 \neq \varnothing$。所以 $F_1 \cap F_2$ 是 CW_n 的一个割。由于 F_1 是 CW_n 的一个自然集，所以 $\delta(\mathrm{CW}_n[(F_2 \setminus F_1) \cup W]) \geqslant 1$。相似地，$\delta(\mathrm{CW}_n[(F_1 \setminus F_2) \cup W]) \geqslant 1$。因此，$\delta(\mathrm{CW}_n[(F_1 \triangle F_2) \cup W]) \geqslant 1$。注意到 $\mathrm{CW}_n - (F_1 \cap F_2)$ 有 2 部分 H 和 $\mathrm{CW}_n[(F_1 \triangle F_2) \cup W]$。所以 $\delta(\mathrm{CW}_n - (F_1 \cap F_2)) \geqslant 1$，即 $F_1 \cap F_2$ 是 CW_n 的一个自然割。由定理 2.2.14, $|F_1 \cap F_2| \geqslant 4n-6$。因为 $|F_1| \leqslant 4n-5$, $|F_2| \leqslant 4n-5$，既没有 $F_1 \setminus F_2$ 也没有 $F_2 \setminus F_1$ 是空的，所以我们有 $|F_1 \setminus F_2| = |F_2 \setminus F_1| = 1$。设 $F_1 \setminus F_2 = \{v_1\}$ 和 $F_2 \setminus F_1 = \{v_2\}$，则对于任意顶点 $w \in W$，w 相邻到 v_1 和 v_2。根据定理 2.2.11, 对于在 CW_n 中的任意一对顶点最多存在 3 个邻点，并且在 $\mathrm{CW}_n - F_1 - F_2$ 中最多存在 3 个孤立点，即 $|W| \leqslant 3$。

设在 $\mathrm{CW}_n - F_1 - F_2$ 中恰有一个孤立点 v。设 v_1 和 v_2 与 v 相邻，则 $N_{\mathrm{CW}_n}(v) \setminus \{v_1, v_2\} \subseteq F_1 \cap F_2$。由于 CW_n 没有三角形，所以 $N_{\mathrm{CW}_n}(v_1) \setminus \{v\} \subseteq F_1 \cap F_2$; $N_{\mathrm{CW}_n}(v_2) \setminus \{v\} \subseteq F_1 \cap F_2$; $[N_{\mathrm{CW}_n}(v) \setminus \{v_1, v_2\}] \cap [N_{\mathrm{CW}_n}(v_1) \setminus \{v\}] = \varnothing$ 和 $[N_{\mathrm{CW}_n}(v) \setminus \{v_1, v_2\}] \cap [N_{\mathrm{CW}_n}(v_2) \setminus \{v\}] = \varnothing$。由定理 2.2.11, $|[N_{\mathrm{CW}_n}(v_1) \setminus \{v\}] \cap [N_{\mathrm{CW}_n}(v_2) \setminus \{v\}]| \leqslant 2$。从而，$|F_1 \cap F_2| \geqslant |N_{\mathrm{CW}_n}(v) \setminus \{v_1, v_2\}| + |N_{\mathrm{CW}_n}(v_1) \setminus \{v\}| + |N_{\mathrm{CW}_n}(v_2) \setminus \{v\}| = (2n-4)+(2n-3)+(2n-3)-2 = 6n-10$。并且，$|F_2| = |F_2 \setminus F_1| + |F_1 \cap F_2| \geqslant 1+6n-10 = 6n-9 > 4n-5 \quad (n \geqslant 5)$，这与 $|F_2| \leqslant 4n-5$ 相矛盾。

设在 $\mathrm{CW}_n - F_1 - F_2$ 中恰有 2 个孤立点 v 和 w。设 v_1 和 v_2 分别与 v 和 w 相邻，则 $N_{\mathrm{CW}_n}(v) \setminus \{v_1, v_2\} \subseteq F_1 \cap F_2$。由于 CW_n 没有三角形，所以 $N_{\mathrm{CW}_n}(v_1) \setminus \{v, w\} \subseteq F_1 \cap F_2$, $N_{\mathrm{CW}_n}(v_2) \setminus \{v, w\} \subseteq F_1 \cap F_2$, $[N_{\mathrm{CW}_n}(v) \setminus \{v_1, v_2\}] \cap [N_{\mathrm{CW}_n}(v_1) \setminus \{v, w\}] = \varnothing$

和 $[N_{\mathrm{CW}_n}(v)\setminus\{v_1,v_2\}]\cap[N_{\mathrm{CW}_n}(v_2)\setminus\{v,w\}]=\varnothing$。由定理 2.2.11, 对于在 CW_n 中任意一对顶点最多存在 3 个公共邻点。从而, $|[N_{\mathrm{CW}_n}(v_1)\setminus\{v,w\}]\cap[N_{\mathrm{CW}_n}(v_2)\setminus\{v,w\}]|\leqslant 1$。因此, $|F_1\cap F_2|\geqslant|N_{\mathrm{CW}_n}(v)\setminus\{v_1,v_2\}|+|N_{\mathrm{CW}_n}(w)\setminus\{v_1,v_2\}|+|N_{\mathrm{CW}_n}(v_1)\setminus\{v,w\}|+|N_{\mathrm{CW}_n}(v_2)\setminus\{v,w\}|=(2n-4)+(2n-4)+(2n-4)+(2n-4)-1=8n-17$。并且, $|F_2|=|F_2\setminus F_1|+|F_1\cap F_2|\geqslant 1+8n-17=8n-16>4n-5\ (n\geqslant 5)$, 这与 $|F_2|\leqslant 4n-5$ 相矛盾。

设在 $\mathrm{CW}_n-F_1-F_2$ 中恰有 3 个孤立点 u,v 和 w。设 v_1 和 v_2 分别与 u,v 和 w 相邻, 则 $N_{\mathrm{CW}_n}(v)\setminus\{v_1,v_2\}\subseteq F_1\cap F_2$。由于 CW_n 没有三角形, 所以 $N_{\mathrm{CW}_n}(v_1)\setminus\{u,v,w\}\subseteq F_1\cap F_2$, $N_{\mathrm{CW}_n}(v_2)\setminus\{u,v,w\}\subseteq F_1\cap F_2$, $[N_{\mathrm{CW}_n}(v)\setminus\{v_1,v_2\}]\cap[N_{\mathrm{CW}_n}(v_1)\setminus\{u,v,w\}]=\varnothing$ 和 $[N_{\mathrm{CW}_n}(v)\setminus\{v_1,v_2\}]\cap[N_{\mathrm{CW}_n}(v_2)\setminus\{u,v,w\}]=\varnothing$。由定理 2.2.11, 存在最多 3 个公共邻点对于任意一对顶点在 CW_n 中。从而, $|[N_{\mathrm{CW}_n}(v_1)\setminus\{u,v,w\}]\cap[N_{\mathrm{CW}_n}(v_2)\setminus\{u,v,w\}]|=0$。因此, $|F_1\cap F_2|\geqslant|N_{\mathrm{CW}_n}(u)\setminus\{v_1,v_2\}|+|N_{\mathrm{CW}_n}(v)\setminus\{v_1,v_2\}|+|N_{\mathrm{CW}_n}(w)\setminus\{v_1,v_2\}|+|N_{\mathrm{CW}_n}(v_1)\setminus\{u,v,w\}|+|N_{\mathrm{CW}_n}(v_2)\setminus\{u,v,w\}|=(2n-4)+(2n-4)+(2n-4)+(2n-5)+(2n-5)=10n-18$。并且, $|F_2|=|F_2\setminus F_1|+|F_1\cap F_2|\geqslant 1+10n-18=10n-17>4n-5\ (n\geqslant 5)$, 这与 $|F_2|\leqslant 4n-5$ 相矛盾。断言证毕。

设 $u\in V(\mathrm{CW}_n)\setminus(F_1\cup F_2)$。由断言 1, u 至少有一个邻点在 $\mathrm{CW}_n-F_1-F_2$ 中。由于 (F_1,F_2) 不满足定理 3.1.2的任意条件, 所以对于任意一对相邻顶点 $u,w\in V(\mathrm{CW}_n)\setminus(F_1\cup F_2)$, 不存在顶点 $v\in F_1\triangle F_2$ 使得 $uw\in E(\mathrm{CW}_n)$ 和 $vw\in E(\mathrm{CW}_n)$。由 u 的任意性, 故不存在边在 $V(\mathrm{CW}_n)\setminus(F_1\cup F_2)$ 和 $F_1\triangle F_2$ 之间。由于 $F_2\setminus F_1\neq\varnothing$ 和 F_1 是一个自然集, $\delta_{\mathrm{CW}_n}([F_2\setminus F_1])\geqslant 1$。由引理 3.2.16, $|F_2\setminus F_1|\geqslant 2$。由于 F_1 和 F_2 都是自然集, 以及不存在边在 $V(\mathrm{CW}_n)\setminus(F_1\cup F_2)$ 和 $F_1\triangle F_2$ 之间, 所以 $F_1\cap F_2$ 是 CW_n 的一个自然割。由定理 2.2.14, 我们有 $|F_1\cap F_2|\geqslant 4n-6$。所以, $|F_2|=|F_2\setminus F_1|+|F_1\cap F_2|\geqslant 2+(4n-6)=4n-4$, 这与 $|F_2|\leqslant 4n-5$ 相矛盾。所以, CW_n 是自然 $(4n-5)$ 可诊断的并且 $t_1^{\mathrm{MM}^*}(\mathrm{CW}_n)\geqslant 4n-5$。 □

根据引理 3.2.19和引理 3.2.20, 我们有下面的定理。

定理 3.2.8 [64] 设 $n\geqslant 5$, 轮图 CW_n 在 MM^* 模型下的自然诊断度是 $4n-5$。

3.2.5 对换树生成的凯莱图

1. 在 PMC 模型下对换树生成的凯莱图的自然诊断度

下面我们将给出对换树生成的凯莱图在 PMC 模型下的自然诊断度的结论和证明。

引理 3.2.21 [65] 设 $A=\{(1),(12)\}$ 和 $\mathrm{C\Gamma}_n$ 的定义见上面。如果 $n\geqslant 4$, $F_1=N_{\mathrm{C\Gamma}_n}(A)$, $F_2=A\cup N_{\mathrm{C\Gamma}_n}(A)$, 则 $|F_1|=2n-4$, $|F_2|=2n-2$, $\delta(\mathrm{C\Gamma}_n-F_1)\geqslant 1$ 和 $\delta(\mathrm{C\Gamma}_n-F_2)\geqslant 1$。

证明 由 $A=\{(1),(12)\}$, 我们有 $C\Gamma_n[A]\cong C\Gamma_2=K_2$。由于 $C\Gamma_n$ 没有 3 圈, 所以 $|N_{C\Gamma_n}(A)|=2n-4$。从而, 我们有 $|F_1|=2n-4$, $|F_2|=|A|+|F_1|=2n-2$。

在 F_1 中我们将证明最多有 2 个顶点相邻到一个顶点 x 在 $S_n\setminus F_2$ 中, 即 $|N_{C\Gamma_n}(x)\cap F_2|\leqslant 2$ 对于任意的 $x\in S_n\setminus F_2$。注意到 $C\Gamma_n-F_1$ 有 2 部分 $C\Gamma_n-F_2$ 和 $C\Gamma_2$。由于 $F_1=N_{C\Gamma_n}(A)$, x 不是相邻到 $V(C\Gamma_2)=A$ 的每一个点。设 $C\Gamma_n$ 的围长是 6, 则 $C\Gamma_n$ 是那个星图。由性质 2.2.26, $|N_{C\Gamma_n}(x)\cap F_2|\leqslant 1$ 对于任意的 $x\in S_n\setminus F_2$。设 $C\Gamma_n$ 的围长是 4, 则 $C\Gamma_n$ 不是那个星图。由性质 2.2.27, $|N_{C\Gamma_n}(x)\cap F_2|\leqslant 2$ 对于任意的 $x\in S_n\setminus F_2$。所以, $\delta(C\Gamma_n-F_2)\geqslant n-1-2=n-3$。$C\Gamma_n-F_1$ 有 2 部分 $C\Gamma_n-F_2$ 和 $C\Gamma_2$。注意到 $\delta(C\Gamma_2)=1$。由于 $n\geqslant 4$, $\delta(C\Gamma_n-F_2)\geqslant n-3\geqslant 1$。所以, $\delta(C\Gamma_n-F_1)\geqslant 1$ 对于 $n\geqslant 4$。 □

引理 3.2.22 [65] 设 $n\geqslant 4$, 则在 PMC 模型下对换树生成的凯莱图 $C\Gamma_n$ 的自然诊断度小于或等于 $2n-3$, 即 $t_1^{\mathrm{PMC}}(C\Gamma_n)\leqslant 2n-3$。

证明 设 A 的定义见上面, 并设 $F_1=N_{C\Gamma_n}(A)$, $F_2=A\cup N_{C\Gamma_n}(A)$。由引理 3.2.21, $|F_1|=2n-4$, $|F_2|=2n-2$, $\delta(C\Gamma_n-F_1)\geqslant 1$ 和 $\delta(C\Gamma_n-F_2)\geqslant 1$。所以, F_1 和 F_2 都是 $C\Gamma_n$ 的自然集及其 $|F_1|=2n-4$ 和 $|F_2|=2n-2$。注意到 $n!>2n-2$, 当 $n\geqslant 4$ 时。所以 $V(C\Gamma_n-F_2)=V(C\Gamma_n-F_1-F_2)\neq\varnothing$。由于 $A=F_1\triangle F_2$ 和 $N_{C\Gamma_n}(A)=F_1\subset F_2$, 不存在 $C\Gamma_n$ 的边在 $V(C\Gamma_n)\backslash(F_1\cup F_2)$ 和 $F_1\triangle F_2$ 之间。由定理 3.1.1, $C\Gamma_n$ 不是自然 $(2n-2)$ 可诊断的在 PMC 模型下。因此, 由自然诊断度的定义, 有 $C\Gamma_n$ 的自然诊断度小于 $2n-2$, 即 $t_1^{\mathrm{PMC}}(C\Gamma_n)\leqslant 2n-3$。 □

引理 3.2.23 [65] 设 $n\geqslant 4$, 则在 PMC 模型下对换树生成的凯莱图 $C\Gamma_n$ 的自然诊断度大于或等于 $2n-3$, 即 $t_1^{\mathrm{PMC}}(C\Gamma_n)\geqslant 2n-3$。

证明 由自然诊断度的定义, 充分地证明了 $C\Gamma_n$ 是自然 $(2n-3)$ 可诊断的。由定理 3.1.1, 证明 $C\Gamma_n$ 是自然 $(2n-3)$ 可诊断的, 等价地证明了存在一条边 $uv\in E(C\Gamma_n)$ 及其 $u\in V(C\Gamma_n)\backslash(F_1\cup F_2)$ 和 $v\in F_1\triangle F_2$ 对于 $C\Gamma_n$ 的每一对不同的自然集 F_1 和 F_2 及其 $|F_1|\leqslant 2n-3$ 和 $|F_2|\leqslant 2n-3$。注意到 $n!>2(2n-3)$, 当 $n\geqslant 4$ 时。所以 $V(C\Gamma_n)\neq F_1\cup F_2$。

用反证法证明。设存在 $C\Gamma_n$ 的 2 个不同的自然集 F_1 和 F_2 及其 $|F_1|\leqslant 2n-3$ 和 $|F_2|\leqslant 2n-3$, 但顶点 (F_1,F_2) 不满足任意条件在定理 3.1.1, 即不存在边在 $V(C\Gamma_n)\backslash(F_1\cup F_2)$ 和 $F_1\triangle F_2$ 之间。不失一般性地, 假设 $F_2\setminus F_1\neq\varnothing$。由于不存在边在 $V(C\Gamma_n)\setminus(F_1\cup F_2)$ 和 $F_1\triangle F_2$ 之间, 以及 F_1 是一个自然集, 所以 $C\Gamma_n-F_1$ 有 2 部分 $C\Gamma_n-F_1-F_2$ 和 $C\Gamma_n[F_2\setminus F_1]$, $\delta(C\Gamma_n-F_1-F_2)\geqslant 1$ 和 $\delta(C\Gamma_n[F_2\setminus F_1])\geqslant 1$。相似地, $\delta(C\Gamma_n[F_1\setminus F_2])\geqslant 1$, 当 $F_1\setminus F_2\neq\varnothing$ 时。所以, $F_1\cap F_2$ 也是一个自然集。由于不存在边在 $V(C\Gamma_n-F_1-F_2)$ 和 $F_1\triangle F_2$ 之间, 所以 $F_1\cap F_2$ 是一个自然割。由于 $n\geqslant 4$, 由引理 2.2.14, $|F_1\cap F_2|\geqslant 2n-4$。由引理 3.2.16, $|F_2\backslash F_1|\geqslant 2$。所以, $|F_2|=|F_2\backslash F_1|+|F_1\cap F_2|\geqslant 2+2n-4=2n-2$,

这与 $|F_2| \leqslant 2n-3$ 相矛盾。所以 $C\Gamma_n$ 是自然 $(2n-3)$ 可诊断的。由 $t_1^{\rm PMC}(C\Gamma_n)$ 的定义, $t_1^{\rm PMC}(C\Gamma_n) \geqslant 2n-3$。 □

组合引理 3.2.22和引理 3.2.23, 我们有下面的定理。

定理 3.2.9 [65] *设 $n \geqslant 4$, 则在 PMC 模型下对换树生成的凯莱图 $C\Gamma_n$ 的自然诊断度是 $2n-3$。*

2. 在 MM* 模型下对换树生成的凯莱图的自然诊断度

下面我们将证明对换树生成的凯莱图的自然诊断度在 MM* 模型下。

引理 3.2.24 [65] *设 $n \geqslant 4$, 则对换树生成的凯莱图 $C\Gamma_n$ 的自然诊断度在 MM* 模型下小于或等于 $2n-3$, 即 $t_1^{\rm MM^*}(C\Gamma_n) \leqslant 2n-3$。*

证明 设 A, F_1 和 F_2 被定义在引理 3.2.21中。由引理 3.2.21, $|F_1| = 2n-4$, $|F_2| = 2n-2$, $\delta(C\Gamma_n - F_1) \geqslant 1$ 和 $\delta(C\Gamma_n - F_2) \geqslant 1$。所以 F_1 和 F_2 都是自然集。注意到 $n! > 2n-2$, 当 $n \geqslant 4$ 时。所以 $V(C\Gamma_n - F_2) = V(C\Gamma_n - F_1 - F_2) \neq \varnothing$。由 F_1 和 F_2 的定义, $F_1 \bigtriangleup F_2 = A$。注意到 $F_1 \setminus F_2 = \varnothing$, $F_2 \setminus F_1 = A$ 和 $(V(C\Gamma_n) \setminus (F_1 \cup F_2)) \cap A = \varnothing$。所以, F_1 和 F_2 不满足任意条件在定理 3.1.2, 以及 $C\Gamma_n$ 不是自然 $(2n-2)$ 可诊断的。因此, $t_1^{\rm MM^*}(C\Gamma_n) \leqslant 2n-3$。 □

引理 3.2.25 [65] *设 $n \geqslant 4$, 则对换树生成的凯莱图 $C\Gamma_n$ 除了那个泡型图 B_4 在 MM* 模型下的自然诊断度大于或等于 $2n-3$, 即 $t_1^{\rm MM^*}(C\Gamma_n) \geqslant 2n-3$。*

证明 由自然诊断度的定义, 充分地证明了 $C\Gamma_n$ 是自然 $(2n-3)$ 可诊断的。对于 $C\Gamma_n$ 的每一对不同的自然集 F_1 和 F_2 及其 $|F_1| \leqslant 2n-3$ 和 $|F_2| \leqslant 2n-3$。注意到 $n! > 2(2n-3)$, 当 $n \geqslant 4$ 时。所以 $V(C\Gamma_n) \neq F_1 \cup F_2$。

用反证法证明。由定理 3.1.2, 设存在 $C\Gamma_n$ 的 2 个不同的自然集 F_1 和 F_2 及其 $|F_1| \leqslant 2n-3$ 和 $|F_2| \leqslant 2n-3$, 但 (F_1, F_2) 不满足定理 3.1.2的任意条件。不失一般性地, 假设 $F_2 \setminus F_1 \neq \varnothing$。

断言: $C\Gamma_n - F_1 - F_2$ 没有孤立点。

当 $F_1 \setminus F_2 = \varnothing$ 时, $F_1 \subseteq F_2$。由于 F_2 是一个自然集, 所以 $C\Gamma_n - F_2 = C\Gamma_n - F_1 - F_2$ 没有孤立点。因此, 下面设 $F_1 \setminus F_2 \neq \varnothing$。

假设 $C\Gamma_n - F_1 - F_2$ 至少有一个孤立点 w。由于 F_1 是一个自然集, 所以存在一个顶点 $u \in F_2 \setminus F_1$ 使得 u 相邻到 w。由于 (F_1, F_2) 不满足定理 3.1.2 中的任意条件, 所以最多存在一个顶点 $u \in F_2 \setminus F_1$ 使得 u 与 w 相邻。从而, 确切存在一个顶点 $u \in F_2 \setminus F_1$ 使得 u 与 w 相邻。相似地, 确切存在一个顶点 $v \in F_1 \setminus F_2$ 使得 v 与 w 相邻。设 $W \subseteq S_n \setminus (F_1 \cup F_2)$ 在 $C\Gamma_n[S_n \setminus (F_1 \cup F_2)]$ 中是孤立点的集合, 以及设 H 是子图由 $S_n \setminus (F_1 \cup F_2 \cup W)$ 导出。则对于任意的 $w \in W$, 存在 $(n-3)$ 邻点在 $F_1 \cap F_2$ 中。由于 $|F_2| \leqslant 2n-3$, 所以我们有 $\sum\limits_{w \in W} |N_{C\Gamma_n[(F_1 \cap F_2) \cup W]}(w)| = |W|(n-3) \leqslant \sum\limits_{v \in F_1 \cap F_2} d_{C\Gamma_n}(v) \leqslant |F_1 \cap F_2|(n-1) \leqslant$

$(|F_2|-1)(n-1) \leqslant (2n-4)(n-1) = 2n^2-6n+4$。并且有 $|W| \leqslant 2n+4$。注意到 $|F_1 \cup F_2| = |F_1|+|F_2|-|F_1 \cap F_2| \leqslant 2(2n-3)-(n-3) = 3n-3$。设 $V(H)=\varnothing$, 则 $n! = |S_n| = |V(\mathrm{C}\Gamma_n)| = |F_1 \cup F_2|+|W| \leqslant 3n-3+2n+4 = 5n+1$。这与 $n \geqslant 4$ 相矛盾。所以 $V(H) \neq \varnothing$。由于 (F_1, F_2) 不满足定理 3.1.2中任意的条件, 以及 $V(H)$ 的任意的顶点不是孤立点在 H 中, 所以不存在边在 $V(H)$ 和 $F_1 \triangle F_2$ 之间。因此, $F_1 \cap F_2$ 是 $\mathrm{C}\Gamma_n$ 的一个割。由于 F_1 是一个自然集, 所以 $\delta(\mathrm{C}\Gamma_n[(F_2 \setminus F_1) \cup W]) \geqslant 1$。相似地, $\delta(\mathrm{C}\Gamma_n[(F_1 \setminus F_2) \cup W]) \geqslant 1$。因此, 和 $\delta(\mathrm{C}\Gamma_n - (F_1 \cap F_2)) \geqslant 1$, 即 $F_1 \cap F_2$ 是 $\mathrm{C}\Gamma_n$ 的一个自然割。由引理 2.2.14, $|F_1 \cap F_2| \geqslant 2n-4$。因为 $|F_1| \leqslant 2n-3$, $|F_2| \leqslant 2n-3$, 既没有 $F_1 \setminus F_2$ 也没有 $F_2 \setminus F_1$ 是空的, 所以我们有 $|F_1 \setminus F_2| = |F_2 \setminus F_1| = 1$。设 $F_1 \setminus F_2 = \{v_1\}$ 和 $F_2 \setminus F_1 = \{v_2\}$, 则对于任意的顶点 $w \in W$, w 与 v_1 和 v_2 相邻。根据性质 2.2.26 和性质 2.2.27, 在 $\mathrm{C}\Gamma_n$ 中对于任意一对顶点最多存在 2 个公共的邻点, 于是在 $\mathrm{C}\Gamma_n - F_1 - F_2$ 中最多存在 2 个孤立点, 即 $|W| \leqslant 2$。

设确切存在一个孤立点 v 在 $\mathrm{C}\Gamma_n - F_1 - F_2$ 中和 $\mathrm{C}\Gamma_n$ 是一个星图。设 v_1 和 v_2 与 v 相邻, 则 $N_{\mathrm{C}\Gamma_n}(v) \setminus \{v_1, v_2\} \subseteq F_1 \cap F_2$。由于 $\mathrm{C}\Gamma_n$ 没有三角形, 跟随着 $N_{\mathrm{C}\Gamma_n}(v_1) \setminus \{v\} \subseteq F_1 \cap F_2$; $N_{\mathrm{C}\Gamma_n}(v_2) \setminus \{v\} \subseteq F_1 \cap F_2$; $[N_{\mathrm{C}\Gamma_n}(v) \setminus \{v_1, v_2\}] \cap [N_{\mathrm{C}\Gamma_n}(v_1) \setminus \{v\}] = \varnothing$ 和 $[N_{\mathrm{C}\Gamma_n}(v) \setminus \{v_1, v_2\}] \cap [N_{\mathrm{C}\Gamma_n}(v_2) \setminus \{v\}] = \varnothing$。由于 $\mathrm{C}\Gamma_n$ 是一个星图, 由性质 2.2.26, 在 $\mathrm{C}\Gamma_n$ 中对于任意一对顶点最多存在一个公共邻点。从而, 有 $|[N_{\mathrm{C}\Gamma_n}(v_1) \setminus \{v\}] \cap [N_{\mathrm{C}\Gamma_n}(v_2) \setminus \{v\}]| = 0$。因此, $|F_1 \cap F_2| \geqslant |N_{\mathrm{C}\Gamma_n}(v) \setminus \{v_1, v_2\}|+|N_{\mathrm{C}\Gamma_n}(v_1) \setminus \{v\}|+|N_{\mathrm{C}\Gamma_n}(v_2) \setminus \{v\}| = (n-3)+(n-2)+(n-2)-0 = 3n-7$。因此 $|F_2| = |F_2 \setminus F_1| + |F_1 \cap F_2| \geqslant 1+3n-7 = 3n-6 > 2n-3 \ (n \geqslant 4)$, 这与 $|F_2| \leqslant 2n-3$ 相矛盾。设 $\mathrm{C}\Gamma_n$ 不是一个星图, 则 $\mathrm{C}\Gamma_n$ 包含一个 4 圈 C_4。设 v_1 和 v_2 与 v 相邻, 则 $N_{\mathrm{C}\Gamma_n}(v) \setminus \{v_1, v_2\} \subseteq F_1 \cap F_2$。由于 $\mathrm{C}\Gamma_n$ 没有三角形, 跟随着 $N_{S_n}(v_1) \setminus \{v\} \subseteq F_1 \cap F_2$, $N_{\mathrm{C}\Gamma_n}(v_2) \setminus \{v\} \subseteq F_1 \cap F_2$, $[N_{\mathrm{C}\Gamma_n}(v) \setminus \{v_1, v_2\}] \cap [N_{S_n}(v_1) \setminus \{v\}] = \varnothing$ 和 $[N_{\mathrm{C}\Gamma_n}(v) \setminus \{v_1, v_2\}] \cap [N_{\mathrm{C}\Gamma_n}(v_2) \setminus \{v\}] = \varnothing$。由于在 $\mathrm{C}\Gamma_n$ 中存在 C_4, 由性质 2.2.27, 在 $\mathrm{C}\Gamma_n$ 中对于任意一对顶点最多存在 2 个公共邻点。从而, 有 $|[N_{\mathrm{C}\Gamma_n}(v_1) \setminus \{v\}] \cap [N_{\mathrm{C}\Gamma_n}(v_2) \setminus \{v\}]| \leqslant 1$。因此, $|F_1 \cap F_2| \geqslant |N_{\mathrm{C}\Gamma_n}(v) \setminus \{v_1, v_2\}| + |N_{\mathrm{C}\Gamma_n}(v_1) \setminus \{v\}| + |N_{\mathrm{C}\Gamma_n}(v_2) \setminus \{v\}| - |[N_{\mathrm{C}\Gamma_n}(v_1) \setminus \{v\}] \cap [N_{\mathrm{C}\Gamma_n}(v_2) \setminus \{v\}]| = (n-3)+(n-2)+(n-2)-1 = 3n-8$。由于 $\mathrm{C}\Gamma_n$ 不包含 B_4, 因此 $|F_2| = |F_2 \setminus F_1| + |F_1 \cap F_2| \geqslant 1+3n-8 = 3n-7 > 2n-3 \ (n \geqslant 5)$, 这与 $|F_2| \leqslant 2n-3$ 相矛盾。

设在 $\mathrm{C}\Gamma_n - F_1 - F_2$ 中存在 2 个孤立点 v 和 w, 则 $\mathrm{C}\Gamma_n$ 不是一个星图。再结合 $\mathrm{C}\Gamma_4 \neq B_4$, 我们有 $n \geqslant 5$。设 v_1 和 v_2 分别与 v 和 w 相邻, 则 $N_{\mathrm{C}\Gamma_n}(v) \setminus \{v_1, v_2\} \subseteq F_1 \cap F_2$。由于 $\mathrm{C}\Gamma_n$ 没有三角形, 所以 $N_{\mathrm{C}\Gamma_n}(v_1) \setminus \{v, w\} \subseteq F_1 \cap F_2$, $N_{\mathrm{C}\Gamma_n}(v_2) \setminus \{v, w\} \subseteq F_1 \cap F_2$, $[N_{\mathrm{C}\Gamma_n}(v) \setminus \{v_1, v_2\}] \cap [N_{\mathrm{C}\Gamma_n}(v_1) \setminus \{v, w\}] = \varnothing$ 和

$[N_{C\Gamma_n}(v)\setminus\{v_1,v_2\}]\cap[N_{C\Gamma_n}(v_2)\setminus\{v,w\}]=\varnothing$。由于 $C\Gamma_n$ 不是一个星图, 所以由性质 2.2.27, 在 $C\Gamma_n$ 中对于任意一对顶点最多存在 2 个公共邻点。从而, 有 $|[N_{C\Gamma_n}(v_1)\setminus\{v,w\}]\cap[N_{C\Gamma_n}(v_2)\setminus\{v,w\}]|=0$。因此, $|F_1\cap F_2|\geqslant|N_{C\Gamma_n}(v)\setminus\{v_1,v_2\}|+|N_{C\Gamma_n}(w)\setminus\{v_1,v_2\}|+|N_{C\Gamma_n}(v_1)\setminus\{v,w\}|+|N_{C\Gamma_n}(v_2)\setminus\{v,w\}|=(n-3)+(n-3)+(n-3)+(n-3)=4n-12$。因此有 $|F_2|=|F_2\setminus F_1|+|F_1\cap F_2|\geqslant 1+4n-12=4n-11>2n-3\ (n\geqslant 5)$, 这与 $|F_2|\leqslant 2n-3$ 相矛盾。断言证毕。

设 $u\in V(C\Gamma_n)\setminus(F_1\cup F_2)$。由断言 1, u 在 $C\Gamma_n-F_1-F_2$ 中至少有一个邻点。由于 (F_1,F_2) 不满足定理 3.1.2中的任意条件, 所以对于任意一对相邻顶点 $u,w\in V(C\Gamma_n)\setminus(F_1\cup F_2)$, 不存在顶点 $v\in F_1\triangle F_2$ 使得 $uw\in E(C\Gamma_n)$ 和 $vw\in E(C\Gamma_n)$。由 u 的任意性, 不存在边在 $V(C\Gamma_n)\setminus(F_1\cup F_2)$ 和 $F_1\triangle F_2$ 之间。由于 $F_2\setminus F_1\neq\varnothing$ 和 F_1 是一个自然集, 所以 $\delta_{C\Gamma_n}([F_2\setminus F_1])\geqslant 1$。由引理 3.2.16, $|F_2\setminus F_1|\geqslant 2$。由于 F_1 和 F_2 都是自然集, 不存在边在 $V(C\Gamma_n)\setminus(F_1\cup F_2)$ 和 $F_1\triangle F_2$ 之间, $F_1\cap F_2$ 是 $C\Gamma_n$ 的一个自然割。由引理 2.2.14, 我们有 $|F_1\cap F_2|\geqslant 2n-4$。所以, $|F_2|=|F_2\setminus F_1|+|F_1\cap F_2|\geqslant 2+(2n-4)=2n-2$, 这与 $|F_2|\leqslant 2n-3$ 相矛盾。所以, $C\Gamma_n$ 是自然 $(2n-3)$ 可诊断的, 即 $t_1^{MM^*}(C\Gamma_n)\geqslant 2n-3$。 □

结合引理 3.2.24和引理 3.2.25, 我们有下面的定理。

定理 3.2.10 [65] 设 $n\geqslant 4$, 则对换树生成的凯莱图 $C\Gamma_n$ 除了那个泡型图 B_4 在 MM^* 模型下的自然诊断度是 $2n-3$。

引理 3.2.26 泡型图 B_4 自然诊断度在 MM^* 下大于或等于 4, 即 $t_1^{MM^*}(B_4)\geqslant 4$ (见图 3.2)。

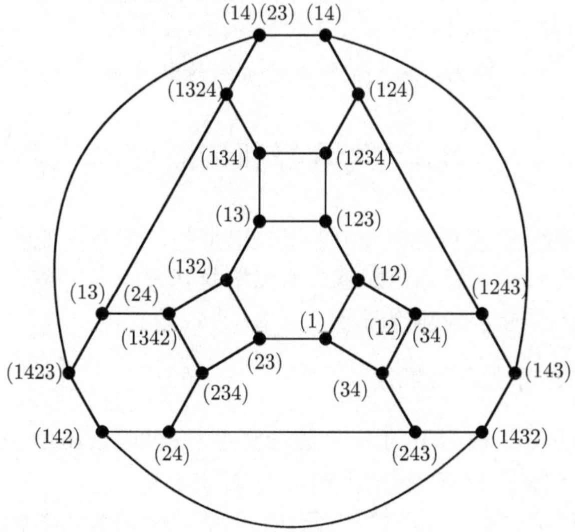

图 3.2 泡型图 B_4

证明 由自然诊断度的定义, 充分地证明了 B_4 是自然 4 可诊断的。对于 B_4 的每一对不同的自然集 F_1 和 F_2 及其 $|F_1| \leqslant 4$ 和 $|F_2| \leqslant 4$。注意到 $4! > 8$。所以 $V(B_4) \neq F_1 \cup F_2$。

用反证法证明。由定理 3.1.2, 设存在 B_4 的 2 个不相同的自然集 F_1 和 F_2 及其 $|F_1| \leqslant 4$ 和 $|F_2| \leqslant 4$, 但 (F_1, F_2) 不满足定理 3.1.2的任意条件。不失一般性地, 假设 $F_2 \setminus F_1 \neq \varnothing$。

同引理 3.2.25的断言相似, 即 $C\Gamma_n - F_1 - F_2$ 不包含孤立点, 有 $B_4 - F_1 - F_2$ 不包含孤立点。

设 $u \in V(B_4) \setminus (F_1 \cup F_2)$。由于 $B_4 - F_1 - F_2$ 不包含孤立点, 所以 u 至少有一个邻点在 $B_4 - F_1 - F_2$ 中。由于 (F_1, F_2) 不满足定理 3.1.2的任意条件, 所以对于任意的一对相邻的顶点 $u, w \in V(B_4) \setminus (F_1 \cup F_2)$, 不存在顶点 $v \in F_1 \triangle F_2$ 使得 $uw \in E(B_4)$ 和 $vw \in E(B_4)$。由 u 的任意性, 不存在边在 $V(B_4) \setminus (F_1 \cup F_2)$ 和 $F_1 \triangle F_2$ 之间。由于 $F_2 \setminus F_1 \neq \varnothing$ 和 F_1 是一个自然集, 所以 $\delta_{B_4}([F_2 \setminus F_1]) \geqslant 1$。由引理 3.2.16, $|F_2 \setminus F_1| \geqslant 2$。由于 F_1 和 F_2 都是自然集, 不存在边在 $V(B_4) \setminus (F_1 \cup F_2)$ 和 $F_1 \triangle F_2$ 之间, 所以 $F_1 \cap F_2$ 是 B_4 的一个自然割。由引理 2.2.14, 我们有 $|F_1 \cap F_2| \geqslant 4$。所以, $|F_2| = |F_2 \setminus F_1| + |F_1 \cap F_2| \geqslant 2 + 4 = 6$, 这与 $|F_2| \leqslant 4$ 相矛盾。所以, B_4 是自然 4 可诊断的, 即 $t_1^{\mathrm{MM}^*}(C\Gamma_n) \geqslant 4$。 □

最后, 我们指出泡型图 B_4 自然诊断度在 MM* 下不是 5。在图 3.2中, 设 $F_1 = \{(23), (243), (1243), (123), (1)\}$ 和 $F_2 = \{(23), (243), (1243), (123), (12)(34)\}$, 则 $B_4 - F_1 - F_2$ 有 2 个孤立点 (12) 和 (34)。容易看到 F_1 和 F_2 都是 B_4 的自然集和 $|F_1| = |F_2| = 5$, 但 (F_1, F_2) 不满足定理 3.1.2中任意的条件。由引理 3.2.24和引理 3.2.26, 我们有下面的性质。

性质 3.2.2 泡型图 B_4 在 MM* 下的自然诊断度是 4。

3.3 高阶好邻诊断度

网络的 g 好邻诊断度概念是 2012 年提出来的。本章主要给出并证明了超立方体在 MM* 模型下的 g 好邻诊断度、局部扭曲立方的 g 好邻诊断度、泡型图的 g 好邻诊断度和星图的 g 好邻诊断度。

3.3.1 超立方体的 g 好邻诊断度

超立方体在 PMC 模型下的 g 好邻诊断度, 于 2012 年由 Peng 等[45] 给出。本书仅给出超立方体在 MM* 模型下的 g 好邻诊断度。

n 维超立方体 Q_n 由 Saad 等[90] 提出, 它是一种著名的多处理机系统互联网络的拓扑结构。

定义 3.3.1 一个 n 维超立方体 Q_n 是一个无向 n 正则图包含 2^n 顶点, 它的点的形式是 $u_1u_2\cdots u_n$, 其中 $u_i \in \{0,1\}$ 对于 $1 \leqslant i \leqslant n$。2 个顶点 $u = u_1u_2\cdots u_n$ 和 $v = v_1v_2\cdots v_n$ 是相邻的当且仅当确切存在一个位 j 使得 $u_j \neq v_j$ 对于 $1 \leqslant j \leqslant n$, 即 $\sum\limits_{i=1}^{n}|u_i - v_i| = 1$。

定理 3.3.1[45,90] 设 $n \geqslant 3$ 和 $0 \leqslant g \leqslant n-2$, F 是 Q_n 的一个最小割使得 $|N_{Q_n}(x) \setminus F| \geqslant g$ 对于整个 $x \in V(Q_n) \setminus F$, 则 $|F| = (n-g)2^g$。

定理 3.3.2[35] 设 H 是 Q_n 的一个子图满足 $\delta(H) \geqslant g$, 则 $|V(H)| \geqslant 2^g$, 对于 $0 < g \leqslant n$。

设 $X \in \{0,1\}$, $0^n = \underbrace{00\cdots0}_{n}$, 并设 $X^n = \underbrace{XX\cdots X}_{n}$。

引理 3.3.1[91] 设 $A = \{0^{n-g}X^g\}$, $0 \leqslant g \leqslant n-3$, 并设 $F_1 = N_{Q_n}(A)$, $F_2 = A \cup N_{Q_n}(A)$, 则 $|F_1| = (n-g)2^g$, $\delta(Q_n - F_1) \geqslant g$ 和 $\delta(Q_n - F_2) \geqslant n-2$。

证明 由 Q_n 的定义, 我们有 $|A| = 2^g$。设 $0 \leqslant p \leqslant n-g-1$, 则 $\{0^p10^{n-g-1-p}X^g\} \subseteq N_{Q_n}(A)$。注意到 $|\{0^p10^{n-g-1-p}X^g\}| = 2^g$。当 $p \neq x$ 时, 容易看到 $0^p10^{n-g-1-p}X^g \neq 0^x10^{n-g-1-x}X^g$。所以, 我们有 $|F_1| = |N_{Q_n}(A)| = (n-g)2^g$。注意到 $N(F_2) = N(A \cup N_{Q_n}(A))$ 的形式是 $0^p10^q10^{n-g-p-q-2}X^g$, 其中 $0 \leqslant p, q \leqslant n-g-2$。从而, $N(F_2)$ 的每一个相邻到 F_2 的 2 顶点和 $V(Q_n) \setminus (F_2 \cup N(F_2))$ 的每一个不相邻到 F_2 的每一个顶点。由于 Q_n 是 n 正则的, $\delta(Q_n - F_2) \geqslant n-2$。由定义 A, $Q_n - F_1$ 有 2 部分 $Q_n[A]$ 和 $Q_n - F_2$。注意到 $\delta(Q_n[A]) = g$。结合 $0 \leqslant g \leqslant n-3$ 和 $\delta(Q_n - F_2) \geqslant n-2$, 我们有 $\delta(Q_n - F_1) \geqslant g$。 □

引理 3.3.2[91] 设 $n \geqslant 5$ 和 $0 \leqslant g \leqslant n-3$, 则 Q_n 的 g 好邻诊断度在 MM* 模型下小于或等于 $(n-g+1)2^g - 1$, 即 $t_g^{\mathrm{MM}^*}(Q_n) \leqslant (n-g+1)2^g - 1$。

证明 设 A, F_1 和 F_2 的定义见上面。由引理 3.3.1, $|F_1| = (n-g)2^g$, $|F_2| = (n-g)2^g + 2^g = (n-g+1)2^g$, $\delta(Q_n - F_1) \geqslant g$ 和 $\delta(Q_n - F_2) \geqslant n-2$。所以 F_1 和 F_2 都是 g 好邻集。注意到 $2^n > (n-g+1)2^g$。所以 $V(Q_n - F_2) = V(Q_n - F_1 - F_2) \neq \varnothing$。由 F_1 和 F_2 定义, $F_1 \triangle F_2 = A$。注意到 $F_1 \setminus F_2 = \varnothing$, $F_2 \setminus F_1 = A$ 和 $(V(Q_n) \setminus (F_1 \cup F_2)) \cap A = \varnothing$。所以 F_1 和 F_2 不满足定理 3.1.2中的任意条件并且 Q_n 不是 g 好邻 $(n-g+1)2^g$ 可诊断的。因此, $t_g^{\mathrm{MM}^*}(Q_n) \leqslant (n-g+1)2^g - 1$。

□

定理 3.3.3[4] 图 $G = (V, E)$ 有完美匹配当且仅当对于所有的 $S \subseteq V$ 使得 $o(G-S) \leqslant |S|$。

引理 3.3.3[91] 设 $n \geqslant 5$ 和 $0 \leqslant g \leqslant n-3$, 则 Q_n 的 g 好邻诊断度在 MM* 模型下大于或等于 $(n-g+1)2^g - 1$, 即 $t_g^{\mathrm{MM}^*}(Q_n) \geqslant (n-g+1)2^g - 1$。

证明 由 g 好邻诊断度的定义, 充分地证明了 Q_n 是 g 好邻 $((n-g+1)2^g - 1)$

可诊断的。对于 Q_n 的每一对不同的 g 好邻集 F_1 和 F_2 及其 $|F_1| \leqslant (n-g+1)2^g-1$ 和 $|F_2| \leqslant (n-g+1)2^g-1$。

设 $f(x)=(n-x+1)2^x$ 对于 $0 \leqslant x \leqslant n-3$, 则 $f(x)$ 是一个增函数和 $n+1 \leqslant f(x) \leqslant 2^{n-1}$。由于 $0 \leqslant g \leqslant n-3$, 所以 $2^n=|V(Q_n)|=|F_1 \cup F_2|=|F_1|+|F_2|-|F_1 \cap F_2| \leqslant |F_1|+|F_2|=2[(n-g+1)2^g-1] \leqslant 2[2^{n-1}-1]=2^n-2<2^n$, 这将产生矛盾。因此, $V(Q_n) \neq F_1 \cup F_2$。我们讨论下面的情况。

情况 1. $2 \leqslant g \leqslant n-3$。

情况 1.1. $Q_n-F_1-F_2$ 有孤立点。

由定理 3.1.2, (F_1, F_2) 是可区分的。

情况 1.2. $Q_n-F_1-F_2$ 没有孤立点。

用反证法证明。由定理 3.1.2, 设存在 2 个不同的 g 好邻集 F_1 和 F_2 及其 $|F_1| \leqslant (n-g+1)2^g-1$ 和 $|F_2| \leqslant (n-g+1)2^g-1$, 但 (F_1, F_2) 不满足定理 3.1.2中的任意条件。即 $Q_n-F_1-F_2$ 和 $F_1 \triangle F_2$ 之间没有边。不失一般性地, 设 $F_2 \setminus F_1 \neq \varnothing$。注意到 $V(Q_n) \setminus (F_1 \cup F_2) \neq \varnothing$ 和 $F_1 \triangle F_2 \neq \varnothing$。所以 $F_1 \cap F_2$ 是 Q_n 的一个割。

由于 $F_2 \setminus F_1 \neq \varnothing$ 和 F_1 是一个 g 好邻集, $\delta_{Q_n}([F_2 \setminus F_1]) \geqslant g$。设 $F_1 \setminus F_2 \neq \varnothing$。由于 F_2 是一个 g 好邻集, 所以 $\delta_{Q_n}([F_1 \setminus F_2]) \geqslant g$。因此, $F_1 \cap F_2$ 是 Q_n 的一个 g 好邻割。由定理 3.3.2, $|F_2 \setminus F_1| \geqslant 2^g$, 当 $0<g \leqslant n$ 时。由定理 3.3.1, 我们有 $|F_1 \cap F_2| \geqslant (n-g)2^g$。所以, $|F_2|=|F_2 \setminus F_1|+|F_1 \cap F_2| \geqslant 2^g+(n-g)2^g=(n-g+1)2^g$, 这与 $|F_2| \leqslant (n-g+1)2^g-1$ 相矛盾。

由情况 1.1 和情况 1.2, Q_n 是 g 好邻 $((n-g+1)2^g-1)$ 可诊断的, 当 $2 \leqslant g \leqslant n-3$ 时。

情况 2. $g=0$。

用反证法证明。由定理 3.1.2, 设存在 2 个不同的 0 好邻集 F_1 和 F_2 及其 $|F_1| \leqslant n$ 和 $|F_2| \leqslant n$, 但 (F_1, F_2) 不满足定理 3.1.2中的任意条件。不失一般性地, 设 $F_2 \setminus F_1 \neq \varnothing$。设 $W \subseteq V(Q_n) \setminus (F_1 \cup F_2)$ 在 $Q_n[V(Q_n) \setminus (F_1 \cup F_2)]$ 中是孤立点的集合, 并设 H 是子图由 $V(Q_n) \setminus (F_1 \cup F_2 \cup W)$ 导出。注意到 Q_n 有完美匹配。由定理 3.3.3, $o(Q_n-(F_2 \cup F_1)) \leqslant |F_2 \cup F_1| \leqslant |F_1|+|F_2| \leqslant 2n$。设 $V(H)=\varnothing$, 则 $|V(Q_n)|=2^n=|W|+|F_2 \cup F_1| \leqslant 4n$。当 $n \geqslant 5$ 时, $2^n>4n$, 这将产生矛盾。所以 $V(H) \neq \varnothing$。注意到 $F_1 \triangle F_2 \neq \varnothing$。所以 $F_1 \cap F_2$ 是 Q_n 的一个割。由定理 3.3.1, $|F_1 \cap F_2| \geqslant n$。因此, $|F_2|=|F_2 \setminus F_1|+|F_1 \cap F_2| \geqslant 1+(n-0)2^0=n+1$, 这与 $|F_2| \leqslant (n-0+1)2^0-1=n$ 相矛盾。所以, Q_n 是 0 好邻 n 可诊断的且 $t_0^{\mathrm{MM}^*}(Q_n) \geqslant n$。

情况 3. $g=1$。

用反证法证明。由定理 3.1.2, 设存在 2 个不同的 1 好邻集 F_1 和 F_2 及其

$|F_1| \leqslant 2n-1$ 和 $|F_2| \leqslant 2n-1$, 但 (F_1, F_2) 不满足定理 3.1.2 中的任意条件。不失一般性地, 设 $F_2 \setminus F_1 \neq \varnothing$。

断言: $Q_n - F_1 - F_2$ 没有孤立点。

设 $F_1 \setminus F_2 = \varnothing$, 则 $F_1 \subseteq F_2$。由于 F_2 是一个 1 好邻集 (自然集), 所以 $\delta(Q_n - F_2) = \delta(Q_n - F_1 - F_2) \geqslant 1$。因此, $Q_n - F_1 - F_2$ 没有孤立点。

设 $Q_n - F_1 - F_2$ 至少有一个孤立点 w。由于 F_1 是一个 1 好邻集 (自然集), 所以存在一个顶点 $u \in F_2 \setminus F_1$ 使得 u 与 w 相邻。由于 (F_1, F_2) 不满足定理 3.1.2中的任意条件。所以存在最多一个顶点 $u \in F_2 \setminus F_1$ 使得 u 与 w 相邻。从而, 确切存在一个顶点 $u \in F_2 \setminus F_1$ 使得 u 与 w 相邻。相似地, 确切存在一个顶点 $v \in F_1 \setminus F_2$ 使得 v 与 w 相邻。设 $W \subseteq V(Q_n) \setminus (F_1 \cup F_2)$ 在 $Q_n[V(Q_n) \setminus (F_1 \cup F_2)]$ 中是孤立点的集合, 并设 H 是子图由 $V(Q_n) \setminus (F_1 \cup F_2 \cup W)$ 导出。则对于任意一个 $w \in W$, 存在 $(n-2)$ 个邻点在 $F_1 \cap F_2$ 中。由于 $|F_2| \leqslant (n-g+1)2^g - 1$ 和 $g = 1$, 所以我们有 $|F_2| \leqslant 2n-1$。从而, $\sum\limits_{w \in W} |N_{Q_n[(F_1 \cap F_2) \cup W]}(w)| = |W|(n-2) \leqslant \sum\limits_{v \in F_1 \cap F_2} d_{Q_n}(v) \leqslant |F_1 \cap F_2| n \leqslant (|F_2| - 1)n \leqslant 2n(n-1)$。并且有 $|W| \leqslant \dfrac{2n(n-1)}{n-2} = 2n + \dfrac{2n}{n-2} \leqslant 2n+4$, 当 $n \geqslant 4$ 时。注意到 $|F_1 \cup F_2| \leqslant |F_1| + |F_2| - |F_1 \cap F_2| \leqslant 2(2n-1) - (n-2) = 3n$。假设 $H = \varnothing$, 则 $2^n = |V(Q_n)| = |F_1 \cup F_2| + |W| \leqslant 3n + 2n + 4 = 5n + 4$。设 $f(x) = 2^x - 5x - 4$, 则 $f(x)$ 是一个增函数和 $f(5) = 3$, 这与 $n \geqslant 5$ 相矛盾。所以 $H \neq \varnothing$。由于 (F_1, F_2) 不满足定理 3.1.2中的任意条件, 并且 $V(H)$ 的任意一个顶点不是孤立在 H 中, 所以不存在边在 H 和 $F_1 \triangle F_2$ 之间。注意到 $F_1 \triangle F_2 \neq \varnothing$。所以 $F_1 \cap F_2$ 是 Q_n 的一个割。由于 F_1 是一个 1 好邻集 (自然集), 所以 $\delta(Q_n[(F_2 \setminus F_1) \cup W]) \geqslant 1$。相似地, $\delta(Q_n[(F_1 \setminus F_2) \cup W]) \geqslant 1$。因此, $\delta(Q_n - (F_1 \cap F_2)) \geqslant 1$, 即 $F_1 \cap F_2$ 是 Q_n 的一个 1 好邻割。由定理 3.3.1, $|F_1 \cap F_2| \geqslant (n-g)2^g = 2(n-1) = 2n-2$。因为 $|F_1| \leqslant (n-g+1)2^g - 1 = 2n-1$ 和 $|F_2| \leqslant (n-g+1)2^g - 1 = 2n-1$, 既没有 $F_1 \setminus F_2$ 也没有 $F_2 \setminus F_1$ 是空的, 所以 $|F_1 \setminus F_2| = |F_2 \setminus F_1| = 1$。设 $F_1 \setminus F_2 = \{v_1\}$ 和 $F_2 \setminus F_1 = \{v_2\}$, 则对于任意顶点 $w \in W$, w 与 v_1 和 v_2 相邻。由于存在最多 2 个相同的邻点对于任意一对顶点在 Q_n 中, 所以存在最多 2 个孤立点在 $Q_n - F_1 - F_2$ 中, 即 $|W| \leqslant 2$。

设确切存在一个孤立点 v 在 $Q_n - F_1 - F_2$ 中, 则 v_1 和 v_2 与 v 和 $N_{Q_n}(v) \setminus \{v_1, v_2\} \subseteq F_1 \cap F_2$ 相邻。由于 Q_n 没有三角形, 所以 $N_{Q_n}(v_1) \setminus \{v\} \subseteq F_1 \cap F_2$, $N_{Q_n}(v_2) \setminus \{v\} \subseteq F_1 \cap F_2$, $[N_{Q_n}(v) \setminus \{v_1, v_2\}] \cap [N_{Q_n}(v_1) \setminus \{v\}] = \varnothing$ 和 $[N_{Q_n}(v) \setminus \{v_1, v_2\}] \cap [N_{Q_n}(v_2) \setminus \{v\}] = \varnothing$。由于存在最多 2 个相同的邻点对于任意一对顶点在 Q_n 中, 所以 $|[N_{Q_n}(v_1) \setminus \{v\}] \cap [N_{Q_n}(v_2) \setminus \{v\}]| \leqslant 1$。从而, $|F_1 \cap F_2| \geqslant |N_{Q_n}(v) \setminus \{v_1, v_2\}| + |N_{Q_n}(v_1) \setminus \{v\}| + |N_{Q_n}(v_2) \setminus \{v\}| = (n-2) + (n-1) + (n-1) - 1 = 3n-5$。

并且有 $|F_2|=|F_2\setminus F_1|+|F_1\cap F_2|\geqslant 1+3n-5=3n-4>2n-1\ (n\geqslant 5)$, 这与 $|F_2|\leqslant(n-g+1)2^g-1=2n-1$ 相矛盾。

设确切存在 2 个孤立点 v, v' 在 $Q_n-F_1-F_2$ 中, 则 v_1 和 v_2 分别与 v, v' 相邻。由于 Q_n 没有三角形和存在最多 2 个相同的邻点对于任意一对顶点在 Q_n 中, 所以 4 个顶点集 $N_{Q_n}(v)\setminus\{v_1,v_2\}$, $N_{Q_n}(v')\setminus\{v_1,v_2\}$, $N_{Q_n}(v_1)\setminus\{v,v'\}$ 和 $N_{Q_n}(v_2)\setminus\{v,v'\}$ 两两不相交。因此, $|F_1\cap F_2|\geqslant|N_{Q_n}(v)\setminus\{v_1,v_2\}|+|N_{Q_n}(v')\setminus\{v_1,v_2\}|+|N_{Q_n}(v_1)\setminus\{v,v'\}|+|N_{Q_n}(v_2)\setminus\{v,v'\}|=(n-2)+(n-2)+(n-2)+(n-2)=4n-8$。并且有 $|F_2|=|F_2\setminus F_1|+|F_1\cap F_2|\geqslant 1+4n-8=4n-7>2n-1\ (n\geqslant 5)$, 这与 $|F_2|\leqslant(n-g+1)2^g-1=2n-1$ 相矛盾。断言证毕。

由断言, $\delta(Q_n-F_1-F_2)\geqslant 1$。注意到 $V(Q_n-F_1-F_2)$ 和 $F_1\triangle F_2$ 之间没有边。由于 $F_2\setminus F_1\neq\varnothing$ 和 F_1 是一个 1 好邻集, $\delta_{Q_n}([F_2\setminus F_1])\geqslant 1$。相似地, $\delta_{Q_n}([F_1\setminus F_2])\geqslant 1$, 当 $F_1\setminus F_2\neq\varnothing$ 时。所以 $F_1\cap F_2$ 是 Q_n 的一个 1 好邻割。由定理 3.3.1, 我们有 $|F_1\cap F_2|\geqslant(n-g)2^g=2n-2$。由定理 3.3.2, $|F_2\setminus F_1|\geqslant 2$。所以, $|F_2|=|F_2\setminus F_1|+|F_1\cap F_2|\geqslant 2+2n-2=2n$, 这与 $|F_2|\leqslant 2n-1$ 相矛盾。因此, Q_n 是 1 好邻 $(2n-1)$ 可诊断的且 $t_1^{\mathrm{MM}^*}(Q_n)\geqslant 2n-1$。

由情况 1～ 情况 3, Q_n 是 g 好邻 $((n-g+1)2^g-1)$ 可诊断的且 $t_g^{\mathrm{MM}^*}(Q_n)\geqslant(n-g+1)2^g-1$。 □

结合引理 3.3.2和引理 3.3.3, 我们有下面的定理。

定理 3.3.4 [91]　设 $n\geqslant 5$ 和 $0\leqslant g\leqslant n-3$, 于是 n 维超立方体 Q_n 在 MM* 模型下的 g 好邻诊断度是 $(n-g+1)2^g-1$。

3.3.2　局部扭曲立方的 g 好邻诊断度

1. 预备知识

对于整数 $n\geqslant 1$, 长度为 n 的二进制字符串表示为 $u_1u_2\cdots u_n$, 其中 $u_i\in\{0,1\}$ 对于 $i=1,2,\cdots,n$。n 维局部扭曲立方, 由 LTQ_n 表示, 是一个 n 正则图, 它有 2^n 个顶点和 $n2^{n-1}$ 条边, 它可以递归地定义如下 [76]。

定义 3.3.2 [76]　对于 $n\geqslant 2$, 一个 n 维局部扭曲立方, 表示为 LTQ_n, 递归地定义如下。

(1) LTQ_2 是一个图, 它的 4 个顶点是 00, 01, 10 和 11, 它的 4 条边是 {00, 01}, {01, 11}, {11, 10} 和 {10, 00}。

(2) 对于 $n\geqslant 3$, LTQ_n 由 LTQ_{n-1} 的两个不相交的副本构成, 按照以下步骤: 设 $0\mathrm{LTQ}_{n-1}$ 表示一个图获得从 LTQ_{n-1} 的一份副本由在每个点的标号前面加上 0。设 $1\mathrm{LTQ}_{n-1}$ 表示一个图获得从 LTQ_{n-1} 的另一份副本由在每个点的标号前面加上 1。用一条边连接 $0\mathrm{LTQ}_{n-1}$ 的每个点 $0u_2u_3\cdots u_n$ 到 $1\mathrm{LTQ}_{n-1}$ 的一个点 $1(u_2+u_n)u_3\cdots u_n$, 其中 “+” 表示模 2 加法。

边的端点在不同的 $i\text{LTQ}_{n-1}s$ 中称为交叉边。

图 3.3 和图 3.4 展示了 4 个局部扭曲立方。局部扭曲立方也可以用以下非递归方式等价地定义。

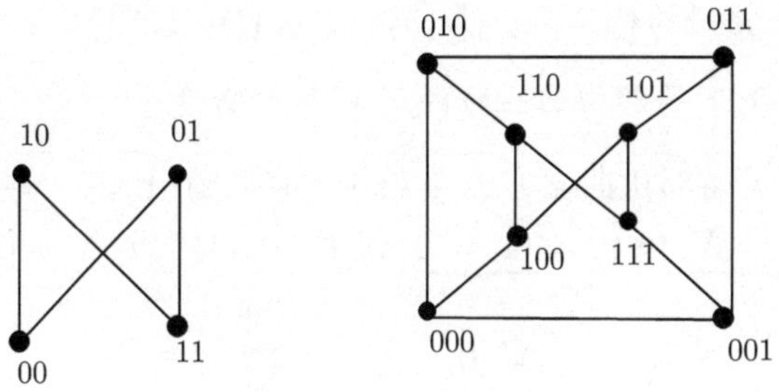

图 3.3 LTQ_2 和 LTQ_3

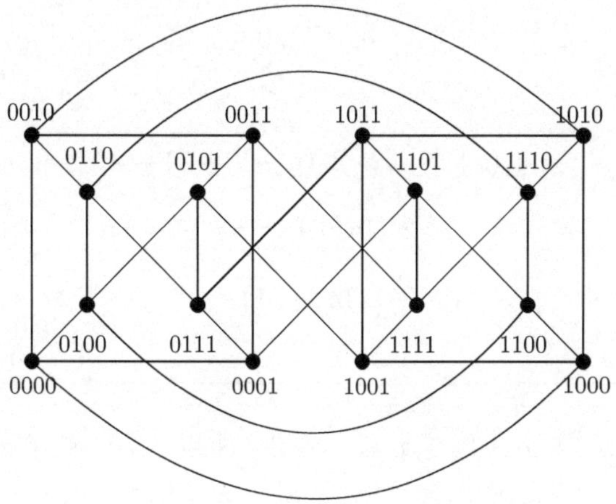

图 3.4 LTQ_4

定义 3.3.3[76] 对于 $n \geqslant 2$, 一个 n 维局部扭曲立方, 表示为 LTQ_n, 是一个图, 它的顶点集是 $\{0,1\}^n$。LTQ_n 的 2 个顶点 $u_1u_2\cdots u_n$ 和 $v_1v_2\cdots v_n$ 是相邻的当且仅当满足下列任一条件。

(1) $u_i = \overline{v_i}$ 和 $u_{i+1} = (v_{i+1} + v_n) \pmod 2$ 对于 $1 \leqslant i \leqslant n-2$, $n \geqslant 3$ 和 $u_j = v_j$ 对于所有剩余的部分;

(2) $u_i = \overline{v_i}$ 对于 $i \in \{n-1, n\}$, $n \geqslant 2$ 和 $u_j = v_j$ 对于所有剩余的部分。

在给出局部扭曲立方的 g 好邻诊断度前, 我们先给出了一些定理和引理。

引理 3.3.4[92] 设 LTQ_n 是局部扭曲立方, 则 $\kappa^{(g)}(\text{LTQ}_n) = 2^g(n-g)$ 对于 $0 \leqslant g \leqslant n-2$。

引理 3.3.5[92]　设 $S \subset V(\mathrm{LTQ}_n)$。如果 $\delta(\mathrm{LTQ}_n[S]) = g$, 则 $|S| \geqslant 2^g$, 其中 $0 \leqslant g \leqslant n$ 和 $n \geqslant 2$。

引理 3.3.6[93]　设 LTQ_n 是局部扭曲立方。如果 2 个顶点 u, v 是相邻的, 则 u, v 不存在相同的邻点, 即 $|N(u) \cap N(v)| = 0$。如果 2 个顶点 u, v 不是相邻的, 则 u, v 最多有 2 个相同的邻点, 即 $|N(u) \cap N(v)| \leqslant 2$。

2. 在 PMC 模型下局部扭曲立方的 g 好邻诊断度

下面我们将证明局部扭曲立方的 g 好邻诊断度在 PMC 模型下。

设 $X^t = \underbrace{XX\cdots X}_{t}$ 和 $0^t = \underbrace{00\cdots 0}_{t}$, $X \in \{0, 1\}$。设 $A = \{0^{n-g-1}X^g0\}$ 对于 $g \geqslant 0$。特别地, 设 $A = \{0^{n-g-1}X^g0\} = \{0^n\}$ 对于 $g = 0$。

引理 3.3.7[92]　设 LTQ_n 是局部扭曲立方, 设 $0 \leqslant g \leqslant n-2$ 和 $A = \{0^{n-g-1}X^g0\}$, $X \in \{0,1\}$。如果 $F_1 = N_{\mathrm{LTQ}_n}(A)$, $F_2 = F_1 \cup A$, 那么 $|F_1| = 2^g(n-g)$, $|F_2| = 2^g(n-g+1)$, $\delta(\mathrm{LTQ}_n[A]) \geqslant g$ 和 $\delta(\mathrm{LTQ}_n - F_1 - F_2) \geqslant g$。

引理 3.3.8[94]　设 $f(x) = 2^x(n-x+1), 0 \leqslant x \leqslant n-3$, 则 $n+1 \leqslant f(x) \leqslant 2^{n-1}$。

证明　注意到

$$\begin{aligned} f'(x) &= \ln 2 \cdot 2^x(n-x+1) - 2^x \\ &= 2^x(\ln 2(n-x+1) - 1) \\ &\geqslant 2^x(4\ln 2 - 1) \\ &> 0 \end{aligned}$$

则 $f(x)$ 是一个增函数对于 $0 \leqslant x \leqslant n-3$。所以, $f(0) \leqslant f(x) \leqslant f(n-3)$, 当 $0 \leqslant x \leqslant n-3$ 时。所以, $n+1 \leqslant f(x) \leqslant 2^{n-1}$。 □

引理 3.3.9[94]　设 $0 \leqslant g \leqslant n-3$, 则局部扭曲立方 LTQ_n 的 g 好邻诊断度在 PMC 模型下小于或等于 $2^g(n-g+1)-1$, 即 $t_g^{\mathrm{PMC}}(\mathrm{LTQ}_n) \leqslant 2^g(n-g+1)-1$。

证明　设 A 的定义见上面, 设 $F_1 = N_{\mathrm{LTQ}_n}(A)$, $F_2 = A \cup N_{\mathrm{LTQ}_n}(A)$。由引理 3.3.7, $|F_1| = 2^g(n-g)$, $|F_2| = |A| + |F_1| = 2^g(n-g+1)$, $\delta(\mathrm{LTQ}_n - F_1) \geqslant g$ 和 $\delta(\mathrm{LTQ}_n - F_2) \geqslant g$。所以, F_1 和 F_2 是 LTQ_n 的 g 好邻集及其 $|F_1| = 2^g(n-g)$ 和 $|F_2| = 2^g(n-g+1)$。由引理 3.3.8, $|F_2| = 2^g(n-g+1) \leqslant 2^{n-1}$。注意到 $|V(\mathrm{LTQ}_n)| = 2^n$。所以 $V(\mathrm{LTQ}_n - F_1 - F_2) = V(\mathrm{LTQ}_n - F_2) \neq \varnothing$。

我们证明 LTQ_n 不是 g 好邻 $(2^g(n-g+1))$ 可诊断的。由于 $A = F_1 \triangle F_2$ 和 $N_{\mathrm{LTQ}_n}(A) = F_1 \subset F_2$, 所以不存在 LTQ_n 的边在 $V(\mathrm{LTQ}_n) \backslash (F_1 \cup F_2)$ 和 $F_1 \triangle F_2$ 之间。由定理 3.1.1, LTQ_n 不是 g 好邻 $2^g(n-g+1)$ 可诊断的在 PMC 模型下。所以, 由 g 好邻诊断度, LTQ_n 的 g 好邻诊断度小于或等于 $2^g(n-g+1)$, 即

$t_g^{\mathrm{PMC}}(\mathrm{LTQ}_n) \leqslant 2^g(n-g+1)-1$。 □

引理 3.3.10 [94] 设 $0 \leqslant g \leqslant n-3$, 则局部扭曲立方 LTQ_n 的 g 好邻诊断度在 PMC 模型下大于或等于 $2^g(n-g+1)-1$, 即 $t_g^{\mathrm{PMC}}(\mathrm{LTQ}_n) \geqslant 2^g(n-g+1)-1$。

证明 由 g 好邻诊断度的定义, 充分证明了 LTQ_n 是 g 好邻 $(2^g(n-g+1)-1)$ 可诊断的。设 F_1 和 F_2 是 LTQ_n 的任意一对不同的 g 好邻集及其 $|F_1| \leqslant (n-g+1)2^g-1$ 和 $|F_2| \leqslant (n-g+1)2^g-1$。假设 $V(\mathrm{LTQ}_n)=F_1\cup F_2$。由于 $n \geqslant g+3$ 和 $g \geqslant 0$, 由引理 3.3.8, 我们有 $2^n=|V(\mathrm{LTQ}_n)|=|F_1\cup F_2|=|F_1|+|F_2|-|F_1\cap F_2| \leqslant |F_1|+|F_2| \leqslant [2^g(n-g+1)-1]+[2^g(n-g+1)-1]=2[2^g(n-g+1)-1] \leqslant 2(2^{n-1}-1)=2^n-2$, 这将产生矛盾。所以, $V(\mathrm{LTQ}_n) \neq F_1\cup F_2$。

由定理 3.1.1, 证明 LTQ_n 是 g 好邻 $(2^g(n-g+1)-1)$ 可诊断的, 等价地证明了存在一条边 $uv \in E(\mathrm{LTQ}_n)$ 及 $u \in V(\mathrm{LTQ}_n)\backslash(F_1\cup F_2)$ 和 $v \in F_1 \triangle F_2$ 对于 $V(\mathrm{LTQ}_n)$ 的每一对不相同 g 好邻集 F_1 和 F_2 及 $|F_1| \leqslant 2^g(n-g+1)-1$ 和 $|F_2| \leqslant 2^g(n-g+1)-1$。

用反证法证明。设存在 LTQ_n 的 2 个不同的 g 好邻集 F_1 和 F_2 及 $|F_1| \leqslant 2^g(n-g+1)-1$ 和 $|F_2| \leqslant 2^g(n-g+1)-1$, 但 (F_1,F_2) 不满足定理 3.1.1中的任意条件, 即不存在边在 $V(\mathrm{LTQ}_n)\backslash(F_1\cup F_2)$ 和 $F_1 \triangle F_2$ 之间。不失一般性地, 假设 $F_2 \setminus F_1 \neq \varnothing$。

根据假设, 不存在边在 $V(\mathrm{LTQ}_n)\setminus(F_1\cup F_2)$ 和 $F_1 \triangle F_2$ 之间。由于 F_1 是一个 g 好邻集和 LTQ_n-F_1 有 2 个部分 $\mathrm{LTQ}_n-F_1-F_2$ 和 $\mathrm{LTQ}_n[F_2\setminus F_1]$, 所以我们有 $\delta(\mathrm{LTQ}_n-F_1-F_2) \geqslant g$ 和 $\delta(\mathrm{LTQ}_n[F_2\setminus F_1]) \geqslant g$。相似地, $\delta(\mathrm{LTQ}_n[F_1\setminus F_2]) \geqslant g$, 当 $F_1\setminus F_2 \neq \varnothing$ 时。所以, $F_1\cap F_2$ 也是一个 g 好邻集。由于不存在边在 $V(\mathrm{LTQ}_n-F_1-F_2)$ 和 $F_1 \triangle F_2$ 之间, 所以 $F_1\cap F_2$ 也是一个 g 好邻割。相似地, $F_1\setminus F_2=\varnothing$, $F_1\cap F_2=F_1$ 也是一个 g 好邻集。由于不存在边在 $V(\mathrm{LTQ}_n-F_1-F_2)$ 和 $F_1 \triangle F_2$ 之间, 所以 $F_1\cap F_2$ 是一个 g 好邻割。由引理 3.3.4, $|F_1\cap F_2| \geqslant 2^g(n-g)$。由于 $\delta(\mathrm{LTQ}_n[F_2\setminus F_1]) \geqslant g$, 由引理 3.3.5, $|F_2\backslash F_1| \geqslant 2^g$。所以, $|F_2|=|F_2\backslash F_1|+|F_1\cap F_2| \geqslant 2^g+2^g(n-g)=2^g(n-g+1)$, 这与 $|F_2| \leqslant 2^g(n-g+1)-1$ 相矛盾。所以 LTQ_n 是 g 好邻 $(2^g(n-g+1)-1)$ 可诊断的。由 $t_g^{\mathrm{PMC}}(\mathrm{LTQ}_n)$ 的定义, $t_g^{\mathrm{PMC}}(\mathrm{LTQ}_n) \geqslant 2^g(n-g+1)-1$。 □

结合引理 3.3.9和引理 3.3.10, 我们有下面的定理。

定理 3.3.5 [94] 设 $n \geqslant 3$ 和 $0 \leqslant g \leqslant n-3$, 则局部扭曲立方 LTQ_n 在 PMC 模型下的 g 好邻诊断度是 $2^g(n-g+1)-1$。

3. 在 MM* 模型下局部扭曲立方的 g 好邻诊断度

下面我们将证明局部扭曲立方的 g 好邻诊断度在 MM* 模型下。

引理 3.3.11 [94] 设 $0 \leqslant g \leqslant n-3$, 则局部扭曲立方 LTQ_n 的 g 好邻诊断度

在 MM* 模型下小于或等于 $2^g(n-g+1)-1$, 即 $t_g^{\mathrm{MM}^*}(\mathrm{LTQ}_n) \leqslant 2^g(n-g+1)-1$。

证明　设 A 的定义见引理 3.3.7, 以及 $F_1 = N_{\mathrm{LTQ}_n}(A)$, $F_2 = A \cup N_{\mathrm{LTQ}_n}(A)$。由引理 3.3.7, $|F_1| = 2^g(n-g)$, $|F_2| = |A|+|F_1| = 2^g(n-g+1)$, $\delta(\mathrm{LTQ}_n - F_1) \geqslant g$ 和 $\delta(\mathrm{LTQ}_n - F_2) \geqslant g$。所以, F_1 和 F_2 是 LTQ_n 的 g 好邻集及其 $|F_1| = 2^g(n-g)$ 和 $|F_2| = 2^g(n-g+1)$。由引理 3.3.8, $|F_2| = 2^g(n-g+1) \leqslant 2^{n-1}$。注意到 $|V(\mathrm{LTQ}_n)| = 2^n$。所以 $V(\mathrm{LTQ}_n - F_1 - F_2) = V(\mathrm{LTQ}_n - F_2) \neq \varnothing$。我们证明 LTQ_n 不是 g 好邻 $(2^g(n-g+1))$ 可诊断的。由 F_1 和 F_2 的定义, $F_1 \triangle F_2 = A$。注意到 $F_1 \setminus F_2 = \varnothing$, $F_2 \setminus F_1 = A$ 和 $(V(\mathrm{LTQ}_n)) \setminus (F_1 \cup F_2) \cap N(A) = \varnothing$。所以, F_1 和 F_2 不满足定理 3.1.2中的任意条件, LTQ_n 不是 g 好邻 $(2^g(n-g+1))$ 可诊断的。所以, $t_g^{\mathrm{MM}^*}(\mathrm{LTQ}_n) \leqslant 2^g(n-g+1)-1$。　□

引理 3.3.12 [95]　设 G 是一个图代表一个系统, 则诊断度 $t(G) \leqslant \delta(G)$ 在 MM* 模型下。

引理 3.3.13 [94]　设 $n \geqslant 3$ 和 $g = 0$, 则局部扭曲立方 LTQ_n 的诊断度在 MM* 模型下, $t_0^{\mathrm{MM}^*}(\mathrm{LTQ}_n) = t^{\mathrm{MM}^*}(\mathrm{LTQ}_n) \geqslant n$。

证明　由 g 好邻诊断度的定义, 充分地证明了 LTQ_n 是 0 好邻 n 可诊断的。设 F_1 和 F_2 是 LTQ_n 的任意一对不同的 0 好邻集及其 $|F_1| \leqslant n$ 和 $|F_2| \leqslant n$。注意到 $2^n > 2n$, 当 $n \geqslant 3$ 时。所以, $V(\mathrm{LTQ}_n - F_1 - F_2) \neq \varnothing$。

用反证法证明。由定理 3.1.2, 设存在 LTQ_n 的 2 个不同的 0 好邻集 F_1 和 F_2 及 $|F_1| \leqslant n$ 和 $|F_2| \leqslant n$, 但 (F_1, F_2) 不满足定理 3.1.2中的任意条件。不失一般性地, 假设 $F_2 \setminus F_1 \neq \varnothing$。

由于 F_1 和 F_2 是 2 个不同的 0 好邻集, 不存在边在 $V(\mathrm{LTQ}_n) \setminus (F_1 \cup F_2)$ 和 $F_1 \triangle F_2$ 之间, 所以我们有 $F_1 \cap F_2$ 是 LTQ_n 的一个 0 好邻割。由引理 3.3.4, 我们有 $|F_1 \cap F_2| \geqslant n$。所以, $|F_2| = |F_2 \setminus F_1| + |F_1 \cap F_2| \geqslant 1+n$, 这与 $|F_2| \leqslant n$ 相矛盾。所以, LTQ_n 是 0 好邻 n 可诊断的且 $t_0^{\mathrm{MM}^*}(\mathrm{LTQ}_n) \geqslant n$。　□

结合引理 3.3.12和引理 3.3.13, 我们有下面的定理。

定理 3.3.6 [94]　设 $n \geqslant 3$ 和 $g = 0$, 则局部扭曲立方 LTQ_n 的 0 好邻诊断度在 MM* 模型下是 n。

引理 3.3.14 [94]　设 $n \geqslant 5$ 和 $0 \leqslant g \leqslant n-3$, 则局部扭曲立方 LTQ_n 的 g 好邻诊断度在 MM* 模型下大于或等于 $2^g(n-g+1)-1$, 即 $t_g^{\mathrm{MM}^*}(\mathrm{LTQ}_n) \geqslant 2^g(n-g+1)-1$。

证明　由定理 3.3.6, 引理 3.3.14成立, 当 $g = 0$ 时。所以下面考虑 $1 \leqslant g \leqslant n-3$。

由 g 好邻诊断度的定义, 充分地证明了 LTQ_n 是 g 好邻 $(2^g(n-g+1)-1)$ 可诊断的。设 F_1 和 F_2 是 LTQ_n 的 2 个不同的 g 好邻集及 $|F_1| \leqslant 2^g(n-g+1)-1$ 和 $|F_2| \leqslant 2^g(n-g+1)-1$, 假设 $V(\mathrm{LTQ}_n) = F_1 \cup F_2$。由于 $n \geqslant g+3$ 和 $g \geqslant 0$, 由引理

3.3.8, 我们有 $2^n = |V(\mathrm{LTQ}_n)| = |F_1 \cup F_2| = |F_1| + |F_2| - |F_1 \cap F_2| \leqslant |F_1| + |F_2| \leqslant [2^g(n-g+1)-1] + [2^g(n-g+1)-1] = 2[2^g(n-g+1)-1] \leqslant 2(2^{n-1}-1) = 2^n - 2$, 这将产生矛盾。所以, $V(\mathrm{LTQ}_n) \neq F_1 \cup F_2$。我们讨论下面的情况。

情况 1. $2 \leqslant g \leqslant n-3$。

情况 1.1. $\mathrm{LTQ}_n - F_1 - F_2$ 有孤立点。

由定理 3.1.2, (F_1, F_2) 是可区分的。

情况 1.2. $\mathrm{LTQ}_n - F_1 - F_2$ 没有孤立点。

用反证法证明。由定理 3.1.2, 设存在 2 个不同的 g 好邻集 F_1 和 F_2 及 $|F_1| \leqslant (n-g+1)2^g - 1$ 和 $|F_2| \leqslant (n-g+1)2^g - 1$, 但 (F_1, F_2) 不满足定理 3.1.2中的任意条件。即 $\mathrm{LTQ}_n - F_1 - F_2$ 和 $F_1 \triangle F_2$ 之间没有边。不失一般性地, 设 $F_2 \setminus F_1 \neq \varnothing$。注意到 $V(\mathrm{LTQ}_n) \setminus (F_1 \cup F_2) \neq \varnothing$ 和 $F_1 \triangle F_2 \neq \varnothing$。所以 $F_1 \cap F_2$ 是 LTQ_n 的一个割。

由于 $F_2 \setminus F_1 \neq \varnothing$ 和 F_1 是一个 g 好邻集, 所以 $\delta(\mathrm{LTQ}_n - F_1 - F_2) \geqslant g$ 和 $\delta_{\mathrm{LTQ}_n}([F_2 \setminus F_1]) \geqslant g$。设 $F_1 \setminus F_2 \neq \varnothing$。由于 F_2 是一个 g 好邻集, 所以 $\delta_{Q_n}([F_1 \setminus F_2]) \geqslant g$。因此, $F_1 \cap F_2$ 是 LTQ_n 的一个 g 好邻割。由定理 3.3.2, $|F_2 \setminus F_1| \geqslant 2^g$, 当 $0 < g \leqslant n$ 时。由引理 3.3.4, 我们有 $|F_1 \cap F_2| \geqslant (n-g)2^g$。所以, $|F_2| = |F_2 \setminus F_1| + |F_1 \cap F_2| \geqslant 2^g + (n-g)2^g = (n-g+1)2^g$, 这与 $|F_2| \leqslant (n-g+1)2^g - 1$ 相矛盾。

由情况 1.1 和情况 1.2, LTQ_n 是 g 好邻 $((n-g+1)2^g - 1)$ 可诊断的当 $2 \leqslant g \leqslant n-3$。

情况 2. $g = 1$。

用反证法证明。由定理 3.1.2, 设存在 LTQ_n 的 2 个不同的 g 好邻集 F_1 和 F_2 及 $|F_1| \leqslant 2n-1$ 和 $|F_2| \leqslant 2n-1$, 但 (F_1, F_2) 不满足定理 3.1.2中的任意条件。不失一般性地, 假设 $F_2 \setminus F_1 \neq \varnothing$。

断言 1: $\mathrm{LTQ}_n - F_1 - F_2$ 没有孤立点。

设 $F_1 \setminus F_2 = \varnothing$, 则 $F_1 \subseteq F_2$。由于 F_2 是一个 1 好邻集 (自然集), 所以 $\mathrm{LTQ}_n - F_1 - F_2$ 没有孤立点。

反证法。设 $\mathrm{LTQ}_n - F_1 - F_2$ 至少有一个孤立点 w。由于 F_1 是一个 1 好邻集 (自然集), 所以存在一个顶点 $u \in F_2 \setminus F_1$ 使得 u 与 w 相邻。由于 (F_1, F_2) 不满足定理 3.1.2中的任意条件, 所以存在最多一个顶点 $u \in F_2 \setminus F_1$ 使得 u 与 w 相邻。从而, 确切存在一个顶点 $u \in F_2 \setminus F_1$ 使得 u 与 w 相邻。相似地, 确切存在一个顶点 $v \in F_1 \setminus F_2$ 使得 v 与 w 相邻。设 $W \subseteq V(\mathrm{LTQ}_n) \setminus (F_1 \cup F_2)$ 在 $\mathrm{LTQ}_n[V(\mathrm{LTQ}_n) \setminus (F_1 \cup F_2)]$ 中是孤立点集, 并设 H 是一个子图由顶点集 $V(\mathrm{LTQ}_n) \setminus (F_1 \cup F_2 \cup W)$ 导出。则对于任意一个 $w \in W$, 存在 $(n-2)$ 邻点在 $F_1 \cap F_2$。由于 $|F_2| \leqslant 2n-1$,

所以 $\sum\limits_{w\in W}|N_{\mathrm{LTQ}_n[(F_1\cap F_2)\cup W]}(w)|=|W|(n-2)\leqslant\sum\limits_{v\in F_1\cap F_2}d_{\mathrm{LTQ}_n}(v)=n|F_1\cap F_2|\leqslant n(|F_2|-1)\leqslant n(2n-2)=2n^2-2n$。并且有 $|W|\leqslant\dfrac{2n^2-2n}{n-2}\leqslant 2n+4$ 对于 $n\geqslant 5$。注意到 $|F_1\cup F_2|=|F_1|+|F_2|-|F_1\cap F_2|\leqslant 2(2n-1)-(n-2)=3n$。设 $V(H)=\varnothing$, 则 $2^n=|V(\mathrm{LTQ}_n)|=|F_1\cup F_2|+|W|\leqslant 3n+2n+4=5n+4$。这与 $n\geqslant 5$ 相矛盾。所以 $V(H)\neq\varnothing$。由于 (F_1,F_2) 不满足定理 3.1.2中的任意条件, 以及 $V(H)$ 的任意一个顶点不是孤立点在 H 中, 所以不存在边在 $V(H)$ 和 $F_1\triangle F_2$ 之间。从而, $F_1\cap F_2$ 是 LTQ_n 的一个割和 $\delta(\mathrm{LTQ}_n-(F_1\cap F_2))\geqslant 1$, 即 $F_1\cap F_2$ 是一个 LTQ_n 的一个自然割。由引理 3.3.4, $|F_1\cap F_2|\geqslant 2n-2$。因为 $|F_1|\leqslant 2n-1$, $|F_2|\leqslant 2n-1$, 既没有 $F_1\setminus F_2$ 也没有 $F_2\setminus F_1$ 是空的, 所以 $|F_1\setminus F_2|=|F_2\setminus F_1|=1$。设 $F_1\setminus F_2=\{v_1\}$ 和 $F_2\setminus F_1=\{v_2\}$, 则对于任意一个顶点 $w\in W$, w 与 v_1 和 v_2 相邻。由引理 3.3.6, 最多存在 2 个公共邻点对于任意一对顶点在 LTQ_n 中。并且有最多存在 2 个孤立点在 $\mathrm{LTQ}_n-F_1-F_2$ 中。

设确切存在一个孤立点 v 在 $\mathrm{LTQ}_n-F_1-F_2$ 中。设 v_1 和 v_2 与 v 相邻, 则 $N_{\mathrm{LTQ}_n}(v)\setminus\{v_1,v_2\}\subseteq F_1\cap F_2$。由于 LTQ_n 没有三角形, 跟随着 $N_{\mathrm{LTQ}_n}(v_1)\setminus\{v\}\subseteq F_1\cap F_2$; $N_{\mathrm{LTQ}_n}(v_2)\setminus\{v\}\subseteq F_1\cap F_2$; $[N_{\mathrm{LTQ}_n}(v)\setminus\{v_1,v_2\}]\cap[N_{\mathrm{LTQ}_n}(v_1)\setminus\{v\}]=\varnothing$ 和 $[N_{\mathrm{LTQ}_n}(v)\setminus\{v_1,v_2\}]\cap[N_{\mathrm{LTQ}_n}(v_2)\setminus\{v\}]=\varnothing$。由引理 3.3.6, $|[N_{\mathrm{LTQ}_n}(v_1)\setminus\{v\}]\cap[N_{\mathrm{LTQ}_n}(v_2)\setminus\{v\}]|\leqslant 1$。从而, $|F_1\cap F_2|\geqslant|N_{\mathrm{LTQ}_n}(v)\setminus\{v_1,v_2\}|+|N_{\mathrm{LTQ}_n}(v_1)\setminus\{v\}|+|N_{\mathrm{LTQ}_n}(v_2)\setminus\{v\}|=(n-2)+(n-1)+(n-1)-1=3n-5$。并且有 $|F_2|=|F_2\setminus F_1|+|F_1\cap F_2|\geqslant 1+3n-5=3n-4>2n-1\quad(n\geqslant 4)$, 这与 $|F_2|\leqslant 2n-1$ 相矛盾。

设确切存在 2 个孤立点 v 和 w 在 $\mathrm{LTQ}_n-F_1-F_2$ 中。设 v_1 和 v_2 分别与 v 和 w 相邻, 则 $N_{\mathrm{LTQ}_n}(v)\setminus\{v_1,v_2\}\subseteq F_1\cap F_2$。由于 LTQ_n 没有三角形, 并且有 $N_{\mathrm{LTQ}_n}(v_1)\setminus\{v,w\}\subseteq F_1\cap F_2$, $N_{\mathrm{LTQ}_n}(v_2)\setminus\{v,w\}\subseteq F_1\cap F_2$, $[N_{\mathrm{LTQ}_n}(v)\setminus\{v_1,v_2\}]\cap[N_{\mathrm{LTQ}_n}(v_1)\setminus\{v,w\}]=\varnothing$ 和 $[N_{\mathrm{LTQ}_n}(v)\setminus\{v_1,v_2\}]\cap[N_{\mathrm{LTQ}_n}(v_2)\setminus\{v,w\}]=\varnothing$。由引理 3.3.6, 存在最多 2 个公共邻点对于任意一对顶点在 LTQ_n 中。从而, $|[N_{\mathrm{LTQ}_n}(v_1)\setminus\{v,w\}]\cap[N_{\mathrm{LTQ}_n}(v_2)\setminus\{v,w\}]|=0$。因此, $|F_1\cap F_2|\geqslant|N_{\mathrm{LTQ}_n}(v)\setminus\{v_1,v_2\}|+|N_{\mathrm{LTQ}_n}(w)\setminus\{v_1,v_2\}|+|N_{\mathrm{LTQ}_n}(v_1)\setminus\{v,w\}|+|N_{\mathrm{LTQ}_n}(v_2)\setminus\{v,w\}|=(n-2)+(n-2)+(n-2)+(n-2)=4n-8$。并且有 $|F_2|=|F_2\setminus F_1|+|F_1\cap F_2|\geqslant 1+4n-8=4n-7>2n-1\quad(n\geqslant 4)$, 这与 $|F_2|\leqslant 2n-1$ 相矛盾。断言 1 证毕。

设 $u\in V(\mathrm{LTQ}_n)\setminus(F_1\cup F_2)$。由断言 1, u 至少有一个邻点在 $\mathrm{LTQ}_n-F_1-F_2$ 中。由于 (F_1,F_2) 不满足定理 3.1.2中的任意条件, 对于任意一对相邻顶点 $u,w\in V(\mathrm{LTQ}_n)\setminus(F_1\cup F_2)$, 不存在顶点 $v\in F_1\triangle F_2$ 使得 $uw\in E(\mathrm{LTQ}_n)$ 和 $vw\in$

$E(\mathrm{LTQ}_n)$。由 u 的任意性, 不存在边在 $V(\mathrm{LTQ}_n)\setminus(F_1\cup F_2)$ 和 $F_1\triangle F_2$ 之间。由于 $F_2\setminus F_1\neq\varnothing$ 和 F_1 是一个 1 好邻集, 所以 $\delta(\mathrm{LTQ}_n-F_1-F_2)\geqslant 1$ 和 $\delta(\mathrm{LTQ}_n[F_2\setminus F_1])\geqslant 1$。由于 F_2 是一个 1 好邻集, 所以 $\delta(\mathrm{LTQ}_n[F_1\setminus F_2])\geqslant 1$, 当 $F_1\setminus F_2\neq\varnothing$ 时。所以 $F_1\cap F_2$ 是 LTQ_n 的一个 1 好邻割。设 $F_1\setminus F_2=\varnothing$, 则 $F_1\cap F_2=F_1$。所以 $F_1\cap F_2$ 也是 LTQ_n 的一个 1 好邻割, 当 $F_1\setminus F_2=\varnothing$ 时。由引理 3.3.4, $|F_1\cap F_2|\geqslant 2n-2$。由引理 3.3.5, $|F_2\setminus F_1|\geqslant 2$。所以 $|F_2|=|F_2\setminus F_1|+|F_1\cap F_2|\geqslant 2+(2n-2)=2n$, 这与 $|F_2|\leqslant 2n-1$ 相矛盾。因此, LTQ_n 是 1 好邻 $(2n-1)$ 可诊断的且 $t_1^{\mathrm{MM}^*}(\mathrm{LTQ}_n)\geqslant 2n-1$。

由情况 1 和情况 2, LTQ_n 是 g 好邻 $(2^g(n-g+1)-1)$ 可诊断的。 □

结合引理 3.3.11、引理 3.3.14 和定理 3.3.6, 我们有下面的定理。

定理 3.3.7 [94] 设 $n\geqslant 5$ 和 $0\leqslant g\leqslant n-3$, 则局部扭曲立方 LTQ_n 在 MM^* 模型下的 g 好邻诊断度是 $2^g(n-g+1)-1$。

3.3.3 泡型图的 g 好邻诊断度

本节将分别证明泡型图 B_n 在 PMC 和 MM^* 模型下的 g 好邻诊断度。

1. 预备知识

众所周知, 泡型算法是一个稳定的算法, 其时间复杂度为 $O(N^2)$。鉴于其生成简单图是一条路 P, n 维泡型图作为一种著名的互联网络拓扑结构被提出。由于其任意两点间的最短路可以通过泡型算法来求得, 故以泡型图作为拓扑结构的系统有着较好的路由性质。在本节中, 将介绍它的一些有用的性质。下面给出泡型图的具体定义。

在置换 $\begin{pmatrix}1 & 2 & \cdots & n\\ p_1 & p_2 & \cdots & p_n\end{pmatrix}$ 中, $i\to p_i$。方便起见, 我们用 $p_1\ p_2\ \cdots\ p_n$ 代替 $\begin{pmatrix}1 & 2 & \cdots & n\\ p_1 & p_2 & \cdots & p_n\end{pmatrix}$, 或者用不相交轮换积表示。$(x,y)$ 表示对换。两个置换的积 $\sigma\tau$ 是一个合成, τ 后接 σ, 例如, $(12)(13)=(132)$。这里没有定义的术语和符号将遵循文献 [56]。

定义 3.3.4 [57] n 维泡型图, 记为 B_n, 它的顶点集是 $V(B_n)=S_n$。B_n 中任意两点 u,v 相邻当且仅当 $u=v(i,i+1)$, $1\leqslant i\leqslant n-1$。

从定义 3.3.4容易看出, B_n 是一个顶点数为 $n!$ 的 $(n-1)$ 正则图。泡型图 B_2、B_3 如图 3.5 所示, B_4 如图 3.2 所示。由于 B_n 是凯莱图, 故它具有下面的性质。

性质 3.3.1 [57] 对于任一整数 $n\geqslant 2$, B_n 是点传递的。

由于生成元是对换, 所以有下面的性质。

性质 3.3.2 对于任一整数 $n\geqslant 2$, B_n 是偶图。

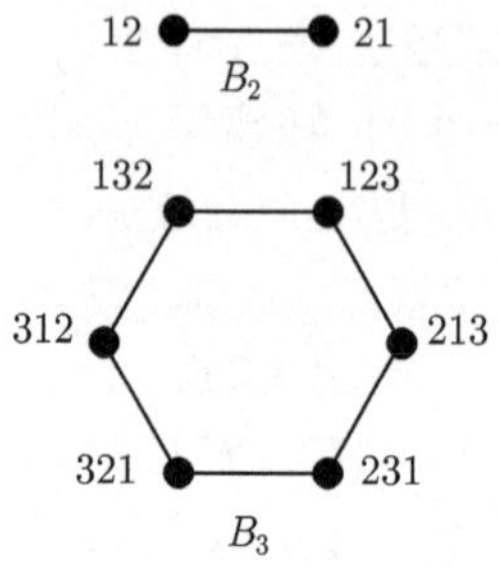

图 3.5 泡型图 B_2 和 B_3

注意到 (1), (12), (12)(34), (34), (1) 是一个 4 圈。由性质 3.3.2, 有下面的性质。

性质 3.3.3 对于任一整数 $n \geqslant 4$, B_n 的围长 $g(B_n)=4$。

引理 3.3.15 [56] 对称群中每一个非单位元的置换 (除因子的排列次序), 可以唯一地分解成若干个长度至少为 2 的不相交轮换积。

引理 3.3.16 [96] 令 B_n 为一个泡型图。如果两顶点 u, v 相邻, 那么这两个顶点没有公共邻点, 即 $|N(u)\cap N(v)|=0$; 如果两顶点 u, v 不相邻, 那么这两个顶点至多有两个公共邻点, 即 $|N(u)\cap N(v)|\leqslant 2$。

引理 3.3.17 [74, 97, 98] 当 $n \geqslant 2$ 时, $\kappa(B_n)=\kappa^{(0)}(B_n)=n-1$。

引理 3.3.18 [74, 97, 98] 当 $n \geqslant 3$ 时, $\kappa^{(1)}(B_n)=2n-4$。

引理 3.3.19 [74, 97, 98] 当 $n \geqslant 4$ 时, $\kappa^{(2)}(B_n)=4n-12$。

引理 3.3.20 [99] $\kappa^{(3)}(B_5)=12$; 当 $n \geqslant 6$ 时, $\kappa^{(3)}(B_n)=8n-32$。

引理 3.3.21 [100] 在 PMC 模型下, $t_c^{\mathrm{PMC}}(B_n)=4n-11\ (n \geqslant 4)$。

2. 泡型图在 PMC 模型下的 g 好邻诊断度

下面将证明当 $g=0,1,2,3$ 时泡型图 B_n 在 PMC 模型下的 g 好邻诊断度。

定理 3.3.8 [101] 当 $n \geqslant 4$ 时, 泡型图 B_n 在 PMC 模型下的诊断度是 $n-1$。

证明 令 $A=\{(1)\}$, $F_1=N(A)$ 及 $F_2=A\cup N(A)$。于是可得 $|N(A)|=n-1$, $|F_1|=n-1$ 和 $|F_2|=n$。注意到 $V(B_n-F_2)\neq\varnothing$。因为 $(1)=F_1\triangle F_2$ 及 $N_{B_n}((1))=F_1\subset F_2$, 所以 $V(B_n)\setminus(F_1\cup F_2)$ 和 $F_1\triangle F_2$ 中的顶点间不存在边。根据定理 3.1.1, 可证 B_n 在 PMC 模型下不是 n 可诊断的。因此, 根据诊断度的定义, 可知 B_n 的诊断度小于 n, 即 $t^{\mathrm{PMC}}(B_n)=t_0^{\mathrm{PMC}}(B_n)\leqslant n-1$。

根据诊断度的定义可知, 命题只需证明 B_n 在 PMC 模型下是 $(n-1)$ 可诊断的即可。为证明 B_n 是 $(n-1)$ 可诊断的, 根据定理 3.1.1, 其证明等价于证明对于 $V(B_n)$ 的任一对不同的故障子集 F_1 与 F_2 满足 $|F_1|\leqslant n-1$ 和 $|F_2|\leqslant n-1$ 时有 $V(B_n-F_1-F_2)\neq\varnothing$ 和存在点 $u\in V(B_n)\setminus(F_1\cup F_2)$ 与 $v\in F_1\triangle F_2$ 使得 $uv\in E(B_n)$。由于 $n\geqslant 4$, 所以一定有 $V(B_n-F_1-F_2)\neq\varnothing$。

反证法。假设对于 $V(B_n)$ 中存在一对不同的子集 F_1 和 F_2 满足 $|F_1|\leqslant n-1$,

$|F_2| \leqslant n-1$ 和不存在点 $u \in V(B_n) \setminus (F_1 \cup F_2)$ 与 $v \in F_1 \triangle F_2$ 使得 $uv \notin E(B_n)$，即 $V(B_n) \setminus (F_1 \cup F_2)$ 与 $F_1 \triangle F_2$ 顶点间没有边。不失一般性地，假设 $F_2 \setminus F_1 \neq \varnothing$。

由假设 $V(B_n) \setminus (F_1 \cup F_2)$ 和 $F_1 \triangle F_2$ 间的顶点没有边以及 $|V(B_n) \setminus (F_1 \cup F_2)| \neq 0$ 和 $|F_1 \triangle F_2| \neq 0$，可推出 $F_1 \cap F_2$ 是一个割。根据引理 3.3.17，$|F_1 \cap F_2| \geqslant n-1$。进而有 $|F_2| = |F_2 \setminus F_1| + |F_1 \cap F_2| \geqslant 1 + n - 1 = n$。但这与 $|F_2| \leqslant n-1$ 相矛盾。因此，B_n 是 $(n-1)$ 可诊断的。根据诊断度的定义，$t^{\mathrm{PMC}}(B_n) \geqslant n-1$。再结合 $t^{\mathrm{PMC}}(B_n) \leqslant n-1$，有 $t^{\mathrm{PMC}}(B_n) = t_0^{\mathrm{PMC}}(B_n) = n-1$。 □

定理 3.3.9 [101] 当 $n \geqslant 4$ 时，泡型图 B_n 在 PMC 模型下的 1 好邻 (自然) 诊断度是 $2n-3$。

证明 令 $A = \{(1), (12)\}$。根据引理 3.3.16，$|N(A)| = 2n-4$。令 $F_1 = N(A)$ 和 $F_2 = A \cup F_1$。于是有 $|F_1| = 2n-4$ 和 $|F_2| = 2n-2$。由于 $n \geqslant 4$，所以一定有 $V(B_n - F_1 - F_2) \neq \varnothing$。设 $v \in V(B_n) \setminus (F_1 \cup F_2)$。根据引理 3.3.16，可得 $|N(v) \cap N((1))| \leqslant 2$ 和 $|N(v) \cap N((12))| \leqslant 2$。根据性质 3.3.2，$N(v) \cap N((1)) \neq \varnothing$ 与 $N(v) \cap N((12)) = \varnothing$ 或 $N(v) \cap N((12)) \neq \varnothing$ 与 $N(v) \cap N((1)) = \varnothing$。因此，在 $B_n - (F_1 \cup F_2)$ 中，可知 $d(v) \geqslant n-1-2 \geqslant 1$ $(n \geqslant 4)$，即 F_1 是 B_n 的一个 1 好邻割。由于 $\{(1), (12)\} = F_1 \triangle F_2$ 及 $F_1 \subset F_2$，$V(B_n) \setminus (F_1 \cup F_2)$ 和 $F_1 \triangle F_2$ 之间没有边。根据定理 3.1.1，可证得 B_n 在 PMC 模型下不是 1 好邻可诊断的。因此，根据 g 好邻诊断度的定义，可得 $t_1^{\mathrm{PMC}}(B_n) \leqslant 2n-3$。

根据 1 好邻诊断度的定义，命题等价于证明 B_n 是 1 好邻 $(2n-3)$ 可诊断的即可。根据定理 3.1.1，等价于证明对于 $V(B_n)$ 的任一对不同的 1 好邻故障子集 F_1 与 F_2 满足 $|F_1| \leqslant 2n-3$ 和 $|F_2| \leqslant 2n-3$ 存在点 $u \in V(B_n) \setminus (F_1 \cup F_2)$ 和 $v \in F_1 \triangle F_2$ 使得 $uv \in E(B_n)$。由于 $n \geqslant 4$，所以一定有 $V(B_n - F_1 - F_2) \neq \varnothing$。

用反证法证明。假设对于 $V(B_n)$ 的存在一对不同的 1 好邻子集 F_1 与 F_2 满足 $|F_1| \leqslant 2n-3$ 和 $|F_2| \leqslant 2n-3$ 不存在 $u \in V(B_n) \setminus (F_1 \cup F_2)$ 和 $v \in F_1 \triangle F_2$ 使得 $uv \in E(B_n)$，即 $V(B_n) \setminus (F_1 \cup F_2)$ 与 $F_1 \triangle F_2$ 之间没有边。不失一般性地，假设 $F_2 \setminus F_1 \neq \varnothing$。

由于 $V(B_n) \setminus (F_1 \cup F_2)$ 与 $F_1 \triangle F_2$ 之间没有边，因而 $B_n - F_1$ 分两部分 $B_n - F_1 - F_2$ 和 $B_n[F_2 \setminus F_1]$。因为 F_1 是 1 好邻集，所以 $\delta(B_n - F_1 - F_2) \geqslant 1$ 及 $\delta(B_n[F_2 \setminus F_1]) \geqslant 1$。同理，当 $F_1 \setminus F_2 \neq \varnothing$ 时，$\delta(B_n[F_1 \setminus F_2]) \geqslant 1$。故而，$F_1 \cap F_2$ 为一个 1 好邻集。当 $F_1 \setminus F_2 = \varnothing$ 时，$F_1 \cap F_2 = F_1$ 也是一个 1 好邻集。又因为 $V(B_n - F_1 - F_2)$ 和 $F_1 \triangle F_2$ 之间没有边，$F_1 \cap F_2$ 是 1 好邻割。根据引理 3.3.18，可知 $|F_1 \cap F_2| \geqslant 2n-4$。注意到 $|F_2 \setminus F_1| \geqslant 2$。因此，$|F_2| = |F_2 \setminus F_1| + |F_1 \cap F_2| \geqslant 2 + 2n - 4 = 2n-2$，这与 $|F_2| \leqslant 2n-3$ 相矛盾。因此，B_n 是 1 好邻 $(2n-3)$ 可诊断的。根据 g 好邻诊断度的定义，$t_1^{\mathrm{PMC}}(B_n) \geqslant 2n-3$。再结合 $t_1^{\mathrm{PMC}}(B_n) \geqslant 2n-3$，有 $t_1^{\mathrm{PMC}}(B_n) = 2n-3$。 □

结合引理 3.3.21, 可得如下推论。

推论 3.3.1 [101] 在 PMC 模型下, $t_1^{\mathrm{PMC}}(B_n) < t_c^{\mathrm{PMC}}(B_n)$ $(n \geqslant 4)$。

引理 3.3.22 [101] 令 $n \geqslant 4$, $A = \{(1),(12),(34),(12)(34)\}$, $F_1 = N_{B_n}(A)$ 和 $F_2 = A \cup N_{B_n}(A)$, 那么 $|F_1| = 4n-12$, $|F_2| = 4n-8$, $\delta(B_n - F_1) \geqslant 2$ 且 $\delta(B_n - F_2) \geqslant 2$。

证明 由于 $A = \{(1),(12),(34),(12)(34)\}$, 可知 $B_n[A]$ 是一个 4 圈。根据性质 3.3.3 和引理 3.3.16, $|N_{B_n}(A)| = 4n-12$。通过计算, 可得 $|F_1| = 4n-12$ 和 $|F_2| = |A| + |F_1| = 4n-8$。

令点 $v \in V(B_n) \setminus F_2$, $|N(v) \cap N(A)| \neq 0$ 及 $w \in N(v) \cap N(A)$。在令 $u \in A$ 及 $uw \in E(B_n)$。根据性质 3.3.1, 可令 $u = (1)$。于是 $w = (ab) \in \{(i,i+1) : i = 1,2,\cdots,n-1\} \setminus \{(12),(34)\}$。根据性质 3.3.2, 不存在点 $u' \in \{(12),(34)\}$ 使得 $|N(u') \cap N(v)| \geqslant 1$。因此, 仅考虑 $u' \in \{(1),(12)(34)\}$。分以下两种情形讨论。

情形 1: $v = (ab)(cd)$, $\{a,b\} \cap \{c,d\} = \varnothing$, $(cd) \in \{(i,i+1) : i = 1,2,\cdots,n-1\} \setminus \{(ab)\}$。

如果 $(cd) \in \{(12),(34)\}$, 那么与 $v \in V(B_n) \setminus F_2$ 相矛盾。因此, $(cd) \in \{(i,i+1) : i = 1,2,\cdots,n-1\} \setminus \{(ab),(12),(34)\}$。在此情形中, 可知 $|N(v) \cap N(u)| = 2$。考虑到 $(12)(34)(xy)$, $(ab)(cd)(uv)$ 及 $(xy) \in \{(i,i+1) : i = 1,2,\cdots,n-1\} \setminus \{(12),(34)\}$。假设 $\{x,y\} \cap \{1,2,3,4\} = \varnothing$。因为 $(ab),(cd) \in \{(i,i+1) : i = 1,2,\cdots,n-1\} \setminus \{(12),(34)\}$, 所以有 $(12)(34)(xy) \neq (ab)(cd)(uv)$。

如果 $(xy) = (23)$, 那么 $(12)(34)(23) = (1243)$。如果 $(uv) \neq (12)$, 那么在 $(ab)(cd)(uv)$ 中 $1 \to 1$ 且 $(12)(34)(23) = (1243) \neq (ab)(cd)(uv)$。如果 $(uv) = (12)$, 那么在 $(ab)(cd)(uv)$ 中 $2 \to 1$ 且 $(12)(34)(23) = (1243) \neq (ab)(cd)(uv)$。如果 $(xy) = (45)$, 那么有 $(12)(34)(45) = (12)(345)$。如果 $(uv) \neq (12)$, 那么在 $(ab)(cd)(uv)$ 中 $1 \to 1$ 且 $(12)(34)(45) = (12)(345) \neq (ab)(cd)(uv)$。如果 $(uv) = (12)$, 那么在 $(ab)(cd)(uv)$ 中 $3 \to 3$ 或者 $3 \to 2$ 且 $(12)(34)(45) = (12)(345) \neq (ab)(cd)(uv)$。

因此, $|N(v) \cap N(A)| \leqslant 2$。

情形 2: $v = (ab)(cd)$, $\{a,b\} \cap \{c,d\} \neq \varnothing$, $(cd) \in \{(i,i+1) : i = 1,2,\cdots,n-1\} \setminus \{(ab)\}$。

不失一般性地, 可令 $v = (ab)(bd) = (abd)$ 和 $w' \in N(v) \setminus \{w\}$。于是有 $w' = (ab)(bd)(uv)$ 和 $(uv) \in \{(i,i+1) : i = 1,2,\cdots,n-1\} \setminus \{(cd)\}$。如果 $(uv) = (ab)$, 那么 $w' = (ab)(bd)(uv) = (ad)$。注意到 $(ad) \notin \{(i,i+1) : i = 1,2,\cdots,n-1\}$。于是有 $|N(u) \cap N(v)| = 1$。假设 $(uv) \neq (ab)$。考虑到 $(12)(34)(xy)$ 和 $(ab)(cd)(uv)$, 其中 $(xy) \in \{(i,i+1) : i = 1,2,\cdots,n-1\} \setminus \{(12),(34)\}$。

如果 $\{x,y\} \cap \{1,2,3,4\} = \varnothing$, 那么根据引理 3.3.15 可得 $(12)(34)(xy) \neq w' =$

$(ab)(bd)(uv)$。

如果 $(xy)=(23)$, 那么 $(12)(34)(23)=(1243)$。如果 $(uv)=(12)$, 那么在 $(ab)(cd)(uv)$ 中 $2\to 1$ 及 $(12)(34)(23)=(1243)\neq(ab)(cd)(uv)$。如果 $(uv)\neq(12)$, 那么在 $(ab)(cd)(uv)$ 中 $1\to 1$ 或者 $1\to 3$ 且 $(12)(34)(23)=(1243)\neq(ab)(cd)(uv)$。

如果 $(xy)=(45)$, 那么 $(12)(34)(45)=(12)(345)$。如果 $(uv)\neq(12)$, 那么在 $(ab)(cd)(uv)$ 中 $1\to 1$ 且 $(12)(34)(45)=(12)(345)\neq(ab)(cd)(uv)$。如果 $(uv)=(12)$, 那么在 $(ab)(cd)(uv)$ 中 $3\to 3$ 或者 $3\to 2$ 且 $(12)(34)(45)=(12)(345)\neq(ab)(cd)(uv)$。

因此, $|N(v)\cap N(A)|\leqslant 2$。

综合情形 1 和情形 2, 在 $B_n-(F_1\cup F_2)$ 中 $d(v)\geqslant n-1-2\geqslant 2$ $(n\geqslant 5)$ 且 F_1 是 B_n 的一个 2 好邻割。当 $n=4$ 时, 易证 F_1 也是 B_n 的一个 2 好邻割。 □

引理 3.3.23 [101] *令 $n\geqslant 4$。泡型图 B_n 在 PMC 模型下的 2 好邻诊断度 $t_2^{\mathrm{PMC}}(B_n)\leqslant 4n-9$。*

证明 令 A 定义如同引理 3.3.22, 并令 $F_1=N_{B_n}(A)$ 及 $F_2=A\cup N_{B_n}(A)$。根据引理 3.3.22, 可得 $|F_1|=4n-12$, $|F_2|=4n-8$, $\delta(B_n-F_1)\geqslant 2$ 和 $\delta(B_n-F_2)\geqslant 2$。因此, F_1 与 F_2 均是 B_n 满足 $|F_1|=4n-12$ 和 $|F_2|=4n-8$ 的 2 好邻集。又因为 $A=F_1\triangle F_2$ 和 $N_{B_n}(A)=F_1\subset F_2$, 所以 $V(B_n)\setminus(F_1\cup F_2)$ 与 $F_1\triangle F_2$ 的顶点间没有边。根据定理 3.1.1, 可得 B_n 在 PMC 模型下不是 2 好邻可诊断的。根据 2 好邻诊断度的定义, 可以推出 B_n 的 g 好邻诊断度小于等于 $4n-8$, 即 $t_2^{\mathrm{PMC}}(B_n)\leqslant 4n-9$。 □

引理 3.3.24 [101] *令 H 是 B_n 中满足 $\delta(H)=2$ 的子图, 则有 $|V(H)|\geqslant 4$。*

证明 根据 B_n 的定义及性质 3.3.2, 该引理易证。 □

引理 3.3.25 [101] *令 $n\geqslant 4$。泡型图 B_n 在 PMC 模型下的 2 好邻诊断度 $t_2^{\mathrm{PMC}}(B_n)\geqslant 4n-9$。*

证明 根据 g 好邻诊断度的定义, 该命题仅需证明 B_n 是 2 好邻 $(4n-9)$ 可诊断的。根据定理 3.1.1, 命题等价于证明对于 $V(B_n)$ 的任一对不同的 2 好邻故障子集 F_1 与 F_2 满足 $|F_1|\leqslant 4n-9$ 和 $|F_2|\leqslant 4n-9$ 存在点 $u\in V(B_n)\setminus(F_1\cup F_2)$ 和 $v\in F_1\triangle F_2$ 使得 $uv\in E(B_n)$。由于 $n\geqslant 4$, 所以一定有 $V(B_n-F_1-F_2)\neq\varnothing$。对于 $V(B_n)$ 的任一对不同的 2 好邻故障子集 F_1 与 F_2, 所以 $F_1\triangle F_2\neq\varnothing$。

反证法。假设对于 $V(B_n)$ 存在一对不同的 2 好邻故障子集 F_1 和 F_2 满足 $|F_1|\leqslant 4n-9$ 和 $|F_2|\leqslant 4n-9$, 但是顶点集对 (F_1,F_2) 不满足定理 3.1.1 的条件, 即 $V(B_n)\setminus(F_1\cup F_2)$ 和 $F_1\triangle F_2$ 的顶点间没有边。不失一般性地, 假定 $F_2\setminus F_1\neq\varnothing$。

根据反证假设结论 $V(B_n)\backslash(F_1\cup F_2)$ 和 $F_1\triangle F_2$ 的顶点间没有边。由于 F_1 是一个 2 好邻集, 可得 B_n-F_1 有两部分 $B_n-F_1-F_2$ 和 $B_n[F_2\backslash F_1]$ 且 $\delta(B_n-F_1-F_2)\geqslant 2$ 及 $\delta(B_n[F_2\setminus F_1])\geqslant 2$。同理, 当 $F_1\setminus F_2\neq\varnothing$ 时, $\delta(B_n[F_1\setminus F_2])\geqslant 2$。因此, $F_1\cap F_2$ 也是一个 2 好邻集。当 $F_1\setminus F_2=\varnothing$ 时, $F_1\cap F_2=F_1$ 同样为一个 2 好邻集。结合反证假设 $V(B_n)\setminus(F_1\cup F_2)$ 和 $F_1\triangle F_2$ 的顶点间没有边, 所以 $F_1\cap F_2$ 是一个 2 好邻割。注意到 $n\geqslant 4$, 根据引理 3.3.19, $|F_1\cap F_2|\geqslant 4n-12$。根据引理 3.3.24, $|F_2\setminus F_1|\geqslant 4$。因此, 有

$$|F_2|=|F_2\setminus F_1|+|F_1\cap F_2|\geqslant 4+8n-22=8n-18$$

这与 $|F_2|\leqslant 4n-9$ 相矛盾。所以, B_n 是 2 好邻 $(8n-19)$ 可诊断的。根据 g 好邻诊断度的定义, $t_2^{\mathrm{PMC}}(B_n)\geqslant 4n-9$。 □

结合引理 3.3.23 和引理 3.3.25 可得以下定理。

定理 3.3.10 [101] 令 $n\geqslant 4$。泡型图 B_n 在 PMC 模型下的 2 好邻诊断度 $t_2^{\mathrm{PMC}}(B_n)=4n-9$。

引理 3.3.26 [101] 令 $A=\{(1),(12),(34),(56),(12)(34),(12)(56),(34)(56),(12)(34)(56)\}$。如果 $n\geqslant 7$, $F_1=N_{B_n}(A)$ 及 $F_2=A\cup N_{B_n}(A)$, 那么 $|F_1|=8n-32$, $|F_2|=8n-24$, $\delta(B_n-F_1)\geqslant 3$ 且 $\delta(B_n-F_2)\geqslant 3$。

证明 由 $A=\{(1),(12),(34),(56),(12)(34),(12)(56),(34)(56),(12)(34)(56)\}$, 可知 $B_n[A]$ 是 3 正则且 $|A|=8$。

断言 1: 对于 $u,v\in A$, $(N(u)\cap N(v))\setminus A=\varnothing$。

根据性质 3.3.1, 令 $u=(1)$。根据性质 3.3.2, 仅考虑 $v\in\{(12)(34),(12)(56),(34)(56)\}$。由于 $|N(u)\cap N(v)|=2$, 根据引理 3.3.16, 可推出 $(N(u)\cap N(v))\backslash A=\varnothing$。断言 1 证毕。

根据断言 1, $|N_{B_n}(A)|=8n-32$。通过计算可得 $|F_1|=8n-32$ 和 $|F_2|=|A|+|F_1|=8n-24$。令 $v\in V(B_n)\setminus F_2$, $|N(v)\cap N(A)|\neq 0$ 及 $w\in N(v)\cap N(A)$。并令 $u\in A$ 及 $uw\in E(B_n)$。根据性质 3.3.1, 令 $u=(1)$。于是, $w=(ab)\in\{(i,i+1):i=1,2,\cdots,n-1\}\setminus\{(12),(34),(56)\}$。根据性质 3.3.2, 不存在点 $u'\in\{(12),(34),(56),(12)(34)(56)\}$ 使得 $|N(u')\cap N(v)|\geqslant 1$。所以, 仅考虑 $u'\in\{(1),(12)(34),(12)(56),(34)(56)\}$。

断言 2: $|N(A)\cap N(v)|\leqslant 2$。

令 $v\in V(B_n)\setminus F_2$。我们考虑以下两种情形。

情形 1: $v=(ab)(cd)$ 且 $\{a,b\}\cap\{c,d\}=\varnothing$, 其中 $(cd)\in\{(i,i+1):i=1,2,\cdots,n-1\}\setminus\{(ab)\}$。

如果 $(cd)\in\{(12),(34),(56)\}$, 那么这与 $v\in V(B_n)\setminus F_2$ 相矛盾。因此, $(cd)\in\{(i,i+1):i=1,2,\cdots,n-1\}\setminus\{(ab),(12),(34),(56)\}$。

考虑情形 $(ab)(cd)(uv)$。如果 $(uv)=(ab)$, 那么 $|N(v)\cap N(u)|=2$。

不妨令 $(uv)\neq(ab)$。

考虑情形 $(12)(34)(xy)$ 和 $(ab)(cd)(uv)$, $(xy)\in\{(i,i+1):i=1,2,\cdots,n-1\}\setminus\{(12),(34),(56)\}$。假设 $\{x,y\}\cap\{1,2,3,4\}=\varnothing$。因为 $(ab),(cd)\in\{(i,i+1):i=1,2,\cdots,n-1\}\setminus\{(12),(34),(56)\}$, 所以 $(12)(34)(xy)\neq(ab)(cd)(uv)$。

如果 $(xy)=(23)$, 那么有 $(12)(34)(23)=(1243)$。若 $(uv)\neq(12)$, 则在 $(ab)(cd)(uv)$ 中 $1\to 1$ 及 $(12)(34)(23)=(1243)\neq(ab)(cd)(uv)$。若 $(uv)=(12)$, 则在 $(ab)(cd)(uv)$ 中 $2\to 1$ 及 $(12)(34)(23)=(1243)\neq(ab)(cd)(uv)$。

如果 $(xy)=(45)$, 那么有 $(12)(34)(45)=(12)(345)$。若 $(uv)\neq(12)$, 则在 $(ab)(cd)(uv)$ 中 $1\to 1$ 及 $(12)(34)(45)=(12)(345)\neq(ab)(cd)(uv)$。若 $(uv)=(12)$, 则在 $(ab)(cd)(uv)$ 中 $3\to 3$ 或者 $3\to 2$ 及 $(12)(34)(45)=(12)(345)\neq(ab)(cd)(uv)$。

考虑情形 $(34)(56)(xy)$ 和 $(ab)(cd)(uv)$, $(xy)\in\{(i,i+1):i=1,2,\cdots,n-1\}\setminus\{(12),(34),(56)\}$。假设 $\{x,y\}\cap\{3,4,5,6\}=\varnothing$。因为 $(ab),(cd)\in\{(i,i+1):i=1,2,\cdots,n-1\}\setminus\{(12),(34),(56)\}$, 所以 $(34)(56)(xy)\neq(ab)(cd)(uv)$。

如果 $(xy)=(23)$, 那么 $(34)(23)(56)=(243)(56)$。若 $(uv)=(23)$, 则在 $(ab)(cd)(uv)$ 中 $2\to 3$ 或 $2\to 2$ 及 $(34)(23)(56)=(243)(56)\neq(ab)(cd)(uv)$。若 $(uv)\neq(23)$, 则 $(uv)=(12)$ 或 (34) 或 $(uv)(u,v\geqslant 4)$。当 $(uv)=(12)$ 时, 在 $(ab)(cd)(uv)$ 中 $2\to 1$ 及 $(34)(23)(56)=(243)(56)\neq(ab)(cd)(uv)$。当 $(uv)=(34)$ 时, 在 $(ab)(cd)(uv)$ 中 $2\to 2$ 或 $2\to 3$ 及 $(34)(23)(56)=(243)(56)\neq(ab)(cd)(uv)$。当 $u,v\geqslant 4$ 时, 在 $(ab)(cd)(uv)$ 中 $2\to 2$ 或 $2\to 3$ 及 $(34)(23)(56)=(243)(56)\neq(ab)(cd)(uv)$。

同理, 考虑情形 $(12)(56)(xy)$ 和 $(ab)(cd)(uv)$, 有 $(12)(56)(xy)\neq(ab)(cd)(uv)$。

因此, $|N(v)\cap N(A)|\leqslant 2$。

情形 2: $v=(ab)(cd)$ 且 $\{a,b\}\cap\{c,d\}\neq\varnothing$, 其中 $(cd)\in\{(i,i+1):i=1,2,\cdots,n-1\}\setminus\{(ab)\}$。

不失一般性地, 令 $v=(ab)(bd)=(abd)$。并令 $w'\in N(v)\setminus\{w\}$。于是有 $w'=(ab)(bd)(uv)$, $(uv)\in\{(i,i+1):i=1,2,\cdots,n-1\}\setminus\{(cd)\}$。如果 $(uv)=(ab)$, 那么 $w'=(ab)(bd)(uv)=(ad)$。注意到 $(ad)\notin\{(i,i+1):i=1,2,\cdots,n-1\}$。于是有 $|N(v)\cap N(u)|=1$。假设 $(uv)\neq(ab)$。

考虑 $(12)(34)(xy)$ 和 $(ab)(cd)(uv)$, $(xy)\in\{(i,i+1):i=1,2,\cdots,n-1\}\setminus\{(12),(34),(56)\}$。如果 $\{x,y\}\cap\{1,2,3,4\}=\varnothing$, 那么根据定理 3.3.8 可得 $(12)(34)(xy)\neq w'=(ab)(bd)(uv)$。

如果 $(xy)=(23)$, 那么有 $(12)(34)(23)=(1243)$。若 $(uv)=(12)$, 则在 $(ab)(cd)(uv)$ 中 $2\to 1$ 且 $(12)(34)(23)=(1243)\neq(ab)(cd)(uv)$。若 $(uv)\neq(12)$, 则

在 $(ab)(cd)(uv)$ 中 $1 \to 1$ 或 $1 \to 3$ 及 $(12)(34)(23) = (1243) \neq (ab)(cd)(uv)$。

如果 $(xy) = (45)$, 那么有 $(12)(34)(45) = (12)(345)$。若 $(uv) \neq (12)$, 则在 $(ab)(cd)(uv)$ 中 $1 \to 1$ 或 $1 \to 3$ 及 $(12)(34)(45) = (12)(345) \neq (ab)(cd)(uv)$。若 $(uv) = (12)$, 则在 $(ab)(cd)(uv)$ 中 $3 \to 3$ 或 $3 \to 2$ 及 $(12)(34)(45) = (12)(345) \neq (ab)(cd)(uv)$。

考虑 $(34)(56)(xy)$ 和 $(ab)(cd)(uv)$, $(xy) \in \{(i, i+1) : i = 1, 2, \cdots, n-1\} \setminus \{(12), (34), (56)\}$。如果 $\{x, y\} \cap \{3, 4, 5, 6\} = \varnothing$, 那么根据定理 3.3.8 有 $(34)(56)(xy) \neq w' = (ab)(bd)(uv)$。

如果 $(xy) = (23)$, 那么 $(34)(56)(xy) = (243)(56)$。若 $(uv) = (12)$, 则在 $(ab)(cd)(uv)$ 中 $2 \to 1$ 及 $(34)(56)(xy) \neq (ab)(cd)(uv)$。若 $(uv) \neq (12)$, 则在 $(ab)(cd)(uv)$ 中 $1 \to 1$ 或 $1 \to 3$ 及 $(34)(56)(xy) \neq (ab)(cd)(uv)$。

如果 $(xy) = (45)$, 那么 $(34)(56)(xy) = (3465)$。若 $(uv) \neq (12)$, 则在 $(ab)(cd)(uv)$ 中 $1 \to 1$ 或 $1 \to 3$ 及 $(34)(56)(xy) \neq (ab)(cd)(uv)$。若 $(uv) = (12)$, 则在 $(ab)(cd)(uv)$ 中 $3 \to 3$ 或 $3 \to 2$ 及 $(34)(56)(xy) \neq (ab)(cd)(uv)$。

如果 $(xy) = (67)$, 那么有 $(34)(56)(xy) = (34)(567)$。若 $(uv) \neq (12)$, 则在 $(ab)(cd)(uv)$ 中 $1 \to 1$ 或 $1 \to 3$ 及 $(34)(56)(xy) \neq (ab)(cd)(uv)$。若 $(uv) = (12)$, 则在 $(ab)(cd)(uv)$ 中 $3 \to 3$ 或 $3 \to 2$ 且有 $(34)(56)(xy) \neq (ab)(cd)(uv)$。

同理, 考虑 $(12)(56)(xy)$ 和 $(ab)(cd)(uv)$, 易知 $(12)(56)(xy) \neq (ab)(cd)(uv)$。因此, $|N(v) \cap N(A)| \leqslant 2$。

综合情形 1 和情形 2, 断言 1 证毕。

根据断言 1, 可得当 $n \geqslant 7$ 时在 $B_n - (F_1 \cup F_2)$ 中 $d(v) \geqslant n-1-3 \geqslant 3$ 且 F_1 是 B_n 的一个 3 好邻割。 □

引理 3.3.27 [101] 令 $n \geqslant 7$。泡型图 B_n 在 PMC 模型下的 3 好邻诊断度 $t_3^{\mathrm{PMC}}(B_n) \leqslant 8n - 25$。

证明 令 A 的定义如同引理 3.3.26中的定义。并令 $F_1 = N_{B_n}(A)$ 和 $F_2 = A \cup N_{B_n}(A)$。根据引理 3.3.26, 可得 $|F_1| = 8n-32$, $|F_2| = 8n-24$, $\delta(B_n - F_1) \geqslant 3$ 和 $\delta(B_n - F_2) \geqslant 3$。于是, 可得 F_1 与 F_2 均是 B_n 的 3 好邻集且 $|F_1| = 8n-32$ 和 $|F_2| = 8n-24$。根据已知条件 $A = F_1 \triangle F_2$ 和 $N_{B_n}(A) = F_1 \subset F_2$, 可知 $V(B_n) \setminus (F_1 \cup F_2)$ 与 $F_1 \triangle F_2$ 之间没有边。根据定理 3.1.1, 可证 B_n 在 PMC 模型下不是 3 好邻可诊断的。因此, 根据 g 好邻诊断度的定义, 可证 B_n 的 3 好邻诊断度小于或等于 $8n-24$, 即 $t_3^{\mathrm{PMC}}(B_n) \leqslant 8n - 25$。 □

引理 3.3.28 [101] 令 H 为 B_n 中满足 $\delta(H) = 3$ 的子图, 那么 $|V(H)| \geqslant 8$。

证明 根据 B_n 的定义, 可知其不含 $K_{3,3}$ 子图。

反证法。假设在 B_n 中存在一个满足 $\delta(H) = 3$ 的子图 H 使得 $|V(H')| = 7$。注意到 B_n 是偶图。令 $V(H') = (U, W)$, 其中 $|U| = 3$ 及 $|W| = 4$。根据性质 3.3.1,

可令 $W = \{(1), x, y, z\}$ 及 $U = \{a, b, c\}$。因为 $\delta(H') \geqslant 3$, 所以有 $N(x) \cap N(y) = \{a, b, c\}$, 这与引理 3.3.16相矛盾。因此, $|V(H)| \geqslant 8$。 □

引理 3.3.29 [101] 令 $n \geqslant 7$。泡型图 B_n 在 PMC 模型下的 3 好邻诊断度 $t_3^{\mathrm{PMC}}(B_n) \geqslant 8n-25$。

证明 根据 g 好邻诊断度的概念, 只需证明 B_n 是 3 好邻 $(8n-25)$ 可诊断的即可。为证明该引理成立, 根据定理 3.1.1, 其等价于证明对于 $V(B_n)$ 的任一对不同的 3 好邻子集 F_1 与 F_2 满足 $|F_1| \leqslant 8n-25$ 和 $|F_2| \leqslant 8n-25$ 存在点 $u \in V(B_n) \setminus (F_1 \cup F_2)$ 和 $v \in F_1 \triangle F_2$ 使得边 $uv \in E(B_n)$。

利用反证法来证明该引理。假设对于 $V(B_n)$ 存在一对不同的 3 好邻子集 F_1 和 F_2 满足 $|F_1| \leqslant 4n-9$ 和 $|F_2| \leqslant 4n-9$, 但顶点集对 (F_1, F_2) 不满足定理 3.1.1 的条件, 即 $V(B_n) \setminus (F_1 \cup F_2)$ 和 $F_1 \triangle F_2$ 的顶点间没有边。不失一般性地, 假定 $F_2 \setminus F_1 \neq \varnothing$。

若 $V(B_n) = F_1 \cup F_2$, 根据 B_n 的定义可得 $|F_1 \cup F_2| = |S_n| = n!$。注意到 $n \geqslant 7$ 时, 显然有 $n! > 16n-50$。于是, 可推得

$$
\begin{aligned}
n! = |V(B_n)| &= |F_1 \cup F_2| = |F_1| + |F_2| - |F_1 \cap F_2| \\
&\leqslant |F_1| + |F_2| \leqslant 2(8n-25) = 16n-50 < n!
\end{aligned}
$$

该式显然不成立。因此, $V(B_n) \neq F_1 \cup F_2$。

根据假设 $V(B_n) \setminus (F_1 \cup F_2)$ 和 $F_1 \triangle F_2$ 的顶点间没有边, $B_n - F_1$ 由两部分 $B_n - F_1 - F_2$ 和 $B_n[F_2 \setminus F_1]$ 构成。又因为 F_1 是一个 3 好邻集, 所以 $\delta(B_n - F_1 - F_2) \geqslant 3$ 和 $\delta(B_n[F_2 \setminus F_1]) \geqslant 3$。同理, 当 $F_1 \setminus F_2 \neq \varnothing$ 时, $\delta(B_n[F_1 \setminus F_2]) \geqslant 3$。综合这两种情形可推出 $F_1 \cap F_2$ 是一个 3 好邻集。特别地, 当 $F_1 \setminus F_2 = \varnothing$ 时, $F_1 \cap F_2 = F_1$ 也是一个 3 好邻集。由于在 $V(B_n - F_1 - F_2)$ 和 $F_1 \triangle F_2$ 之间没有边, 所以 $F_1 \cap F_2$ 为 B_n 的一个 3 好邻割。注意到 $n \geqslant 7$。根据引理 3.3.20, $|F_1 \cap F_2| \geqslant 8n-32$。根据引理 3.3.28, $|F_2 \setminus F_1| \geqslant 8$。于是, 有

$$
\begin{aligned}
|F_2| &= |F_2 \setminus F_1| + |F_1 \cap F_2| \\
&\geqslant 8 + (8n-32) \\
&= 8n-24
\end{aligned}
$$

这显然与 $|F_2| \leqslant 8n-25$ 矛盾。

因此, B_n 是 3 好邻 $(8n-25)$ 可诊断的。根据 g 好邻诊断度的定义, 可得 $t_3^{\mathrm{PMC}}(B_n) \geqslant 8n-25$。 □

结合引理 3.3.27和引理 3.3.29, 可得以下定理。

定理 3.3.11 [101]　令 $n \geqslant 7$。泡型图 B_n 在 PMC 模型下的 3 好邻诊断度 $t_3^{\mathrm{PMC}}(B_n) = 8n - 25$。

3. 泡型图在 MM* 模型下的 g 好邻诊断度

下面我们将证明当 $g = 0, 1, 2, 3$ 时, 泡型图 B_n 在 MM* 模型下的 g 好邻诊断度。

定理 3.3.12 [96]　当 $n \geqslant 4$ 时, B_n 在 MM* 模型下的诊断度 $t^{\mathrm{MM}^*}(G) = t_0^{\mathrm{MM}^*}(G) = n - 1$。

引理 3.3.30 [4]　图 $G = (V, E)$ 有完美匹配当且仅当对于所有的 $S \subseteq V$ 使得 $o(G - S) \leqslant |S|$。

引理 3.3.31 [4]　令整数 $k \geqslant 0$, 那么每一个 k 正则二部图有 k 个边不交的完美匹配。

注意到泡型图 B_n 是一个正则偶图。根据引理 3.3.31, 我们有如下推论。

推论 3.3.2 [101]　泡型图 B_n 有完美的匹配。

引理 3.3.32 [101]　令 $n \geqslant 4$。泡型图 B_n 在 MM* 模型下的 1 好邻 (自然) 诊断度 $t_1^{\mathrm{MM}^*}(B_n) \leqslant 2n - 3$。

证明　令 $u = (1)$ 和 $v = (12)$。根据 B_n 的定义可知, u 与 v 相邻。令 $F_1 = N(\{u, v\})$ 和 $F_2 = F_1 \cup \{u, v\}$。根据引理 3.3.16, 可得 $|F_1| = 2n-4$ 和 $|F_2| = 2n-2$。令 $w \in V(B_n) \setminus (F_1 \cup F_2)$。根据引理 3.3.16, 可得 $|N(v) \cap N((1))| \leqslant 2$ 和 $|N(v) \cap N((12))| \leqslant 2$。根据性质 3.3.2, 如果 $N(w) \cap N((1)) \neq \varnothing$, 那么 $N(w) \cap N((12)) = \varnothing$; 如果 $N(w) \cap N((12)) \neq \varnothing$, 那么 $N(w) \cap N((1)) = \varnothing$。因此, 在 $B_n - (F_1 \cup F_2)$ 中 $d(v) \geqslant n - 1 - 2 \geqslant 1$ $(n \geqslant 4)$ 且 F_1 是 B_n 的一个 1 好邻割。因此, $B_n - F_2$ 没有孤立点。由于 $\{(1), (12)\} = F_1 \triangle F_2$ 和 $F_1 \subset F_2$, $V(B_n) \setminus (F_1 \cup F_2)$ 和 $F_1 \triangle F_2$ 间没有边, 根据定理 3.1.2, 可推出 B_n 在 MM* 模型下不是 1 好邻 $(2n - 2)$ 可诊断的。因此, 根据 g 好邻诊断度的定义, 可得 $t_1^{\mathrm{MM}^*}(B_n) \leqslant 2n - 3$。 □

引理 3.3.33 [101]　令 $n \geqslant 4$。泡型图 B_n 在 MM* 模型下的 1 好邻 (自然) 诊断度 $t_1^{\mathrm{MM}^*}(B_n) \geqslant 2n - 3$。

证明　设在 B_n 中 F_1 和 F_2 是两个不同的 1 好邻集, 满足 $|F_1| \leqslant 2n - 3$ 和 $|F_2| \leqslant 2n - 3$。若 $V(B_n) = F_1 \cup F_2$, 则有

$$
\begin{aligned}
n! &= |V(B_n)| \\
&= |F_1 \cup F_2| = |F_1| + |F_2| - |F_1 \cap F_2| \\
&\leqslant |F_1| + |F_2| \\
&\leqslant 2(2n - 3) \\
&= 4n - 6
\end{aligned}
$$

显然当 $n \geqslant 4$ 时, 该式不成立。因此, $V(B_n) \neq F_1 \cup F_2$。注意到 $F_2 \triangle F_1 \neq \varnothing$。

根据 g 好邻诊断的定义, 只需证明 B_n 是 1 好邻 $(2n-3)$ 可诊断的即可。根据定理 3.1.2, 假设在 B_n 中存在两个不同的 1 好邻集 F_1 和 F_2 满足 $|F_1| \leqslant 2n-3$ 和 $|F_2| \leqslant 2n-3$, 但顶点集对 (F_1, F_2) 不满足定理 3.1.2 的任何一个条件。令 L 是 $B_n - F_1 - F_2$ 中孤立点组成的集合和 $H = B_n - F_1 - F_2 - L$, 则 $V(H)$ 和 $F_1 \triangle F_2$ 之间没有边, 或不存在 wu, wv 在 $G[L \cup (F_1 \backslash F_2)]$ 或不存在 wu, wv 在 $G[L \cup (F_2 \backslash F_1)]$。其中 $w \in L$。不失一般性地, 假定 $F_2 \setminus F_1 \neq \varnothing$。

断言: $B_n - F_1 - F_2$ 没有孤立点。

若 $F_1 \setminus F_2 = \varnothing$, 则 $F_1 \subseteq F_2$。因为 F_2 是一个 1 好邻集, 所以 $B_n - F_2 = B_n - F_1 - F_2$ 没有孤立点。断言 1 在此种情形下得证。因此, 在下述的证明过程中可令 $F_1 \setminus F_2 \neq \varnothing$。

利用反证法, 假设 $B_n - F_1 - F_2$ 至少有一个孤立点 w。由于 F_1 是一个 1 好邻集, 因此存在一点 $u \in F_2 \setminus F_1$ 使得 u 与 w 相邻。又因为顶点对 (F_1, F_2) 不满足定理 3.1.2 中的任何一个条件, 所以至多存在一点 $u \in F_2 \setminus F_1$ 使得 u, w 相邻。因此, 恰好仅有一点 $u \in F_2 \setminus F_1$ 使得 u 和 w 相邻。同理可证, 恰好仅有一点 $v \in F_2 \setminus F_1$ 使得 v 和 w 相邻。对于任一点 $w \in L$, 在 $F_1 \cap F_2$ 中有 $(n-3)$ 个邻点。根据推论 3.3.2, 可得 B_n 具有完美匹配。根据引理 3.3.30, 可得

$$
\begin{aligned}
|L| &\leqslant o(B_n - (F_1 \cup F_2)) \\
&\leqslant |F_1 \cup F_2| \\
&\leqslant |F_1| + |F_2| - |F_1 \cap F_2| \\
&\leqslant 2(2n-3) - (n-3) \\
&= 3n - 3
\end{aligned}
$$

假定 $V(H) = \varnothing$, 注意到

$$
\begin{aligned}
n! &= |V(B_n)| \\
&= |F_1 \cup F_2| + |L| \\
&\leqslant 2(3n-3) \\
&= 6n - 6
\end{aligned}
$$

该式在 $n \geqslant 4$ 时矛盾。故 $V(H) \neq \varnothing$。

由于顶点对 (F_1, F_2) 不满足定理 3.1.2 中的条件且 H 中不含孤立点, 可推出 $V(H)$ 和 $F_1 \triangle F_2$ 顶点间没有边。因此, $F_1 \cap F_2$ 是 B_n 的一个点割且 $\delta(B_n - (F_1 \cap F_2)) \geqslant 1$, 即 $F_1 \cap F_2$ 是 B_n 的一个 1 好邻割。根据引理 3.3.18, $|F_1 \cap F_2| \geqslant 2n-4$。

由于 $|F_1| \leqslant 2n-3$ 和 $|F_2| \leqslant 2n-3$ 及 $F_1 \setminus F_2 \neq \varnothing$, $F_2 \setminus F_1 \neq \varnothing$, 故

$$|F_1 \setminus F_2| = |F_2 \setminus F_1| = 1$$

令 $F_1 \setminus F_2 = \{v_1\}$ 和 $F_2 \setminus F_1 = \{v_2\}$。对于任一点 $w \in L$, w 分别与 v_1 和 v_2 相邻。根据引理 3.3.16, 在 B_n 中对于任一对顶点至多有 2 个公共邻点。因此, 在 $B_n - F_1 - F_2$ 中最多有 2 个孤立的顶点, 即 $|L| \leqslant 2$。

假设 $B_n - F_1 - F_2$ 中恰有一个孤立点 v。令 v_1 和 v_2 均与 v 相邻。于是, $N_{B_n}(v) \setminus \{v_1, v_2\} \subseteq F_1 \cap F_2$。由于 B_n 不含 3 圈, 易知

$$\begin{aligned}
&N_{B_n}(v_1) \setminus \{v\} \subseteq F_1 \cap F_2, N_{B_n}(v_2) \setminus \{v\} \subseteq F_1 \cap F_2 \\
&|(N_{B_n}(v) \setminus \{v_1, v_2\}) \cap (N_{B_n}(v_1) \setminus \{v\})| = 0 \\
&|(N_{B_n}(v) \setminus \{v_1, v_2\}) \cap (N_{B_n}(v_2) \setminus \{v\})| = 0 \\
&|[N_{B_n}(v_1) \setminus \{v\}] \cap [N_{B_n}(v_2) \setminus \{v\}]| \leqslant 1
\end{aligned}$$

于是

$$\begin{aligned}
|F_1 \cap F_2| &\geqslant |N_{B_n}(v) \setminus \{v_1, v_2\}| + |N_{B_n}(v_1) \setminus \{v\}| + |N_{B_n}(v_2) \setminus \{v\}| \\
&\geqslant (n-1-2) + (n-1-1) + (n-1-1) - 1 \\
&= 3n - 8
\end{aligned}$$

由此, 在 $n \geqslant 4$ 时可得

$$\begin{aligned}
|F_2| &= |F_2 \setminus F_1| + |F_1 \cap F_2| \\
&\geqslant 1 + 3n - 8 \\
&= 3n - 7 \\
&> 2n - 3
\end{aligned}$$

这与 $|F_2| \leqslant 2n-3$ 相矛盾。

假设 $B_n - F_1 - F_2$ 中恰有两个孤立点 v 和 w。令 v_1 和 v_2 分别与 v 和 w 相邻。故有

$$\begin{aligned}
&N_{B_n}(v) \setminus \{v_1, v_2\} \subseteq F_1 \cap F_2, N_{B_n}(w) \setminus \{v_1, v_2\} \subseteq F_1 \cap F_2 \\
&N_{B_n}(v_1) \setminus \{v, w\} \subseteq F_1 \cap F_2, N_{B_n}(v_2) \setminus \{v, w\} \subseteq F_1 \cap F_2 \\
&|(N_{B_n}(v) \setminus \{v_1, v_2\}) \cap (N_{B_n}(v_1) \setminus \{v, w\})| = 0 \\
&|(N_{B_n}(v) \setminus \{v_1, v_2\}) \cap (N_{B_n}(v_2) \setminus \{v, w\})| = 0
\end{aligned}$$

$$|(N_{B_n}(w) \setminus \{v_1, v_2\}) \cap (N_{B_n}(v_1) \setminus \{v, w\})| = 0$$
$$|(N_{B_n}(w) \setminus \{v_1, v_2\}) \cap (N_{B_n}(v_2) \setminus \{v, w\})| = 0$$
$$|[N_{B_n}(v_1) \setminus \{v, w\}] \cap [N_{B_n}(v_2) \setminus \{v, w\}]| = 0$$

根据引理 3.3.16, B_n 中任一对顶点至多有两个公共邻点。由此可以得出

$$|(N_{B_n}(v) \setminus \{v_1, v_2\}) \cap (N_{B_n}(w) \setminus \{v_1, v_2\})| = 0$$

于是

$$\begin{aligned} |F_1 \cap F_2| \geqslant & |N(v) \setminus \{v_1, v_2\}| + |N(w) \setminus \{v_1, v_2\}| + |N(v_1) \setminus \{v, w\}| \\ & + |N(v_2) \setminus \{v, w\}| \\ = & (n-1-2) + (n-1-2) + (n-1-2) + (n-1-2) \\ = & 4n - 12 \end{aligned}$$

因而可断定

$$|F_2| = |F_2 \setminus F_1| + |F_1 \cap F_2| \geqslant 1 + 4n - 12 = 4n - 11 > 2n - 3 \ (n \geqslant 4)$$

这显然与 $|F_2| \leqslant 2n-3$ 相矛盾。断言证毕。

令点 $u \in V(B_n) \setminus (F_1 \cup F_2)$。根据断言 1, u 在 $B_n - F_1 - F_2$ 中至少有一个邻点。因为顶点对 (F_1, F_2) 不满足定理 3.1.2 的任一条件, 所以对于任一对相邻的顶点 $u, w \in V(B_n) \setminus (F_1 \cup F_2)$ 不存在点 $v \in F_1 \triangle F_2$ 使得 $uv \in E(B_n)$ 或 $wv \in E(B_n)$。因而, u 在 $F_1 \triangle F_2$ 中没有邻点。根据点 u 的任意性, 可证 $V(B_n) \setminus (F_1 \cup F_2)$ 和 $F_1 \triangle F_2$ 的顶点间没有边。由于 $F_2 \setminus F_1 \neq \varnothing$ 和 F_1 是一个 1 好邻集, 可得 $\delta_{B_n}([F_2 \setminus F_1]) \geqslant 1$, 进而有 $|F_2 \setminus F_1| \geqslant 2$。因为 F_1 和 F_2 均为 1 好邻集且 $V(B_n) \setminus (F_1 \cup F_2)$ 和 $F_1 \triangle F_2$ 之间没有边, 所以 $F_1 \cap F_2$ 是 B_n 的一个 1 好邻割。根据引理 3.3.18, 可得 $|F_1 \cap F_2| \geqslant 2n-4$。于是, 有

$$\begin{aligned} |F_2| &= |F_2 \setminus F_1| + |F_1 \cap F_2| \\ &\geqslant 2 + 2n - 4 \\ &= 2n - 2 \end{aligned}$$

这与 $|F_2| \leqslant 2n-3$ 相矛盾。因此, B_n 是 1 好邻 $(2n-3)$ 可诊断的。根据 g 好邻诊断度的定义, $t_1^{\mathrm{MM}^*}(B_n) \geqslant 3n-4$。 □

结合引理 3.3.32 和引理 3.3.33, 可得以下定理。

定理 3.3.13[101] 令 $n \geqslant 5$。泡型图 B_n 在 MM* 模型下的 1 好邻 (自然) 诊断度 $t_1^{\mathrm{MM}^*}(B_n) = 2n-3$。

引理 3.3.34 [101] 令 $n \geqslant 4$。泡型图 B_n 在 MM* 模型下的 2 好邻诊断度 $t_2^{\mathrm{MM}^*}(B_n) \leqslant 4n-9$。

证明 令 A, F_1 和 F_2 的定义如同引理 3.3.22 中的定义, 则有 $F_1 = N_{B_n}(A)$ 和 $F_2 = A \cup N_{B_n}(A)$。根据引理 3.3.22, 可得 $|F_1| = 4n-12$, $|F_2| = 4n-8$, $\delta(B_n - F_1) \geqslant 2$ 和 $\delta(B_n - F_2) \geqslant 2$。故 F_1 和 F_2 都是 2 好邻集。根据 F_1 和 F_2 的定义, 可知 $F_1 \triangle F_2 = A$。注意到

$$F_1 \setminus F_2 = \varnothing,\ F_2 \setminus F_1 = A \text{ 及 } (V(B_n) \setminus (F_1 \cup F_2)) \cap A = \varnothing$$

于是, 可得 F_1 与 F_2 均不满足定理 3.1.2中的任一条件且 B_n 不是 2 好邻 $(4n-8)$ 可诊断的。因此, $t_2^{\mathrm{MM}^*}(B_n) \leqslant 4n-9$。 □

引理 3.3.35 [101] 令 $n \geqslant 4$。泡型图 B_n 在 MM* 模型下的 2 好邻诊断度大于等于 $4n-9$, 即 $t_2^{\mathrm{MM}^*}(B_n) \geqslant 4n-9$。

证明 设在 B_n 中 F_1 和 F_2 是两个不同的 2 好邻集满足 $|F_1| \leqslant 4n-9$ 和 $|F_2| \leqslant 4n-9$。若 $V(B_n) = F_1 \cup F_2$, 则有

$$\begin{aligned} n! &= |V(B_n)| \\ &= |F_1 \cup F_2| = |F_1| + |F_2| - |F_1 \cap F_2| \\ &\leqslant |F_1| + |F_2| \\ &\leqslant 2(4n-9) \\ &= 8n-18 \end{aligned}$$

显然当 $n \geqslant 4$ 时, 该式不成立。因此, $V(B_n) \neq F_1 \cup F_2$。注意到 $F_2 \triangle F_1 \neq \varnothing$。

根据 2 好邻诊断度的定义, 只需证明 B_n 是 2 好邻 $(4n-9)$ 可诊断的。根据定理 3.1.2, 利用反证法, 假设在 B_n 中存在两个不同的 2 好邻集 F_1 和 F_2 且满足 $|F_1| \leqslant 4n-9$ 和 $|F_2| \leqslant 4n-9$, 但顶点对 (F_1, F_2) 不满足定理 3.1.2 中的任一条件。不失一般性地, 假定 $F_2 \setminus F_1 \neq \varnothing$。

断言 1: $B_n - F_1 - F_2$ 不存在孤立点。

反证法。假设 $B_n - F_1 - F_2$ 至少存在一个孤立点 w。由于 F_1 是一个 2 好邻集, 因此存在两个顶点 $u, v \in F_2 \setminus F_1$ 使得 u, v 均与 w 相邻。这与前提假设顶点对 (F_1, F_2) 不满足定理 3.1.2 中的任一条件矛盾。因此, $BS_n - F_1 - F_2$ 没有孤立点。断言 1 证毕。

令 $u \in V(B_n) \setminus (F_1 \cup F_2)$。根据断言 1, u 在 $B_n - F_1 - F_2$ 中至少有一个邻点。由于顶点对 (F_1, F_2) 不满足定理 3.1.2 中的任一条件, 根据定理 3.1.2 的条

件, 对于任一对相邻的顶点 $u, w \in V(B_n) \setminus (F_1 \cup F_2)$ 不存在点 $v \in F_1 \triangle F_2$ 使得 $uv \in E(B_n)$ 或 $vw \in E(B_n)$。因此, 可推得 u 没有邻点在 $F_1 \triangle F_2$ 中。根据 u 的任意性, $V(B_n) \setminus (F_1 \cup F_2)$ 和 $F_1 \triangle F_2$ 的顶点间没有边。注意到 $F_2 \setminus F_1 \neq \varnothing$ 且 F_1 是一个 2 好邻集, 故有 $\delta_{B_n}([F_2 \setminus F_1]) \geqslant 2$。根据引理 3.3.24, $|F_2 \setminus F_1| \geqslant 4$。因为 F_1, F_2 均是 2 好邻集且 $V(B_n) \setminus (F_1 \cup F_2)$ 和 $F_1 \triangle F_2$ 间没有边, 所以 $F_1 \cap F_2$ 为 B_n 的一个 2 好邻割。根据引理 3.3.19, $|F_1 \cap F_2| \geqslant 4n - 12$。于是, 有

$$|F_2| = |F_2 \setminus F_1| + |F_1 \cap F_2| \geqslant 4 + (4n - 12) = 4n - 8$$

这显然与 $|F_2| \leqslant 4n - 9$ 相矛盾。因此, B_n 是 2 好邻 $(4n - 9)$ 可诊断的, 即 $t_2^{\mathrm{MM}^*}(B_n) \geqslant 4n - 9$。 □

结合引理 3.3.34 和引理 3.3.35, 可得以下定理。

定理 3.3.14 [101] 令 $n \geqslant 4$。泡型图 B_n 在 MM* 模型下的 2 好邻诊断度 $t_2^{\mathrm{MM}^*}(B_n) = 4n - 9$。

需要特别指出的是, B_4 是满足定理 3.1.2 中充分条件的最小泡型图。由于 B_3 是一个 6 圈且同构于 3 维星图 S_3, 因此 B_3 不是 2 好邻 3 可诊断的[66]。

引理 3.3.36 [101] 令 $n \geqslant 7$。泡型图 B_n 在 MM* 模型下的 3 好邻诊断度 $t_3^{\mathrm{MM}^*}(B_n) \leqslant 8n - 25$。

证明 令 A, F_1 和 F_2 如同在引理 3.3.26 中的定义。根据引理 3.3.26, 可得 $F_1 = N_{B_n}(A)$ 和 $F_2 = A \cup N_{B_n}(A)$ 且有 $|F_1| = 8n - 32$, $|F_2| = 8n - 24$, $\delta(B_n - F_1) \geqslant 3$ 和 $\delta(B_n - F_2) \geqslant 3$。故 F_1 和 F_2 都是 3 好邻集。根据 F_1 和 F_2 的定义, 可知 $F_1 \triangle F_2 = A$。注意到

$$F_1 \setminus F_2 = \varnothing,\ F_2 \setminus F_1 = A \text{ 与 } (V(B_n) \setminus (F_1 \cup F_2)) \cap A = \varnothing$$

于是, 易知 F_1 与 F_2 均不满足定理 3.1.2 中任一条件且 B_n 不是 3 好邻 $(8n - 25)$ 可诊断的。因此, $t_3^{\mathrm{MM}^*}(B_n) \leqslant 8n - 25$。 □

引理 3.3.37 [101] 令 $n \geqslant 7$。泡型图 B_n 在 MM* 模型下的 3 好邻诊断度 $t_3^{\mathrm{MM}^*}(B_n) \geqslant 8n - 25$。

证明 根据 g 好邻诊断度的定义, 仅需证明 B_n 是 3 好邻 $(8n - 25)$ 可诊断的即可。证明采用反证法。根据定理 3.1.2, 假设在 B_n 中存在一对不同的 3 好邻集 F_1 和 F_2 且有 $|F_1| \leqslant 8n - 25$ 与 $|F_2| \leqslant 8n - 25$, 但顶点对 (F_1, F_2) 不满足定理 3.1.2 中的任一条件。不失一般性地, 假定 $F_2 \setminus F_1 \neq \varnothing$。类似于在引理 3.3.33 中对 $V(B_n) \neq F_1 \cup F_2$ 的讨论, 易证 $V(B_n) \neq F_1 \cup F_2$。

断言: $B_n - F_1 - F_2$ 中不存在孤立点。

采用反证法。假设 $B_n - F_1 - F_2$ 至少含一个孤立点 w。由于 F_1 是一个 3 好邻集, 因此存在三个顶点 $u, v, x \in F_2 \setminus F_1$ 使得 u, v, x 均与 w 相邻, 即 $uw, vw, xw \in$

$E(B_n)$。但这与前提假设对于任一顶点对 (F_1, F_2) 不满足定理 3.1.2 中的任一条件矛盾。因此, $\mathrm{BS}_n - F_1 - F_2$ 没有孤立点。断言证毕。

令顶点 $u \in V(B_n) \setminus (F_1 \cup F_2)$。根据断言, u 在 $B_n - F_1 - F_2$ 中至少有一个邻点。由于顶点对 (F_1, F_2) 不满足定理 3.1.2 中任一条件, 根据定理 3.1.2 的条件 1, 可得对于任一对相邻的顶点 $u, w \in V(B_n) \setminus (F_1 \cup F_2)$ 不存在点 $v \in F_1 \triangle F_2$ 使得 $uv \in E(B_n)$ 或 $vw \in E(B_n)$。因此, 点 u 没有邻点在 $F_1 \triangle F_2$ 中。注意到 B_n 是点可传递的。根据 u 的任意性, $V(B_n) \setminus (F_1 \cup F_2)$ 与 $F_1 \triangle F_2$ 的顶点间没有边。注意到 $F_2 \setminus F_1 \neq \varnothing$ 且 F_1 是一个 3 好邻集。所以, $\delta_{B_n}([F_2 \setminus F_1]) \geqslant 2$。根据引理 3.3.28, $|F_2 \setminus F_1| \geqslant 8$。又因为 F_1, F_2 均是 3 好邻集且 $V(B_n) \setminus (F_1 \cup F_2)$ 和 $F_1 \triangle F_2$ 间没有边, 所以 $F_1 \cap F_2$ 为 B_n 的一个 3 好邻割。根据引理 3.3.20, $|F_1 \cap F_2| \geqslant 8n - 32$。于是, 有

$$\begin{aligned}|F_2| &= |F_2 \setminus F_1| + |F_1 \cap F_2| \\ &\geqslant 8 + (8n - 32) \\ &= 8n - 24\end{aligned}$$

这显然与 $|F_2| \leqslant 8n - 25$ 相矛盾。因此, B_n 是 3 好邻 $(8n - 25)$ 可诊断的, 即 $t_3^{\mathrm{MM}^*}(B_n) \geqslant 8n - 25$。 □

结合引理 3.3.36 和引理 3.3.37, 可得以下定理。

定理 3.3.15 [101]　令 $n \geqslant 7$。泡型图 B_n 在 MM* 模型下的 3 好邻诊断度 $t_3^{\mathrm{MM}^*}(B_n) = 8n - 25$。

4. 小结

泡型图 B_n 作为一种著名的互联网络拓扑结构有着较好的路由性质。它同时是对换树生成的凯莱图的一种特例, 具备了凯莱图的所有特性。

本节首先证明了 B_n 在 PMC 模型和 MM* 模型下的传统诊断度:

$$t(B_n) = t_0(B_n) = n - 1, \quad n \geqslant 4$$

然后分别证明了 B_n 在 $g = 1, 2, 3$ 时在 PMC 模型和 MM* 模型下的 g 好邻诊断度:

$$\begin{cases} t_1^{\mathrm{PMC}}(B_n) = 2n - 3, & n \geqslant 4 \\ t_1^{\mathrm{MM}^*}(B_n) = 2n - 3, & n \geqslant 5 \end{cases}$$

以及

$$\begin{cases} t_2(B_n) = 4n - 9, & n \geqslant 4 \\ t_3(B_n) = 8n - 25, & n \geqslant 7 \end{cases}$$

通过对 B_n 在 $g=0,1,2,3$ 时的 g 好邻诊断度研究, 不仅给出了它们的诊断度以便工程师能够快速应用到系统中进行故障诊断, 也为下一步的理论研究打好了归纳基础。

3.3.4 星图的 g 好邻诊断度

1. 预备知识

一个星图是对换树图的另一种特例, 其生成简单图为一颗星 $K_{1,n-1}$。作为一种特殊的凯莱图, 其在文献 [57] 中被提出并作为大规模并行计算机中著名的拓扑结构, 是超立方的一个有吸引力的替代方案。本节将分别给出星图 S_n 在 PMC 模型和 MM* 模型下的 g 好邻诊断度。

定义 3.3.5[57] 一个 n 维星图, 记为 S_n^*, 它的顶点集是 $V(S_n^*)=S_n$。S_n^* 中任意两点 u,v 相邻当且仅当 $u=v(1,i)$, $2\leqslant i\leqslant n$。(见图 3.6)。

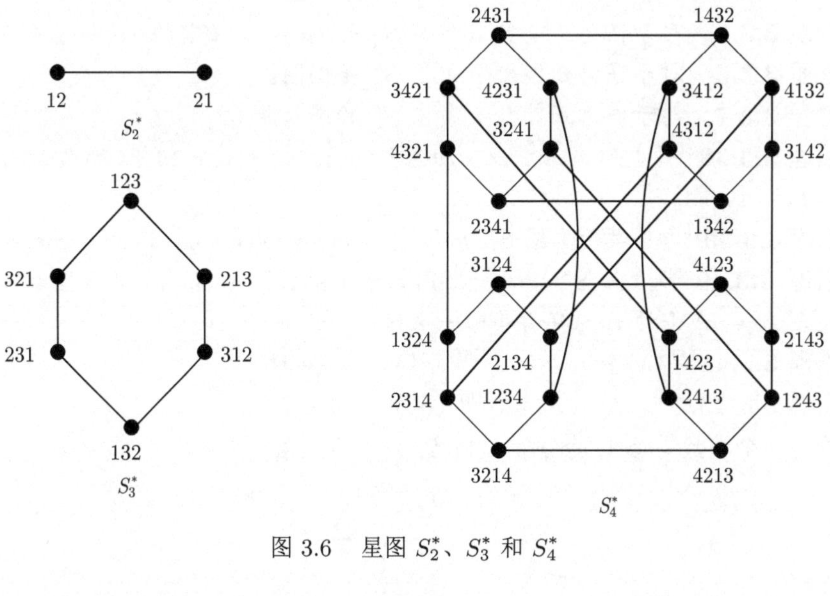

图 3.6 星图 S_2^*、S_3^* 和 S_4^*

泡型图和星图等的各项基本参数见表 3.1。

一个 n 维星图 S_n^* 作为一种著名的互联网络拓扑结构, 有着许多较好的互联网络特性, 如节点度低、直径小、可划分性好、对称性好、容错度高等。这些特性在文献 [66]、[102]~ [109]、[67]、[83]、[110]~ [114] 中均有详细的研究。

令 $S=\{(1,2),(1,3),\cdots,(1,n)\}$, 则 S 是 S_n^* 的一个生成集。此外, 若将顶点集 $V(S_n^*)$ 分为奇置换集合和偶置换集合, 那么可知每一条边连接一个奇置换的顶点和一个偶置换的顶点。于是, 奇置换集合和偶置换集合分别是 S_n^* 的两个独立集。注意到 S_n^* 是一种特殊的凯莱图, 其具有凯莱图所具有的特性。故 S_n^* 有如下一些基本的性质和引理。

表 3.1 Q_n、B_n、S_n^* 和 BS_n 的基本参数

图	顶点数	边数	度	直径	连通度	传统诊断度
Q_n	2^n	$n\times 2^{n-1}$	n	n	n	n
B_n	$n!$	$\dfrac{n!\times(n-1)}{2}$	$n-1$	$\dfrac{n(n-1)}{2}$	$n-1$	$n-1$
S_n^*	$n!$	$\dfrac{n!\times(n-1)}{2}$	$n-1$	$\left\lfloor\dfrac{3(n-1)}{2}\right\rfloor$	$n-1$	$n-1$
BS_n	$n!$	$\dfrac{n!\times(2n-3)}{2}$	$2n-3$	$\left\lfloor\dfrac{3(n-1)}{2}\right\rfloor$	$2n-3$	$2n-3$

性质 3.3.4 S_n^* 的顶点数为 $n!$, 直径为 $\left\lfloor\dfrac{3(n-1)}{2}\right\rfloor$。

性质 3.3.5 对于任意正整数 $n\geqslant 1$, S_n^* 是 $(n-1)$ 正则的, 点和边传递的。

性质 3.3.6 对于任意正整数 $n\geqslant 2$, S_n^* 是偶图。

性质 3.3.7 对于任意正整数 $n\geqslant 3$, S_n^* 的围长是 6。

引理 3.3.38 [102] 令 $n\geqslant 2$ 及 $u,v\in V(S_n^*)$。如果 u,v 相邻, 那么 $|N_{B_n}(\{u,v\})|=2n-4$。

引理 3.3.39 [67] 对于星图 S_n^*, $\kappa^{(g)}(S_n^*)=(g+1)!(n-g-1)$ $(0\leqslant g\leqslant n-2)$。

引理 3.3.40 [59] 在 S_n^* 中每一个同构于 $\mathrm{Cay}(X_{n-k},S_{n-k})$ 的子图都可以用一个包含 $(n-k)X$ 的 n 长字符串唯一表示。

引理 3.3.41 [115] 令 $n\geqslant 5$, $t_c^{\mathrm{PMC}}(S_n^*)=8n-21$。

引理 3.3.42 [116] 令 $n\geqslant 4$, $t_c^{\mathrm{MM}^*}(S_n^*)=3n-7$。

给定一个整数 $n\geqslant 1$, 令 $N_n=\{1,2,\cdots,n\}$。令

$$X^t=\underbrace{XX\cdots X}_{t}$$

对于字符串 $X^{g+1}(g+2)\cdots n$, X 被认为是 N_n 中剩余的 $(g+1)$ 个元素 $1,2,\cdots,g+1$ 中的一个变量, 并令

$$A=\{X^{g+1}(g+2)\cdots n\}$$

2. 星图在 PMC 模型下的 g 好邻诊断度

定理 3.3.16 [102] 令 $n\geqslant 3$。在 PMC 模型下, $t_0^{\mathrm{PMC}}(S_n^*)=t^{\mathrm{PMC}}(S_n^*)=n-1$。

引理 3.3.43[117] 令 A 的定义如上, $n \geqslant 4, 0 \leqslant g \leqslant n-2$, 并令 $F_1 = N_{S_n^*}(A)$, $F_2 = A \cup N_{S_n^*}(A)$, 则 $|F_1| = (g+1)!(n-g-1)$, $|F_2| = (g+1)!(n-g)$, $\delta(S_n^* - F_1) \geqslant g$ 且 $\delta(S_n^* - F_2) \geqslant n-2$。

证明 注意到

$$S_n^*[A] \cong S_{g+1}^*, \quad |A| = (g+1)!$$

令

$$X_n = \{(1,2),(1,3),\cdots,(1,n)\}$$

于是, X_{g+1} 是 A 的一个生成集。令 $a \in A$, $a \neq (1)$ 及 $g+2 \leqslant x \leqslant n$。那么有 $a(1,x) \in N_{S_n^*}(A)$。注意到 $(1) \in A$ 与 $(1,y) \in N_{S_n^*}(A)$ $(g+2 \leqslant y \leqslant n)$。在置换 a 中易得到 $x \to x$。因此, 在置换 $a(1,x)$ 中有 $1 \to x$。如果 $a(1,x) = (1,y)$, 那么 $(1,x) = (1,y)$。这与 $a \neq (1)$ 矛盾。于是, $a(1,x) \neq (1,y)$。根据性质 3.3.5, $N_{S_n^*}(A)$ 中的每对顶点各不相同。因为

$$|N_{S_n^*}(a)| = n-1, \quad |N_{S_n^*[A]}(a)| = g$$

所以

$$|N_{S_n^*}(a) \setminus A| = n-g-1$$

又因为 $|A| = (g+1)!$, 所以

$$\begin{aligned}
|F_1| &= |N_{S_n^*}(A)| = (g+1)!(n-g-1) \\
|F_2| &= |A \cup N_{S_n^*}(A)| \\
&= |A| + |N_{S_n^*}(A)| \\
&= (g+1)! + (g+1)!(n-g-1) \\
&= (g+1)!(n-g)
\end{aligned}$$

根据 A 的定义, $S_n^* - F_1$ 有两个分支 $S_n^*[A] = S_{g+1}$ 和 $S_n^* - F_2$。显然, 有

$$\delta(S_n^*[A]) = \delta(S_{g+1}) = g$$

注意到 $a(1,x), (1,y) \in N_{S_n^*}(A)$。令

$$g+2 \leqslant l, \quad z \leqslant n, \quad l \neq x, \quad z \neq y$$

由于 $l \neq x$, 可得 $a(1,x)(1,l) \notin A$。同理, $(1,y)(1,z) \notin A$。假定 $(1,y)(1,z) = a(1,x)$。易知 $1 \to x$ 在置换 $a(1,x)$ 中及 $1 \to z$ 在置换 $(1,y)(1,z)$ 中。由

于 $(1,y)(1,z) = a(1,x)$, 可得 $x = z$。根据引理 3.3.15, $(1,y) = a$, 显然与假设矛盾。因此, $(1,y)(1,z) \neq a(1,x)$ 且 $(1,y)(1,z) \notin F_1$。根据性质 3.3.5, 可知 $(1,y)(1,z), a(1,x)(1,l) \notin F_1$。于是, 有

$$(1,y)(1,z), a(1,x)(1,l) \in N_{S_n^*}(F_1) \setminus A$$

$$(1,y)(1,z), a(1,x)(1,l) \in V(S_n^* - F_2)$$

假定 $(1,y)(1,z) = a(1,x)(1,l)$。可知在置换 $a(1,x)(1,l)$ 中 $l \to x$ 及在置换 $(1,y)(1,z)$ 中 $z \to y$。令 $x, l \neq z$。可得在置换 $a(1,x)(1,l)$ 中 $z \to z$, 与假设矛盾。再令 $l \neq z$ 和 $x = z$, 那么在置换 $a(1,x)(1,l)$ 中 $z \to m(1 \leqslant m \leqslant g+1)$, 这也与假设矛盾。令 $l = z$。由于 $(1,y)(1,z) = a(1,x)(1,l)$, 可得 $x = y$。根据引理 3.3.15, $a = (1)$, 与假设同样矛盾。因此, $(1,y)(1,z) \neq a(1,x)(1,l)$。根据性质 3.3.5, $N_{S_n^*}(F_1) \setminus A$ 中每对顶点各不相同。于是, $v \in V(S_n^* - F_2)$ 至多与 F_2 中的一个顶点相邻。根据性质 3.3.5, 可得

$$\delta(S_n^* - F_2) \geqslant (n-1) - 1 = n - 2$$

结合 $0 \leqslant g \leqslant n-2$ 和 $\delta(S_n^* - F_2) \geqslant n-2$, 可得 $\delta(S_n^* - F_1) \geqslant g$ □

引理 3.3.44 [117] $H \subseteq V(S_n^*)$ 且满足 $\delta(S_n^*[H]) \geqslant g$ $(0 \leqslant g \leqslant n-2)$, 那么有 $|H| \geqslant (g+1)!$

证明 根据相关条件, 显然 $S_n^*[H]$ 是连通的。考虑如下断言。

断言: S_{g+1}^* 是满足 $\delta(S_{g+1}^*) \geqslant g$ 的顶点数最少的图。

通过对 g 进行归纳证明该断言。

当 $g = 1$ $(g = 0)$ 时, 显然结论成立, 即 S_2^* (S_1^*) 是满足 $g = 1$ $(g = 0)$ 的顶点数最少的图。

当 $g = 2$ 时, 根据性质 3.3.7, S_n^* 的围长是一个 6 圈 C。由于 S_3^* 与 C 同构, S_3^* 是满足 $g = 2$ 的顶点数最少的图。

假设当 $g = k-1$ 时, S_k^* 是满足 $g = k-1$ 的顶点数最少的图。断言转化证明 $g = k$ 时结论成立。

注意到 S_n^* 是一个分层网络 (图)。由于 S_k^* 是 $(k-1)$ 正则的, $\delta(S_l^*) \geqslant k$ $(l \geqslant k+1)$。令

$$(k+1,i)S_k^* = S_n^*[\{(k+1,i)x : x \in V(S_k^*)\}], \quad S = \bigcup_{i=1}^{k+1} V((k+1,i)S_k^*)$$

因为 S_k^* 是满足 $\delta(S_k^*) = k-1$ 的顶点数最少的图, 所以 $S_n^*[S]$ 是满足 $\delta(S_n^*[S]) = k$ 顶点数最少的图。又由于 $S_{k+1}^* = S_n^*[S]$, 可证 S_{k+1}^* 是满足 $\delta(S_{k+1}^*) = k$ 顶点数最少的图。断言证毕。

根据断言, 可证 $|H| \geqslant |V(S^*_{g+1})| = (g+1)!$。 □

引理 3.3.45[117] 令 $n \geqslant 4$ 和 $0 \leqslant g \leqslant n-2$。$n$ 维星图 S^*_n 在 PMC 模型下的 g 好邻诊断度 $t_g^{\mathrm{PMC}}(S^*_n) \leqslant (g+1)!(n-g)-1$。

证明 采用引理 3.3.43 中的符号及定义, 可知 F_1 和 F_2 均是 S^*_n 中满足 $|F_1| \leqslant (g+1)!(n-g)$ 和 $|F_2| \leqslant (g+1)!(n-g)$ 的 g 好邻集。因为

$$A = F_1 \triangle F_2, \quad N_{S^*_n}(A) = F_1 \subset F_2$$

所以在 S^*_n 中 $V(S^*_n) \setminus (F_1 \cup F_2)$ 和 $F_1 \triangle F_2$ 的顶点间不存在边。根据定理 3.1.1, 可推出 S^*_n 在 PMC 模型下不是 g 好邻 $((g+1)!(n-g))$ 可诊断的。因此, 根据 g 好邻诊断度的定义, 可知 S^*_n 在 PMC 模型下的诊断度小于 $(g+1)!(n-g)$, 即 $t_g^{\mathrm{PMC}}(S^*_n) \leqslant (g+1)!(n-g)-1$。 □

引理 3.3.46 令 $n \geqslant 4$ 和 $0 \leqslant g \leqslant n-2$。$n$ 维星图 S^*_n 在 PMC 模型下的 g 好邻诊断度 $t_g^{\mathrm{PMC}}(S^*_n) \geqslant (g+1)!(n-g)-1$。

证明 根据 g 好邻诊断度的定义, 只需证明 S^*_n 在 PMC 模型下是 g 好邻 $((g+1)!(n-g)-1)$ 可诊断的即可。根据定理 3.1.1, 该引理证明等价于证明对于 $V(S^*_n)$ 中任一对不相同的 g 好邻集 F_1 与 F_2 满足 $|F_1|, |F_2| \leqslant (g+1)!(n-g)-1$ 使得顶点 $u \in V(S^*_n) \setminus (F_1 \cup F_2)$ 和 $v \in F_1 \triangle F_2$ 存在 $uv \in E(S^*_n)$。

用反证法证明。假设 S^*_n 存在两个不相同的 g 好邻居条件集 F_1 和 F_2 满足 $|F_1|, |F_2| \leqslant (g+1)!(n-g)-1$, 但顶点对 (F_1, F_2) 不满足定理 3.1.1 中的条件, 即在 $V(S^*_n) \setminus (F_1 \cup F_2)$ 和 $F_1 \triangle F_2$ 的顶点间没有边。不失一般性地, 假定 $F_2 \setminus F_1 \neq \varnothing$。

假设 $V(S^*_n) = F_1 \cup F_2$。由于 $n \geqslant 4$ 及 $0 \leqslant g \leqslant n-2$, 可推导出

$$\begin{aligned}
n! &= |V(S^*_n)| \\
&= |F_1 \cup F_2| \\
&= |F_1| + |F_2| + |F_1 \cap F_2| \\
&\leqslant |F_1| + |F_2| \\
&\leqslant 2((g+1)!(n-g)-1) \\
&\leqslant n! - 2
\end{aligned}$$

该式显然矛盾。因此, $V(S^*_n) \neq F_1 \cup F_2$。

由于 $V(S^*_n - F_1 - F_2)$ 和 $F_1 \triangle F_2$ 之间没有边, 因此 $S^*_n - F_1$ 由两个部分 $S^*_n - F_1 - F_2$ 和 $S^*_n[F_2 \setminus F_1]$ 构成。结合 F_1 是 g 好邻集, 可推出

$$\delta(S^*_n - F_1 - F_2) \geqslant g, \quad \delta(S^*_n[F_2 \setminus F_1]) \geqslant g$$

同理, 当 $F_1 \setminus F_2 \neq \varnothing$ 时, $\delta(S_n^*[F_1 \setminus F_2]) \geqslant g$。因此, $F_1 \cap F_2$ 也是一个 g 好邻集。又因为 $V(S_n^* - F_1 - F_2)$ 和 $F_1 \triangle F_2$ 之间没有边, 所以 $F_1 \cap F_2$ 是一个 g 好邻故障割。注意到 $0 \leqslant g \leqslant n-2$。根据引理 3.3.39, 可得

$$|F_1 \cap F_2| \geqslant (g+1)!(n-g-1)$$

根据引理 3.3.44有

$$|F_2 \setminus F_1| \geqslant (g+1)!$$

于是

$$\begin{aligned}|F_2| &= |F_2 \setminus F_1| + |F_1 \cap F_2| \\ &\geqslant (g+1)! + (g+1)!(n-g-1) \\ &= (g+1)!(n-g)\end{aligned}$$

这与 $|F_2| \leqslant (g+1)!(n-g)-1$ 相矛盾。因此, S_n^* 是 g 好邻 $((g+1)!(n-g)-1)$ 可诊断的。根据 g 好邻诊断度的定义, $t_g(S_n^*) \geqslant (g+1)!(n-g)-1$。 □

结合引理 3.3.45 和引理 3.3.46, 可得如下定理。

定理 3.3.17 [117] 令 $n \geqslant 4$ 和 $0 \leqslant g \leqslant n-2$。$n$ 维星图 S_n^* 在 PMC 模型下 g 好邻诊断度 $t_g^{\mathrm{PMC}}(S_n^*) = (g+1)!(n-g)-1$。

3. 星图在 MM* 模型下的 g 好邻诊断度

文献 [66] 给出了星图 S_n^* 在 MM* 模型下传统诊断度:

$$t^{\mathrm{MM}^*}(S_n^*) = n-1, \quad n \geqslant 4$$

由于 0 好邻诊断度等于传统诊断度, 显然可得下面的定理。

定理 3.3.18 [117] 令 $n \geqslant 4$。在 MM* 模型下 $t_0^{\mathrm{MM}^*}(S_n^*) = t^{\mathrm{MM}^*}(S_n^*) = n-1$。

引理 3.3.47 [117] 令 $n \geqslant 4$ 和 $0 \leqslant g \leqslant n-2$。$n$ 维星图 S_n^* 在 MM* 模型下的 g 好邻诊断度 $t_g^{\mathrm{MM}^*}(S_n^*) \leqslant (g+1)!(n-g)-1$。

证明 令 A, F_1 和 F_2 如同引理 3.3.43中的定义。根据引理 3.3.43, 可知 F_1 和 F_2 均是 S_n^* 中满足 $|F_1| \leqslant (g+1)!(n-g)$ 和 $|F_2| \leqslant (g+1)!(n-g)$ 的 g 好邻集。根据 F_1 和 F_2 的定义, 可知 $F_1 \triangle F_2 = A$。注意到

$$F_1 \setminus F_2 = \varnothing, \quad F_2 \setminus F_1 = A$$

$$(V(S_n^*) \setminus (F_1 \cup F_2)) \cap A = \varnothing$$

于是有 F_1 和 F_2 均不满足定理 3.1.2 中的任一条件且 S_n^* 不是 g 好邻 $((g+1)!(n-g))$ 可诊断的。因此, 根据 g 好邻诊断度的定义, 可知 S_n^* 在 MM* 模型下的诊断度 $t_g^{\mathrm{MM}^*}(S_n^*) \leqslant (g+1)!(n-g)-1$。 □

引理 3.3.48 [117] 令 $n \geqslant 4$ 和 $0 \leqslant g \leqslant n-2$。$n$ 维星图 S_n^* 在 MM^* 模型下的 g 好邻诊断度 $t_g^{\mathrm{MM}^*}(S_n^*) \geqslant (g+1)!(n-g)-1$。

证明 根据 g 好邻诊断度的定义, 只需证明 S_n^* 在 MM 模型下是 g 好邻 $((g+1)!(n-g)-1)$ 可诊断的即可。根据定理 3.1.2, S_n^* 是 0 好邻 $(n-1)$ 可诊断的。故假定 $g \geqslant 1$。

为了证明 S_n^* 在 MM 模型下是 g 好邻 $((g+1)!(n-g)-1)$ 可诊断的, 根据定理 3.1.2, 其等价于证明在 $V(S_n^*)$ 中任一对不同的 g 好邻集 F_1 与 F_2 满足 $|F_1|, |F_2| \leqslant (g+1)!(n-g)-1$ 使得下列条件之一成立:

(1) 存在顶点 $u, w \in V(S_n^*) \setminus (F_1 \cup F_2)$ 和顶点 $v \in F_1 \triangle F_2$ 使得 $uw, vw \in E(S_n^*)$;

(2) 存在顶点 $u, v \in F_1 \setminus F_2$ 和顶点 $w \in V(S_n^*) \setminus (F_1 \cup F_2)$ 使得 $uw, vw \in E(S_n^*)$;

(3) 存在顶点 $u, v \in F_2 \setminus F_1$ 和顶点 $w \in V(S_n^*) \setminus (F_1 \cup F_2)$ 使得 $uw, vw \in E(S_n^*)$。

反证法证明。假设在 $V(S_n^*)$ 中任一对不同的 g 好邻集 F_1 与 F_2 满足 $|F_1|$, $|F_2| \leqslant (g+1)!(n-g)-1$, 但 F_1 与 F_2 不满足定理 3.1.2 中条件 (1)~(3) 中的任一种。由于 $F_1 \neq F_2$, 不失一般性地, 假定 $F_2 \setminus F_1 \neq \varnothing$。

假设 $V(S_n^*) = F_1 \cup F_2$。由于 $n \geqslant 4$ 和 $0 < g \leqslant n-2$, 可推得

$$
\begin{aligned}
n! &= |V(S_n^*)| \\
&= |F_1 \cup F_2| \\
&= |F_1| + |F_2| + |F_1 \cap F_2| \\
&\leqslant |F_1| + |F_2| \\
&\leqslant 2((g+1)!(n-g)-1) \\
&\leqslant n! - 2
\end{aligned}
$$

该式显然矛盾。因此, $V(S_n^*) \neq F_1 \cup F_2$。

断言: $S_n^* - F_1 - F_2$ 不含孤立点。

为证明该断言, 分以下两种情形进行讨论。

情形 1: $g = 1$。

该情形的证明采用反证法。假设 $S_n^* - F_1 - F_2$ 至少有一个孤立点 w。由于 F_1 是一个 1 好邻集, 那么至少存在一点 $u \in F_2 \setminus F_1$ 使得 u 与 w 相邻。同时, 由于顶点对 (F_1, F_2) 不满足定理 3.1.2 中任一种情形, 根据定理 3.1.2 中的条件 (3), 至多存在一点 $u \in F_2 \setminus F_1$ 使得 u 与 w 相邻。因此, 恰有一点 $u \in F_2 \setminus F_1$ 使得 u 与 w 相邻, 即 $uw \in E(S_n^*)$。同理, 可推出当 $F_1 \setminus F_2 \neq \varnothing$ 时也恰有一点 $v \in F_1 \setminus F_2$ 使得 $vw \in E(S_n^*)$。

令 $W \subseteq V(S_n^*) \setminus (F_1 \cup F_2)$ 为 $S_n^*[V(S_n^*) \setminus (F_1 \cup F_2)]$ 中的孤立点集, 并令 H 是顶点集 $V(S_n^*) \setminus (F_1 \cup F_2 \cup W)$ 的导出子图。对于任意的 $w \in W$, 当 $F_1 \setminus F_2 \neq \varnothing$ 时, 其在 $F_1 \cap F_2$ 中有 $(n-3)$ 个邻点。由于 $|F_2| \leqslant (g+1)!(n-g)-1$ 和 $g=1$, 可知 $|F_2| \leqslant 2n-3$。于是有

$$\begin{aligned}\sum_{w \in W} |N_{S_n^*[(F_1 \cap F_2) \cup W]}(w)| &= |W|(n-3) \\ &\leqslant \sum_{v \in F_1 \cap F_2} d_{S_n^*}(v) \\ &\leqslant |F_1 \cap F_2|(n-1) \\ &\leqslant (|F_2|-1)(n-1) \\ &\leqslant (2n-4)(n-1) \\ &= 2n^2-6n+4\end{aligned}$$

故 $|W| \leqslant 2n+4$。注意到

$$\begin{aligned}|F_1 \cup F_2| &\leqslant |F_1| + |F_2| - |F_1 \cap F_2| \\ &\leqslant 2(2n-3)-(n-3) \\ &= 3n-3\end{aligned}$$

假设 $V(H) = \varnothing$, 于是有

$$\begin{aligned}n! &= |V(S_n^*)| \\ &= |F_1 \cup F_2| + |W| \\ &\leqslant 3n-3+2n+4 \\ &= 5n+1\end{aligned}$$

当 $n \geqslant 4$ 时, 该式显然不成立。因此, $V(H) \neq \varnothing$。

由于顶点对 (F_1, F_2) 不满足定理 3.1.2 中的条件 (1) 且 H 中不含孤立点, 可以推出 $V(H)$ 和 $F_1 \triangle F_2$ 的顶点间没有边。于是, $F_1 \cap F_2$ 是 S_n^* 的一个顶点割且 $\delta(S_n^* - (F_1 \cap F_2)) \geqslant 1$, 即 $F_1 \cap F_2$ 也为 S_n^* 的一个 1 好邻割。根据引理 3.3.39, 有

$$|F_1 \cap F_2| \geqslant (g+1)!(n-g-1) = 2n-4$$

又因为 $|F_1|, |F_2| \leqslant (g+1)!(n-g)-1 = 2n-3$ 且 $F_1 \setminus F_2$ 与 $F_2 \setminus F_1$ 均非空, 于是有

$$|F_1 \setminus F_2| = |F_2 \setminus F_1| = 1$$

不妨令 $F_1 \setminus F_2 = \{v_1\}$ 和 $F_2 \setminus F_1 = \{v_2\}$, 则对于任一顶点 $w \in W$, w 与 v_1, v_2 分别相邻。由于在 S_n^* 中任意一对顶点至多存在一个公共邻点, 所以 $S_n^* - F_1 - F_2$ 至多存在一个孤立顶点。

若 $S_n^* - F_1 - F_2$ 不含孤立顶点, 断言成立。

若 $S_n^* - F_1 - F_2$ 恰有一个孤立顶点。不妨令 w 为 $S_n^* - F_1 - F_2$ 中的唯一孤立点。于是有

$$wv_1 \in E(S_n^*), \quad wv_2 \in E(S_n^*)$$

$$N_{S_n^*}(w) \setminus \{v_1, v_2\} \subseteq F_1 \cap F_2$$

注意到 S_n^* 不含 3 圈, 由此可推出

$$N_{S_n^*}(v_1) \setminus \{w\} \subseteq F_1 \cap F_2, \quad N_{S_n^*}(v_2) \setminus \{w\} \subseteq F_1 \cap F_2$$

$$[N_{S_n^*}(w) \setminus \{v_1, v_2\}] \cap [N_{S_n^*}(v_1) \setminus \{w\}] = \varnothing$$

$$[N_{S_n^*}(w) \setminus \{v_1, v_2\}] \cap [N_{S_n^*}(v_2) \setminus \{w\}] = \varnothing$$

由于在 S_n^* 中对于任一对顶点至多有一个公共邻点, 故

$$|[N_{S_n^*}(v_1) \setminus \{w\}] \cap [N_{S_n^*}(v_2) \setminus \{w\}]| = 0$$

因此

$$\begin{aligned}
|F_1 \cap F_2| \geqslant & |N_{S_n^*}(w) \setminus \{v_1, v_2\}| + |N_{S_n^*}(v_1) \setminus \{w\}| + |N_{S_n^*}(v_2) \setminus \{w\}| \\
& - |[N_{S_n^*}(w) \setminus \{v_1, v_2\}] \cap [N_{S_n^*}(v_1) \setminus \{w\}]| \\
& - |[N_{S_n^*}(w) \setminus \{v_1, v_2\}] \cap [N_{S_n^*}(v_2) \setminus \{w\}]| \\
& - |[N_{S_n^*}(v_1) \setminus \{w\}] \cap [N_{S_n^*}(v_2) \setminus \{w\}]| \\
= & (n-3) + (n-2) + (n-2) - 0 - 0 - 0 \\
= & 3n - 7
\end{aligned}$$

由此得出

$$|F_2| = |F_2 \setminus F_1| + |F_1 \cap F_2|$$

$$\geqslant 1+3n-7$$
$$=3n-6$$
$$>2n-3$$

在 $n\geqslant 4$ 和 $g=1$ 时, 这与 $|F_2|\leqslant (g+1)!(n-g)-1=2n-3$ 相矛盾。

若 $F_1\setminus F_2=\varnothing$, 那么有 $F_1\subseteq F_2$。因为 F_2 是一个 1 好邻集, 所以 $S_n^*-F_2=S_n^*-F_1-F_2$ 中显然也没有孤立点。

情形 2: $2\leqslant g\leqslant n-2$。

由于 F_1 是 S_n^* 的一个 g 好邻集, 因此对于任一顶点 $x\in V(S_n^*)\setminus F_1$ 有 $|N_{S_n^*-F_1}(x)|\geqslant g$。注意到顶点对 (F_1,F_2) 不满足定理 3.1.2 中的任一条件。根据定理 3.1.2 中情形 (3), 可得对于任一对顶点 $u,v\in F_2\setminus F_1$ 不存在顶点 $w\in V(S_n^*)\setminus(F_1\cup F_2)$ 使得 $uw,vw\in E(S_n^*)$。于是在 $V(S_n^*)\setminus(F_1\cup F_2)$ 中任一顶点 w 在 $F_2\setminus F_1$ 中至多有一个邻点。因此, 对于任一顶点 $w\in V(S_n^*)\setminus(F_1\cup F_2)$ 有

$$|N_{S_n^*-F_1-F_2}(w)|\geqslant g-1\geqslant 1$$

即 $S_n^*-F_1-F_2$ 中每一个顶点都不是孤立点。

结合情形 1 和情形 2 的讨论, 断言 1 证毕。

不妨令 $u\in V(S_n^*)\setminus(F_1\cup F_2)$。根据断言 1, u 在 $S_n^*-F_1-F_2$ 中至少有一个邻点。注意到顶点集对 (F_1,F_2) 不满足定理 3.1.2 中的任一条件。根据定理 3.1.2 的条件 (1), 可得对于任一对相邻的顶点 $u,w\in V(S_n^*)\setminus(F_1\cup F_2)$ 不存在顶点 $v\in F_1\triangle F_2$ 使得 $uv\in E(S_n^*)$ 或 $wv\in E(S_n^*)$。由此得出顶点 u 在 $F_1\triangle F_2$ 中没有邻点。注意到 S_n^* 是点可迁的。根据顶点 u 的任意性, $V(S_n^*)\setminus(F_1\cup F_2)$ 与 $F_1\triangle F_2$ 的顶点间没有边。由于 $F_2\setminus F_1\neq\varnothing$ 及 F_1 是一个 g 好邻集, 因此 $\delta_{S_n^*}([F_2\setminus F_1])\geqslant g$。根据引理 3.3.44, 可得

$$|F_2\setminus F_1|\geqslant (g+1)!\ (0\leqslant g\leqslant n-2)$$

因为 F_1 和 F_2 均为 g 好邻集且 $V(S_n^*)\setminus(F_1\cup F_2)$ 与 $F_1\triangle F_2$ 的顶点间没有边, 所以 $F_1\cap F_2$ 是 S_n^* 的一个 g 好邻割。根据引理 3.3.39, 可得

$$|F_1\cap F_2|\geqslant (g+1)!(n-g-1)$$

于是

$$|F_2|=|F_2\setminus F_1|+|F_1\cap F_2|$$
$$\geqslant (g+1)!+(g+1)!(n-g-1)$$

$$= (g+1)!(n-g)$$

这显然与 $|F_2| \leqslant (g+1)!(n-g)-1$ 相矛盾。

因此, S_n^* 是 g 好邻 $((g+1)!(n-g)-1)$ 可诊断的, 即 $t_g(S_n^*) \geqslant (g+1)!(n-g)-1$。

□

结合引理 3.3.47 和引理 3.3.48 可得以下定理。

定理 3.3.19[117] 令 $n \geqslant 4, 0 \leqslant g \leqslant n-2$。一个 n 维星图 S_n^* 在 MM* 模型下的 g 好邻诊断度 $t_g^{\mathrm{MM}^*}(S_n^*) = (g+1)!(n-g)-1$。

4. 小结

星图 S_n^* 是对换树图的又一种特例, 其生成图为一颗星 $K_{1,n-1}$。作为继超立方体之后高性能计算系统下一代互联网络的替换选项, 学者对它的各项参数和指标, 如连通度、条件诊断度、嵌入性等进行了广泛的研究。本节对该图 g 好邻诊断度的研究进一步填补了对换树图在该领域研究的空白。

本节首先给出了 S_n^* 在 PMC 模型和 MM* 模型下的传统诊断度:

$$\begin{cases} t^{\mathrm{PMC}}(S_n^*) = t_0^{\mathrm{PMC}}(S_n^*) = n-1, & n \geqslant 3 \\ t^{\mathrm{MM}^*}(S_n^*) = t_0^{\mathrm{MM}^*}(S_n^*) = n-1, & n \geqslant 4 \end{cases}$$

然后证明了 S_n^* 在 PMC 模型和 MM* 模型下的 g 好邻诊断度:

$$t_g(S_n^*) = (g+1)!(n-g)-1, \quad n \geqslant 4, \quad 0 \leqslant g \leqslant n-2$$

根据引理 3.3.41 和引理 3.3.42, 可知 S_n^* 在 PMC 模型和 MM* 模型下的条件诊断度:

$$\begin{cases} t_c^{\mathrm{PMC}}(S_n^*) = 8n-21, & n \geqslant 5 \\ t_c^{\mathrm{MM}^*}(S_n^*) = 3n-7, & n \geqslant 4 \end{cases}$$

通过对比分析可知, S_n^* 的 g 好邻诊断度在 g 较大时远大于传统诊断度和条件诊断度。文献 [118] 给出了一个时间复杂度为 $O(N\log N)$ 的诊断算法。运用 g 好邻诊断度, 工程师能够在系统出现大量故障处理器的情况下进行故障诊断。

第 4 章　互联网络的匹配排除和条件匹配排除

一个多处理器系统和一个互联网络 (简称网络) 的底层拓扑通常可以用图 $G=(V,E)$ 表示, 其中 V 表示处理器, E 表示处理器之间的通信链路。图的底层拓扑决定了系统的性能。在节点及其链接可能失效的系统中, 考虑图的容错性 (鲁棒性) 是很重要的。大型多处理机的容错性通常是指在多处理机中一定数量的节点和/或链路发生故障的情况下, 其容错程度能保持其原有的性质。图的连通性反映了对节点故障的容错程度的度量。图的边缘连通性反映了对链路故障的容错程度的度量。对于某些特定的系统, 要求其网络中的每个处理器在任何时候都必须分配一对处理器。只有当这些处理器对相互通信时, 整个系统才能正常工作。为了优化资源分配和减少通信延迟, 希望这些处理器对能够相互贯通。基于这类实际问题, 我们需要研究图的匹配问题。

一个图的完美匹配是一个边集使得图的每一个顶点都恰好与这个边集中的一条边关联。一个几乎完美的匹配是一个边集使得图中除了有一个点以外其余的点都只与一条边关联。因此, 如果一个图有一个完美匹配, 则它有偶数个点；如果一个图有一个几乎完美匹配, 则它有奇数个点。一个图 G 的匹配排除数用 $\mathrm{mp}(G)$ 表示, 是最小的边的数量, 使得删去这些边后既没有几乎完美匹配也没有完美匹配。任何一个这样的最优边集合被称为一个最优匹配排除集。图的 (条件) 匹配排除数反映了对链路故障容错程度的度量。匹配排除问题由 Brigham 等[119] 提出。如果图 G 既没有完美匹配也没有几乎完美匹配, 定义 $\mathrm{mp}(G)=0$。

在具有偶数顶点的图 G 中, 与单个顶点相关的所有边的集合形成一个匹配排除集, 因此 $\mathrm{mp}(G)\leqslant\delta(G)$。在随机链路失效的情况下, 与单个顶点相关的所有链路不太可能同时失效。根据这一动机, Cheng 等[120] 定义了图的条件匹配排除数 $\mathrm{mp}_1(G)$, 其定义为最小的边数, 使得删除这些边得到的图既没有孤立点也没有完美匹配和几乎完美匹配。任何一个这样的边集被称为图 G 的一个最优条件匹配排除集。如果图 G 既没有完美匹配也没有几乎完美匹配, 或者图 G 没有条件匹配排除集, 则定义 $\mathrm{mp}_1(G)=0$。称与一个最小度点相关联的所有边组成的集合为最优的平凡匹配排除集。由此可以看出, 对于一个没有孤立点的图, 妨碍一个完美匹配产生的一种可能是一条路 uvw, 该路中 u 和 w 的度都为 1。因此, 要产生这样的路集, 可以选择原图中的任意一条 uvw 路, 并删除所有与 u 或者 w 关联的边, 但不删除边 (u,v) 和 (v,w)。我们定义 $v_e(G)=\min\{d_G(u)+d_G(w)-2-y_G(u,w):u$

和 w 为长为 2 的路的端点}, 其中, $d_G(\cdot)$ 是一个度函数, 如果 u 和 w 相邻, 则 $y_G(u,w)=1$, 否则为 0。称由 v_e 导出的最优解为平凡的条件匹配排除。

之后, 文献 [121] 引入了强匹配排除的概念, 它允许删除顶点和边, 其中任何顶点都不与边关联。强匹配排除数 $\mathrm{smp}(G)$ 是指删除使生成的图没有完全匹配或几乎完全匹配的顶点和边的最小数目。文献 [122] 提出了条件强匹配排除数 $\mathrm{smp}_1(G)$, 即删除图中没有孤立顶点、没有完全匹配或几乎完全匹配的边和顶点的最小数目。

匹配排除问题是一个研究热点。本章主要给出和证明了增强超立方体、巢图、修正泡型图和叶型图的匹配排除和条件匹配排除，并在原有匹配排除问题的基础上提出了一些新的问题, 如条件匹配排除、强匹配排除和条件强匹配排除。

4.1 增强超立方体的匹配排除

4.1.1 预备知识

超立方体 Q_n 的每个顶点可以表示为一个 n 位的二进制字符串。两个顶点之间存在一条边字符串的表示它们只有一个位不同。

为了提高 Q_n 的性能现在已经有许多变体被提出, 其中最重要的是局部扭曲立方体、交叉立方体、mö 立方体、广义超立方体、折叠超立方体和增强超立方体[123–129]。

为了提高 Q_n 的效率, 文献 [126] 提出了增强的超立方体, 记为 $Q_{n,k}$ $(1\leqslant k\leqslant n-1)$。$Q_{n,k}$ 继承自 Q_n, 也是一个正则图。但由于其潜在的良好拓扑特性, 增强超立方体比普通超立方体更具有吸引力。例如, Choudum 等证明了在一些限制条件下, 一个完整的二叉树可以嵌入增强超立方体 $Q_{n,k}$ 中。它的特例 $k=1$ 是著名的折叠超立方体 (FQ_n), 它得到了大量的研究[124, 129]。据了解, 构建增强超立方体 $Q_{n,k}$ 的硬件成本大于普通超立方体 Q_n。但是, 当 n 很大时, 开销可以忽略不计, 而结构优势带来的好处是压倒性的。

近年来, 对 $Q_{n,k}$ 的研究卓有成效。文献 [130] 得到了对于 $2\leqslant k\leqslant n-1$ 的增强超立方体 $Q_{n,k}$ 具有最小传输延迟 $k-1+\left\lceil\dfrac{n-k+1}{2}\right\rceil$。这一结果也适用于 $Q_{n,1}$, 这意味着折叠超立方体 FQ_n 具有最小传输延迟 $\left\lceil\dfrac{n}{2}\right\rceil$。该文献还得到, 对于 $k=2$, $Q_{n,k}$ 中的任意两个不同节点之间存在 $(n+1)$ 内部不相交路径, 并且连通性 $\kappa(Q_{n,2})$ 以及边的连通性 $\kappa'(Q_{n,2})$ 是 $n+1$。此外, 文献 [131] 详细研究了增强超立方体的结构性质, 并将文献 [130] 的结果推广到 $3\leqslant k\leqslant n-1$ 的 $Q_{n,k}$ 中任何两个不同节点之间存在 $(n+1)$ 内部不相交路径, 并且 $Q_{n,k}$ 的连通性 $\kappa(Q_{n,k})$

以及边的连通性 $\kappa'(Q_{n,k})$ 的 $Q_{n,k}$ 等于 $n+1$。

尽管增强超立方体已被证明具有许多优势和潜在的应用, 但它的许多拓扑特征仍然是未知的, 阻碍了它在关键领域的进一步应用。其定义如下所述。

定义 4.1.1[132] n 维增强超立方体 (用 $Q_{n,k}(1 \leqslant k \leqslant n-1)$ 表示) 的顶点集 $V(Q_{n,k}) = \{u_1u_2\cdots u_n : u_i = 0,1;$ 为 $i = 1,2,\cdots,n\}$, 当且仅当 v 满足以下条件之一时, 顶点 v 与 $u = u_1u_2\cdots u_n$ 相邻:

(1) $v = u_1\cdots u_{i-1}\bar{u}_i u_{i+1}\cdots u_n$, $i = 1,2,\cdots,n$;

(2) $v = u_1\cdots u_{k-1}\bar{u}_k\bar{u}_{k+1}\cdots\bar{u}_n$。

引理 4.1.1[132] 增强超立方体 $Q_{n,k}$ $(1 \leqslant k \leqslant n-1)$ 可以沿着某个维度 i $(1 \leqslant i \leqslant n)$ 划分为两个子图 $Q^{i:0}_{n-1+1^*,k}$ 和 $Q^{i:1}_{n-1+1^*,k}$, 其中 $Q^{i:j}_{n-1+1^*,k}$ 中顶点的第 i 个位置是 j $(j \in \{0,1\})$。我们可以得出结论, 当 $i < k$ 时, $Q^{i:0}_{n-1+1^*,k}$ 和 $Q^{i:1}_{n-1+1^*,k}$ 是两个 $(n-1)$ 维增强超立方体; 当 $i \geqslant k$ 时, $Q^{i:0}_{n-1+1^*,k}$ 和 $Q^{i:1}_{n-1+1^*k}$ 是两个 $(n-1)$ 维超立方体。

通过对增强超立方体 $Q_{n,k}$ 的定义, 我们得到它是超立方体的扩展。$Q_{n,k}$ 由两个超立方子图 $Q^{i:0}_{n-1+1^*,k}$ 和 $Q^{i:1}_{n-1+1^*,k}$ $(k \leqslant i)$ 组成, 其中 $k \leqslant i$, 超立方边 $E_h = \{(u,v) \in E(Q_{n,k}) : u = u_1\cdots u_{i-1}0u_{i+1}\cdots u_n, u_h = u_1\cdots u_{i-1}1u_{i+1}\cdots u_n\}$ 和互补边 $E_c = \{(u,u_c) \in E(Q_{n,k}) : u = u_1\cdots u_k\cdots u_{i-1}0u_{i+1}\cdots u_n, u_c = u_1\cdots u_{k-1}\bar{u}_k\bar{u}_{k+1}\cdots\bar{u}_{i-1}1\bar{u}_{i+1}\cdots\bar{u}_n\}$, 其中 $\bar{u}_i = 1 - u_i$ 为 $u_i \in \{0,1\}$,$1 \leqslant i \leqslant n$。$Q_{n,k}$ 是 $(n+1)$ 正则的, 有 2^n 个顶点和 $(n+1)2^{n-1}$ 条边。当 $k=1$ 时, 折叠超立方体 FQ_n 被看作增强超立方体的特例。

类超立方体图 (HL-graph) 递归定义如下:$L_0 = \{K_1\}$ 和 $L_n = \{G_0 \oplus G_1 : G_0, G_1 \in \mathrm{HL}_{n-1}\}$, 符号 $\oplus$ 表示使用某种完全匹配连接 G_0 和 G_1 的完全匹配操作, 用 $\mathrm{PM}(G)$ 表示。

引理 4.1.2[133] 对于每个 n 维的超立方体图, 存在 $(n-1)$ 缺陷边的完美匹配。

引理 4.1.3[134] 假设 $n \geqslant 2$ 和 F 是具有 $|F| \leqslant n-2$ 的边的子集, 那么在 $Q_n - F$ 中任意两个不同部集的顶点之间存在一条 Hamilton 路径。

4.1.2 增强超立方体的匹配排除

命题 4.1.1[135] 设 G 是一个顶点数为偶数的图, 那么 $\mathrm{smp}(G) \leqslant \mathrm{mp}(G) \leqslant \delta(G)$。

定理 4.1.1 $\mathrm{mp}(Q_{n,k}) = n+1$ 对于 $1 \leqslant k \leqslant n-1$。

证明 $Q_{2,1}$ 是完全图 K_4。我们得到 $\mathrm{mp}(Q_{2,1}) = 3$。假设这个定理适用于 $n \geqslant 3$ 的 $n-1$。我们将 $Q_{n,k}$ 分解为 $i \geqslant k$ 的两个子图 $Q^{i:0}_{n-1+1^*,k}(Q^0_{n-1+1^*,k})$ 和 $Q^{i:1}_{n-1+1^*,k}(Q^1_{n-1+1^*,k})$, 这两个子图都与 Q_{n-1} 同构。设 E_h 和 E_c 是 $Q^0_{n-1+1^*,k}$ 和

$c^1_{n-+1^*,k}$ 之间的超立方体边和互补边。因此, E_h 和 E_c 是 $Q_{n,k}$ 的两个完全匹配。设 F 是 $Q_{n,k}$ 的匹配排除边集。根据命题 4.1.1, $|F| \leqslant \delta(Q_{n,k}) = n+1$。我们证明了 $Q_{n,k} - F$ 与 $|F| \leqslant n$ 是完全匹配的。设 $F_i = F \cap E_i$ 对于 $i \in \{h, c\}$。如果 $|F_i| = 0$ 对某些 $i \in \{h, c\}$, 那么 E_i 是 $Q_{n,k} - F$ 的完美匹配。我们假设 $i = h$ 和 c 等于 $|F_i| \geqslant 1$。用 $F_j = F \cap E(Q^j_{n-1+1^*,k})$ 表示 $j \in \{0, 1\}$。那么, $|F_j| \leqslant n-2$ 对于 $j \in \{0, 1\}$。根据引理 4.1.2, $Q^j_{n-1,k} - F_j$ 中有一个完美匹配 M_j 对于 $j \in \{0, 1\}$。因此, $M_0 \cup M_1$ 是 $Q_{n,k} - F$ 中的完美匹配。 □

引理 4.1.4[4] 设 $k > 0$ 为整数, 那么每一个 k 正则二部图都有 k 边不相交的完全匹配。

下面的命题是显而易见的。

命题 4.1.2 对于 $Q_n (n \geqslant 2)$ 的任意两个顶点, 最多有两个共同的邻居。

引理 4.1.5 设当 $n \geqslant 2$ 时, $u, v \in V(Q_{n,1})$。

(1) 当 $n = 2$ 时, $|N(u) \cap N(v)| = 2$;

(2) 如果 $uv \notin E(Q_{3,1})$, 那么 $|N(u) \cap N(v)| = 4$, 如果 $uv \in E(Q_{3,1})$, 那么 $|N(u) \cap N(v)| = 0$。

证明 $Q_{2,1}$ 是完全图 K_4。在 $Q_{2,1}$ 中我们有 $|N(u) \cap N(v)| = 2$。

断言 1: 如果 $uv \notin E(Q_{3,1})$, 那么在 $Q_{3,1}$ 中有 $|N(u) \cap N(v)| = 4$ (见图 4.1)。

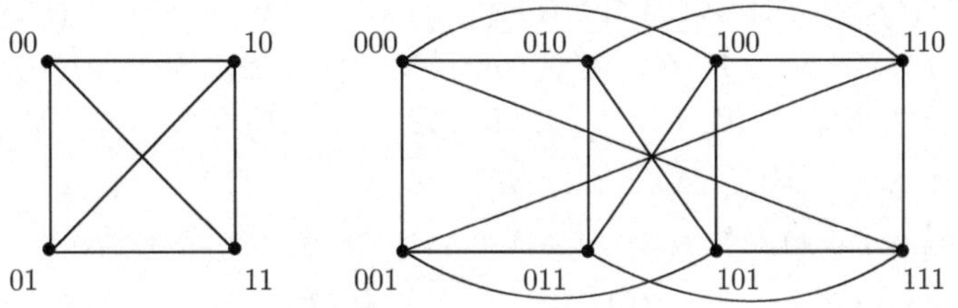

图 4.1 $Q_{2,1}$ 和 $Q_{3,1}$

如果 $|N(u) \cap N(v)| = 0$, 那么 $|N(u)| + |N(v)| + 2 = 4 + 4 + 2 = 10$, 与 $|V(Q_{3,1})| = 8$ 矛盾。因此, $|N(u) \cap N(v)| \geqslant 1$。设 $u = u_1u_2u_3$。如果 $\bar{u}_1\bar{u}_2\bar{u}_3 \in N(u) \cap N(v)$, 那么 $v = u_1\bar{u}_2\bar{u}_3$ 或 $\bar{u}_1u_2\bar{u}_3$ 或 $\bar{u}_1\bar{u}_2u_3$。不失一般性地, 设 $v = u_1\bar{u}_2\bar{u}_3$。那么 $\bar{u}_1\bar{u}_2\bar{u}_3, \bar{u}_1u_2u_3, u_1u_2\bar{u}_3, u_1\bar{u}_2u_3 \in N(u) \cap N(v)$。因此, $|N(u) \cap N(v)| = 4$ 在 $Q_{3,1}$ 中。不失一般性地, 如果 $\bar{u}_1u_2u_3 \in N(u) \cap N(v)$, 那么 $v = \bar{u}_1\bar{u}_2u_3$ 或 $\bar{u}_1u_2\bar{u}_3$ 或 $u_1\bar{u}_2\bar{u}_3$。不失一般性地, 设 $v = \bar{u}_1\bar{u}_2u_3$。那么 $\bar{u}_1\bar{u}_2\bar{u}_3, \bar{u}_1u_2u_3, u_1u_2\bar{u}_3, u_1\bar{u}_2u_3 \in N(u) \cap N(v)$。因此, 在 $Q_{3,1}$ 中 $|N(u) \cap N(v)| = 4$。断言 1 证毕。

断言 2: 对于 $uv \in E(Q_{3,1})$, 在 $Q_{3,1}$ 中有 $|N(u) \cap N(v)| = 0$。

设 $u = u_1u_2u_3$ 和 $v = \bar{u}_1\bar{u}_2\bar{u}_3$。注意到 $N(u) \backslash \{v\} = \{\bar{u}_1u_2u_3, u_1\bar{u}_2u_3, u_1u_2\bar{u}_3\}$ 和 $N(v) \backslash \{u\} = \{u_1\bar{u}_2\bar{u}_3, \bar{u}_1u_2\bar{u}_3, \bar{u}_1\bar{u}_2u_3\}$。因此, 在这种情况下, $|N(u) \cap N(v)| = 0$ 在 $Q_{3,1}$ 中。不失一般性地, 设 $v = \bar{u}_1u_2u_3$。那么 $N(u) \backslash \{v\} = \{\bar{u}_1\bar{u}_2\bar{u}_3, u_1\bar{u}_2u_3,$

$u_1u_2\bar{u}_3\}$ 和 $N(v)\backslash\{u\}=\{u_1\bar{u}_2\bar{u}_3,\bar{u}_1\bar{u}_2u_3,\bar{u}_1u_2\bar{u}_3\}$。因此, 在这种情况下, 在 $Q_{4,1}$ 中有 $|N(u)\cap N(v)|=0$。断言 2 证毕。 □

引理 4.1.6 设 u 和 v 是 $Q_{n,k}$ $1\leqslant k\leqslant n-1$ 中两个顶点。

(1) $|N(u)\cap N(v)|=0,2$, 并且它有一个子图是完全图 K_4 对于 $k=n-1$。

(2) 如果 $uv\in E(Q_{n,n-2})$, 那么 $|N(u)\cap N(v)|=0$; 如果 $uv\notin E(Q_{n,n-2})$, 那么 $|N(u)\cap N(v)|=0,2,4$。

(3) 如果 $uv\in E(Q_{n,k})$, 那么 $|N(u)\cap N(v)|=0$ 对于 $k\leqslant n-3$ 和 $n\geqslant 4$; 如果 $uv\notin E(Q_{n,k})$, 那么 $|N(u)\cap N(v)|=0,2$ 对于 $k\leqslant n-3$ 和 $n\geqslant 5$ 以及 $|N(u)\cap N(v)|=2$ 在 $Q_{4,1}$ 中。

证明 (1) 设 $k=n-1$。

在这种情况下, $n\geqslant 2$。$Q_{2,1}$ 是一个完全图 K_4。设 $u,v\in V(Q_{2,1})$。我们有 $|N(u)\cap N(v)|=2$ 在 $Q_{2,1}$ 中。假设 $n=3$。我们考虑 $Q_{3,2}$。将 $Q_{3,2}$ 分解成两个子图 $Q^{1:0}_{2+1^*,2}$ $(Q^0_{2+1^*,2})$ 和 $Q^{1:1}_{2+1^*,2}$ $(Q^1_{2+1^*,2})$ 对于 $1<2=k=n-1$ 使得 $Q^j_{2+1^*,2}$ 同构于 $Q_{2,1}$ 对于 $j=0,1$。注意到 $Q_{2,1}$ 是一个完全图 K_4, 并且 $Q^0_{2+1^*,2}$ 和 $Q^1_{2+1^*,2}$ 是边完美匹配。不失一般性地, 设 $u,v\in V(Q^0_{2+1^*,2})$。由于 $Q^0_{2+1^*,2}\cong K_4$, $|N(u)\cap N(v)|=2$ 在 $Q^0_{2+1^*,2}$ 中。由于 $Q^0_{2+1^*,2}$ 和 $Q^1_{2+1^*,2}$ 是边完美匹配, 因此在 $Q_{3,2}$ 中 $|N(u)\cap N(v)|=2$。令 $u\in V(Q^0_{2+1^*,2})$ 和 $v\in V(Q^1_{2+1^*,2})$。假设 $uv\notin E(Q_{3,2})$。令 $N(u)\cap V(Q^1_{2+1^*,2})=u'$ 和 $N(v)\cap V(Q^0_{2+1^*,2})=v'$。由于 $Q^0_{2+1^*,2}\cong Q^1_{2+1^*,2}\cong K_4$, 那么 $uu'vv'u$ 是 4 圈。因此, $|N(u)\cap N(v)|=2$。假设 $uv\in E(Q_{3,2})$。由于 $Q^0_{2+1^*,2}$ 和 $Q^1_{2+1^*,2}$ 是边完美匹配, 那么在 $Q_{3,2}$ 中 $|N(u)\cap N(v)|=0$。因此, $|N(u)\cap N(v)|=0,2$。

假设引理 4.1.6 (1) 对 $n=m-1$ $(m\geqslant 4)$ 成立。考虑到 $n=m$。我们将 $Q_{m,m-1}$ 分解成 $Q^{1:0}_{m-1+1^*,m-1}$ $(Q^0_{m-1+1^*,m-1})$ 和 $Q^{1:1}_{m-1+1^*,m-1}$ $(Q^1_{m-1+1^*,m-1})$ 两个子图, 对于 $1<m-1$ 使得 $Q^j_{m-1+1^*,m-1}$ $(j=0,1)$ 同构于 $Q_{m-1,m-2}$。令 u 和 v 两个点属于 $Q^0_{m-1,m-2}$。根据归纳假设, 在 $Q^0_{m-1,m-2}$ 中 $|N(u)\cap N(v)|=0,2$。由于 $Q^0_{m-1+1^*,m-1}$ 和 $Q^1_{m-1+1^*,m-1}$ 是边完美匹配, 那么在 $Q_{m,m-1}$ 中 $|N(u)\cap N(v)|=0,2$。令 $u\in V(Q^0_{m-1,m-2})$ 和 $v\in V(Q^1_{m-1,m-2})$。假设 $uv\notin E(Q_{m,m-1})$。令 $N(u)\cap V(Q^1_{m-1,m-2})=u'$ 和 $N(v)\cap V(Q^0_{m-1,m-2})=v'$。如果 $u'v\in E(Q^1_{m-1,m-2})$, 那么, 由 $Q^0_{m-1,m-2}\cong Q^1_{m-1,m-2}$, $uv'\in E(Q^0_{m-1,m-2})$, $|N(u)\cap N(v)|=2$ 在 $Q_{m,m-1}$ 中。如果 $u'v\notin E(Q^1_{m-1,m-2})$, 那么, 由 $Q^0_{m-1,m-2}\cong Q^1_{m-1,m-2}$, $uv'\notin E(Q^0_{m-1,m-2})$, $|N(u)\cap N(v)|=0$ 在 $Q_{m,m-1}$ 中。假设 $uv\in E(Q_{m,m-1})$。由于 $Q^0_{m-1+1^*,m-1}$ 和 $Q^1_{m-1+1^*,m-1}$ 是边完美匹配, 那么在 $Q_{m,m-1}$ 中 $|N(u)\cap N(v)|=0$。因此, 在 $Q_{m,m-1}$ 中 $|N(u)\cap N(v)|=0,2$。

基于以上论证, 存在 $Q_{n,n-1}$ 的一个子图 G' 使得 $G'\cong K_4$。

(2) 设 $k=n-2$。

设 $u, v \in V(Q_{n,k})$ 和 $uv \in E(Q_{n,k})$。设 $u = u_1u_2\cdots u_n$。

情况 1. $v = u_1\cdots u_{i-1}\bar{u}_iu_{i+1}\cdots u_n$, $1 \leqslant i \leqslant n$。

设 $w = u_1\cdots u_{j-1}\bar{u}_ju_{j+1}\cdots u_n$, $1 \leqslant j \neq i \leqslant n$, 那么 $uw \in E(Q_{n,k})$。根据 $Q_{n,k}$ 的定义, $vw \notin E(Q_{n,k})$。设 $w' = u_1\cdots u_{n-3}\bar{u}_{n-2}\bar{u}_{n-1}\bar{u}_n$, 那么 $uw' \in E(Q_{n,k})$。根据 $Q_{n,k}$ 的定义, $vw' \notin E(Q_{n,k})$。因此, $|N(u) \cap N(v)| = 0$。

情况 2. $v = u_1\cdots u_{n-3}\bar{u}_{n-2}\bar{u}_{n-1}\bar{u}_n$。

设 $w = u_1\cdots u_{j-1}\bar{u}_ju_{j+1}\cdots u_n$, $1 \leqslant j \leqslant n$, 那么 $uw \in E(Q_{n,k})$。根据 $Q_{n,k}$ 的定义, $vw \notin E(Q_{n,k})$。因此, $|N(u) \cap N(v)| = 0$。

设 $u, v \in V(Q_{n,k})$ 和 $uv \notin E(Q_{n,k})$。我们在 n 上用归纳法证明。当 $n = 3$ 时, 由引理 4.1.5 (2) 可得 $|N(u) \cap N(v)| = 4$。假设 $n = 4$。

我们将 $Q_{4,2}$ 分解为 $Q^{1:0}_{3+1^*,2}$ $(Q^0_{3+1^*,2})$ 和 $Q^{1:1}_{3+1^*,2}$ $(Q^1_{3+1^*,2})$ 两个子图, 对于 $i = 1 < 2$ 使得 $Q^j_{3+1^*,2}$ $(j = 0, 1)$ 同构于 $Q_{3,1}$。由引理 4.1.5 (2), $|N(u) \cap N(v)| = 4$ 对于 $u, v \in V(Q^j_{3+1^*,2})$。注意到 $Q^0_{3+1^*,2}$ 和 $Q^1_{3+1^*,2}$ 之间的边集 E_h 是 $Q_{4,2}$ 的完美匹配。因此, 在这种情况下, $|N(u) \cap N(v)| = 4$ 在 $Q_{4,2}$ 中。设 $u \in V(Q^0_{3+1^*,2})$ 和 $v \in V(Q^1_{3+1^*,2})$。由于 $Q^0_{3+1^*,2}$ 和 $Q^1_{3+1^*,2}$ 之间的边集 E_h 是 $Q_{4,2}$ 的完美匹配, 令 $N(u) \cap V(Q^1_{3+1^*,2}) = u'$ 和 $N(v) \cap V(Q^0_{3+1^*,2}) = v'$。如果 $u' \in N(v)$, 那么在 $Q^0_{3+1^*,2} \cong Q^1_{3+1^*,2}$ 中 $v' \in N(u)$。因此, 在这种情况下, 在 $Q_{4,2}$ 中 $|N(u) \cap N(v)| = 2$。否则, 在 $Q_{4,2}$ 中 $|N(u) \cap N(v)| = 0$。因此, $|N(u) \cap N(v)| = 0, 2, 4$。

(3) 设 $1 \leqslant k \leqslant n - 3$。

在这种情况下, $n \geqslant 4$。我们先讨论 $Q_{4,1}$, 见图 4.2。

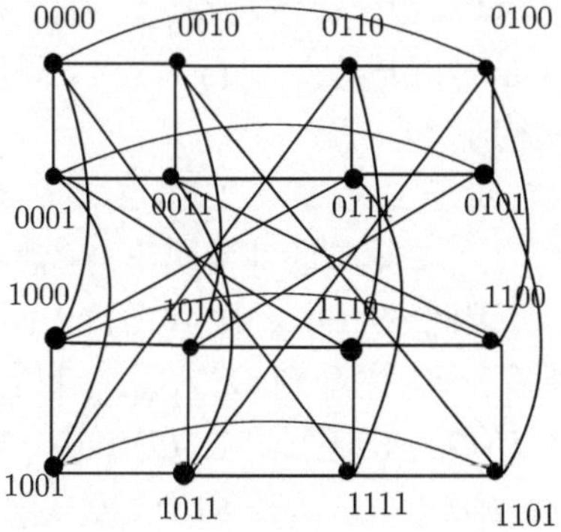

图 4.2 增强型超立方体 $Q_{4,1}$

断言 1: 如果 $uv \notin E(Q_{4,1})$ 和 $|N(u) \cap N(v)| \geqslant 1$, 那么在 $Q_{4,1}$ 中 $|N(u) \cap N(v)| = 2$。

设 $u = u_1u_2u_3u_4$。如果 $\bar{u}_1\bar{u}_2\bar{u}_3\bar{u}_4 \in N(u) \cap N(v)$, 那么 $v = u_1\bar{u}_2\bar{u}_3\bar{u}_4$ 或

$\bar{u}_1u_2\bar{u}_3\bar{u}_4$ 或 $\bar{u}_1\bar{u}_2u_3\bar{u}_4$ 或 $\bar{u}_1\bar{u}_2\bar{u}_3u_4$。不失一般性地, 设 $v = u_1\bar{u}_2\bar{u}_3\bar{u}_4$, 那么 $\bar{u}_1u_2u_3u_4 \in N(u) \cap N(v)$。因此, 在 $Q_{4,1}$ 中 $|N(u) \cap N(v)| = 2$。不失一般性地, 如果 $\bar{u}_1u_2u_3u_4 \in N(u) \cap N(v)$, 那么 $v = \bar{u}_1\bar{u}_2u_3u_4$ 或 $\bar{u}_1u_2\bar{u}_3u_4$ 或 $\bar{u}_1u_2u_3\bar{u}_4$。不失一般性地, 设 $v = \bar{u}_1\bar{u}_2u_3u_4$, 那么 $u_1\bar{u}_2u_3u_4 \in N(u) \cap N(v)$。因此, 在 $Q_{4,1}$ 中 $|N(u) \cap N(v)| = 2$。断言 1 证毕。

断言 2: 对于 $uv \in E(Q_{4,1})$, 在 $Q_{4,1}$ 中 $|N(u) \cap N(v)| = 0$。

设 $u = u_1u_2u_3u_4$ 和 $v = \bar{u}_1\bar{u}_2\bar{u}_3\bar{u}_4$。注意到 $N(u)\backslash\{v\} = \{\bar{u}_1u_2u_3u_4, u_1\bar{u}_2u_3u_4, u_1u_2\bar{u}_3u_4, u_1u_2u_3\bar{u}_4\}$ 和 $N(v)\backslash\{u\} = \{u_1\bar{u}_2\bar{u}_3\bar{u}_4, \bar{u}_1u_2\bar{u}_3\bar{u}_4, \bar{u}_1\bar{u}_2u_3\bar{u}_4, \bar{u}_1\bar{u}_2\bar{u}_3u_4\}$。因此, 在这种情况下, 在 $Q_{4,1}$ 中 $|N(u) \cap N(v)| = 0$。不失一般性地, 设 $v = \bar{u}_1u_2u_3u_4$, 那么 $N(u)\backslash\{v\} = \{\bar{u}_1\bar{u}_2\bar{u}_3\bar{u}_4, u_1\bar{u}_2u_3u_4, u_1u_2\bar{u}_3u_4, u_1u_2u_3\bar{u}_4\}$ 和 $N(v)\backslash\{u\} = \{u_1\bar{u}_2\bar{u}_3\bar{u}_4, \bar{u}_1\bar{u}_2u_3u_4, \bar{u}_1u_2\bar{u}_3u_4, \bar{u}_1u_2u_3\bar{u}_4\}$。因此, 在这种情况下, 在 $Q_{4,1}$ 中 $|N(u) \cap N(v)| = 0$。断言 2 证毕。

断言 3: 对于 $i = 1, 2$, 存在 $u, v \in V(Q_{5,i})$ 使得 $|N(u) \cap N(v)| = 0$。

在 $Q_{5,2}$ 中, 设 $u = 00000$ 和 $v = 10110$。注意到 $N(u) = \{01111, 10000, 01000, 00100, 00010, 00001\}$ 和 $N(v) = \{00110, 11001, 11110, 10010, 10100, 10111\}$。那么, $|N(u) \cap N(v)| = 0$。

在 $Q_{5,1}$ 中, 设 $u = 00000$ 和 $v = 10110$。注意到 $N(u) = \{11111, 10000, 01000, 00100, 00010, 00001\}$ 和 $N(v) = \{01001, 00110, 11110, 10010, 10100, 10111\}$。那么, $|N(u) \cap N(v)| = 0$。断言 3 证毕。

假设 $uv \in E(Q_{n,k})$。我们在 n 上用归纳法证明。根据断言 2 和引理 4.1.6 (3) $Q_{4,1}$ 成立。假设引理 4.1.6 (3) 使得 $n-1$ $(n \geqslant 5)$ 成立。考虑到对于 $1 \leqslant k \leqslant n-3$ 有 $Q_{n,k}$。我们将 $Q_{n,k}$ $1 \leqslant k$ 分解为 $Q^{1:0}_{n-1+1^*,k}$ $(Q^0_{n-1+1^*,k})$ 和 $Q^{1:1}_{n-1+1^*,k}$ $(Q^1_{n-1+1^*,k})$ 两个子图。当 $2 \leqslant k \leqslant n-3$ 时, $Q^j_{n-1+1^*,k}$ $(j = 0, 1)$ 同构于 $Q_{n-1,k-1}$。当 $k = 1$ 时, $Q^j_{n-1+1^*,1}$ $(j = 0, 1)$ 同构于 Q_{n-1}。

设 $uv \in E(Q^j_{n-1+1^*,k})$ 对于 $0 \leqslant j \leqslant 1$ 和 $2 \leqslant k \leqslant n-3$。根据归纳假设, $|N(u) \cap N(v)| = 0$ 在 $Q^j_{n-1+1^*,k}$ 中。在这种情况下, 注意到 $Q^0_{n-1,k}$ 和 $Q^1_{n-1,k}$ 之间的边是 E_h 的一个完美匹配。因此, 在 $Q_{n,k}$ 中 $|N(u) \cap N(v)| = 0$。设 $u \in V(Q^0_{n-1,k})$ 和 $v \in V(Q^1_{n-1,k})$。在这种情况下, 注意到 $Q^0_{n-1+1^*,k}$ 和 $Q^1_{n-1+1^*,k}$ 之间的边是 E_h 的一个完美匹配并且 $uv \in E(Q_{n,k})$。因此, 在 $Q_{n,k}$ 中 $|N(u) \cap N(v)| = 0$。

不失一般性地, 设 $uv \in E(Q^0_{n-1+1^*,1})$。由于 $Q^j_{n-1+1^*,1} \cong Q_{n-1}$, 由命题 4.1.2, 在 $Q^0_{n-1+1^*,1}$ 中 $|N(u) \cap N(v)| = 0$。注意到 $|(N(u) \cup N(v)) \cap V(Q^1_{n-1+1^*,1})| = 4$。因此, 在 $Q_{n,1}$ 中 $|N(u) \cap N(v)| = 0$。设 $u \in V(Q^0_{n-1,1})$ 和 $v \in V(Q^1_{n-1,1})$。假设 $u = u_1u_2\cdots u_{n-1}u_n$ 和 $v = \bar{u}_1\bar{u}_2\cdots\bar{u}_{n-1}\bar{u}_n$。由 $n \geqslant 5$ 和 $Q_{n,1}$ 的定义, 在 $Q_{n,1}$ 中 $|N(u) \cap N(v)| = 0$。假设 $u = u_1u_2\cdots u_{n-1}u_n$ 和 $v = u_1u_2\cdots\bar{u}_i\cdots u_n$。同样地, 在 $Q_{n,1}$ 中 $|N(u) \cap N(v)| = 0$。

假设 $uv \notin E(Q_{n,k})$。我们在 n 上用归纳法证明。根据断言 1, 对于 $|N(u) \cap N(v)| \geqslant 1$ 有在 $Q_{4,1}$ 中 $|N(u) \cap N(v)| = 2$。假设 $|N(u) \cap N(v)| = 2$ 对于 $|N(u) \cap N(v)| \geqslant 1$ 和 $n-1$ $(n \geqslant 5)$ 成立。考虑对 $1 \leqslant k \leqslant n-3$ 有 $Q_{n,k}$。我们将 $Q_{n,k}$ $1 \leqslant k$ 分解为 $Q^{1:0}_{n-1+1^*,k}$ $(Q^0_{n-1+1^*,k})$ 和 $Q^{1:1}_{n-1+1^*,k}$ $(Q^1_{n-1+1^*,k})$ 两个子图。当 $2 \leqslant k \leqslant n-3$ 时, $Q^j_{n-1+1^*,k}$ $(j=0,1)$ 同构于 $Q_{n-1,k-1}$。当 $k=1$ 时, $Q^j_{n-1+1^*,1}$ $(j=0,1)$ 同构于 Q_{n-1}。

设对于 $0 \leqslant j \leqslant 1$ 和 $2 \leqslant k \leqslant n-3$ 有 $u, v \in V(Q^j_{n-1+1^*,k})$。根据归纳假设, 对于 $|N(u) \cap N(v)| \geqslant 1$ 在 $Q^j_{n-1+1^*,k}$ 中有 $|N(u) \cap N(v)| = 2$。在这种情况下, 考虑到 $Q^0_{n-1+1^*,k}$ 和 $Q^1_{n-1+1^*,k}$ 之间的边是 E_h 的完美匹配。因此, 在 $Q_{n,k}$ 中 $|N(u) \cap N(v)| = 2$。设 $u \in V(Q^0_{n-1+1^*,k})$ 和 $v \in V(Q^1_{n-1+1^*,k})$。由于 $|N(u) \cap N(v)| \geqslant 1$, 不失一般性地, 设 $w \in (N(u) \cap N(v)) \cap V(Q^1_{n-1+1^*,k})$。设 $N(v) \cap V(Q^0_{n-1+1^*,k}) = v'$。由于 $Q^0_{n-1+1^*,k} \cong Q^1_{n-1+1^*,k}$, 那么 $uv' \in E(Q^0_{n-1+1^*,k})$。因此, 在 $Q_{n,k}$ 中 $|N(u) \cap N(v)| = 2$。

不失一般性地, 假设 $u, v \in V(Q^0_{n-1+1^*,1})$。由于 $Q^j_{n-1+1^*,1} \cong Q_{n-1}$, 并由命题 4.1.2, 可得在 $Q^j_{n-1+1^*,1}$ 中对于 $|N(u) \cap N(v)| \geqslant 1$ 有 $|N(u) \cap N(v)| = 2$。设 $u \in V(Q^0_{n-1+1^*,1})$ 和 $v \in V(Q^1_{n-1+1^*,1})$, $u = 0u_2 \cdots u_{n-1}u_n$, 那么 $N(u) \cap V(Q^1_{n-1+1^*,1}) = \{1\bar{u}_2 \cdots \bar{u}_{n-1}\bar{u}_n, 1u_2 \cdots u_{n-1}u_n\}$。注意到 $N(1\bar{u}_2 \cdots \bar{u}_{n-1}\bar{u}_n) = \{1\bar{u}_2 \cdots \bar{u}_{i-1}u_i\bar{u}_{i+1} \cdots \bar{u}_n : i = 2, \cdots, n\}$ 和 $N(1u_2 \cdots u_{n-1}u_n) = \{1u_2 \cdots u_{i-1}\bar{u}_i u_{i+1} \cdots u_n : i = 2, \cdots, n\}$ 在 $Q^1_{n-1+1^*,1}$ 中。由于 $n \geqslant 5$, $N(1\bar{u}_2 \cdots \bar{u}_{n-1}\bar{u}_n) \cap N(1u_2 \cdots u_{n-1}u_n) = \varnothing$。因此, v 最多邻接 $1\bar{u}_2 \cdots \bar{u}_{n-1}\bar{u}_n$ 和 $1u_2 \cdots u_{n-1}u_n$ 中的一个。由于 $Q^0_{n-1,1} \cong Q^1_{n-1,1}$, 则在 $Q_{n,1}$ 中 $|N(u) \cap N(v)| = 2$。

很容易证实 $|N(u) \cap N(v)| \neq 0$ 其中 $uv \notin E(Q_{4,1})$。根据断言 1, $|N(u) \cap N(v)| = 2$。

我们在 n 上用归纳法证明。根据断言 3, 存在 $u, v \in V(Q_{5,i})$ $(i = 1, 2)$ 使得 $|N(u) \cap N(v)| = 0$。假设存在 $u, v \in V(Q_{n-1,k})$ 使得 $|N(u) \cap N(v)| = 0$ 对 $n-1$ $(n \geqslant 6)$ 成立。考虑到 $Q_{n,k}$ 对于 $1 \leqslant k \leqslant n-3$。我们将 $Q_{n,k}$ $1 \leqslant k$ 分解为 $Q^{1:0}_{n-1+1^*,k}$ $(Q^0_{n-1+1^*,k})$ 和 $Q^{1:1}_{n-1+1^*,k}$ $(Q^1_{n-1+1^*,k})$ 两个子图。当 $2 \leqslant k \leqslant n-3$ 时, $Q^j_{n-1+1^*,k}$ $(j=0,1)$ 同构于 $Q_{n-1,k-1}$。当 $k=1$ 时, $Q^j_{n-1+1^*,1}$ $(j=0,1)$ 同构于 Q_{n-1}。

根据归纳假设, 对于 $0 \leqslant j \leqslant 1$ 和 $2 \leqslant k \leqslant n-3$ 有 $u, v \in V(Q^j_{n-1,k})$ 使得 $|N(u) \cap N(v)| = 0$。在这种情况下, 注意到 $Q^0_{n-1+1^*,k}$ 和 $Q^1_{n-1+1^*,k}$ 之间的边是 E_h 的完美匹配。因此, 存在 $u, v \in V(Q_{n,k})$ 使得在 $Q_{n,k}$ 中 $|N(u) \cap N(v)| = 0$。

考虑到 $Q_{n,1}$。注意到 $Q^j_{n-1+1^*,1}$ $(j=0,1)$ 同构于 Q_{n-1}。设 $u = 0^n$, 那么 $u \in V(Q^0_{n-1+1^*,1})$, $N(u) \cap V(Q^1_{n-1+1^*,1}) = \{1^n, 10^{n-1}\}$ 和 $N(\{1^n, 10^{n-1}\}) \cap V(Q^0_{n-1+1^*,1}) = \{0^n, 01^{n-1}\}$。设 $v = 0001^{n-3}$。那么在 $Q_{n,k}$ $(n \geqslant 6)$ 中 $|N(u) \cap$

$N(v)| = 0$。□

定理 4.1.2　对于 $2 \leqslant k \leqslant n-1$, 那么 $\mathrm{smp}(Q_{n,k}) = n+1$。

证明　在这种情况下, $n \geqslant 3$。我们在 n 上用归纳法证明。当 $n = 3$ 时, $\mathrm{smp}(Q_{3,2}) = 4$ (见图 4.3)。这个定理在 $n=3$ 时成立。对于 $1 \leqslant k-1 \leqslant n-2$ 和 $n \geqslant 4$, 假设 $\mathrm{smp}(Q_{n-1,k-1}) = n$。由命题 4.1.1, $\mathrm{smp}(Q_{n,k}) \leqslant \mathrm{mp}(Q_{n,k}) = n+1$。设 $F \subset (V(Q_{n,k}) \cup E(Q_{n,k}))$ 是伴随 $|F| \leqslant n$ 的一个强匹配排除集。假设 F 中没有边与 F 中的顶点相关。我们证明 $Q_{n,k} - F$ 包含一个完美匹配或几乎完美匹配。

我们将 $Q_{n,k}$ $i<k$ 分解为 $Q^{i:0}_{n-1+1^*,k}$ $(Q^0_{n-1+1^*,k})$ 和 $Q^{i:1}_{n-1+1^*,k}$ $(Q^1_{n-1+1^*,k})$ 两个子图, 使得对于 $1 \leqslant k-1 \leqslant n-2$, $Q^j_{n-1+1^*,k}$ 同构于 $Q_{n-1,k-1}$。设 E_h 是 $Q^0_{n-1+1^*,k}$ 和 $Q^1_{n-1+1^*,k}$ 之间的超立方体边集。设 $F_j = F \cap (V(Q^{i:j}_{n-1+1^*,k}) \cup E(Q^{i:j}_{n-1+1^*,k}))$ 对于 $j = 0, 1$ 和 $F_h = F \cap E_h$, 那么 $F = F_0 \cup F_1 \cup F_h$。不失一般性地, 设 $|F_0| \geqslant |F_1|$。

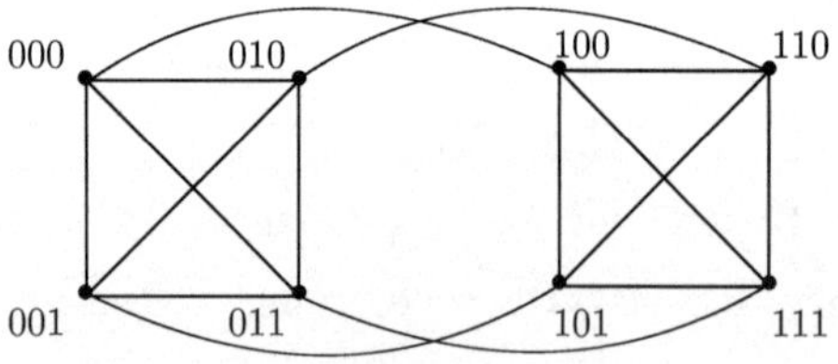

图 4.3　$Q_{3,2}$

情况 1. $|F_0| \leqslant n-1$。

根据归纳假设, $Q^0_{n-1+1^*,k} - F_0$ 和 $Q^1_{n-1+1^*,k} - F_1$ 之间有一个完美匹配或几乎完美匹配。如果 $Q^0_{n-1+1^*,k} - F_0$ 和 $Q^1_{n-1+1^*,k} - F_1$ 中至少有一个是完美匹配, 那么 $Q_{n,k} - F$ 有一个完美匹配或几乎完美匹配。假设 $Q^0_{n-1+1^*,k} - F_0$ 和 $Q^1_{n-1+1^*,k} - F_1$ 都是几乎完美匹配的, 表示它们都有奇点 (奇数个顶点)。由于 $2^{n-1} - n > 0$ $(n \geqslant 3)$, 那么 $u_j \in V(Q^j_{n-1+1^*,k})$ $(j \in \{0,1\})$ 中存在一个边 $u_0u_1 \in (E_h \setminus F_h)$。

情况 1.1. $|F_0| \leqslant n-2$。

在这种情况下, 对于 $j \in \{0,1\}$ 有 $|F_j \cup \{u_j\}| \leqslant n-1$。依据归纳假设, 在 $Q^j_{n-1+1^*,k} - (F_j \cup \{u_j\})$ 中存在完美匹配 M_j。因此, $M_0 \cup \{u_0u_1\} \cup M_1$ 是 $Q_{n,k} - F$ 中的一个完美匹配。

情况 1.2. $|F_0| = n-1$。

由于 F_1 有奇数个顶点并且 $|F_h \cup F_1| \leqslant 1$, $|F_1 \cap V(Q^1_{n-1+1^*,k})| = 1$ 和 $|F_h| = 0$。设 $F_1 = w_1$ 和 $w_0 = N(w_1) \cap V(Q^0_{n-1+1^*,k})$。

情况 1.2.1. $w_0 \in F_0$。

注意到 $|F_0 \setminus \{w_0\}| = n-2$。依据归纳假设, 在 $Q^0_{n-1+1^*,k} - (F_0 \setminus \{w_0\})$ 中存在一个完美匹配 M_0。设 $vw_0 \in M_0$ 和 $v_h = N(v) \cap V(Q^1_{n-1+1^*,k})$。注意到对于

$n \geqslant 3$ 有 $|F_1 \cup \{v_h\}| = 2 \leqslant n-1$。依据归纳假设, 在 $Q^1_{n-1+1^*,k} - (F_1 \cup \{v_h\})$ 中存在一个完美匹配 M_1。因此, $(M_0 \backslash vw_0) \cup \{vv_h\} \cup M_1$ 是 $Q_{n,k} - F$ 中的一个完美匹配。

情况 1.2.2. $w_0 \notin F_0$。

由于 F_0 有奇数顶点, 则存在一个顶点 $v \in F_0$。注意到 $|F_0 \setminus \{v\}| = n-2$。依据归纳假设, 在 $Q^0_{n-1+1^*,k} - (F_0 \setminus \{v\})$ 中存在一个完美匹配 M_0。设 $vv' \in M_0$ 和 $v'_h = N(v') \cap V(Q^1_{n-1+1^*,k})$。

假设 $v' \neq w_0$。注意到对于 $n \geqslant 3$ 有 $|F_1 \cup \{v'_h\}| = 2 \leqslant n-1$。依据归纳假设, 在 $Q^1_{n-1+1^*,k} - (F_1 \cup \{v'_h\})$ 中存在一个完美匹配 M_1。因此, $(M_0 \backslash vv') \cup \{v'v'_h\} \cup M_1$ 是 $Q_{n,k} - F$ 中的一个完美匹配。

假设 $v' = w_0$。由于对于 $Q^0_{n-1+1^*,k}$ 有 $|F_0| = n-1$ 和 $d(w_0) = n$, 则我们有 w_0 不是 $Q^0_{n-1+1^*,k}$ 中的一个孤立点并且 w_0 有一个邻接点 $x \in V(Q^0_{n-1+1^*,k} - F_0)$ 使得 $w_0x \notin F_0$。设 $xy \in M_0$, $y_h = N(y) \cap V(Q^1_{n-1+1^*,k})$。由于 $|F_h| = 0$ 和 $F_1 = w_1$, 则 $yy_h \notin F_h$ 和 $y_h \notin F_1$。注意到对于 $n \geqslant 3$ 有 $|F_1 \cup \{y_h\}| = 2 \leqslant n-1$。依据归纳假设, 在 $Q^1_{n-1+1^*,k} - (F_1 \cup \{y_h\})$ 中存在一个完美匹配 M_1。因此, $(M_0 \backslash \{vv', xy\}) \cup \{v'x, yy_h\} \cup M_1$ 是 $Q_{n,k} - F$ 中的一个完美匹配。

情况 2. $|F_0| = n$。

情况 2.1. $Q^0_{n-1+1^*,k} - F_0$ 没有孤立的顶点。

情况 2.1.1. F_0 有奇数个顶点。

设 $u \in F_0$。注意到 $|F_0 \backslash \{u\}| = n-1$。依据归纳假设, 在 $Q^0_{n-1+1^*,k} - (F_0 \backslash \{u\})$ 中存在一个完美匹配 M_0。设 $uv \in M_0$, v_h 是 v 在 $Q^1_{n-1+1^*,k}$ 中的邻接点。由于 $|F| - |F_0| = 0$, 则 $vv_h \notin F_h$ 和 $v_h \notin F_1$。注意到对于 $n \geqslant 2$ 有 $|F_1 \cup \{v_h\}| = 1 \leqslant n-1$。依据归纳假设, 在 $Q^1_{n-1+1^*,k} - (F_1 \cup \{v_h\})$ 中存在一个几乎完美匹配 M_1。因此, $(M_0 \backslash \{uv\}) \cup \{vv_h\} \cup M_1$ 是 $Q_{n,k} - F$ 中一个几乎完美匹配。

情况 2.1.2. F_0 有偶数个顶点。

情况 2.1.2.1. F_0 有一个边。

设 $xy \in F_0$, 那么 $|F_0 \backslash \{xy\}| = n-1$。依据归纳假设, 在 $Q^0_{n-1+1^*,k} - (F_0 \backslash \{xy\})$ 中存在一个完美匹配 M_0。

假设 $xy \notin M_0$。注意到 $|F_1| = 0$。依据归纳假设, 在 $Q^1_{n-1+1^*,k} - F_1$ 中存在一个完美匹配 M_1。因此, $M_0 \cup M_1$ 是 $Q_{n,k} - F$ 中的一个完美匹配。

假设 $xy \in M_0$。设 x_h 和 y_h 分别是 x 和 y 在 $Q^1_{n-1+1^*,k}$ 中的邻接点。由于 $|F| - |F_0| = 0$, $xx_h, yy_h \notin F_h$ 和 $x_h, y_h \notin F_1$。注意到对于 $n \geqslant 3$ 有 $|F_1 \cup \{x_h, y_h\}| = 2 \leqslant n-1$。依据归纳假设, 在 $Q^1_{n-1+1^*,k} - (F_1 \cup \{x_h, y_h\})$ 中存在一个完美匹配 M_1。因此, $(M_0 \backslash xy) \cup \{xx_h, yy_h\} \cup M_1$ 是 $Q_{n,k} - F$ 中的一个完美匹配。

情况 2.1.2.2. F_0 没有边。

注意到 $|F_0| = n > 2$。令 $u, v \in F_0$, 那么 $|F_0 \setminus \{u,v\}| = n-2$。依据归纳假设, 在 $Q^0_{n-1+1^*,k} - (F_0 \setminus \{u,v\})$ 中存在一个完美匹配 M_0。

假设 $uv \in M_0$。注意到 $|F_1| = 0$。依据归纳假设, 在 $Q^1_{n-1+1^*,k} - F_1$ 中存在一个完美匹配 M_1。因此, $(M_0 \backslash uv) \cup M_1$ 是 $Q_{n,k} - F$ 中的一个完美匹配。

假设 $uu', vv' \in M_0$。设 u'_h 和 v'_h 分别是 u' 和 v' 中 $Q^1_{n-1+1^*,k}$ 中的邻接点。注意到 $|F_1 \cup \{u'_h, v'_h\}| = 2 \leqslant n-1$ 对于 $n \geqslant 3$。依据归纳假设, 在 $Q^1_{n-1+1^*,k} - (F_1 \cup \{u'_h, v'_h\})$ 中存在一个完美匹配 M_1。那么, $(M_0 \backslash \{uu', vv'\}) \cup \{u'u'_h, v'v'_h\} \cup M_1$ 是 $Q_{n,k} - F$ 中的一个完美匹配。

情况 2.2. $Q^0_{n-1+1^*,k} - F_0$ 有一个孤立点。

设 u 是 $Q^0_{n-1+1^*,k} - F_0$ 中的孤立点。设 u_h 是 u 在 $Q^1_{n-1+1^*,k}$ 中的邻接点。由于 $|F| - |F_0| = 0$, 则 $uu_h \notin F_h$ 和 $u_h \notin F_1$。设 u_i 是 u 在 $Q^0_{n-1+1^*,k}$ $(i = 1, 2, \cdots, n)$ 中的邻接点, 那么 $F_0 \subseteq (\{u_i : i = 1, 2, \cdots, n\} \cup \{uu_i : i = 1, 2, \cdots, n\})$。设 u^h_i 是 u_i 在 $Q^1_{n-1+1^*,k}$ $(i = 1, 2, \cdots, n)$ 中的邻接点。由于 $|F| - |F_0| = 0$, 则 $u_i u^h_i \notin F_h$ 和 $u^h_i \notin F_1$。

情况 2.2.1. F_0 有奇数个顶点。

在这种情况下, 对于 $1 \leqslant i \leqslant n$ 存在 $u_i \in F_0$。考虑到 $|F_0 \setminus \{u_i\}| = n-1$。依据归纳假设, 在 $Q^0_{n-1+1^*,k} - (F_0 \setminus \{u_i\})$ 中存在一个完美匹配 M_0, 那么 $uu_i \in M_0$。考虑到 $|F_1 \cup \{u_h, u^h_i\}| = 2 \leqslant n-1$ 对于 $n \geqslant 3$。依据归纳假设, 在 $Q^1_{n-1+1^*,k} - (F_1 \cup \{u_h, u^h_i\})$ 中存在一个完美匹配 M_1。因此, $(M_0 \backslash uu_i) \cup \{uu_h\} \cup M_1$ 是 $Q_{n,k} - F$ 中的一个完美匹配。

情况 2.2.2. F_0 有偶数个顶点。

假设对于 $1 \leqslant i \leqslant n$ 存在 $u_i \in F_0$。注意到 $|F_0 \setminus \{u_i\}| = n-1$。依据归纳假设, 在遗失一个顶点 w 的 $Q^0_{n-1+1^*,k} - (F_0 \setminus \{u_i\})$ 中存在一个几乎完美匹配 M_0, 那么 $uu_i \in M_0$。设 w_h 是 w 在 $Q^1_{n-1+1^*,k}$ 中的邻接点。由于 $|F| - |F_0| = 0$, 则 $ww_h \notin F_h$ 和 $w_h \notin F_1$。注意到对于 $n \geqslant 3$ 有 $|F_1 \cup \{u_h, w_h\}| = 2 \leqslant n-1$。依据归纳假设, 在 $Q^1_{n-1+1^*,k} - (F_1 \cup \{u_h, w_h\})$ 中存在一个几乎完美匹配 M_1。因此, $(M_0 \backslash uu_i) \cup \{uu_h, ww_h\} \cup M_1$ 是 $Q_{n,k} - F$ 中的一个完美匹配。

假设对于 $i = 1, 2, \cdots, n$ 没有 $u_i \in F_0$。由于 $|F_0| = n \geqslant 2$, 则对于 $1 \leqslant i \leqslant n$ 存在一个 $uu_i \in F_0$。注意到 $|F_0 \setminus \{uu_i\}| = n-1$。依据归纳假设, 在 $Q^0_{n-1+1^*,k} - (F_0 \setminus \{uu_i\})$ 中存在一个完美匹配 M_0, 那么 $uu_i \in M_0$。注意到 $|F_1 \cup \{u_h, u^h_i\}| = 2 \leqslant n-1$, 其中 $n \geqslant 3$。依据归纳假设, 在 $Q^1_{n-1+1^*,k} - (F_1 \cup \{u_h, u^h_i\})$ 中存在一个完美匹配 M_1。因此, $(M_0 \backslash uu_i) \cup \{uu_h, u_i u^h_i\} \cup M_1$ 是 $Q_{n,k} - F$ 中的一个完美匹配。 □

引理 4.1.7 [133] 对于任意 n 维二部超立方体图 G, 有 $n \geqslant 3$, $\mathrm{mp}_1(G) = 2n-2$。

命题 4.1.3 [120] 设 G 是一个有偶数个顶点的图。假设 G 中的每个顶点的度数至少为 3, 那么 $\mathrm{mp}_1(G)$ 是 $d(u)+d(v)-2-g(u,v)$ 的最小值, 其中 u 和 v 是所有由长度为 3 的路径连接的顶点对, 其中, $d(\cdot)$ 为度函数, 如果 u 和 v 相邻则 $g(u,v)=1$, 否则为 0。

命题 4.1.4 [132] $Q_{n,k}$ 是一个二部图当且仅当 n 和 k 具有相同的奇偶性。

定理 4.1.3 对于 $2 \leqslant k \leqslant n-2$ 有 $\mathrm{mp}_1(Q_{n,k})=2n$。

证明 在这种情况下, $n \geqslant 4$。

断言: $\mathrm{mp}_1(Q_{4,2})=8$。

我们将 $Q_{4,2}$ 分解为 $Q^{1:0}_{3+1^*,2}$ $(Q^0_{3+1^*,2})$ 和 $Q^{1:1}_{3+1^*,2}$ $(Q^1_{3+1^*,2})$ 两个子图, 使得 $Q^j_{3+1^*,2}$ $(j=0,1)$ 同构于 $Q_{3,1}$。设 E_h 是 $Q^0_{3+1^*,2}$ 和 $Q^1_{3+1^*,2}$ 之间的超立方体边集。由于 $Q_{4,2}$ 没有三角形, 由命题 4.1.3, 则 $\mathrm{mp}_1(Q_{4,2}) \leqslant 8$。设 F 为 $|F| \leqslant 7$ 的条件边故障集。我们将证明当 $Q_{4,2}-F$ 没有孤立顶点时, $Q_{4,2}-F$ 具有完美匹配 M。设 $F_h=E_h \cap F$。如果 $|F_h|=0$, 那么 E_h 是 $Q_{n,2}-F$ 中的一个完美匹配。因此, 我们猜想 $|F_h| \geqslant 1$。设 $F_j=F \cap E(Q^j_{3+1^*,2})$ 对于 $j=0,1$, 那么 $F=F_0 \cup F_1 \cup F_h$ 和 $|F_j| \leqslant 6$ $j=0,1$。不失一般性地, 设 $|F_0| \geqslant |F_1|$。

情况 1. $|F_0|=6$。

在这种情况下, 有 $|F_1|=0$ 和 $|F_h|=1$。很容易证实 $\mathrm{mp}_1(Q_{3,1})=6$ (见图 4.1)。由于 $2^{n-1}=8$, 则存在一个 $xy \in F_0$ 使得 xy 不邻接到 F_h。由于 $|F_0 \backslash xy|=5$, 则 $Q^0_{3+1^*,2}-(F_0 \backslash \{xy\})$ 有一个完美匹配 M_0 和 $xy \in M_0$。设 $N(x) \cap V(Q^1_{3+1^*,2})=x'$ 和 $N(y) \cap V(Q^1_{3+1^*,2})=y'$。由于 $Q^1_{3+1^*,2} \cong Q_{3,1}$, 由命题 4.1.4, $Q^1_{3+1^*,2}$ 是 4-正则二部图。由引理 4.1.4, 则 $Q^1_{3+1^*,2}-x'y'$ 有一个完美匹配 M_1。因此, $(M_0 \backslash \{xy\}) \cup \{xx', yy'\} \cup M_1$ 是 $Q_{4,2}-F$ 的一个完美匹配。

情况 2. $|F_0| \leqslant 5$。

在这种情况下, 有 $|F_1| \leqslant 5$ 和 $|F_h| \geqslant 1$。由于 $\mathrm{mp}_1(Q_{3,1})=6$, $Q^j_{3+1^*,2}-F_j$ 没有孤立点, 它有一个完美匹配 M_j $(j=0,1)$。因此, $M_0 \cup M_1$ 是 $Q_{4,2}-F$ 的一个完美匹配。断言得证。

我们在 n 上用归纳法证明。当 $n=4$ 时, 根据断言可得 $\mathrm{mp}_1(Q_{4,2})=8$。这个定理当 $n=4$ 时成立。假设对于 $1 \leqslant k' \leqslant n-3$ 和 $n \geqslant 5$ 成立 $\mathrm{mp}_1(Q_{n-1,k'})=2n-2$。我们将 $Q_{n,k}$ 分解为 $Q^{1:0}_{n-1+1^*,k}$ $(Q^0_{n-1+1^*,k})$ 和 $Q^{1:1}_{n-1+1^*,k}$ $(Q^1_{n-1+1^*,k})$ $(1<2 \leqslant k)$ 两个子图, 使得对于 $1 \leqslant k-1 \leqslant n-3$ 有 $Q^j_{n-1+1^*,k}$ 同构于 $Q_{n-1,k-1}$。设 E_h 是 $Q^0_{n-1+1^*,k}$ 和 $Q^1_{n-1+1^*,k}$ 中的超立方体边集。由于 $Q_{n,k}$ $(1 \leqslant k \leqslant n-2)$ 没有三角形, 由命题 4.1.3, 有 $\mathrm{mp}_1(Q_{n,k}) \leqslant 2n$。设 F 表示 $|F| \leqslant 2n-1$ 的条件边故障集。我们将证明当 $Q_{n,k}-F$ 没有孤立顶点时, $Q_{n,k}-F$ 有一个完美匹配 M。设 $F_h=E_h \cap F$。如果 $|F_h|=0$, 那么 E_h 是 $Q_{n,k}-F$ 的一个完美匹配。因此, 我们认为 $|F_h| \geqslant 1$。设 $F_j=F \cap E(Q^j_{n-1+1^*,k})$ $(j=0,1)$。那么对于 $j=0,1$ 有

$F = F_0 \cup F_1 \cup F_h$ 和 $|F_j| \leqslant 2n-2$。不失一般性地, 设 $|F_0| \geqslant |F_1|$。

情况 1. $|F_0| \leqslant 2n-3$。

在这种情况下, 对于 $j=0,1$ 有 $|F_j| \leqslant 2n-3$。

情况 1.1. $Q^j_{n-1+1^*,k} - F_j$ $(j=0,1)$ 中没有孤立点。

根据归纳假设, $Q^j_{n-1+1^*,k} - F_j$ 有一个完美匹配 M_j 对于 $j=0,1$。因此, $M_0 \cup M_1$ 是 $Q_{n,k} - F$ 的一个完美匹配。

情况 1.2. 对于 $j \in \{0,1\}$ 中 $Q^j_{n-1+1^*,k} - F_j$ 存在一个孤立点。

不失一般性地, 设 $Q^0_{n-1+1^*,k} - F_0$ 有一个孤立点 u。设 u_i 是 u 在 $Q^0_{n-1+1^*,k}$ $(i=1,2,\cdots,n)$ 中的邻接点, 那么 $uu_1,\cdots,uu_n \in F_0$ 和 $|F_0| \geqslant n$。设 $uu_h, u_iu_i^h \in E_h$, 其中 $u_h, u_i^h \in V(Q^1_{n-1+1^*,k})$ $(i=1,2,\cdots,n)$。由于 $Q^0_{n-1+1^*,k} \cong Q^1_{n-1+1^*,k}$, $u_hu_i^h \in E(Q^1_{n-1+1^*,1})$。由于 u 在 $Q_{n,k}-F$, $uu_h \notin F_h$ 中没有孤立点。考虑到 $|F_h|+|F_1| \leqslant 2n-1-n = n-1$。由于 $|N(u_h)| = n$ 在 $Q^1_{n-1+1^*,k}$ 中, 有两条相邻的边 $u_hu_i^h$ 和 $u_iu_i^h$ 使得 $u_hu_i^h \notin F_1$ 和 $u_iu_i^h \notin F_h$。为方便起见, $u_hu_1^h$ 和 $u_1u_1^h$ 表示相邻的两条边。考虑到 $|F_1| \leqslant 2n-1-n-1 = n-2$。所以 $Q^1_{n-1+1^*,k} - F_1$ 中没有孤立的顶点。设 $E_1' = \{u_hu_i^h : i = 2,\cdots,n\}$, 那么 $|F_1 \cup E_1'| \leqslant n-2+n-1 = 2n-3$。根据归纳假设, $Q^1_{n-1+1^*,k} - (F_1 \cup E_1')$ 有一个完美匹配 M_1 和 $u_hu_1^h \in M_1$。根据归纳假设, $Q^0_{n-1+1^*,k} - (F_0 \backslash \{uu_1\})$ 有一个完美匹配 M_0 和 $uu_1 \in M_0$。因此, $(M_0 \backslash \{uu_1\}) \cup \{uu_h, u_1u_1^h\} \cup (M_1 \backslash \{u_hu_1^h\})$ 是 $Q_{n,k}-F$ 的一个完美匹配。

情况 2. $|F_0| = 2n-2$。

在这种情况下, $|F_0| = 2n-2$, $|F_1| = 0$ 和 $|F_h| = 1$。根据归纳假设, $\mathrm{mp}_1(Q^j_{n-1+1^*,k}) = 2n-2$ 对于 $j=0,1$。

情况 2.1. $Q^j_{n-1+1^*,k} - F_j$ $(j=0,1)$ 中没有孤立点。

注意到存在 $xy \in F_0$ 使得 xy 不能邻接到 F_h。由于 $|F_0 \backslash xy| = 2n-3$, $Q^0_{n-1+1^*,k} - (F_0 \backslash \{xy\})$ 有一个完美匹配 M_0 和 $xy \in M_0$。设 $N(x) \cap V(Q^1_{n-1+1^*,k}) = x'$ 和 $N(y) \cap V(Q^1_{n-1+1^*,k}) = y'$。根据增强超立方体的定义, $Q^1_{n-1+1^*,k} - x'y'$ 有一个完美匹配 M_1。因此, $(M_0 \backslash \{xy\}) \cup \{xx', yy'\} \cup M_1$ 是 $Q_{n,k}-F$ 的一个完美匹配。

情况 2.2. 对于 $j \in \{0,1\}$ 中 $Q^j_{n-1+1^*,k} - F_j$ 存在一个孤立点。

不失一般性地, 设 $Q^0_{n-1+1^*,k} - F_0$ 有一个孤立点 u。设 u_i 是 u 在 $Q^0_{n-1+1^*,k}$ $(i=1,2,\cdots,n)$ 中的邻接点, 那么 $uu_1,\cdots,uu_n \in F_0$。设 $uu_h, u_iu_i^h \in E_h$, 其中 $u_h, u_i^h \in V(Q^1_{n-1+1^*,k})$ $(i=1,2,\cdots,n)$。由于 $Q^0_{n-1+1^*,k} \cong Q^1_{n-1+1^*,k}$, $u_hu_i^h \in E(Q^1_{n-1+1^*,1})$。由于 u 在 $Q_{n,k}-F$ 中, 所以 $uu_h \notin F_h$ 中不是一个孤立点。考虑到 $|F_h|+|F_1| \leqslant 1$。由于在 $Q^1_{n-1+1^*,k}$ 中有 $|N(u_h)| = n$, 有两个相邻边 $u_hu_i^h$ 和 $u_iu_i^h$ 使得 $u_hu_i^h \notin F_1$ 和 $u_iu_i^h \notin F_h$。为了方便起见, $u_hu_1^h$ 和 $u_1u_1^h$ 表示相邻的两条边。考虑到 $|F_1| = 0$。所以 $Q^1_{n-1+1^*,k} - F_1$ 中没有孤立的顶点。设 $E_1' = \{u_hu_i^h : i =$

$2,\cdots,n\}$, 那么 $|F_1\cup E_1'|=n-1\leqslant 2n-3$。不失一般性地, $Q^1_{n-1+1^*,k}-(F_1\cup E_1')$ 有一个完美匹配 M_1 和 $u_hu_1^h\in M_1$。不失一般性地, $Q^0_{n-1+1^*,k}-(F_0\backslash\{uu_1\})$ 有一个完美匹配 M_0 和 $uu_1\in M_0$。因此, $(M_0\backslash\{uu_1\})\cup\{uu_h,u_1u_1^h\}\cup(M_1\backslash\{u_hu_1^h\})$ 是 $Q_{n,k}-F$ 的一个完美匹配。 □

定理 4.1.4 $\mathrm{mp}_1(Q_{n,1})=2n$ 对于 $n\geqslant 3$。

证明 容易证明 $\mathrm{mp}_1(Q_{3,1})=6$ (见图 4.1)。设 $n\geqslant 4$。我们将 $Q_{n,1}$ 分解为 $Q^{1:0}_{n-1+1^*,1}$ ($Q^0_{n-1+1^*,1}$) 和 $Q^{1:1}_{n-1+1^*,1}$ ($Q^1_{n-1+1^*,1}$) 两个子图, 使得 $Q^j_{n-1+1^*,1}$ 同构于 Q_{n-1}。设 E_h 和 E_c 分别为 $Q^0_{n-1+1^*,1}$ 和 $Q^1_{n-1+1^*,1}$ 之间的超立方体边集和互补边集。由于 $Q_{n,1}$ 没有三角形, 由命题 4.1.3, $\mathrm{mp}_1(Q_{n,1})\leqslant 2n$。设 F 表示 $|F|\leqslant 2n-1$ 的条件边故障集。我们将证明当 $Q_{n,1}-F$ 没有孤立顶点时, $Q_{n,1}-F$ 有一个完美匹配 M。设对于 $i=h,c$ 有 $F_i=E_i\cap F$。如果对于某些 $i\in\{h,c\}$ 有 $|F_i|=0$, 那么 E_i 是 $Q_{n,1}-F$ 的一个完美匹配。因此, 我们假设 $|F_i|\geqslant 1$ 对于 $i=h,c$。令 $F_j=F\cap E(Q^j_{n-1+1^*,1})$, 其中 $j=0,1$, 那么 $F=F_0\cup F_1\cup F_h\cup F_c$ 和 $|F_j|\leqslant 2n-3$ $(j=0,1)$。不失一般性地, 设 $|F_0|\geqslant|F_1|$。我们考虑以下情况。

情况 1. $|F_0|\leqslant 2n-5$。

在这种情况下, $|F_i|\leqslant 2n-5$ 对于 $i=0,1$。

情况 1.1. $Q^j_{n-1+1^*,1}-F_j$ $(j=0,1)$ 中没有孤立点。

注意到 $|F_i|\leqslant 2n-5=2(n-1)-3$ 和 $Q^j_{n-1+1^*,1}\cong Q_{n-1}$ $(j=0,1)$。由于 $Q^j_{n-1+1^*,1}-F_j$ $(j=0,1)$ 没有孤立点, 由引理 4.1.7, $Q^j_{n-1+1^*,1}-F_j$ $(j=0,1)$ 存在一个完美匹配 M_j。因此, $Q_{n,1}-F$ 有一个完美匹配 $M=M_0\cup M_1$。

情况 1.2. 对于某些 $j\in\{0,1\}$, $Q^j_{n-1+1^*,1}-F_j$ 中有一个孤立点。

不失一般性地, 设 $Q^0_{n-1+1^*,1}-F_0$ 有一个孤立点 u。由于 $Q^0_{n-1+1^*,1}$ 是 $(n-1)$-正则并且 $|F_0|\leqslant 2n-5$, $Q^0_{n-1+1^*,1}-F_0$ 只有一个孤立点。设 u_i 是 u 在 $Q^0_{n-1+1^*,1}$ $(i=1,2,\cdots,n-1)$ 中的邻接点, 那么 $\{uu_1,\cdots,uu_{n-1}\}\in F_0$ 和 $|F_0|\geqslant n-1$。设 $uu_r,u_iu_i^r\in E_r$, 其中 $u_r,u_i^r\in V(Q^1_{n-1+1^*,1})$ 对于每个 $r\in\{h,c\}$, $i=1,2,\cdots,n-1$。由于 $Q^0_{n-1+1^*,1}\cong Q^1_{n-1+1^*,1}$, $u_hu_i^h,u_cu_i^c\in E(Q^1_{n-1+1^*,1})$ 对于 $i=1,2,\cdots,n-1$。由于 u 不是 $Q_{n,1}-F$ 的孤立点, 存在 h 和 c 中的一个 r 使得 $uu_r\notin F_r$。不失一般性地, 设 $uu_h\notin F_h$。我们有 $|F_1|\leqslant|F|-|F_0|-|F_h\cup F_c|\leqslant 2n-1-(n-1)-2=n-2$。由于 $Q^1_{n-1+1^*,1}$ 是 $(n-1)$-正则并且 $|F_1|\leqslant n-2$, $Q^1_{n-1+1^*,1}-F_1$ 没有孤立点。我们考虑以下子情况。

情况 1.2.1. $|F_1|=n-2$。

在这种情况下, $|F_0|=n-1$, $|F_h|=|F_c|=1$ 和 $F_0=\{uu_i:i=1,2,\cdots,n-1\}$。由于 $n\geqslant 4$ 和 $|F_h|=1$, 存在两个 $u_{i_0}u_{i_0}^h,u_{i_1}u_{i_1}^h$ 在 $u_1u_1^h,\cdots,u_{n-1}u_{n-1}^h$ 中, 使得 $u_{i_0}u_{i_0}^h,u_{i_1}u_{i_1}^h\notin F_h$。为方便起见, $u_1u_1^h,u_2u_2^h$ 记为 $u_{i_0}u_{i_0}^h,u_{i_1}u_{i_1}^h$。设 $E_1^h=\{u_hu_i^h:i=3,4,\cdots,n-1\}$ 在 $Q^1_{n-1+1^*,1}$ 中。考虑到 $|(F_1\cup E_1^h)\backslash\{u_1u_1^h,u_2u_2^h\}|\leqslant$

$2n-5$ 和 $Q^1_{n-1+1^*,1}-((F_1\cup E^h_1)\backslash\{u_1u^h_1,u_2u^h_2\})$ 中没有孤立点。由引理 4.1.7, 有一个完美匹配 M_1 在 $Q^1_{n-1+1^*,1}-((F_1\cup E^h_1)\backslash\{u_1u^h_1,u_2u^h_2\})$ 和 $u_hu^h_1\in M_1$ 或 $u_hu^h_2\in M_1$ 中。不失一般性地, 设 $u_hu^h_1\in M_1$。注意到 $Q^1_{n-1+1^*,0}-(F_0\backslash\{uu_1\})$ 和 $|F_0\backslash\{uu_1\}|=n-2\leqslant 2n-5$ 中没有孤立点。由引理 4.1.7, 存在一个完美匹配 M_0 在 $Q^0_{n-1+1^*,1}-(F_0\backslash\{uu_1\})$ 和 $uu_1\in M_0$ 中。因此, $(M_0\backslash\{uu_1\})\cup\{uu_h,u_1u^h_1\}\cup(M_1\backslash\{u_hu^h_1\})$ 是 $Q_{n,1}-F$ 的一个完美匹配。

情况 1.2.2. $|F_1|\leqslant n-3$。

在这种情况下, $|F_0|\geqslant n-1$ 和 $\{uu_i: i=1,2,\cdots,n-1\}\subseteq F_0$。因此, $|F_h|\leqslant 2n-1-(n-1)-1=n-1$。

假设 $|F_h|\leqslant n-2$, 那么在 $u_1u^h_1,\cdots,u_{n-1}u^h_{n-1}$ 中存在一个 $u_{i_0}u^h_{i_0}$ 使得 $u_{i_0}u^h_{i_0}\notin F_h$。为方便起见, $u_1u^h_1$ 记为 $u_{i_0}u^h_{i_0}$。设 $E^h_1=\{u_hu^h_i: i=2,3,\cdots,n-1\}$。考虑到 $|(F_1\cup E^h_1)\backslash\{u_1u^h_1\}|\leqslant 2n-5$ 并且 $Q^1_{n-1+1^*,1}-((F_1\cup E^h_1)\backslash\{u_1u^h_1\})$ 中不存在孤立点。由引理 4.1.7, M_1 在 $Q^1_{n-1+1^*,1}-((F_1\cup E^h_1)\backslash\{u_1u^h_1\})$ 和 $u_hu^h_1\in M_1$ 中存在一个完美匹配。考虑到 $Q^1_{n-1+1^*,0}-(F_0\backslash\{uu_1\})$ 和 $|F_0\backslash\{uu_1\}|=n-2\leqslant 2n-5$ 中没有孤立点。由引理 4.1.7, M_0 在 $Q^0_{n-1+1^*,1}-(F_0\backslash\{uu_1\})$ 和 $uu_1\in M_0$ 中存在一个完美匹配。因此, $(M_0\backslash\{uu_1\})\cup\{uu_h,u_1u^h_1\}\cup(M_1\backslash\{u_hu^h_1\})$ 是 $Q_{n,1}-F$ 的一个完美匹配。

假设 $|F_h|=n-1$, 那么 $|F_0|=n-1$, $|F_c|=1$ 和 $|F_1|=0$。由于 $n\geqslant 4$, 存在一个 $u_{i_0}u^c_{i_0}$ 在 $u_1u^c_1,\cdots,u_{n-1}u^c_{n-1}$ 中, 使得 $u_{i_0}u^c_{i_0}\notin F_c$。为方便起见, $u_1u^c_1$ 记为 $u_{i_0}u^c_{i_0}$。考虑到 u^c_1 和 u_h 在 $Q^1_{n-1+1^*,1}$ 的不同分裂集中。由于 $Q^1_{n-1+1^*,1}\cong Q_{n-1}$, 由引理 4.1.3, $Q^1_{n-1+1^*,1}-F_1$ 有一条 Hamilton 路径 P。因此, $P-\{u^c_1,u_h\}$ 有一个完美匹配 M_1 在 $Q^1_{n-1+1^*,1}-(F_1\backslash\{u^c_1,u_h\})$ 中。注意到存在一个完美匹配 M_0 在 $Q^0_{n-1+1^*,1}-(F_0\backslash\{uu_1\})$ 和 $uu_1\in M_0$ 中。因此, $(M_0\backslash\{uu_1\})\cup\{uu_h,u_1u^c_1\}\cup M_1$ 是 $Q_{n,1}-F$ 中的一个完美匹配。

情况 2. $|F_0|=2n-4$。

由于 $|F_h|\geqslant 1$ 和 $|F_c|\geqslant 1$, 我们有 $2\leqslant|F_h\cup F_c|\leqslant 3$ 和 $|F_1|\leqslant 1$。

情况 2.1. $Q^0_{n-1+1^*,1}-F_0$ 不存在孤立点。

情况 2.1.1. $|F_h\cup F_c|=2$。

在这种情况下, $|F_1|\leqslant 1$ 和 $|F_h|=1$。设 $F_h=uu_h$, 其中 $u\in V(Q^0_{n-1+1^*,1})$ 和 $u_h\in V(Q^1_{n-1+1^*,1})$。由于 $n\geqslant 4$ 和 $|F_h|=1$, 存在一个 $vv_1\in F_0$ 使得 $v,v_1\neq u$。考虑到 $Q^1_{n-1+1^*,0}-(F_0\backslash\{vv_1\})$ 和 $|F_0\backslash\{vv_1\}|=2n-5$ 中不存在孤立点。由引理 4.1.7, 存在一个完美匹配 M_0 在 $Q^0_{n-1+1^*,1}-(F_0\backslash\{vv_1\})$ 和 $vv_1\in M_0$ 中。设 $vv^h,v_1v^h_1\in E_h$, 那么 $v^h,v^h_1\in V(Q^1_{n-1+1^*,1})$, $vv^h,v_1v^h_1\notin F_h$ 和 $v^hv^h_1\in E(Q^1_{n-1+1^*,1})$。设 $E^h_1=\{v^hv^h_i: i=2,3,\cdots,n-1\}$。考虑到 $|(F_1\cup E^h_1)\backslash\{v^hv^h_1\}|\leqslant n-1\leqslant 2n-5$ 并且 $Q^1_{n-1+1^*,1}-((F_1\cup E^h_1)\backslash\{v^hv^h_1\})$ 中不存在孤立点。由引理 4.1.7, 存在一

个完美匹配 M_1 在 $Q^1_{n-1+1^*,1}-((F_1\cup E^h_1)\backslash\{v^hv^h_1\})$ 和 $v^hv^h_1\in M_1$ 中。因此, $(M_0\backslash\{vv_1\})\cup\{vv^h,v_1v^h_1\}\cup(M_1\backslash\{v^hv^h_1\})$ 是 $Q_{n,1}-F$ 中的一个完美匹配。

情况 2.1.2. $|F_h\cup F_c|=3$。

在这种情况下, $|F_1|=0$, $|F_h|=1$ 或 $|F_c|=1$。不失一般性地, 设 $|F_h|=1$ 和 $F_h=uu_h$, 其中 $u\in V(Q^0_{n-1+1^*,1})$ 和 $u_h\in V(Q^1_{n-1+1^*,1})$。类似地, $Q_{n,1}-F$ 有一个完美匹配。

情况 2.2. $Q^0_{n-1+1^*,1}-F_0$ 中存在一个孤立点 u。

在这种情况下, $2\leqslant|F_h|+|F_c|\leqslant3$。考虑到 $|F_h|\geqslant1$ 和 $|F_c|\geqslant1$。不失一般性地, 设 $|F_h|=1$。由于 $Q^0_{n-1+1^*,1}$ 是 $(n-1)$-正则并且 $|F_0|=2n-4$, $Q^0_{n-1+1^*,1}-F_0$ 只有一个孤立点。设 u_i 是 u 在 $Q^0_{n-1+1^*,1}$ $(i=1,2,\cdots,n-1)$ 中的邻接点, 那么 $\{uu_1,\cdots,uu_{n-1}\}\subseteq F_0$。由于 u 在 $Q_{n,1}-F$ 中不是一个孤立点, u 有一个邻接点 $u_j\in V(Q^1_{n-1+1^*,1})$ 使得 $uu_j\notin F_j$ $(j\in\{h,c\})$。不失一般性地, 设 $uu_h\notin F_h$。由于 $n\geqslant4$ 和 $|F_h|=1$, 存在一个 $u_{i_0}u^h_{i_0}$ 在 $u_1u^h_1,\cdots,u_{n-1}u^h_{n-1}$ 中, 使得 $u_{i_0}u^h_{i_0}\notin F_h$。为方便起见, $u_1u^h_1$ 记为 $u_{i_0}u^h_{i_0}$。注意到 $Q^1_{n-1+1^*,0}-(F_0\backslash\{uu_1\})$ 和 $|F_0\backslash\{uu_1\}|=2n-5$ 中没有孤立点。由引理 4.1.7, 存在一个完美匹配 M_0 在 $Q^0_{n-1+1^*,1}-(F_0\backslash\{uu_1\})$ 和 $uu_1\in M_0$ 中。注意到 $|F_1|\leqslant1$。设 $E^h_1=\{u_hu^h_i:i=2,3,\cdots,n-1\}$ 在 $Q^1_{n-1+1^*,1}$ 中。注意到 $|(F_1\cup E^h_1)\backslash\{u_hu^h_1\}|\leqslant n-1\leqslant 2n-5$ 并且 $Q^1_{n-1+1^*,1}-((F_1\cup E^h_1)\backslash\{u_hu^h_1\})$ 中没有孤立点。由引理 4.1.7, 存在一个完美匹配 M_1 在 $Q^1_{n-1+1^*,1}-((F_1\cup E^h_1)\backslash\{u_hu^h_1\})$ 和 $u_hu^h_1\in M_1$ 中。因此, $(M_0\backslash\{uu_1\})\cup\{uu^h,u_1u^h_1\}\cup(M_1\backslash\{u_hu^h_1\})$ 是 $Q_{n,1}-F$ 的一个完美匹配。

情况 3. $|F_0|=2n-3$。

在这种情况下, $|F_1|=0$, $|F_h|=1$ 和 $|F_c|=1$。

情况 3.1. $Q^0_{n-1+1^*,1}-F_0$ 不存在孤立点。

设 $F_h=uu_h$, 其中 $u\in V(Q^0_{n-1+1^*,1})$ 和 $u_h\in V(Q^1_{n-1+1^*,1})$。由于 $Q^0_{n-1+1^*,1}-F_0$ 没有孤立点, u 存在邻接点 $w\in V(Q^0_{n-1+1^*,1})$ 使得 $uw\notin F_0$。设 $ww_h\in E_h$, 其中 $w_h\in V(Q^1_{n-1+1^*,1})$。根据增强超立方体的定义, $u_hw_h\in E(Q^1_{n-1+1^*,1})$。由于 $|F_1|=0$, $u_hw_h\notin F_1$。因此, $Q_{n,1}-F$ 存在一个完美匹配 $M=(E_h\backslash\{uu_h,ww_h\})\cup\{uw,u_hw_h\}$。

情况 3.2. $Q^0_{n-1+1^*,1}-F_0$ 存在一个孤立点。

由于 $Q^0_{n-1+1^*,1}$ 是 $(n-1)$-正则并且 $|F_0|=2n-3$, $Q^0_{n-1+1^*,1}-F_0$ 只有一个孤立点。设 u 是 $Q^0_{n-1+1^*,1}-F_0$ 中的孤立点。设 u_i 是 u 在 $Q^0_{n-1+1^*,1}$ $(i=1,2,\cdots,n-1)$ 中的邻接点, 那么 $\{uu_1,\cdots,uu_{n-1}\}\subseteq F_0$。设 $u_iu^j_i\in E_j$, 其中 $u^j_i\in V(Q^1_{n-1+1^*,1})$, $j\in\{h,c\}$, $i=1,2,\cdots,n-1$。由于 u 不是 $Q_{n,}-F$ 中的孤立点, u 有一个邻接点 $u_j\in V(Q^1_{n-1+1^*,1})$ 使得 $uu_j\notin F_j$ 对于 $j\in\{h,c\}$。不失一般性地, 设 $uu_h\notin F_h$。由于 $n-1-|F_h|=n-2\geqslant2$, 有两个 $u_{i_0}u^h_{i_0},u_{i_1}u^h_{i_1}$ 在 $u_1u^h_1,\cdots,u_{n-1}u^h_{n-1}$ 中,

使得 $u_{i_0}u_{i_0}^h, u_{i_1}u_{i_1}^h \notin F_h$。为方便起见, $u_1u_1^h, u_2u_2^h$ 记为 $u_{i_0}u_{i_0}^h, u_{i_1}u_{i_1}^h$。注意到在 $Q_{n-1+1^*,1}^0-(F_0\backslash\{uu_1,uu_2\})$ 中不存在孤立点并且 $|F_0\backslash\{uu_1,uu_2\}|=2n-5$。由引理 4.1.7, 存在一个完美匹配 M_0 在 $Q_{n-1+1^*,1}^0-(F_0\backslash\{uu_1,uu_2\})$ 中, 并且 $uu_1\in M_0$ 或 $uu_2\in M_0$。不失一般性地, 设 $uu_1\in M_0$。注意到 $|F_1|=0$。由引理 4.1.4, 存在一个完美匹配 M_1 使得 $u_h, u_1^h\in M_1$ 在 $Q_{n-1+1^*,1}^1-F_1$ 中。因此, $Q_{n,1}-F$ 有一个完美匹配 $M=(M_0\backslash uu_1)\cup\{uu_h,u_1u_1^h\}\cup M_1$。 □

由定理 4.1.4, 我们有以下推论。

推论 4.1.1　设 FQ_n 是折叠的超立方体, 那么 $\mathrm{mp}_1(\mathrm{FQ}_n)=2n$。

定理 4.1.5　$\mathrm{mp}_1(Q_{n,n-1})=2n-1$。

证明　在这种情况下, $n\geqslant 2$。显然, $\mathrm{mp}_1(Q_{2,1})=3$ 和 $\mathrm{mp}_1(Q_{3,2})=5$。我们在 n 上用归纳法证明。这个定理在 $n=3$ 时成立。假设 $\mathrm{mp}_1(Q_{n-1,n-2})=2(n-1)-1=2n-3$ 在 $n\geqslant 4$ 时成立。我们将 $Q_{n,n-1}$ 分解为 $Q_{n-1+1^*,n-1}^{1:0}$ ($Q_{n-1+1^*,n-1}^0$) 和 $Q_{n-1+1^*,n-1}^{1:1}$ ($Q_{n-1+1^*,n-1}^1$) 两个子图。由于 $n\geqslant 3$, $Q_{n-1+1^*,n-1}^j$ 同构于 $Q_{n-1,n-2}$。设 E_h 是 $Q_{n-1+1^*,n-1}^0$ 和 $Q_{n-1+1^*,n-1}^1$ 之间的超立方边集。由于 $Q_{n,n-1}$ 有一个三角形, 由命题 4.1.3, $\mathrm{mp}_1(Q_{n,n-1})\leqslant 2n-1$。设 F $|F|\leqslant 2n-2$ 表示条件边故障集。我们将证明当 $Q_{n,n-1}-F$ 没有孤立点时, $Q_{n,n-1}-F$ 有一个完美匹配 M。设 $F_h=E_h\cap F$。如果 $F_h=\varnothing$, 那么 E_h 是 $Q_{n,n-1}-F$ 的一个完美匹配。因此, 我们假设 $|F_h|\geqslant 1$。设 $F_j=F\cap E(Q_{n-1+1^*,n-1}^j)$ 对于 $j=0,1$, 那么 $|F_j|\leqslant 2n-3$ 对于 $j=0,1$。不失一般性地, 设 $|F_0|\geqslant|F_1|$。我们考虑以下情况。

情况 1. $|F_0|\leqslant 2n-4$。

在这种情况下, $|F_i|\leqslant 2n-4$ 对于 $i=0,1$。

情况 1.1. $Q_{n-1+1^*,n-1}^j-F_j$ $(j=0,1)$ 不存在孤立点。

根据归纳假设, 在 $Q_{n-1+1^*,n-1}^j-F_j$ 中存在一个完美匹配 M_j。因此, $Q_{n,n-1}-F$ 有一个完美匹配 $M=M_0\cup M_1$。

情况 1.2. 对于一些 $j\in\{0,1\}$, $Q_{n-1+1^*,n-1}^j-F_j$ 存在一个孤立点。

不失一般性地, $Q_{n-1+1^*,n-1}^0-F_0$ 有一个孤立点 u。由于 $Q_{n-1+1^*,1}^0$ 是 n-正则并且 $|F_0|\leqslant 2n-4$, $Q_{n-1+1^*,1}^0-F_0$ 只有一个孤立点 u。设 u_i $(1\leqslant i\leqslant n)$ 是 u 在 $Q_{n-1+1^*,n-1}^0$ 中的邻接点, 那么 $\{uu_1,\cdots,uu_n\}\subseteq F_0$ 和 $|F_0|\geqslant n$。设 $u_i^h=N(u_i)\cap V(Q_{n-1+1^*,n-1}^1)$ 对于 $i=1,2,\cdots,n$。由于 u 不是 $Q_{n,n-1}-F$ 中的孤立点, 则 u 有一个邻接点 $u_h\in V(Q_{n-1+1^*,n-1}^1)$ 使得 $uu_h\notin F_h$。由于对于 $i=1,2,\cdots,n$ 有 $Q_{n-1+1^*,n-1}^0\cong Q_{n-1+1^*,n-1}^1$, $u_hu_i^h\in E(Q_{n-1+1^*,n-1}^1)$。由于 $|F_h|\leqslant 2n-2-n=n-2<n$, 则存在一个 i $(1\leqslant i\leqslant n)$ 使得 $u_iu_i^h\notin F_h$。不失一般性地, 设 $u_1u_1^h\notin F_h$。设 $F_0'=F_0\setminus\{uu_1\}$, 那么 $|F_0'|\leqslant 2n-5$。根据归纳假设, 在 $Q_{n-1+1^*,n-1}^0-F_0'$ 中存在一个完美匹配 M_0, 那么 $uu_1\in M_0$。设在 $Q_{n-1+1^*,n-1}^1$ 中 $E_1^h=\{u_hu_i^h: i=2,3,\cdots,n\}$。注意到 $|F_1|\leqslant 2n-3-n=$

$n-3$, 那么 $|(F_1\cup E_1^h)\backslash\{u_hu_1^h\}|\leqslant n-3+n-1+2=2n-4$。由于 $Q_{n-1+1^*,n-1}^1-((F_1\cup E_1^h)\backslash\{u_hu_1^h\})$ 没有孤立点, 根据归纳假设, 在 $Q_{n-1+1^*,n-1}^1-((F_1\cup E_1^h)\backslash\{u_hu_1^h\})$ 和 $u_hu_1^h\in M_1$ 中存在一个完美匹配 M_1。因此, $Q_{n,n-1}-F$ 有一个完美匹配 $M=(M_0\backslash uu_1)\cup\{uu_h,u_1u_1^h\}\cup(M_1\backslash u_hu_1^h)$。

情况 2. $|F_0|=2n-3$。

在这种情况下, $|F_h|=1$ 和 $|F_1|=0$。

情况 2.1. $Q_{n-1+1^*,n-1}^0-F_0$ 不存在孤立点。

由于 $Q_{n-1+1^*,1}^0$ 是 n-正则并且 $|F_0|\leqslant 2n-3$, $Q_{n-1+1^*,1}^0-F_0$ 只有一个孤立点 u。

设 $u\in V(Q_{n-1+1^*,n-1}^0)$, $u_h\in V(Q_{n-1+1^*,n-1}^1)$, $F_h=uu_h$。由于 $Q_{n-1+1^*,n-1}^0-F_0$ 没有孤立点, u 有一个邻接点 $w\in V(Q_{n-1+1^*,n-1}^0)$ 使得 $uw\notin F_0$。设 $ww_h\in E_h$, 当 $w_h\in V(Q_{n-1+1^*,n-1}^1)$ 时。根据增强超立方体的定义, $u_hw_h\in E(Q_{n-1+1^*,n-1}^1)$。由于 $|F_1|=0$, $u_hw_h\notin F_1$, 因此, $Q_{n,1}-F$ 有一个完美匹配 $M=(E_h\backslash\{uu_h,ww_h\})\cup\{uw,u_hw_h\}$。

情况 2.2. 在 $Q_{n-1+1^*,n-1}^0-F_0$ 中存在一个孤立点 u。

由于 $Q_{n-1+1^*,n-1}^0$ 是 n-正则并且 $|F_0|=2n-3$, $Q_{n-1+1^*,1}^0-F_0$ 仅有一个孤立点 u。设 u_i $(1\leqslant i\leqslant n)$ 有邻接点 u 在 $Q_{n-1+1^*,n-1}^0$ 中。因此, $\{uu_1,\cdots,uu_n\}\subseteq F_0$。设 $u_i^h=N(u_i)\cap V(Q_{n-1+1^*,n-1}^1)$ 对于 $1\leqslant i\leqslant n$。由于 u 不是 $Q_{n,n-1}-F$ 的孤立点, u 有一个邻接点 $u_h\in V(Q_{n-1+1^*,n-1}^1)$ 使得 $uu_h\notin F_h$。根据增强超立方体的定义, $u_hu_i^h\in E(Q_{n-1+1^*,n-1}^1)$ 对于 $i=1\cdots,n$。由于 $|F_h|\leqslant 2n-2-n=n-2<n$, 存在一个 i $(1\leqslant i\leqslant n)$ 使得 $u_iu_i^h\notin F_h$。不失一般性地, 设 $u_1u_1^h\notin F_h$。设 $F_0'=F_0\setminus\{uu_1\}$, 那么 $|F_0'|=2n-4$。根据归纳假设, 在 $Q_{n-1+1^*,n-1}^0-F_0'$ 和 $uu_1\in M_0$ 中存在一个完美匹配 M_0。设在 $Q_{n-1+1^*,n-1}^1$ 中 $E_1^h=\{u_hu_i^h:i=2,3,\cdots,n\}$。注意到 $|F_1|=1$, 那么 $|(F_1\cup E_1^h)\backslash\{u_hu_1^h\}|\leqslant 1+n-1+2=n\leqslant 2n-4$。由于 $Q_{n-1+1^*,n-1}^1-((F_1\cup E_1^h)\backslash\{u_hu_1^h\})$ 没有孤立点, 根据归纳假设, 在 $Q_{n-1+1^*,n-1}^1-((F_1\cup E_1^h)\backslash\{u_hu_1^h\})$ 和 $u_hu_1^h\in M_1$ 中存在一个完美匹配 M_1。因此, $Q_{n,n-1}-F$ 有一个完美匹配 $M=(M_0\backslash uu_1)\cup\{uu_h,u_1u_1^h\}\cup(M_1\backslash u_hu_1^h)$。 □

命题 4.1.5 [122] 设 uzv 是图 G 中长度为 2 的一条路径, 那么 $\mathrm{smp}_1(G)\leqslant d_G(u)+d_G(v)-2-g_G(u,v)$, 其中如果 $(u,v)\in E(G)$, 则 $g_G(u,v)$ 是 $|N_G(u)\cap N_G(v)|$, 否则 $|N_G(u)\cap N_G(v)|-1$。

定理 4.1.6 $\mathrm{smp}_1(Q_{n,n-2})=2n-3$ 对于 $n\geqslant 4$。

证明 由定理 4.1.2, $\mathrm{smp}_1(Q_{4,2})=5$。我们在 n 上用归纳法证明这个定理在 $n=4$ 时成立。假设 $\mathrm{smp}_1(Q_{n-1,n-3})=2(n-1)-3=2n-5$ 在 $n\geqslant 5$ 时成立。现在考虑 $Q_{n,n-2}$。注意到 $Q_{n,n-2}$ 的围长是 4。由引理 4.1.6, 得 $g_G(u,v)=3$。由命题 4.1.5, 得 $\mathrm{smp}_1(G)\leqslant d_G(u)+d_G(v)-2-g_G(u,v)=2n-3$。设 $F\subseteq V(Q_{n,n-2})\cup$

$E(Q_{n,n-2})$ 是条件强匹配排除集, 其中 $|F| \leqslant 2n-4$。假设 F 中没有边与 F 中的顶点相关。假设 $Q_{n,n-2}-F$ 没有孤立顶点。我们将证明 $Q_{n,n-2}-F$ 包含一个完全匹配或一个几乎完全匹配。我们将 $Q_{n,n-2}$ 分解为 $Q^{1:0}_{n-1+1^*,n-2}$ ($Q^{0}_{n-1+1^*,n-2}$) 和 $Q^{1:1}_{n-1+1^*,n-2}$ ($Q^{1}_{n-1+1^*,n-2}$) 两个子图。由于 $n \geqslant 5$, 由引理 4.1.1, 得 $Q^{j}_{n-1+1^*,n-2}$ 同构于 $Q_{n-1,n-3}$ 对于 $j=0,1$。设 E_h 是 $Q^{0}_{n-1+1^*,n-2}$ 和 $Q^{1}_{n-1+1^*,n-2}$ 的超立方体之间的边集。根据的定义 $Q_{n,n-2}$, E_h 是 $Q_{n,n-2}$ 的一个完美匹配。设 $F_j = F \cap (V(Q^{j}_{n-1+1^*,n-2}) \cup E(Q^{j}_{n-1+1^*,n-2}))$ 对于 $j=0,1$ 和 $F_h = F \cap E_h$, 那么 $F = F_0 \cup F_1 \cup F_h$。不失一般性地, 设 $|F_0| \geqslant |F_1|$。如果 $F_j \cap E(Q^{j}_{n-1+1^*,n-2}) = F_j$, 由定理 4.1.3, 得 $\mathrm{mp}_1(Q^{j}_{n-1+1^*,n-2}) = 2n-2$ 对于 $j=0,1$, 这与归纳法假设相矛盾。所以 $F_j \cap V(Q^{j}_{n-1+1^*,n-2}) \neq \varnothing$ 对于 $j=0,1$。我们考虑以下情况。

情况 1. $|F_0| \leqslant 2n-6$。

在这种情况下, $|F_i| \leqslant 2n-6$ 对于 $i=0,1$。

情况 1.1. 对于 $j=0,1$, $Q^{j}_{n-1+1^*,n-2}-F_j$ 没有孤立点。

根据归纳假设, $Q^{0}_{n-1+1^*,n-2}-F_0$ 和 $Q^{1}_{n-1+1^*,n-2}-F_1$ 都有一个完美匹配或者几乎完美匹配。如果 $Q^{0}_{n-1+1^*,n-2}-F_0$ 和 $Q^{1}_{n-1+1^*,n-2}-F_1$ 中至少有一个完美匹配, 那么 $Q_{n,n-2}-F$ 有一个完美匹配或者几乎完美匹配。假设 $Q^{0}_{n-1+1^*,n-2}-F_0$ 和 $Q^{1}_{n-1+1^*,n-2}-F_1$ 都有几乎完美匹配, 则表明它们都有奇数个顶点 (奇点)。由于当 $n \geqslant 5$ 时, $2^{n-1}-(2n-4) > 9$, 则存在两条边 $u_0u_1, v_0v_1 \in (E_h \setminus F_h)$, 其中 $u_j \in V(Q^{j}_{n-1+1^*,n-2}-F_j)$ 和 $v_j \in V(Q^{j}_{n-1+1^*,n-2}-F_j)$ 对于 $j=0,1$。

情况 1.1.1. $|F_0| \leqslant 2n-7$。

在这种情况下, $|F_j \cup \{u_j\}| \leqslant 2n-6$ 对于 $j=0,1$。

情况 1.1.1.1. $Q^{j}_{n-1+1^*,n-2}-(F_j \cup \{u_j\})$ 没有孤立点, 对于 $j=0,1$。

根据归纳假设, 在 $Q^{j}_{n-1+1^*,n-2}-(F_j \cup \{u_j\})$ $(j=0,1)$ 中存在一个完美匹配 M_j。因此, $M_0 \cup \{u_0u_1\} \cup M_1$ 是 $Q_{n,n-2}-F$ 中的一个完美匹配。

情况 1.1.1.2. $Q^{j}_{n-1+1^*,n-2}-(F_j \cup \{u_j\})$ $(0 \leqslant j \leqslant 1)$ 有一个孤立点。

不失一般性地, 设 $Q^{0}_{n-1+1^*,n-2}-(F_0 \cup \{u_0\})$ 存在一个孤立点 u_0', 那么在 $Q^{0}_{n-1+1^*,n-2}-F_0$ 中 $d(u_0')=1$。假设 $Q^{0}_{n-1+1^*,n-2}-(F_0 \cup \{u_0\})$ 有另外一个顶点 v_0' 使得在 $Q^{0}_{n-1+1^*,n-2}-F_0$ 中 $d(v_0')=1$。由于 $Q^{0}_{n-1+1^*,n-2}$ 是 n-正则, 由引理 4.1.6, 得 $|N(\{u_0',v_0'\}) \cap F_0| \geqslant 2n-6$, 这与 $|F_0| \leqslant 2n-7$ 相矛盾。因此, 如果 $x \neq u_0'$, 则 $d(x) \geqslant 2$。结合 u_0' 与 v_0 不相邻, 可得 $Q^{0}_{n-1+1^*,n-2}-(F_0 \cup \{v_0\})$ 没有孤立点。根据归纳假设, 在 $Q^{j}_{n-1+1^*,n-2}-(F_0 \cup \{v_0\})$ 中存在一个完美匹配 M_0。由于在 $Q^{0}_{n-1+1^*,n-2}-F_0$ 中 $d(u_0')=1$, 可得 $|F_0| \geqslant n-1$ 和 $|F_1 \cup \{v_1\}| \leqslant 2n-4-(n-1)+1 = n-2 \leqslant 2n-6$。根据归纳假设, 在 $Q^{1}_{n-1+1^*,n-2}-(F_1 \cup \{v_1\})$ 中存在一个完美匹配 M_1。因此, $M_0 \cup \{v_0v_1\} \cup M_1$ 是 $Q_{n,n-2}-F$ 中的一个完美匹配。

情况 1.1.2. $|F_0| = 2n-6$。

在这种情况下, $|F_1| \leqslant 2$。由于 $Q^1_{n-1+1^*,n-2} - F_1$ 有一个几乎完美匹配, 则 $|F_1 \cap V(Q^1_{n-1+1^*,n-2})| = 1$ 和 $|F_h| \leqslant 1$。

如果 $F_0 \cap V(Q^0_{n-1+1^*,n-2}) = F_0$ 或 $F_0 \cap E(Q^0_{n-1+1^*,n-2}) = F_0$, 那么它与 $Q^0_{n-1+1^*,n-2} - F_0$ 有一个几乎完美匹配相矛盾。设 M_0' 是缺失 w 的 $Q^0_{n-1+1^*,n-2}$ 一个几乎完美匹配。设 $e \in F_0$, 那么 $Q^0_{n-1+1^*,n-2} - (F_0 \backslash \{e\})$ 有一个几乎完美匹配 M_0'。设 $w_h = N(w) \cap V(Q^1_{n-1+1^*,n-2})$。

设 $ww_h \notin F_h$ 和 $w_h \notin F_1$。注意到 $|F_1 \cup \{w_h\}| \leqslant 3 \leqslant n-1 \leqslant 2n-6$。所以 $Q^0_{n-1+1^*,n-2} - (F_1 \cup \{w_h\})$ 没有孤立点。根据归纳假设, $Q^0_{n-1+1^*,n-2} - (F_1 \cup \{w_h\})$ 有一个完美匹配 M_1。设 $w_h y \in M_1$。因此, $M_0' \cup \{ww_h\} \cup (M_1 \backslash \{w_h y\})$ 有一个几乎完美匹配在 $Q_{n,n-2} - F$ 中。

设 $ww_h \in F_h$ 或 $w_h \in F_1$。由于 $Q^0_{n-1+1^*,n-2} - F_0$ 没有孤立点, 则 $d(w) \geqslant 1$ 在 $Q^0_{n-1+1^*,n-2} - F_0$ 和 $Q^0_{n-1+1^*,n-2} - (F_0 \backslash \{e\})$ 中。设 $w' \in N(w)$ 在 $Q^0_{n-1+1^*,n-2} - F_0$ 和 $w'z \in M_0'$ 中。设 $z_h = N(z) \cap V(Q^1_{n-1+1^*,n-2})$。假设 $zz_h \notin F_h$ 和 $z_h \notin F_1$。注意到 $|F_1 \cup \{z_h\}| \leqslant 3 \leqslant n-1 \leqslant 2n-6$。所以 $Q^0_{n-1+1^*,n-2} - (F_1 \cup \{z_h\})$ 没有孤立点。根据归纳假设, $Q^0_{n-1+1^*,n-2} - (F_1 \cup \{z_h\})$ 有一个完美匹配 M_1。设 $z_h y \in M_1$。因此, $(M_0 \backslash \{w'z\}) \cup \{ww', zz_h\} \cup (M_1 \backslash \{z_h y\})$ 是一个完美匹配在 $Q_{n,n-2} - F$ 中。假设 $zz_h \in F_h$ 或 $z_h \in F_1$。设 $d(z) \geqslant 2$ 在 $Q^0_{n-1+1^*,n-2} - F_0$ 中。由于 $Q^0_{n-1+1^*,n-2}$ 没有 3-圈, 则存在 $z' \in N(z)$ 使得 $z'p \in M_0'$。由于 M_0' 缺失 w, 则 $p \neq w$。设 $p_h = N(p) \cap V(Q^1_{n-1+1^*,n-2})$。由于 $|F_h \cup F_1| \leqslant 2$ $pp_h \notin F_h$ 和 $p_h \notin F_1$。类似地, $Q_{n,n-2} - F$ 有一个几乎完美匹配。设 $d(z) = 1$ 在 $Q^0_{n-1+1^*,n-2} - F_0$ 中。由于 $2n-6-(n-1) = n-5$, 则存在一个 $w^* \in N(w)$ 使得 $w^* \neq w'$ 在 $Q^0_{n-1+1^*,n-2} - F_0$ 中。设 $w^*p^* \in M_0'$。设 $p_h^* = N(p^*) \cap V(Q^1_{n-1+1^*,n-2})$, 那么 $p^*p_h^* \notin F_h$ 和 $p_h^* \notin F_1$。类似地, $Q_{n,n-2} - F$ 有一个几乎完美匹配。

情况 1.2. $Q^0_{n-1+1^*,n-2} - F_0$ 有一个孤立点。

设 u 是 $Q^0_{n-1+1^*,n-2} - F_0$ 的一个孤立点, 并设 u_i $(i = 1, 2, \cdots, n)$ 是 u 在 $Q^0_{n-1+1^*,n-2}$ 中的邻接点。由于 $Q^0_{n-1+1^*,n-2}$ 是 n-正则并且 $|F_0| \leqslant 2n-6$, 由引理 4.1.6(2), 我们有 $Q^0_{n-1+1^*,n-2} - F_0$ 只有一个孤立的顶点 u, $n \leqslant |F_0| \leqslant 2n-6$ 和 $|F_1| \leqslant n-4$。由于 u 不是 $Q_{n,n-2} - F$ 的孤立点, 则 u 有一个邻接点 $u_h \in V(Q^1_{n-1+1^*,n-2} - F_1)$ 使得 $uu_h \notin F_h$。

情况 1.2.1. 对于一些 $1 \leqslant i \leqslant n$ 存在一个 $u_i \in F_0$。

不失一般性地, 设 $u_1 \in F_0$, 那么 $uu_1 \notin F_0$。注意到 $|F_0 \setminus \{u_1\}| \leqslant 2n-7$ 和 $Q^0_{n-1+1^*,n-2} - (F_0 \backslash \{u_1\})$ 没有孤立点。根据归纳假设, 在 $Q^0_{n-1+1^*,n-2} - (F_0 \backslash \{u_1\})$ 中存在一个完美匹配 M_0 或一个几乎完美匹配 M_0' 。

设 $Q^0_{n-1+1^*,n-2} - (F_0 \setminus \{u_1\})$ 有一个完美匹配 M_0, 那么 $uu_1 \in M_0$。注意到 $|F_1 \cup \{u_h\}| \leqslant 3 \leqslant n-1 \leqslant 2n-6$ 和 $Q^1_{n-1+1^*,n-2} - (F_1 \cup \{u_h\})$ 没有孤立点。根

据归纳假设, 在 $Q^1_{n-1+1^*,n-2}-(F_1\cup\{u_h\})$ 中存在一个完美匹配 M_1 或一个几乎完美匹配 M_1'。因此, $(M_0\backslash\{uu_1\})\cup\{uu_h\}\cup M_1$ 是 $Q_{n,n-2}-F$ 的一个完美匹配或 $(M_0\backslash\{uu_1\})\cup\{uu_h\}\cup M_1'$ $Q_{n,n-2}-F$ 的一个几乎完美匹配。

设 $Q^0_{n-1+1^*,n-2}-(F_0\setminus\{u_1\})$ 有一个几乎完美匹配 M_0', 其缺失 u 或 w。

设 M_0' 缺失 u 并且 $u_1x\in M_0'$。注意到在 $Q^0_{n-1+1^*,n-2}$ 中 $d(x)=n$, 则 $|(\{xx_1,\cdots,xx_n\}\cup\{x_1,\cdots,x_n\})\setminus F_0|\leqslant n-6$ 和 $|((\{xx_1,\cdots,xx_n\}\cup\{x_1,\cdots,x_n\})\setminus F_0)\cup F_h\cup F_1|\leqslant n-4$, 其中 $\{x_1,\cdots,x_n\}=N(x)$ 和 $\{xx_1,\cdots,xx_n\}\subseteq E(Q^0_{n-1+1^*,n-2})$。所以存在一个 $x'\in N(x)$ 使得 $x'y\in M_0'$ 和 $yy_h\notin F_h$, $y_h\notin F_1$, 其中 $y_h=N(y)\cap V(Q^1_{n-1+1^*,n-2})$。注意到 $|F_1|\leqslant n-4$。所以 $|F_1\cup\{u_h,x_h\}|\leqslant n-2\leqslant 2n-6$。根据归纳假设, 在 $Q^1_{n-1+1^*,n-2}-(F_1\cup\{u_h,x_h\})$ 中存在一个完美匹配 M_1 或一个几乎完美匹配 M_1'。因此, $(M_0'\backslash\{xu_1,yx'\})\cup\{xx',uu_h,yy_h\}\cup M_1$ 是一个完美匹配或 $(M_0'\backslash\{xu_1,x'y\})\cup\{xx',uu_h,yy_h\}\cup M_1'$ 是一个几乎完美匹配在 $Q_{n,n-2}-F$ 中。

设 M_0' 缺失 w 并且 $u_1u\in M_0'$。注意到在 $Q^0_{n-1+1^*,n-2}$ 中 $d(w)=n$, 则 $|(\{ww_1,\cdots,ww_n\}\cup\{w_1,\cdots,w_n\})\backslash F_0|\leqslant n-6$ 和 $|((\{ww_1,\cdots,ww_n\}\cup\{w_1,\cdots,w_n\})\backslash F_0)\cup F_h\cup F_1|\leqslant n-4$, 其中 $\{w_1,\cdots,w_n\}=N(w)$ 和 $\{ww_1,\cdots,ww_n\}\subseteq E(Q^0_{n-1+1^*,n-2})$。所以存在一个 $w'\in N(w)$ 使得 $w'z\in M_0'$ 和 $zz_h\notin F_h$, $z_h\notin F_1$, 其中 $z_h=N(z)\cap V(Q^1_{n-1+1^*,n-2})$。回顾 $|F_1|\leqslant n-4$。所以 $|F_1\cup\{u_h,z_h\}|\leqslant n-2\leqslant 2n-6$。根据归纳假设, 在 $Q^1_{n-1+1^*,n-2}-(F_1\cup\{u_h,z_h\})$ 中存在一个完美匹配 M_1 或一个几乎完美匹配 M_1'。因此, $(M_0'\backslash\{uu_1,zw'\})\cup\{ww',uu_h,zz_h\}\cup M_1$ 是一个完美匹配或 $(M_0'\backslash\{uu_1,w'z\})\cup\{ww',uu_h,zz_h\}\cup M_1'$ 是一个几乎完美匹配在 $Q_{n,n-2}-F$ 中。

情况 1.2.2. 对于 $i=1,2,\cdots,n$ 没有 $u_i\in F_0$。

在这种情况下, $\{uu_1,\cdots,uu_n\}\subseteq F_0$ 和 $|F_1|\leqslant n-4$。设 $F_0'=F_0\setminus\{uu_1\}$, 那么 $|F_0'|\leqslant 2n-7$。注意到 $Q^0_{n-1+1^*,n-2}-F_0'$ 没有孤立点。根据归纳假设, 在 $Q^0_{n-1+1^*,n-2}-F_0'$ 中存在一个完美匹配 M_0 或一个几乎完美匹配 M_0'。

设 $Q^0_{n-1+1^*,n-2}-F_0'$ 有一个完美匹配 M_0, 那么 $uu_1\in M_0$。设 $u_1^h=N(u_1)\cap V(Q^1_{n-1+1^*,n-2})$。假设 $u_1u_1^h\notin F_h$ 和 $u_1^h\notin F_1$。注意到 $|F_1\cup\{u_h,u_1^h\}|\leqslant n-2\leqslant 2n-6$。所以 $Q^1_{n-1+1^*,n-2}-(F_1\cup\{u_h,u_1^h\})$ 没有孤立点。根据归纳假设, 在 $Q^1_{n-1+1^*,n-2}-(F_1\cup\{u_h,u_1^h\})$ 中存在一个完美匹配 M_1 或几乎完美匹配 M_1'。因此, $(M_0\backslash\{uu_1\})\cup\{uu_h,u_1u_1^h\}\cup M_1$ 是一个完美匹配或 $(M_0\backslash\{uu_1\})\cup\{uu_h,u_1u_1^h\}\cup M_1'$ 是一个几乎完美匹配在 $Q_{n,n-2}-F$ 中。假设 $u_1u_1^h\in F_h$ 或 $u_1^h\in F_1$。注意到 $|F_0\cap(E(Q^0_{n-1+1^*,n-2}[\{u_1\}\cup(N(u_1)\backslash\{u\})])\cup V((Q^0_{n-1+1^*,n-2}[\{u_1\}\cup(N(u_1)\backslash\{u\})])|\leqslant n-6$ 和 $|F_h\cup F_1\cup(F_0\cap(E(Q^0_{n-1+1^*,n-2}[\{u_1\}\cup(N(u_1)\backslash\{u\})])\cup V((Q^0_{n-1+1^*,n-2}[\{u_1\}\cup(N(u_1)\backslash\{u\})]))|\leqslant n-4$。由于 $d(u_1)-1=n-1$, 存在 $u_{1'}\in(N(u_1)\backslash\{u\})$ 使得

$u_{1'}, u_1u_{1'} \notin F_0$, $ww_h^h \notin F_h$ 和 $w_h \notin F_1$, 其中 $w_h \in V(Q^1_{n-1+1^*,n-2})$ 和 $u_{1'}w \in M_0$。注意到 $|F_1 \cup \{u_h, w_h\}| \leqslant n-2 \leqslant 2n-6$。所以 $Q^1_{n-1+1^*,n-2} - (F_1 \cup \{u_h, w_h\})$ 没有孤立点。根据归纳假设, 在 $Q^1_{n-1+1^*,n-2} - (F_1 \cup \{u_h, w_h\})$ 中存在一个完美匹配 M_1 或几乎完美匹配 M_1'。因此, $(M_0 \backslash \{uu_1\}) \cup \{u_{1'}u_1, uu_h, ww_h\} \cup M_1$ 是一个完美匹配或 $(M_0 \backslash \{uu_1\}) \cup \{u_{1'}u_1, uu_h, ww_h\} \cup M_1'$ 是一个几乎完美匹配在 $Q_{n,n-2} - F$ 中。

设 $Q^0_{n-1+1^*,n-2} - F_0'$ 有一个几乎完美匹配。注意到 $|F_0' \cup \{u\}| \leqslant 2n-6$ 和 $Q^0_{n-1+1^*,n-2} - (F_0' \cup \{u\})$ 有孤立点。根据归纳假设, 在 $Q^0_{n-1+1^*,n-2} - (F_0' \cup \{u\})$ 中存在一个完美匹配 M_0^*。注意到 $uu_1 \notin M_0^*$。所以 M_0^* 也是 $Q^0_{n-1+1^*,n-2} - F_0$ 的一个完美匹配。回顾 $|F_1| \leqslant n-4$。所以 $|F_1 \cup \{u_h\}| \leqslant n-3 \leqslant 2n-6$。根据归纳假设, 在 $Q^1_{n-1+1^*,n-2} - (F_1 \cup \{u_h\})$ 中存在一个完美匹配 M_1 或几乎完美匹配 M_1'。因此, $M_0 \cup \{uu_h\} \cup M_1$ 是一个完美匹配或 $M_0 \cup \{uu_h\} \cup M_1'$ 是一个几乎完美匹配在 $Q_{n,n-2} - F$ 中。

情况 2. $|F_0| = 2n-5$。

由于 $Q^0_{n-1+1^*,n-2}$ 是 n-正则并且 $|F_0| = 2n-5$, 由引理 4.1.6(2), 得 $Q^0_{n-1+1^*,n-2} - F_0$ 仅有一个孤立点。我们考虑以下情况。

情况 2.1. $Q^0_{n-1+1^*,n-2} - F_0$ 不存在孤立点。

如果 $F_0 \cap E(Q^0_{n-1+1^*,n-2}) = F_0$, 由定理 4.1.3, 得 $mp_1(Q^0_{n-1+1^*,n-2}) = 2n-2$, 这与归纳法假设相矛盾。所以 $F_0 \cap V(Q^0_{n-1+1^*,n-2}) \neq \varnothing$。

情况 2.1.1. F_0 有奇数个顶点。

由于 F_0 有奇数个顶点, 存在一个顶点 $u \in F_0$。注意到 $|F_0 \setminus \{u\}| = 2n-6$。假设 $Q^0_{n-1+1^*,n-2} - (F_0 \backslash \{u\})$ 没有孤立点。根据归纳假设, 在 $Q^0_{n-1+1^*,n-2} - (F_0 \backslash \{u\})$ 中存在一个完美匹配 M_0。设 $uv \in M_0$ 和 $v_h = N(v) \cap V(Q^1_{n-1+1^*,n-2})$。注意到 $|F_h \cup F_1| \leqslant 1$。

设 $vv_h \in F_h$, 那么 $|F_1| = 0$。根据归纳假设, 在 $Q^1_{n-1+1^*,n-2} - F_1$ 中存在一个完美匹配 M_1。因此, $(M_0 \backslash \{uv\}) \cup M_1$ 是一个几乎完美匹配在 $Q_{n,n-2} - F$ 中, 其缺失 v。

设 $v_h \in F_1$。由于 v 在 $Q^0_{n-1+1^*,n-2} - F_0$ 中不是一个孤立点, v 有一个邻接点 $x \in V(Q^0_{n-1+1^*,n-2} - F_0)$ 使得 $vx \in E(Q^0_{n-1+1^*,n-2} - F_0)$。设 $xy \in M_0$ 和 $y_h = N(y) \cap V(Q^1_{n-1+1^*,n-2})$。由于 $|F_h| = 0$ 和 $F_1 = v_h$, 则 $yy_h \notin F_h$ 和 $y_h \notin F_1$。注意到 $|F_1 \cup \{y_h\}| = 2 \leqslant n-1 \leqslant 2n-6$。根据归纳假设, 在 $Q^1_{n-1+1^*,n-2} - (F_1 \cup \{y_h\})$ 中存在一个完美匹配 M_1。因此, $(M_0 \backslash \{uv, xy\}) \cup \{vx, yy_h\} \cup M_1$ 是一个完美匹配在 $Q_{n,n-2} - F$ 中。

设 $vv_h \notin F_h$ 和 $v_h \notin F_1$。注意到 $|F_1 \cup \{v_h\}| \leqslant 2 \leqslant n-1 \leqslant 2n-6$。根据归纳假设, 在 $Q^1_{n-1+1^*,n-2} - (F_1 \cup \{v_h\})$ 中存在一个完美匹配和一个几乎完美匹

配 M_1。因此, $(M_0\backslash\{uv\})\cup\{vv_h\}\cup M_1$ 是一个完美匹配和一个几乎完美匹配在 $Q_{n,n-2}-F$ 中。

假设 $Q^0_{n-1+1^*,n-2}-(F_0\setminus\{u\})$ 有一个孤立点, 那么 u 是 $Q^0_{n-1+1^*,n-2}-(F_0\setminus\{u\})$ 中的一个孤立点。设 u_i $(i=1,2,\cdots,n)$ 是 u 的一个邻接点。由于 $u\in F_0$, $u_iu\notin F_0$ 和 $u_i\in F_0$。设 $|F_0\setminus\{u,u_1\}|=2n-7$, 那么 $Q^0_{n-1+1^*,n-2}-(F_0\setminus\{u,u_1\})$ 没有孤立点。根据归纳假设, $Q^0_{n-1+1^*,n-2}-(F_0\setminus\{u,u_1\})$ 有一个几乎完美匹配 M_0, 缺失 v 或 u。设 $v_h=N(v)\cap V(Q^1_{n-1+1^*,n-2})$。假设 M_0 没有缺失 v。

设 $vv_h\in F_h$, 那么 $|F_1|=0$。根据归纳假设, 在 $Q^1_{n-1+1^*,n-2}-F_1$ 中存在一个完美匹配 M_1。因此, $(M_0\backslash\{uu_1\})\cup M_1$ 是 $Q_{n,n-2}-F$ 中缺失 v 的几乎完美匹配。

设 $v_h\in F_1$。由于 v 不是 $Q^0_{n-1+1^*,n-2}-F_0$ 中的一个孤立点, v 有一个邻接点 $x\in V(Q^0_{n-1+1^*,n-2}-F_0)$ 使得 $vx\in E(Q^0_{n-1+1^*,n-2}-F_0)$。设 $xy\in M_0$ 和 $y_h=N(y)\cap V(Q^1_{n-1+1^*,n-2})$。由于 $|F_h|=0$ 和 $F_1=v_h$, $yy_h\notin F_h$ 和 $y_h\notin F_1$。注意到 $|F_1\cup\{y_h\}|=2\leqslant n-1\leqslant 2n-6$。根据归纳假设, 在 $Q^1_{n-1+1^*,n-2}-(F_1\cup\{y_h\})$ 中存在一个完美匹配 M_1。因此, $(M_0\backslash\{uu_1,xy\})\cup\{vx,yy_h\}\cup M_1$ 是一个完美匹配在 $Q_{n,n-2}-F$ 中。

设 $vv_h\notin F_h$ 和 $v_h\notin F_1$。注意到 $|F_1\cup\{v_h\}|\leqslant 2\leqslant n-1\leqslant 2n-6$。根据归纳假设, 在 $Q^1_{n-1+1^*,n-2}-(F_1\cup\{v_h\})$ 中存在一个完美匹配或一个几乎完美匹配 M_1。因此, $(M_0\backslash\{uu_1\})\cup\{vv_h\}\cup M_1$ 是一个完美匹配或几乎完美匹配在 $Q_{n,n-2}-F$ 中。

假设 M_0 没有缺失 u。设 $u_1w\in M_0$ 和 $w_h=N(w)\cap V(Q^1_{n-1+1^*,n-2})$。

设 $ww_h\notin F_h$ 和 $w_h\notin F_1$。注意到 $|F_1\cup\{w_h\}|\leqslant 2\leqslant n-1\leqslant 2n-6$。根据归纳假设, 在 $Q^1_{n-1+1^*,n-2}-(F_1\cup\{w_h\})$ 中存在一个完美匹配或者一个几乎完美匹配 M_1。因此, $(M_0\backslash\{wu_1\})\cup\{ww_h\}\cup M_1$ 是一个完美匹配或几乎完美匹配在 $Q_{n,n-2}-F$ 中。

设 $ww_h\in F_h$, 那么 $|F_1|=0$。根据归纳假设, 在 $Q^1_{n-1+1^*,n-2}-F_1$ 中存在一个完美匹配 M_1。因此, $(M_0\backslash\{wu_1\})\cup M_1$ 是一个几乎完美匹配在 $Q_{n,n-2}-F$ 中, 其缺失 v。

设 $w_h\in F_1$。由于 w 不是 $Q^0_{n-1+1^*,n-2}-F_0$ 中的孤立点, w 有一个邻接点 $x\in V(Q^0_{n-1+1^*,n-2}-F_0)$ 使得 $xy\in M_0$。设 $y_h=N(y)\cap V(Q^1_{n-1+1^*,n-2})$。由于 $|F_h|=0$ 和 $F_1=w_h$, $yy_h\notin F_h$ 和 $y_h\notin F_1$。注意到 $|F_1\cup\{y_h\}|=2\leqslant n-1\leqslant 2n-6$。根据归纳假设, 在 $Q^1_{n-1+1^*,n-2}-(F_1\cup\{y_h\})$ 中存在一个完美匹配 M_1。因此, $(M_0\backslash\{wu_1,xy\})\cup\{wx,yy_h\}\cup M_1$ 是 $Q_{n,n-2}-F$ 中的一个完美匹配。

情况 2.1.2. F_0 有偶数个顶点。

由于 $|F_0|=2n-5$ 是奇数, 因此存在一条边 $uv\in F_0$。注意到 $|F_0\setminus\{uv\}|=$

$2n-6$。根据归纳假设, 在 $Q^0_{n-1+1^*,n-2}-(F_0\setminus\{uv\})$ 中存在一个完美匹配 M_0。注意到 $|F_h\cup F_1|\leqslant 1$。

设 $uv\notin M_0$。注意到 $|F_1|\leqslant 1$。根据归纳假设, 在 $Q^1_{n-1+1^*,n-2}-F_1$ 中存在一个完美匹配或一个几乎完美匹配 M_1。因此, $M_0\cup M_1$ 是一个完美匹配或几乎完美匹配在 $Q_{n,n-2}-F$ 中。

设 $uv\in M_0$, $u_h=N(u)\cap V(Q^1_{n-1+1^*,n-2})$ 和 $v_h=N(v)\cap V(Q^1_{n-1+1^*,n-2})$。我们考虑以下情况。

情况 2.1.2.1. $u_h\in F_1$ 或 $v_h\in F_1$。

不失一般性地, 令 $u_h\in F_1$。注意到 $|F_1\cup\{v_h\}|=2\leqslant n-1\leqslant 2n-6$, 那么 $Q^1_{n-1+1^*,n-2}-(F_1\cup\{v_h\})$ 没有孤立点。根据归纳假设, 在 $Q^1_{n-1+1^*,n-2}-(F_1\cup\{v_h\})$ 中存在一个完美匹配 M_1。因此, $(M_0\backslash\{uv\})\cup\{vv_h\}\cup M_1$ 是缺失 u 的 $Q_{n,n-2}-F$ 的一个几乎完美匹配。

情况 2.1.2.2. $u_h\notin F_1$ 和 $v_h\notin F_1$。

假设 $uu_h\notin F_h$ 和 $vv_h\notin F_h$。注意到 $|F_1\cup\{u_h,v_h\}|\leqslant 3\leqslant n-1\leqslant 2n-6$ 对于 $n\geqslant 5$。根据归纳假设, 在 $Q^1_{n-1+1^*,n-2}-(F_1\cup\{u_h,v_h\})$ 中存在一个完美匹配或者一个几乎完美匹配 M_1。因此, $(M_0\backslash\{uv\})\cup\{uu_h,vv_h\}\cup M_1$ 是一个完美匹配或几乎完美匹配在 $Q_{n,n-2}-F$ 中。

假设 $uu_h\in F_h$ 或 $vv_h\in F_h$。不失一般性地, 设 $uu_h\in F_h$, 那么 $|F_1|=0$。由于 u 不是 $Q_{n,n-2}-F$ 的一个孤立点, u 有一个邻接点 $x\in V(Q^0_{n-1+1^*,n-2}-F_0)$ 使得 $ux\notin F_0$。设 $xy\in M_0$ 和 $y_h=N(y)\cap V(Q^1_{n-1+1^*,n-2})$, 那么 $yy_h\notin F_h$ 和 $y_h\notin F_1$。注意到 $|F_1\cup\{v_h,y_h\}|=2\leqslant n-1\leqslant 2n-6$。根据归纳假设, 在 $Q^1_{n-1+1^*,n-2}-(F_1\cup\{v_h,y_h\})$ 中存在一个完美匹配 M_1。因此, $(M_0\backslash\{uv,xy\})\cup\{ux,vv_h,yy_h\}\cup M_1$ 是一个完美匹配在 $Q_{n,n-2}-F$ 中。

情况 2.2. $Q^0_{n-1+1^*,n-2}-F_0$ 存在一个孤立点。

设 u 是 $Q^0_{n-1+1^*,n-2}-F_0$ 中的孤立点。由于 u 不是 $Q_{n,n-2}-F$ 中的孤立点, u 有一个邻接点 $u_h\in V(Q^1_{n-1+1^*,n-2}-F_1)$ 使得 $uu_h\notin F_h$。设 u_i $(i=1,2,\cdots,n)$ 是 u 在 $Q^0_{n-1+1^*,n-2}$ 中的邻接点并且 $u_i^h=N(u_i)\cap V(Q^i_{n-1+1^*,n-2})$。

情况 2.2.1. F_0 有奇数个顶点。

假设 $u_i\in F_0$ 对于 $1\leqslant i\leqslant n$。注意到 $|F_0\setminus\{u_i\}|=2n-6$。根据归纳假设, 在 $Q^0_{n-1+1^*,n-2}-(F_0\setminus\{u_i\})$ 中存在一个完美匹配 M_0, 那么 $uu_i\in M_0$。注意到 $|F_1\cup\{u_h\}|\leqslant 2\leqslant n-1\leqslant 2n-6$。根据归纳假设, 在 $Q^1_{n-1+1^*,n-2}-(F_1\cup\{u_h\})$ 中存在一个完美匹配或一个几乎完美匹配 M_1。因此, $(M_0\backslash\{uu_i\})\cup\{uu_h\}\cup M_1$ 是一个完美匹配或几乎完美匹配在 $Q_{n,n-2}-F$ 中。

情况 2.2.2. F_0 有偶数个顶点。

注意到 $|F_0\setminus\{u_i\}|=2n-6$ 和 $Q^0_{n-1+1^*,n-2}-(F_0\setminus\{u_i\})$ 没有孤立点。根据

归纳假设, 在 $Q^0_{n-1+1^*,n-2}-(F_0\setminus\{u_i\})$ 中存在几乎完美匹配 M_0, 那么 $uu_i\in M_0$ 缺失 w 或 $vu_i\in M_0$ 缺失 u。设 $w_h=N(w)\cap V(Q^1_{n-1+1^*,n-2})$ 和 $v_h=N(v)\cap V(Q^1_{n-1+1^*,n-2})$。注意到 $|F_h\cup F_1|\leqslant 1$。假设 $uu_i\in M_0$ 缺失一个顶点 w。

设 $ww_h\in F_h$ 或 $w_h\in F_1$。由于 w 不是 $Q^0_{n-1+1^*,n-2}-F_0$ 的一个孤立点, w 有一个邻接点 $x\in V(Q^0_{n-1+1^*,n-2}-F_0)$ 使得 $wx\notin F_0$。设 $xy\in M_0$ 和 $y_h=N(y)\cap V(Q^1_{n-1+1^*,n-2})$, 那么 $yy_h\notin F_h$ 和 $y_h\notin F_1$。注意到 $|F_1\cup\{u_h,y_h\}|\leqslant 3\leqslant n-1\leqslant 2n-6$。由于 $|F_1\cup\{u_h,y_h\}|\leqslant n-1$, $Q^1_{n-1+1^*,n-2}-(F_1\cup\{u_h,y_h\})$ 没有孤立点。结合 $|F_1\cup\{u_h,y_h\}|\leqslant 2n-6$, 根据归纳假设, 在 $Q^1_{n-1+1^*,n-2}-(F_1\cup\{u_h,y_h\})$ 中存在一个完美匹配或一个几乎完美匹配 M_1。因此, $(M_0\setminus\{uu_i,xy\})\cup\{uu_h,wx,yy_h\}\cup M_1$ 是一个完美匹配或几乎完美匹配在 $Q_{n,n-2}-F$ 中。

设 $ww_h\notin F_h$ 和 $w_h\notin F_1$。注意到 $|F_1\cup\{u_h,w_h\}|\leqslant 3\leqslant n-1\leqslant 2n-6$ 对于 $n\geqslant 5$。根据归纳假设, 在 $Q^1_{n-1+1^*,n-2}-(F_1\cup\{u_h,w_h\})$ 中存在一个完美匹配或一个几乎完美匹配 M_1。因此, $(M_0\setminus\{uu_i\})\cup\{uu_h,ww_h\}\cup M_1$ 是一个完美匹配或几乎完美匹配在 $Q_{n,n-2}-F$ 中。

假设 $vu_i\in M_0$ 缺失 u。注意到 $uu_h\notin F_h$ 和 $u_h\notin F_1$。设 $vv_h\notin F_h$ 和 $v_h\notin F_1$。注意到 $|F_1\cup\{u_h,v_h\}|\leqslant 3\leqslant n-1\leqslant 2n-6$ 对于 $n\geqslant 5$。根据归纳假设, 在 $Q^1_{n-1+1^*,n-2}-(F_1\cup\{u_h,v_h\})$ 中存在一个完美匹配或一个几乎完美匹配 M_1。因此, $(M_0\setminus\{vu_i\})\cup\{uu_h,vv_h\}\cup M_1$ 是一个完美匹配或几乎完美匹配在 $Q_{n,n-2}-F$ 中。设 $vv_h\in F_h$ 或 $v_h\in F_1$。由于 v 不是 $Q^0_{n-1+1^*,n-2}-F_0$ 的一个孤立点, v 有一个邻接点 $x\in V(Q^0_{n-1+1^*,n-2}-F_0)$ 使得 $vx\notin F_0$。设 $xy\in M_0$ 和 $y_h=N(y)\cap V(Q^1_{n-1+1^*,n-2})$, 那么 $yy_h\notin F_h$ 和 $y_h\notin F_1$。注意到 $|F_1\cup\{u_h,y_h\}|\leqslant 3\leqslant n-1\leqslant 2n-6$。由于 $|F_1\cup\{u_h,y_h\}|\leqslant n-1$, $Q^1_{n-1+1^*,n-2}-(F_1\cup\{u_h,y_h\})$ 没有孤立点。结合 $|F_1\cup\{u_h,y_h\}|\leqslant 2n-6$, 根据归纳假设, 在 $Q^1_{n-1+1^*,n-2}-(F_1\cup\{u_h,y_h\})$ 中存在一个完美匹配或一个几乎完美匹配 M_1。因此, $(M_0\setminus\{vu_i,xy\})\cup\{uu_h,vx,yy_h\}\cup M_1$ 是一个完美匹配或几乎完美匹配在 $Q_{n,n-2}-F$ 中。

情况 3. $|F_0|=2n-4$。

在这种情况下, $|F_1|=0$ 和 $|F_h|=0$。如果 $F_0\cap E(Q^0_{n-1+1^*,n-2})=F_0$, 由定理 4.1.3, 有 $\mathrm{mp}_1(Q^0_{n-1+1^*,n-2})=2n-2$, 这与归纳法假设相矛盾。所以 $F_0\cap V(Q^0_{n-1+1^*,n-2})\neq\varnothing$。

设 $u\in F_0$。注意到 F 中没有边与 F 中的顶点相关联。如果 $Q^0_{n-1+1^*,n-2}-(F_0\setminus\{u\})$ 有一个孤立点, 那么 $|F_0\cap V(Q^0_{n-1+1^*,n-2})|\geqslant n+1$。

情况 3.1. $Q^0_{n-1+1^*,n-2}-F_0$ 不存在孤立点。

情况 3.1.1. F_0 有奇数个顶点。

由于 $|F_0|=2n-4$ 是偶数, 存在一个边 $xy\in F_0$ 和一个顶点 $u\in F_0$。设 $F'_0=$

$F_0 \setminus \{xy, u\}$, 那么 F_0' 有偶数个顶点和 $|F_0'| = 2n-6$。设 $u_i u \in E(Q^0_{n-1+1^*,n-2})$。由于 $u \in F_0$, $u_i u \notin F_0$ 对于 $i = 1, 2, \cdots, n$ 在 $Q^0_{n-1+1^*,n-2}$ 中。由引理 4.1.6, 有 $|N\{u, u_1\}| = 2n-2$ 在 $Q^0_{n-1+1^*,n-2}$ 中。如果 $N(u) = \{u_1, \cdots, u_n\} \subseteq F_0$, 那么 $N(u_1) \nsubseteq F_0$ 在 $Q^0_{n-1+1^*,n-2}$ 中。因此, $Q^0_{n-1+1^*,n-2} - (F_0 \setminus \{xy, u\})$ 和 $Q^0_{n-1+1^*,n-2} - (F_0 \setminus \{xy, u_1\})$ 之一没有孤立点。不失一般性地, 设 $Q^0_{n-1+1^*,n-2} - (F_0 \setminus \{xy, u\})$ 没有孤立点。根据归纳假设, $Q^0_{n-1+1^*,n-2} - F_0'$ 有一个完美匹配 M_0。设 $uv \in M_0$, $u_h = N(u) \cap V(Q^1_{n-1+1^*,n-2})$ 和 $v_h = N(v) \cap V(Q^1_{n-1+1^*,n-2})$。

假设 $xy \notin M_0$。注意到 $|F_1 \cup \{v_h\}| = 1 \leqslant n-1 \leqslant 2n-6$。所以 $Q^1_{n-1+1^*,n-2} - (F_1 \cup \{v_h\})$ 没有孤立点。根据归纳假设, $Q^1_{n-1+1^*,n-2} - (F_1 \cup \{v_h\})$ 有一个几乎完美匹配 M_1。因此, $(M_0 \backslash \{uv\}) \cup \{vv_h\} \cup M_1$ 是一个几乎完美匹配在 $Q_{n,n-2} - F$ 中。

假设 $xy \in M_0$。设 $x_h = N(x) \cap V(Q^1_{n-1+1^*,n-2})$ 和 $y_h = N(y) \cap V(Q^1_{n-1+1^*,n-2})$。注意到 $|F_1 \cup \{x_h, y_h, v_h\}| = 3 \leqslant n-1 \leqslant 2n-6$。由于 $Q^1_{n-1+1^*,n-2}$ 是 n-正则, $Q^1_{n-1+1^*,n-2} - F_1$ 没有孤立点。根据归纳假设, $Q^1_{n-1+1^*,n-2} - (F_1 \cup \{x_h, y_h, v_h\})$ 有一个几乎完美匹配 M_1。因此, $(M_0 \backslash \{uv, xy\}) \cup \{xx_h, yy_h, vv_h\} \cup M_1$ 是一个几乎完美匹配在 $Q_{n,n-2} - F$ 中。

情况 3.1.2. F_0 有偶数个顶点。

在这种情况下, F_0 有至少两个顶点。设 $u, v \in F_0$ 和 $F_0' = F_0 \setminus \{u, v\}$, 那么 $|F_0'| = 2n-6$。

假设 $Q^0_{n-1+1^*,n-2} - (F_0 \backslash \{u, v\})$ 没有孤立点。根据归纳假设, $Q^0_{n-1+1^*,n-2} - F_0'$ 有一个完美匹配 M_0。我们需要讨论 $uv \in M_0$, 或 $uu' \in M_0$ 和 $vv' \in M_0$。假设 $uv \in M_0$。注意到 $F_1 = \varnothing$, 那么 $Q^1_{n-1+1^*,n-2} - F_1$ 没有孤立点。根据归纳假设, $Q^1_{n-1+1^*,n-2} - F_1$ 有一个完美匹配 M_1。因此, $(M_0 \backslash \{uv\}) \cup M_1$ 是一个完美匹配在 $Q_{n,n-2} - F$ 中。假设 $uu' \in M_0$ 和 $vv' \in M_0$。设 $N(u') \cap V(Q^1_{n-1+1^*,n-2}) = u_h'$ 和 $N(v') \cap V(Q^1_{n-1+1^*,n-2}) = v_h'$。由于 $F_h = \varnothing$, $u'u_h', v'v_h' \in E_h \backslash \{F_h\}$。所以 $|F_1 \setminus \{u_h', v_h'\}| = 2 \leqslant n-1 \leqslant 2n-6$ 和 $Q^1_{n-1+1^*,n-2} - (F_1 \setminus \{u_h', v_h'\})$ 没有孤立点。因此, $(M_0 \backslash \{uu', vv'\}) \cup M_1 \cup \{u'u_h', v'v_h'\}$ 是一个完美匹配在 $Q_{n,n-2} - F$ 中。

假设 $Q^0_{n-1+1^*,n-2} - (F_0 \backslash \{u, v\})$ 有一个孤立点。如果 u 和 v 是 $Q^0_{n-1+1^*,n-2} - (F_0 \backslash \{u, v\})$ 中的孤立点, 那么 $|F_0| \geqslant 2n-4+2 = 2n-2$, 这与 $|F_0| = 2n-4$ 矛盾。所以 $Q^0_{n-1+1^*,n-2} - (F_0 \backslash \{u, v\})$ 仅有一个孤立点。设 u 是 $Q^0_{n-1+1^*,n-2} - (F_0 \backslash \{u, v\})$ 中的一个孤立点, 那么 $uv \notin E(Q^0_{n-1+1^*,n-2} - (F_0 \backslash \{u, v\}))$。注意到在 F 中没有边与 F 中的顶点相关联, 那么 $|F_0 \cap V(Q^0_{n-1+1^*,n-2})| \geqslant n+2 \geqslant 7$。设 $u' \in (F_0 \backslash \{u, v\})$, 那么 $w_i u' \notin F_0$。设 $u'u \in E(Q^0_{n-1+1^*,n-2})$。由引理 4.1.6, $|N(\{u', u\})| \geqslant 2n$。如果 $N(u') \subseteq F_0$, 那么 $|F_0| \geqslant 2n+3$, 这与 $|F_0| = 2n-4$ 矛盾。设 $u'u \notin E(Q^0_{n-1+1^*,n-2})$。由引理 4.1.6, 有 $|N(\{u', u\})| \geqslant 2n-4$。如果 $N(u') \subseteq F_0$,

那么 $|F_0| \geqslant 2n-4+3 = 2n-1$, 这与 $|F_0| = 2n-4$ 矛盾。所以 u' 不是 $Q^0_{n-1+1^*,n-2} - (F_0\backslash\{u',v\})$ 中的孤立点。因此, $Q^0_{n-1+1^*,n-2} - (F_0\backslash\{u',v\})$ 和 $Q^0_{n-1+1^*,n-2} - (F_0\backslash\{u,v\})$ 没有孤立点。不失一般性地, 设 $Q^0_{n-1+1^*,n-2} - (F_0\backslash\{u,v\})$ 没有孤立点。根据归纳假设, $Q^1_{n-1+1^*,n-2} - F_1$ 有一个完美匹配 M_1。类似地, $Q_{n,n-2} - F$ 有一个完美匹配。

情况 3.2. $Q^0_{n-1+1^*,n-2} - F_0$ 存在一个孤立点。

设 u 是 $Q^0_{n-1+1^*,n-2} - F_0$ 的孤立点。设 $u_i\ (i = 1, 2, \cdots, n)$ 是 u 在 $Q^0_{n-1+1^*,n-2}$ 中的邻接点。设 $u_h = N(u) \cap V(Q^1_{n-1+1^*,n-2})$ 和 $u^h_i = N(u_i) \cap V(Q^1_{n-1+1^*,n-2})$。由于 $|F_h| = |F_1| = 0$, $uu_h, u_iu^h_i \notin F_h$ 和 $u_h, u^h_i \notin F_1$。

情况 3.2.1. F_0 有奇数个顶点。

假设存在一个 $uu_i \in F_0$ 对于 $1 \leqslant i \leqslant n$, 那么 $u_i \notin F_0$。设 $v \in F_0$ 和 $F'_0 = F_0 \setminus \{uu_i, v\}$, 那么 $|F'_0| = 2n-6$。由于 $v \in F_0$, $v_iv \notin F_0$ 对于 $i = 1, 2, \cdots, n$。设 $uv \in E(Q^0_{n-1+1^*,n-2})$, 那么 $|N(\{u,v\})| \geqslant n-1+(n-1)+1 = 2n-1 > 2n-4$。设 $uv \notin E(Q^0_{n-1+1^*,n-2})$。由命题 4.1.6, 有 $|N(\{u,v\})| \geqslant n+n-4+1 = 2n-3 > 2n-4$。所以 $Q^0_{n-1+1^*,n-2} - F'_0$ 没有孤立点。根据归纳假设, $Q^0_{n-1+1^*,n-2} - F'_0$ 有一个完美匹配 M_0, 那么 $uu_i \in M_0$。设 $vw \in M_0$, $w_h = N(w) \cap V(Q^1_{n-1+1^*,n-2})$。注意到 $|F_1 \cup \{u_h, u^h_i, w_h\}| = 3 \leqslant n-1 \leqslant 2n-6$。根据归纳假设, $Q^1_{n-1+1^*,n-2} - (F_1 \cup \{u_h, u^h_i, w_h\})$ 有一个几乎完美匹配 M_1。因此, $(M_0\backslash\{uu_i, vw\}) \cup \{uu_h, u_iu^h_i, ww_h\} \cup M_1$ 是一个几乎完美匹配在 $Q_{n,n-2} - F$ 中。

假设不存在 $uu_i \in F_0$ 对于 $i = 1, 2, \cdots, n$。由于 $n \geqslant 5$, 设 $u_1, u_2, u_3 \in F_0$。设 $F'_0 = F_0 \setminus \{u_1, u_2, u_3\}$, 那么 $|F'_0| = 2n-7$。注意到 $Q^0_{n-1+1^*,n-2} - F'_0$ 没有孤立点。根据归纳假设, $Q^0_{n-1+1^*,n-2} - F'_0$ 有一个完美匹配 M_0, 那么 $uu_1 \in M_0$ 或 $uu_2 \in M_0$ 或 $uu_3 \in M_0$。不失一般性地, 设 $uu_1 \in M_0$。设 $vu_2 \in M_0$ 和 $wu_3 \in M_0$。设 $u_h = N(u) \cap V(Q^1_{n-1+1^*,n-2})$, $v_h = N(v) \cap V(Q^1_{n-1+1^*,n-2})$ 和 $w_h = N(w) \cap V(Q^1_{n-1+1^*,n-2})$。由于 $|F_h| = |F_1| = 0$, $uu_h, vv_h, ww_h \in E_h\backslash F_h$ 和 $u_h, v_h, w_h \notin F_1$。注意到 $|F_1 \cup \{u_h, v_h, w_h\}| = 4 \leqslant n-1 \leqslant 2n-6\ (n \geqslant 5)$。由于 $Q^1_{n-1+1^*,n-2}$ 是 n-正则, 所以 $Q^1_{n-1+1^*,n-2} - (F_1 \cup \{u_h, v_h, w_h\})$ 没有孤立点。根据归纳假设, $Q^1_{n-1+1^*,n-2} - (F_1 \cup \{u_h, v_h, w_h\})$ 有一个几乎完美匹配 M_1。因此, $(M_0\backslash\{uu_1, vu_2, wu_3\}) \cup \{uu_h, vv_h, ww_h\} \cup M_1$ 是一个几乎完美匹配在 $Q_{n,n-2} - F$ 中。

情况 3.2.2. F_0 有偶数个顶点。

情况 3.2.2.1. 存在至少两个边 $uu_{i_1}, uu_{i_2} \in F_0$ 对于 $1 \leqslant i_1 \neq i_2 \leqslant n$。

在这种情况下, $u_{i_1}, u_{i_2} \notin F_0$。不失一般性地, 设 $uu_1 = uu_{i_1}, uu_2 = uu_{i_2}$。设 $F'_0 = F_0 \setminus \{uu_1, uu_2\}$, 那么 $|F'_0| = 2n-6$。注意到 $Q^0_{n-1+1^*,n-2} - F'_0$ 没有孤立点。根据归纳假设, $Q^0_{n-1+1^*,n-2} - F'_0$ 有一个完美匹配 M_0, 那么 $uu_1 \in M_0$ 或

$uu_2 \in M_0$。不失一般性地, 设 $uu_1 \in M_0$。设 $u_h = N(u) \cap V(Q^1_{n-1+1^*,n-2})$ 和 $u_1^h = N(u_1) \cap V(Q^1_{n-1+1^*,n-2})$。注意到 $|F_1 \cup \{u_h, u_1^h\}| = 2 \leqslant n-1 \leqslant 2n-6$ 对于 $n \geqslant 5$, 那么 $Q^1_{n-1+1^*,n-2} - (F_1 \cup \{u_h, v_h\})$ 没有孤立点。根据归纳假设, $Q^1_{n-1+1^*,n-2} - (F_1 \cup \{u_h, u_1^h\})$ 有一个完美匹配 M_1。因此, $(M_0 \backslash \{uu_1\}) \cup \{uu_h, u_1u_1^h\} \cup M_1$ 是一个完美匹配在 $Q_{n,n-2} - F$ 中。

情况 3.2.2.2. 仅存在一个边 $uu_i \in F_0$ 对于 $1 \leqslant i \leqslant n$。

不失一般性地, 设 $uu_1 = uu_i$, 那么 $u_1 \notin F_0$ 和 $u_2, \cdots, u_n \in F_0$。由于 $n \geqslant 5$, 存在两个 u_{i_1}, u_{i_2} 在 $u_2, \cdots, u_n$ 中。不失一般性地, 设 $u_2 = u_{i_1}, u_3 = u_{i_2}$。设 $F_0' = F_0 \backslash \{u_2, u_3\}$, 那么 $|F_0'| = 2n-6$。注意到 $|N(\{u, u_i\})| \geqslant n-1+(n-1)+1 = 2n-1$。所以 $Q^0_{n-1+1^*,n-2} - F_0'$ 没有孤立点。根据归纳假设, $Q^0_{n-1+1^*,n-2} - F_0'$ 有一个完美匹配 M_0, 那么 $uu_2 \in M_0$ 或 $uu_3 \in M_0$。不失一般性地, 设 $uu_2 \in M_0$。设 $vu_3 \in M_0$, $u_h = N(u) \cap V(Q^1_{n-1+1^*,n-2})$ 和 $v_h = N(v) \cap V(Q^1_{n-1+1^*,n-2})$。注意到 $|F_1 \cup \{u_h, v_h\}| = 2 \leqslant n-1 \leqslant 2n-6$ 对于 $n \geqslant 5$, 那么 $Q^1_{n-1+1^*,n-2} - (F_1 \cup \{u_h, v_h\})$ 没有孤立点。根据归纳假设, $Q^1_{n-1+1^*,n-2} - (F_1 \cup \{u_h, v_h\})$ 有一个完美匹配 M_1。因此, $(M_0 \backslash \{uu_1, vu_2\}) \cup \{uu_h, vv_h\} \cup M_1$ 是一个完美匹配在 $Q_{n,n-2} - F$ 中。

情况 3.2.2.3. $uu_i \notin F_0$ 对所有 $i = 1, 2, \cdots, n$。

在这种情况下, $u_i \in F_0$ 对于所有 $i = 1, 2, \cdots, n$。设 $F_0' = F_0 \backslash \{u_1, u_2\}$, 那么 $|F_0'| = 2n-6$。注意到 $Q^0_{n-1+1^*,n-2} - F_0'$ 没有孤立点。根据归纳假设, $Q^0_{n-1+1^*,n-2} - F_0'$ 有一个完美匹配 M_0, 那么 $uu_1 \in M_0$ 或 $uu_2 \in M_0$。不失一般性地, 设 $uu_1 \in M_0$。设 $vu_2 \in M_0$, $u_h = N(u) \cap V(Q^1_{n-1+1^*,n-2})$ 和 $v_h = N(v) \cap V(Q^1_{n-1+1^*,n-2})$。注意到 $|F_1 \cup \{u_h, v_h\}| = 2 < n-1 \leqslant 2n-6$ 对于 $n \geqslant 5$。根据归纳假设, $Q^1_{n-1+1^*,n-2} - (F_1 \cup \{u_h, v_h\})$ 有一个完美匹配 M_1。因此, $(M_0 \backslash \{uu_1, u_2v\}) \cup \{uu_h, vv_h\} \cup M_1$ 是一个完美匹配在 $Q_{n,n-2} - F$ 中。

情况 3.3. $Q^0_{n-1+1^*,n-2} - F_0$ 存在两个孤立点。

由于 $n \geqslant 5$, $Q^0_{n-1+1^*,n-2}$ 是 n-正则并且 $|F_0| = 2n-4$, 由引理 4.1.6(2), $Q^0_{n-1+1^*,n-2} - F_0$ 有两个孤立点。设 u 和 v 是 $Q^0_{n-1+1^*,n-2} - F_0$ 中两个孤立点。设 u_i 和 v_i $(i = 1, 2, \cdots, n)$ 分别是 u 和 v 在 $Q^0_{n-1+1^*,n-2}$ 中的两个邻接点。由于 $|N(u) \cap N(v)| \leqslant 4$ 和 $|F_0| = 2n-4$, u 和 v 有四个公共邻接点在 F_0 中。不失一般性地, 设 $u_n = v_n$, $u_{n-1} = v_{n-1}$, $u_{n-2} = v_{n-2}$ 和 $u_{n-3} = v_{n-3}$。因此, $u_n, u_{n-1}, u_{n-2}, u_{n-2} \in F_0$。设 $u_h = N(u) \cap V(Q^1_{n-1+1^*,n-2})$ 和 $v_h = N(v) \cap V(Q^1_{n-1+1^*,n-2})$。由于 $|F_h| = |F_1| = 0$, $uu_h, vv_h \notin F_h$ 和 $u_h, v_h \notin F_1$。

情况 3.3.1. F_0 有偶数个顶点。

设 $F_0' = F_0 \backslash \{u_n, u_{n-1}\}$, 那么 $|F_0'| = 2n-6$。注意到 $Q^1_{n-1+1^*,n-2} - F_0'$ 没有孤立点。根据归纳假设, $Q^0_{n-1+1^*,n-2} - F_0'$ 有一个完美匹配 M_0。不失一般性地, 设 $uu_n, vu_{n-1} \in M_0$。设 $u_h = N(u) \cap V(Q^1_{n-1+1^*,n-2})$ 和 $v_h = N(v) \cap$

$V(Q^1_{n-1+1^*,n-2})$。由于 $|F_h| = |F_1| = 0$, $uu_h, vv_h \notin F_h$ 和 $u_h, v_h \notin F_1$。注意到 $|F_1 \cup \{u_h, v_h\}| = 2 \leqslant n-1 \leqslant 2n-6$ 对于 $n \geqslant 5$。根据归纳假设, $Q^1_{n-1+1^*,n-2} - (F_1 \cup \{u_h, v_h\})$ 有一个完美匹配 M_1。因此, $(M_0 \backslash \{uu_1, u_2v\}) \cup \{uu_h, vv_h\} \cup M_1$ 是一个完美匹配在 $Q_{n,n-2} - F$ 中。

情况 3.3.2. F_0 有奇数个顶点。

设 $F'_0 = F_0 \backslash \{u_n, u_{n-1}\}$, 那么 $|F'_0| = 2n-6$。根据归纳假设, $Q^0_{n-1+1^*,n-2} - F'_0$ 有一个几乎完美匹配 M_0, 其缺失一个顶点 w。设 $uu_n, vu_{n-1} \in M_0$ 和 $w_h = N(w) \cap V(Q^1_{n-1+1^*,n-2})$。注意到 $|F_1 \cup \{u_h, v_h, w_h\}| = 3 \leqslant n-1 \leqslant 2n-6$ 对于 $n \geqslant 5$。根据归纳假设, $Q^1_{n-1+1^*,n-2} - (F_1 \cup \{u_h, v_h, w_h\})$ 有一个几乎完美匹配 M_1。因此, $(M_0 \backslash \{uu_n, vu_{n-1}\}) \cup \{uu_h, vv_h, ww_h\} \cup M_1$ 是一个几乎完美匹配在 $Q_{n,n-2} - F$ 中。 □

4.2 修正泡型图的条件匹配排除

4.2.1 预备知识

图 G 中与顶点 v 相关联的边的数目称为 v 的度。若图 G 中的每个点的度都为 t, 则称图 G 为 t 正则的。在 G 中与 v 相邻的点称为 G 的邻点, 记为 $N(v)$。二部图是指一个图, 它的顶点集可以分解为两个 (非空) 子集 X 和 Y, 使得每条边都有一个端点在 X 中, 另一个端点在 Y 中; 这样一种分类 (X, Y) 称为图的一个二分类。图 G 的一条途径是指一个有限非空序列 $W = v_0e_1v_1e_2v_2 \cdots e_kv_k$, 它的项交替地为顶点和边, 使得对 $1 \leqslant i \leqslant k$, e_i 的端点是 v_{i-1} 和 v_i。称 W 是从 v_0 到 v_k 的一条途径。若途径 W 的顶点 $v_0, v_1, \cdots, v_k$ 互不相同, 则称 W 为路, 记为 $W = v_0v_1 \cdots v_k$。称一条途径是闭的, 如果它有正的长, 且起点和终点相同。若一条闭迹的起点和内部顶点互不相同, 则称为圈, 记为 $C = v_0v_1 \cdots v_kv_0$。长为 k 的圈称为 k 圈, 按 k 是奇数还是偶数, 称 k 圈是奇圈或偶圈。包含 G 的每个顶点的路称为 G 的 Hamilton 路。G 的 Hamilton 圈是指包含 G 的每个顶点的圈。G 的围长是 G 中最短圈的长。

设 Q 是一个有限群, S 是 Q 的不含单位元的生成集。Cayley 有向图 Cay(S, Q) 定义如下: 它的顶点集是 Q, 弧集是 $\{(g, gs) : g \in Q, s \in S\}$。若对任意的 $s \in S$, 有 $s^{-1} \in S$, 则称这个 Cayley 图为无向 Cayley 图。本书中的 Cayley 图均为无向 Cayley 图。

考虑一个 $n \geqslant 3$ 阶连通简单图 H, 它的顶点集为 $\{1, 2, \cdots, n\}$, 它的每条边可以看作对称群 S_n 中的一个对换, 这样 H 的边集 $E(H)$ 就对应了 S_n 中的一个对换集。在这种情况下, H 称为对换简单图。对换简单图 H 对应的 Cayley 图记为 Cay(H, S_n)。当对换简单图是树时, 称为对换树。当对换简单图是路时, 它对应的

Cayley 图称为泡型图, 记为 B_n。当对换简单图是一个单圈图时, 对应的 Cayley 图称为单圈图生成的 Cayley 图, 记为 UG_n。特别地, 当 H 是一个圈时, UG_n 称为修正泡型图, 记为 MB_n。由 UG_n 的定义, 显然它是 $n!$ 个点的 n-正则图。注意到 UG_n 是特殊的 Cayley 图, 它有以下性质。

定义 4.2.1 [136] 单圈图是边数等于顶点数的简单连通图。

性质 4.2.1[137] UG_n 是顶点传递的二部图。

性质 4.2.2[137] 对任意的正整数 $n \geqslant 4$, UG_n 的围长是 4。

本章讨论了 MB_n 的条件匹配排除数。对于 MB_n 中的两个点 $a_1a_2\cdots a_n$ 和 $b_1b_2\cdots b_n$, 如果通过交换 i 位置和 $i+1$ 位置 $(i \in \{1,2,\cdots,n-1\})$ 的符号使得一个点可以得到另一个点这样的一条边称为 i-边, 交换 1 位置和 n 位置的符号使得一个点得到另一个点这样的一条边称为 n-边。当 $n \geqslant 4$ 时, 可以将 MB_n 进行如下分解: 给定 $1 \leqslant p \leqslant n$, 令 H_i 为 MB_n 的一个由在 p 位置的值为 i 的点导出的子图, 其中 $1 \leqslant i \leqslant n$, 称这样的分解是 MB_n 沿着 p 位置的分解。当沿最后一个位置分解 MB_n 时, H_i 和 B_{n-1} 同构。根据这个分解, 端点在不同的 H_i 中的边称为交叉边。注意到每个顶点都与两个交叉边关联并且在两个不同的 H_i 之间共有 $2(n-2)!$ 个独立的交叉边。本章出现的未介绍的概念参考文献 [4]。

4.2.2 修正泡型图的条件匹配排除

定理 4.2.1 [138] 令 $n \geqslant 3$, 设 H 为由 n 阶 m 条边生成的连通对换简单图, G 为 H 对应的 Cayley 图, 则 $\mathrm{mp}(G) = \delta(G) = m$。进一步地, 如果 $n \geqslant 4$, 那么最优匹配排除集是平凡的。

定理 4.2.2 [139] 设 $k > 0$ 是一个整数, 则每一个 k 正则二部图有 k 个边不相交的完美匹配。

定理 4.2.3 [138] 令 $n \geqslant 4$, u 和 v 是 B_n 中两个相邻的点, 则 $B_n - \{u,v\}$ 包含一个 Hamilton 圈。

定理 4.2.4 [140] 令 $n \geqslant 4$, $F \subseteq E(B_n)$ 且 $|F| \leqslant n-3$, 对 B_n 中的每对点 x 和 y, 其中 x 和 y 属于不同的部集, 在 $B_n - F$ 中都存在一个从 x 到 y 的 Hamilton 路。

定理 4.2.5 [141] 令 $n \geqslant 3$, 则 $\mathrm{mp}_1(B_n) = 2n-4$。当 $n = 4$ 时, B_n 的最优匹配排除集或是平凡的条件匹配排除集, 或是由 ω_e 归纳出的条件匹配排除集, 当 $n \neq 4$ 时, B_n 的每个最优条件匹配排除集都是平凡的。

引理 4.2.1 令 $n \geqslant 5$, 若 v 是 MB_n 中的任一点, $e_1, e_2, \cdots, e_{n-2}$ 是与 v 关联的边, 并且 e_{n-1}, e_n 是与 v 关联的 $(n-1)$-边和 n-边, 则在 MB_n 中存在 $2(n-3)$ 个长为 4 的圈和 2 个长为 6 的圈, 其中 $(n-3)$ 个 4 圈和 1 个 6 圈包含 e_{n-1}, $(n-3)$ 个 4 圈和 1 个 6 圈包含 e_n。

证明 对每个 $i(1 \leqslant i \leqslant n-2)$, 从点 v 开始使用 $(n-1)$-边, $(n-2)$-边, $(n-1)$-边, $(n-2)$-边, $(n-1)$-边, $(n-2)$-边得到一个 6 圈包含 e_{n-1} 和使用 1-边, n-边, 1-边, n-边, 1-边, n-边得到一个 6 圈包含 e_n。从点 v 开始使用 $(n-1)$-边, i-边 $(1 \leqslant i \leqslant n-3)$, $(n-1)$-边, i-边得到 $(n-3)$ 个 4 圈包含 e_{n-1} 和使用 n-边, i-边 $(2 \leqslant i \leqslant n-2)$, n-边, i-边得到 $(n-3)$ 个 4 圈包含 e_n。 □

定理 4.2.6 $n \geqslant 5$ 时, $\mathrm{mp}_1(\mathrm{MB}_n) = 2n-2$。

证明 MB_n 的围长为 4, 故 $v_e(\mathrm{MB}_n) = 2n-2$。因此, $\mathrm{mp}_1(\mathrm{MB}_n) \leqslant v_e(\mathrm{MB}_n) = 2n-2$。设 F 是一个最优条件匹配排除集并称它的元素为故障边, 则 $|F| = \mathrm{mp}_1(\mathrm{MB}_n) \leqslant 2n-2$。下证 $|F| = 2n-2$。假设 $|F| \leqslant 2n-3$ 且 $\mathrm{MB}_n - F$ 无孤立点。下证 $\mathrm{MB}_n - F$ 有完美匹配。

令 $H_i(i = 1, 2, \cdots, n)$ 为 MB_n 沿着最后一个位置的分解, 则 H_i 同构于 B_{n-1}, M_A 为所有 $(n-1)$-边组成的交叉边集, M_B 为所有 n-边组成的交叉边集, $M = M_A \cup M_B$。假设 $\mathrm{MB}_n - F$ 不含完美匹配, 由于 M_A, M_B 均为 MB_n 的一个完美匹配, 所以 $|F \cap M| \geqslant 2$, 其中 M_A, M_B 各至少有一条故障边, $|E(H_i) \cap F| \leqslant 2n-3-1-1 = 2n-5(i = 1, 2, \cdots, n)$。如果每个 $H_i - F$ 都含有完美匹配, 则 $\mathrm{MB}_n - F$ 包含完美匹配, 这将产生矛盾, 故至少一个 $H_i - F$ 不含完美匹配。不妨设 $H_1 - F$ 不含完美匹配即 $n-2 \leqslant |F \cap E(H_1)| \leqslant 2n-5$。

情况 1. $|F \cap E(H_1)| = 2n-5$。

此时 $|F \cap M| = 2$, 其余 H_i 中没有故障边。设故障交叉边为 $x_1y_1 \in M_A, x_2y_2 \in M_B$, 所有的故障边均已找到。

如果 $x_i, y_i(i = 1, 2)$ 都不在 H_1 中, 则存在一个 4 圈 $x_1y_1zwx_1$, 其中 zw 是交叉边, y_1z 和 x_1w 都是非故障的。因此 $M_A \setminus \{x_1y_1, zw\} \cup \{y_1z, x_1w\}$ 形成 $\mathrm{MB}_n - F$ 的完美匹配, 这将产生矛盾。

$x_i, y_j(i, j = 1, 2)$ 只有一个是 H_1 中的点。不妨设 $x_1 \in V(H_1)$, x_1y_1 为故障边, 故与 x_1 关联的另一条交叉边 x_1z_1 非故障。因此, 存在一个过 x_1z_1 的 6 圈 $x_1z_1u_1u_2u_3y_1x_1$ 且 $z_1u_1 \in M_A, u_1u_2 \in M_B, u_2u_3 \in M_A, y_1u_3 \in M_B$。当 $u_3y_1 \neq x_2y_2$ 时, $(M_A \setminus \{x_1y_1, z_1u_1, u_2u_3\}) \cup \{x_1z_1, y_1u_3, u_1u_2\}$ 形成 $\mathrm{MB}_n - F$ 的一个完美匹配。当 $u_3y_1 = x_2y_2$ 时, 过 x_2y_2 存在一个 4 圈 C: x_2y_2vu, 其中 $E(C) \setminus \{x_2y_2\}$ 没有故障边。因此, $(M_B \setminus \{x_2y_2, uv\}) \cup \{x_2u, y_2v\}$ 形成 $\mathrm{MB}_n - F$ 的一个完美匹配。

$x_i, y_j(i, j = 1, 2)$ 只有两个是 H_1 中的点。设 x_1, x_2 均在 H_1 中。当 $x_1 = x_2$ 时, 在 H_1 中与 x_1 关联的边至少有一条非故障, 设为 x_1w_1, 则存在一个 4 圈 C_1: $x_1w_1w_2y_1x_1$, 使得 $E(C_1) \setminus \{x_1y_1\}$ 是非故障的。因此, $(M_A \setminus \{x_1y_1, w_1w_2\}) \cup \{x_1w_1, w_2y_1\}$ 形成 $\mathrm{MB}_n - F$ 的完美匹配。当 $x_1 \neq x_2$ 时, 与 x_1 关联的另一条交叉边 x_1z_1 非故障。因此, 存在一个过 x_1z_1 的 6 圈 $x_1z_1u_1u_2u_3y_1x_1$, 其中

$z_1u_1 \in M_A, u_1u_2 \in M_B, u_2u_3 \in M_A, y_1u_3 \in M_B$。因此, $(M_A \backslash \{x_1y_1, z_1u_1, u_2u_3\}) \cup \{x_1z_1, y_1u_3, u_1u_2\}$ 形成 $\mathrm{MB}_n - F$ 的完美匹配, 这将产生矛盾。若边 u_2u_1 即边 x_2y_2, 此时 6 圈为 $x_1z_1y_2x_2z_2y_1x_1$, 其中 $x_1, x_2 \in V(H_1), y_1, y_2 \in V(H_2), z_1, z_2 \in V(H_3)$。因为 $n-3 \geqslant 2$, 通过第 2 位与第 3 位的符号交换得到边集 $y_1w_1, y_2w_4 \in H_2, z_2w_2 \in H_3, x_2w_3 \in H_1$。又因为 $y_1z_2 \in M_B, x_2z_2 \in M_A, x_2y_2 \in M_B$, 所以 $w_1w_2 \in M_B, w_2w_3 \in M_A, w_3w_4 \in M_B$。因此, $(M_B \backslash \{x_2y_2, z_2y_1, w_1w_2, w_3w_4\}) \cup \{x_2z_2, y_1w_1, w_2w_3, y_2w_4\}$ 形成 $\mathrm{MB}_n - F$ 的完美匹配, 这将产生矛盾。同理, x_1, y_2 均在 H_1 中。

情况 2. $n-2 \leqslant |F \cap E(H_1)| \leqslant 2n-6$。

情况 2.1. $H_1 - F$ 有一个孤立点。

情况 2.1.1. $|F \cap E(H_1)| = n-2$。

在这种条件下, 设该孤立点为 u, $e_1, e_2, \cdots, e_{n-2}$ 是 H_1 中与 u 关联的边并且 $e_{n-1} = uu', e_n = uu''$ 是与 u 关联的交叉边。由于 $\mathrm{MB}_n - F$ 没有孤立点, 所以与 u 关联的交叉边至少有一条非故障。设 $F_1 = (F \cap E(H_1)) - e_j$, 其中 $1 \leqslant j \leqslant n-2$, 则 $|F_1| \leqslant n-3$, 所以 $H_1 - F_1$ 有完美匹配 M_1, 并且 e_j 是 M_1 中的元素。u' 是其他 H_i 中的点, 不妨记为 H_2 且 u'' 是其他 H_i 中的点记为 H_3。因为 $|F| \leqslant 2n-3, |F \cap M| \geqslant 2$, 所以 $|E(H_i) \cap F| \leqslant n-3$ 对于 $2 \leqslant i \leqslant n$。讨论下面的子情况。

情况 2.1.1.1. $|F \cap E(H_2)| = n-3$ 或 $|F \cap E(H_3)| = n-3$。

不妨设 $|F \cap E(H_2)| = n-3$。在这种条件下, $|F \cap M| = 2$, 其他 H_i 中无故障边。

情况 A. uu'' 非故障。

因为 $n-3>1$, 所以存在过 uu'' 的 4 圈 C 且 C 上的交叉边非故障。不妨设 C 为 $uu''z_1z_2u$, 其中 uz_2 是故障边 e_j 且 $u'', z_1 \in V(H_3)$。因为 H_3 中没有故障边, 所以 $H_3 - \{u'', z_1\}$ 包含一个 Hamilton 圈 C, 故圈 C 包含一个 $H_3 - \{u'', z_1\}$ 的完美匹配 M_3。因为 H_2 中有 $n-3$ 条故障边, 所以 $H_2 - F$ 有完美匹配 M_2。因为对其他 H_i 中没有故障边, 所以每个都含有完美匹配, 记这些完美匹配的并为 M_r。因此, $(M_1 - uz_2) \cup M_2 \cup M_r \cup \{uu'', z_1z_2\}$ 是 $\mathrm{MB}_n - F$ 的完美匹配, 这将产生矛盾。

情况 B. uu'' 故障。

uu' 非故障。因为 H_2 中有 $n-3$ 条故障边, 所以 $H_2 - F$ 有完美匹配 M_2。设 $u'u_2 \in M_2$。因此, 存在经过 uu' 和 $u'u_2$ 的 4 圈或 6 圈 C_1。

情况 $\mathbf{B_1}$. C_1 是一个 4 圈 $uu'u_2u_2'u$, 其中 uu_2' 是故障边 e_j。

因为剩余 H_i 中无故障边, 所以, 每个都存在一个完美匹配, 设这些完美匹配的并为 M_r。如果 u_2u_2' 是一条非故障交叉边, 则 $((M_1 \cup M_2 \cup M_r) \backslash \{uu_2', u'u_2\}) \cup \{uu', u_2u_2'\}$ 形成 $\mathrm{MB}_n - F$ 的完美匹配, 这将产生矛盾。设 u_2u_2' 是一条故障交叉

边。现两条故障交叉边 uu'' 和 u_2u_2' 均找到。

如果 H_2 中的 $n-3$ 条故障边不都与 u_2 关联, 即在 H_2 中最多有 $(n-4)$ 条故障边关联到 u_2, 则在 H_2 中除了 $u'u_2$ 外还有一条非故障边 u_2w_2。因此, 存在经过 u_2u_2' 和 u_2w_2 的一个 4 圈或 6 圈 C_2。设 C_2 是一个 4 圈 $u_2w_2w_1u_2'u_2$, 则 w_1u_2' 和 u_2w_2 是非故障边, 因此, $(M_A\setminus\{u_2u_2',w_1w_2\})\cup\{u_2w_2,u_2'w_1\}$ 形成 MB_n-F 的完美匹配, 这将产生矛盾。同理当 C_2 是 6 圈 $u_2w_2w_3w_4w_5u_2'u_2$ 时, $(M_A\setminus\{u_2u_2',w_2w_3,w_4w_5\})\cup\{u_2w_2,w_3w_4,w_5u_2'\}$ 形成 MB_n-F 的完美匹配, 这将产生矛盾。

若 H_2 中的 $(n-3)$ 条故障边都与 u_2 关联, 因为 MB_n-F 中只有两条交叉边故障, 所以过 u_2 的另一条交叉边 u_2u_2'' 非故障。因为 $n-3>1$, 由引理 4.2.1 可得, 过 uu' 还存在另一个 4 圈 C_3。设 C_3 是 $uu'v_1v_2u$, 其中 uv_2 是与 u 关联的故障边 e_j'。设 $F'=(F\cap E(H_1))-e_j'$, 则 $|F'|=n-3$。由定理 4.2.2, H_1-F' 有完美匹配 M_1' 且 $e_j'\in M_1'$。由引理 4.2.1, 过 u_2u_2'' 存在一个 4 圈 C_4: $u_2u_2''r_1r_2u_2$ 时, 其中 u_2r_2 是故障边, 不妨设 $u_2'',r_1\in V(H_3)$。因为 H_i 为 n-2 正则二部图, 围长为 4 且不含奇圈, 又因为 $v_1u'u_2r_2$ 是一条 3 长路, 由定理 4.2.3, 所以 $H_2-\{u',u_2\}$ 存在 Hamilton 圈且被 v_1 和 r_2 分成了两条奇长的路, 其中每段路都含有完美匹配。因此 $H_2-\{u',u_2,v_1,r_2\}$ 有完美匹配 M_2'。因为 H_3 中无故障边, 所以 H_3-F 有完美匹配 M_3 且 $u_2''r_1\in M_3$。因为剩余 H_r 中无故障边, 所以每个都含有完美匹配, 记这些完美匹配的并为 M_r。因此 $((M_1'\cup M_2'\cup M_3\cup M_r)\setminus\{uv_2,u'v_1,u_2''r_1\})\cup\{uu',v_1v_2,r_1r_2,u_2u_2''\}$ 是 MB_n-F 的完美匹配, 这将产生矛盾。

情况 $\mathbf{B_2}$. C_1 是一个 6 圈: $uu'u_2u_3u_4u_5u$, 其中 uu_5 是故障边 e_j, u_3,u_4 是另一个 H_i 中的点, 不妨设为 H_3。

因为 H_3 中没有故障边, 所以 H_3-F 有一个完美匹配 M_3 且 $u_3u_4\in M_3$。因为剩余 H_r 中无故障边, 所以由定理 4.2.2, 每个都存在一个完美匹配, 设这些完美匹配的并为 M_r。如果在 C_1 上的交叉边均非故障, 那么 $((M_1\cup M_2\cup M_3\cup M_r)\setminus\{uu_5,u'u_2,u_3u_4\})\cup\{uu',u_2u_3,u_4u_5\}$ 是 MB_n-F 中的一个完美匹配, 这将产生矛盾。因此现设 u_2u_3 和 u_4u_5 有一条是故障交叉边。若 u_4u_5 是故障边, 则过 u_4u_5 存在一个 4 圈 C: $u_4u_5u_6u_7u_4$, 其中 $u_5u_6\in V(H_1),u_4,u_7\in V(H_3)$ 且 $E(C)\setminus\{u_4u_5\}$ 没有故障边。因此 $(M_A\setminus\{u_4u_5,u_6u_7\})\cup\{u_4u_7,u_5u_6\}$ 是 MB_n-F 的完美匹配, 这将产生矛盾。下设 u_2u_3 为故障边, 现两条故障交叉边 uu'' 和 u_2u_3 均找到。

如果 H_2 中的 $(n-3)$ 条故障边不都与 u_2 关联, 即在 H_2 中最多有 $n-4$ 条故障边关联到 u_2, 则在 H_2 中除了 $u'u_2$ 外还有一条非故障边 u_2w_2。因为过 u_2u_3 存在一个 6 圈 C_1, 由引理 4.2.1, 经过 u_2u_3 和 u_2w_2 存在一个 4 圈 C_2: $u_2w_2w_1'u_3u_2$, 其中 $w_1'u_3$ 是 H_3 中的边。因此, $(M_A\setminus\{u_2u_3,w_1'w_2\})\cup\{u_2w_2,u_3w_1'\}$ 形成 MB_n-F

的一个完美匹配, 这将产生矛盾。

如果 H_2 中的 $(n-3)$ 条故障边都与 u_2 关联, 由引理 4.2.1, 过 uu' 存在一个 4 圈 C_3: $uu'v_1v_2u$, 其中 uv_2 是与 u 关联的故障边 e_j', 设 $F' = (F \cap E(H_1)) - e_j'$, 则 $|F'| = n-3$。由定理 4.2.2, $H_1 - F'$ 有完美匹配 M_1' 且 $e_j' \in M_1'$。因为 $\mathrm{MB}_n - F$ 中只有两条交叉边故障, 所以过 u_2 的另一条交叉边 u_2u_2'' 非故障。由引理 4.2.1, 过 u_2u_2'' 存在 4 圈 C_4: $u_2r_2r_1u_2''u_2$, 其中 u_2r_2 是故障边, 不妨设 $u_2'', r_1 \in V(H_4)$。因为 H_i 为 n-2 正则二部图, 围长为 4 且不含奇圈, 又 $v_1u'u_2r_2$ 是一条 3 长路, 由定理 4.2.3, 所以 $H_2 - \{u', u_2\}$ 存在 Hamilton 圈且被 v_1 与 r_2 分成了两条奇长的路, 其中每段路都含有完美匹配, 故 $H_2 - \{u', u_2, v_1, r_2\}$ 有完美匹配 M_2。因为 H_4 中无故障边, 故 $H_4 - F$ 有完美匹配 M_4 且 $u_2''r_1 \in M_4$。因为剩余 H_r 中无故障边, 故每个都含有完美匹配, 记这些完美匹配的并为 M_r。因此 $((M_1' \cup M_2 \cup M_4 \cup M_r) \setminus \{uv_2, u'v_1, u_2r_2, u_2''r_1\}) \cup \{uu', v_1v_2, u_2u_2'', r_1r_2\}$ 是 $\mathrm{MB}_n - F$ 的完美匹配, 这将产生矛盾。

情况 2.1.1.2. $|F \cap E(H_2)| \leqslant n-4$ 且 $|F \cap E(H_3)| \leqslant n-4$。

因为 H_2, H_3 中有小于等于 $(n-4)$ 条故障边, 若 $n \geqslant 5$, 当 $|F \cap M| = 2$ 时, 由引理 4.2.1, 过点 u 有 $2(n-3)$ 个 4 圈, 所以存在 4 圈 C 上交叉边是非故障。不妨设 C 为 $uu'u_2u_3u$ 时, 其中 $u', u_2 \in V(H_2)$, uu_3 是故障边 e_j。因为在 H_2 中最多有 $(n-4)$ 条故障边, 所以由定理 4.2.4, 在 H_2 中包含一个在 u' 和 u_2 间的 Hamilton 路, 从而 $(H_2 - F) - \{u', u_2\}$ 包含一个完美匹配 M_2。因为剩余 H_r 中最多有 $(n-3)$ 条故障边, 故由定理 4.2.2, 每个都存在一个完美匹配, 设这些完美匹配的并为 M_r。因此, $((M_1 \cup M_2 \cup M_r) \setminus \{uu_3, u'u_2\}) \cup \{uu', u_2u_3\}$ 形成了 $\mathrm{MB}_n - F$ 的完美匹配, 这将产生矛盾。

当 $3 \leqslant |F \cap M| \leqslant n-1$ 时, 由引理 4.2.1, 过点 u 有 $2(n-2)$ 个圈, 所以存在 4 圈或 6 圈 C 上交叉边是非故障。C 为 4 圈 $uu'u_2u_3u$ 时, 其中 $u', u_2 \in V(H_2)$, uu_3 是故障边 e_j。因为在 H_2 中最多有 $(n-4)$ 条故障边, 所以由定理 4.2.4, 在 H_2 中包含一个在 u' 和 u_2 间的 Hamilton 路, 从而 $(H_2-F)-\{u', u_2\}$ 包含一个完美匹配 M_2。因为剩余 H_r 中最多有 $(n-4)$ 条故障边, 故由定理 4.2.2, 每个都存在一个完美匹配, 设这些完美匹配的并为 M_r。因此, $((M_1 \cup M_2 \cup M_r) \setminus \{uu_3, u'u_2\}) \cup \{uu', u_2u_3\}$ 形成了 $\mathrm{MB}_n - F$ 的完美匹配, 这将产生矛盾。当 C 为 6 圈 $uu_2u_3u_4u_5u'u$ 时, 其中 $u', u_5 \in V(H_2), u_3, u_4 \in V(H_i)$, uu_2 是故障边 e_j。因为在 H_2 中最多有 $(n-4)$ 条故障边, 所以由定理 4.2.4, 在 H_2 中包含一个在 u' 和 u_5 间的 Hamilton 路, 从而 $(H_2 - F) - \{u', u_5\}$ 包含一个完美匹配 M_2。因为在 H_i 中最多有 $(n-4)$ 条故障边, 由定理 4.2.2, H_i 中存在一个完美匹配且 $u_3u_4 \in M_i$。因为剩余 H_r 中最多有 $(n-4)$ 条故障边, 故由定理 4.2.2, 每个都存在一个完美匹配, 设这些完美匹配的并为 M_r。因此, $((M_1 \cup M_2 \cup M_i \cup M_r) \setminus \{uu_2, u'u_5, u_3u_4\}) \cup \{uu', u_2u_3, u_4u_5\}$

形成了 $\mathrm{MB}_n - F$ 的完美匹配, 这将产生矛盾。

情况 2.1.2. $n-2 < |F \cap E(H_1)| \leqslant 2n-6$。

设该孤立点为 u, 在 H_1 中, 与 u 相邻的点为 $u_1, u_2, \cdots, u_{n-2}$。因为 $\mathrm{MB}_n - F$ 没有孤立点, 所以与 u 关联的交叉边 uu', uu'' 至少一条非故障。不妨设 uu' 非故障。令 F' 为 $F \cap E(H_1)$ 中删去与 u 关联的 H_1 中的边得到的边集, 则 $|F'| \leqslant 2n-6-(n-2) = n-4$。因为 $2 \leqslant |F \cap M| \leqslant n-1$ 且每个点都与两条交叉边关联, 所以 u 至少有一个邻点关联的交叉边是非故障的。不妨设 u_1 的交叉边 u_1u_1' 非故障。由定理 4.2.4, 在 $H_1 - F'$ 中包含一个在 u 和 u_1 间的 Hamilton 路 P_1。在 P_1 上仅有和 u 关联的边是故障边。因此 $(H_1 - F) - \{u, u_1\}$ 包含一个完美匹配 M_1。如果 u' 和 u_1' 在同一个 H_i, 不妨记为 H_2, 那么 u' 和 u_1' 相邻, 这时 $uu_1u_1'u'u$ 是一个 4 圈。因为 H_2 中至多有 $2n-3-(n-1)-2=(n-4)$ 条故障边, 由定理 4.2.4, $H_2 - F$ 包含一个在 u' 和 u_1' 间的 Hamilton 路, 因此 $(H_2 - F) - \{u', u_1'\}$ 包含一个完美匹配 M_2。因为 $i \geqslant 3$ 时, H_i 中最多有 $2n-3-(n-1)-2=(n-4)$ 条故障边, 所以由定理 4.2.2, $H_i - F$ 有完美匹配 M_i, 设这些完美匹配的并为 M_r。因此, $M_1 \cup M_2 \cup M_r \cup \{uu', u_1u_1'\}$ 是 $\mathrm{MB}_n - F$ 的完美匹配, 这将产生矛盾。如果 u', u_1' 在不同的 H_i 中, 那么不妨设 $u' \in V(H_2), u_1' \in V(H_3)$。因为 H_2 和 H_3 间有 $2(n-2)!$ 条交叉边, 其中 $(n-2)!$ 条交叉边在 H_2 中的端点与 u' 不在同一部。因为 $(n-2)! > n-1$, 故存在一条非故障交叉边 r_1r_2, r_1 与 u' 在不同的部, $r_1 \in V(H_2), r_2 \in V(H_3)$。显然 r_2 与 u_1' 也在不同的部。因为 H_2 中最多含 $(n-4)$ 条故障边, 所以由定理 4.2.4, $H_2 - F$ 中包含一个在 u' 和 r_1 间的 Hamilton 路。因此, $(H_2 - F) - \{u', r_1\}$ 包含一个完美匹配 M_2。同理, $H_3 - F - \{u_1', r_2\}$ 包含一个完美匹配 M_3。因为 $i \geqslant 4$ 时, H_i 中最多有 $(n-4)$ 条故障边, 所以由定理 4.2.2, $H_i - F$ 有完美匹配 M_i, 设这些完美匹配的并为 M_r。因此, $M_1 \cup M_2 \cup M_3 \cup M_r \cup \{uu', u_1u_1', r_1r_2\}$ 是 $\mathrm{MB}_n - F$ 的完美匹配, 这将产生矛盾。

情况 2.2. $H_1 - F$ 不含孤立点。

因为 H_1 同构于 B_{n-1}, 所以由定理 4.2.5, 当 $n-2 \leqslant |F \cap E(H_1)| \leqslant 2n-7$ 时, $H_1 - F$ 有完美匹配, 这将产生矛盾。因此, 下面考虑 $|E(H_1) \cap F| = 2n-6$ 的情况。因为 $H_1 - F$ 中没有完美匹配, 所以存在路 $z_1z_2z_3$, 其中与 z_1 关联的有 $(n-3)$ 条故障边, 设为 $z_1y_1, z_1y_2, \cdots, z_1y_{n-3}$, 与 z_3 关联的有 $(n-3)$ 条故障边, 设为 $z_3x_1, z_3x_2, \cdots, z_3x_{n-3}$。

因为 $2 \leqslant |F \cap M| \leqslant 3$, z_1, z_3 各关联两条交叉边, 所以 z_1 或 z_3 存在一条交叉边非故障。不失一般性地, 设与 z_1 关联的交叉边 z_1z_1' 非故障。令 F' 为 $H_1 \cap F$ 中与 z_3 相邻的故障边集, 则 $|F'| = n-3$。因为 H_1 是 n-2 正则二部图, 由定理 4.2.2, $H_1 - F'$ 中存在完美匹配 M_1 且 $z_2z_3 \in M_1$, $z_1y_i \in M_1 (1 \leqslant i \leqslant n-3)$。不妨设 $z_1y_1 \in M_1$。在 M_1 中只有 z_1y_1 是故障边。

情况 2.2.1. y_1 的交叉边不都故障。

不妨设 y_1y_1' 非故障。如果 z_1' 和 y_1' 在同一个 H_i 中, 不妨记为 H_2, 那么 z_1' 和 y_1' 相邻, 这时 $z_1y_1y_1'z_1'z_1$ 是一个 4 圈。由定理 4.2.3, $H_2-\{z_1',y_1'\}$ 包含一个 Hamilton 圈 C。因为 $|H_2\cap F|\leqslant 2n-3-(2n-6)-2=1$, 故 C 包含一个 $H_2-\{z_1',y_1'\}$ 的完美匹配 M_2。因为 $i\geqslant 3$ 时, H_i 中最多有一条故障边, 所以由定理 4.2.2, H_i-F 有完美匹配 M_i, 设这些完美匹配的并为 M_r 因此, $(M_1-z_1y_1)\cup M_2\cup M_r\cup\{z_1z_1',y_1y_1'\}$ 形成 MB_n-F 的一个完美匹配, 这将产生矛盾。

如果 z_1' 和 y_1' 在不同的 H_i 中, 不妨设 $z_1'\in V(H_2), y_1'\in V(H_3)$。因为 H_2, H_3 之间有 $2(n-2)!$ 条交叉边, 在 H_2 中有 $(n-2)!$ 条边, 其端点与 z_1' 不在同一部并且最多有 3 条交叉边故障, 故存在一条非故障交叉边 r_1r_2, r_1 和 z_1' 在不同的部, $r_1\in V(H_2), r_2\in V(H_3)$。显然, r_2 与 y_1' 也在不同的部。因为 H_2 中至多有一条故障边, 故由定理 4.2.4, H_2-F 存在一个 z_1' 和 r_1 间的 Hamilton 路 P。故 P 包含一个 $H_2-\{z_1',r_1\}$ 的完美匹配 M_2。同理 $H_3-\{y_1',r_2\}$ 包含一个完美匹配 M_3。因为其余 H_i $(i\geqslant 4)$ 中最多有一条故障边, 所以每个都存在一个完美匹配, 设这些完美匹配的并为 M_r。因此, $(M_1-z_1y_1)\cup M_2\cup M_3\cup M_r\cup\{z_1z_1',y_1y_1',r_1r_2\}$ 是 MB_n-F 的完美匹配, 这将产生矛盾。

情况 2.2.2. y_1 的两条交叉边都故障。

因为 $2\leqslant|F\cap M|\leqslant 3$, 故存在 z_3 的交叉边存在非故障。令 F' 为 $H_1\cap F$ 中与 z_1 相邻的故障边集, 则 $|F'|=n-3$。因为 H_1 是 n-2 正则二部图, 故由定理 4.2.2, H_1-F' 存在完美匹配 M_1' 且 $z_1z_2\in M_1'$, $z_3x_i\in M_1'$。不妨设 $z_3x_1\in M_1'$。在 M_1' 中只有 z_3x_1 是故障边。因为 y_1 的交叉边都故障且 $2\leqslant|F\cap M|\leqslant 3$, 所以 x_1 有一条交叉边非故障。不妨设 x_1x_1' 非故障。

如果 z_3' 和 x_1' 在同一个 H_i 中, 不妨记为 H_2, 那么 z_3' 和 x_1' 相邻, 这时 $z_3x_1x_1'z_3'z_3$ 是一个 4 圈。由定理 4.2.3, $H_2-\{z_3',x_1'\}$ 包含一个 Hamilton 圈 C。因为 H_2 中最多有一条故障边, 故 C 包含一个 $H_2-\{z_3',x_1'\}$ 的完美匹配 M_2。因为 $i\geqslant 3$, H_i 中最多有一条故障边, 所以由定理 4.2.2, H_i-F 有完美匹配 M_i, 设这些完美匹配的并为 M_r。因此, $(M_1'-z_3x_1)\cup M_2\cup M_r\cup\{z_3z_3',x_1x_1'\}$ 形成 MB_n-F 的一个完美匹配, 这将产生矛盾。

如果 z_3' 和 x_1' 在不同的 H_i 中, 不妨设 $z_3'\in V(H_2), x_1'\in V(H_3)$。因为 H_2, H_3 之间有 $2(n-2)!$ 条交叉边, 在 H_2 中有 $(n-2)!$ 条边, 其端点与 z_3' 不在同一部并且最多有 3 条交叉边故障, 故存在一条非故障交叉边 w_1w_2, w_1 和 z_3' 在不同的部, $w_1\in V(H_2), w_2\in V(H_3)$。显然, w_2 与 x_1' 也在不同的部。因为 H_2 中至多有一条故障边, 故由定理 4.2.4, H_2-F 存在一个 z_3' 和 w_1 间的 Hamilton 路 P。故 P 包含一个 $H_2-\{z_3',w_1\}$ 的完美匹配 M_2。同理 $H_3-\{x_1',w_2\}$ 包含一个完美匹配 M_3。因为其余 $H_i(i\geqslant 4)$ 中最多有一条故障边, 所以各包含一个完美匹配 M_i, 设

这些完美匹配的并为 M_r。因此, $(M_1'-z_3x_1)\cup M_2\cup M_3\cup M_r\cup\{z_3z_3', x_1x_1', w_1w_2\}$ 是 MB_n-F 的完美匹配, 这将产生矛盾。 □

4.3　叶型图的连通性和匹配排除

本章证明了: ①叶型图 CF_n 的连通性 (边连通性), 对于奇数 n 为 $\dfrac{3n-3}{2}$ $\left(\dfrac{3n-3}{2}\right)$, 对于偶数 n 为 $\dfrac{3n-4}{2}$ $\left(\dfrac{3n-4}{2}\right)$; ② CF_n 为超边连通; ③ CF_n 的匹配排除数为, 奇数为 $\dfrac{3n-3}{2}n$, 偶数为 $\dfrac{3n-4}{2}n$; ④条件匹配排除 CF_n 的序号为, 奇数 n 和 $n\geqslant 3$ 为 $3n-5$, 偶数 n 和 $n\geqslant 4$ 为 $3n-6$。

4.3.1　预备知识

置换 $\begin{pmatrix}1 & 2 & \cdots & n\\ p_1 & p_2 & \cdots & p_n\end{pmatrix}$, $i\to p_i$。为方便起见, 我们将置换 $\begin{pmatrix}1 & 2 & \cdots & n\\ p_1 & p_2 & \cdots & p_n\end{pmatrix}$ 记为 $p_1\ p_2\ \cdots\ p_n$。每一个置换都可以用不相交环的乘积来表示 [56]。例如, $\begin{pmatrix}1 & 2 & 3\\ 3 & 1 & 2\end{pmatrix}=(132)$。特别地, $\begin{pmatrix}1 & 2 & \cdots & n\\ 1 & 2 & \cdots & n\end{pmatrix}=(1)$。两个置换的乘积 $\sigma\tau$ 是复合函数 τ 后接 σ, 例如, $(12)(13)=(132)$。对于这里没有定义的术语和符号, 我们遵循文献 [56]。

设 $[n]=\{1,2,\cdots,n\}$, 又设 n 是 $[n]$ 上的对称群, 包含 $[n]$ 的所有置换 $p=p_1p_2\cdots p_n$。众所周知, $\{(1i):i=2,3,\cdots,n\}$ 是 S_n 的生成集。所以 $\{(1,i):i=2,3,\cdots,n\}\cup\{(j,j+1):j=2,4,\cdots,n-1\}$ (n 是奇数) 也是 S_n 的一个生成集, 并且 $\{(1,i):i=2,3,\cdots,n\}\cup\{(j,j+1):j=2,4,\cdots,n-2\}$ (n 是偶数) 也是 S_n 的一个生成集。n 维叶型图 CF_n 是顶点集为 $V(\text{CF}_n)=S_n$ 的图, 两个顶点 u, v 相邻接的充分必要条件是当 j 是偶数而 n 是奇数时, $u=v(1,i)$, $2\leqslant i\leqslant n$, 或 $u=v(j,j+1)$, $2\leqslant j\leqslant n-1$; 或当 j 和 n 是偶数时, $u=v(j,j+1)$, $2\leqslant j\leqslant n-2$。

从定义中很容易看出, CF_n 是一个有 $n!$ 个顶点的 $((3n-3)/2)$-正则图, n 为奇数, 并且 CF_n 是一个有 $n!$ 个顶点的 $((3n-4)/2)$-正则图, n 为偶数。图 CF_2、CF_3 和 CF_4 如图 4.4 所示。

如果存在图 G 任意顶点对 u,v 的自同构 φ 使得 $\varphi(u)=v$, 则图 G 的自同构群是可传递的。在这种情况下, G 被称为顶点传递。注意到 CF_n 是一个特殊的凯莱图。

命题 4.3.1　CF_n *是顶点传递的。*

如果图的顶点集可以划分为两个子集 X 和 Y, 使得每条边都有一端在 X 和一端在 Y, 则该图是二部的; 这样的分割 (X,Y) 称为图的二分割, X 和 Y 是

其两个部分。我们用 (X,Y) 划分 $G=(X,Y;E)$ 来表示一个二部图 G。如果 $G=(X,Y;E)$ 是简单的, 并且 X 中的每个顶点都连接到 Y 中的每个顶点, 则 $G=(X,Y;E)$ 称为完全二部图, 用 $K_{n,m}$ 表示, 其中 $|X|=n$ 和 $|Y|=m$。因为 CF_n 的生成集是一个转置集, 我们有以下命题。

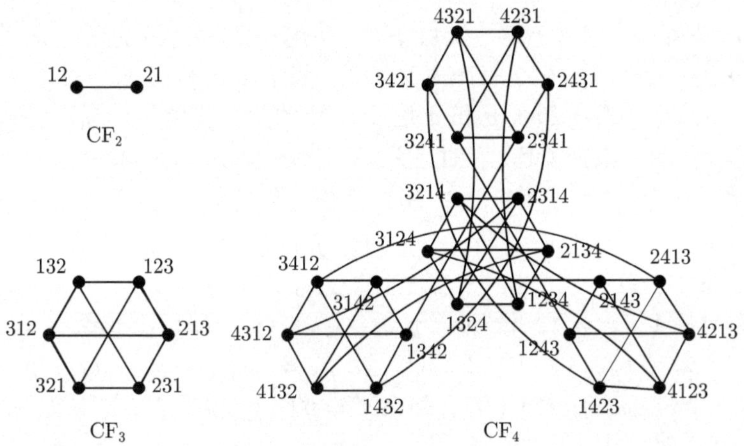

图 4.4 叶型图 CF_2、CF_3 和 CF_4

命题 4.3.2 对于任意整数 $n\geqslant 2$, CF_n 是二部的。

命题 4.3.3 对于任意整数 $n\geqslant 3$, CF_n 的围长为 4。

证明 注意到 $(1),(12),(123),(23),(1)$ 在 CF_n 中是一个 4 圈。由命题 4.3.2, 则 CF_n 的围长为 4。 □

定理 4.3.1 [56] 对称群中的每一个非恒等置换都是不相交环的唯一乘积 (根据因子的顺序), 每个不相交环的长度至少为 2。

设 $G=(V,E)$ 是一个图。给定 V 的一个非空顶点子集 V', 由 V' 导出 G 的子图, 记为 $G[V']$, 它是一个图, 其顶点集为 V_1', 边集是 G 中所有端点都在 V' 的边集合。我们能将 CF_n 划分为 n 个子图 $\mathrm{CF}_n^1,\mathrm{CF}_n^2,\cdots,\mathrm{CF}_n^n$, 其中, 每个顶点 $u=x_1x_2\cdots x_n\in V(\mathrm{CF}_n)$ 对于 $i\in[n]$ 的最后位置 x_n 具有固定整数 i。

命题 4.3.4 设 $i=1,2,\cdots,n$, $n\geqslant 3$ 和 $H_i=\mathrm{CF}_n^i$, 那么 H_i 和 CF_{n-1} 是同构的。

证明 断言 1: H_n 与 CF_{n-1} 同构。现在我们定义一个从 $V(H_n)$ 到 $V(\mathrm{CF}_{n-1})$ 的映射: $\varphi: p_1p_2\cdots p_{n-1}n\to p_1p_2\cdots p_{n-1}$。我们需要证明 φ 是双射。首先, 我们将证明 φ 是满射。设 $p=p_1p_2\cdots p_{n-1}\in V(\mathrm{CF}_{n-1})$, 那么 $p=p_1p_2\cdots p_{n-1}$ 是一个 $[n-1]$ 的置换。设 $p'=p_1p_2\cdots p_{n-1}n$, 那么 p' 是 $[n]$ 的一个置换, $p'\in V(H_n)$ 并且 φ 是满射。接下来我们将证明 φ 是单射。设 $p=p_1p_2\cdots p_{n-1}\in V(\mathrm{CF}_{n-1})$ 和 $q=q_1q_2\cdots q_{n-1}\in V(\mathrm{CF}_{n-1})$。如果 $p=q$, 那么 $p_r=q_r$ 对于 $r=1,2,\cdots,n-1$。

设 $p' = p_1p_2\cdots p_{n-1}n, q' = p_1p_2\cdots p_{n-1}n \in V(H_n)$。因此, $p' = q'$ 并且 φ 是单射。因此, φ 是双射。

设 $(p', q') \in E(H_n)$, 那么存在一个变换 (r, t) 使得 $q' = p'(r, t)$, 其中 $(r, t) \in \{(1, i) : i = 2, 3, \cdots, n-1\} \cup \{(j, j+1) : j = 2, 4, \cdots, n-3\}$ (n 是奇数) 或者 $(r, t) \in \{(1, i) : i = 2, 3, \cdots, n-1\} \cup \{(j, j+1) : j = 2, 4, \cdots, n-2\}$ (n 是偶数) , $r, t \leqslant n-1$, $r \neq t$。设 $p' = p_1p_2\cdots p_r\cdots p_t\cdots p_{n-1}n$, 那么 $q' = p'(r, t) = p_1p_2\cdots p_t\cdots p_r\cdots p_{n-1}n \in V(H_n)$。设 $p = p_1p_2\cdots p_r\cdots p_t\cdots p_{n-1}, q = p_1p_2\cdots p_t\cdots p_r\cdots p_{n-1}$, 那么 p 和 q 是 $[n-1]$ 的两个置换并且 $p, q \in V(\mathrm{CF}_{n-1})$。注意到 $q = p(r, t)$。根据 CF_{n-1} 的定义, 有 $(p, q) \in E(\mathrm{CF}_{n-1})$。

相反地, 设 $(p, q) \in E(\mathrm{CF}_{n-1})$, 那么存在一个变换 (s, t) 使得 $q = p(r, t)$, 其中 $(r, t) \in \{(1, i) : i = 2, 3, \cdots, n-1\} \cup \{(j, j+1) : j = 2, 4, \cdots, n-3\}$ (n 是奇数) 或 $(r, t) \in \{(1, i) : i = 2, 3, \cdots, n-1\} \cup \{(j, j+1) : j = 2, 4, \cdots, n-2\}$ (n 是偶数), $r, t \leqslant n-1$, $r \neq t$。设 $p = p_1p_2\cdots p_r\cdots p_t\cdots p_{n-1}$, 那么 $q = p(r, t) = p_1p_2\cdots p_t\cdots p_r\cdots p_{n-1} \in V(\mathrm{CF}_{n-1})$。设 $p' = p_1p_2\cdots p_r\cdots p_t\cdots p_{n-1}n, q' = p_1p_2\cdots p_t\cdots p_r\cdots p_{n-1}n \in V(H_n)$, 那么 $q' = p'(r, t)$。根据 H_n 的定义, 有 $(p', q') \in E(H_n)$。因此, H_n 同构于 CF_{n-1}。

断言 2: H_i 同构于 H_n。

现在我们为每个 $a \in V(H_i)$ 定义一个映射 $\varphi : a \to (in)a$。由于 $n \to i$ 在 a 中并且 $i \to n$ 在 (in) 中, 则 $n \to n$ 在 $(in)a$ 中并且 $(in)a \in V(H_n)$。因此, $\varphi : a \to (in)a$ 是一个从 $V(H_i)$ 到 $V(H_n)$ 的映射。我们需要证明 φ 是双射。首先, 我们将证明 φ 是满射。设 $p = p_1p_2\cdots p_{j-1}ip_{j+1}\cdots p_{n-1}n \in V(H_n)$。设 $p' = p_1p_2\cdots p_{j-1}np_{j+1}\cdots p_{n-1}i$, 那么有 $p' \in V(H_i)$ 和 $(in)p' = p_1p_2\cdots p_{j-1}ip_{j+1}\cdots p_{n-1}n$。因此, φ 是满射。接下来我们将证明 φ 是单射。设 $p = p_1p_2\cdots p_{j-1}ip_{j+1}\cdots p_{n-1}n \in V(H_n)$ 和 $q = q_1q_2\cdots q_{j-1}iq_{j+1}\cdots q_{n-1}n \in V(H_n)$, 那么 p, q 是 $[n]$ 的两个置换。设 $p' = p_1p_2\cdots p_{j-1}np_{j+1}\cdots p_{n-1}i$ 和 $q' = q_1q_2\cdots q_{j-1}nq_{j+1}\cdots q_{n-1}i$, 那么 $p', q' \in V(H_i)$, $(in)p' = p$, $(in)q' = q$。如果 $p = q$, 那么 $p_r = q_r$ 对于 $r = 1, 2, \cdots, n-1$。因此, $p' = q'$。所以, φ 是单射。因此, φ 是双射。

设 $H_i = \mathrm{CF}_n\{(i, n)p : \forall p \in V(H_n)\}$, $V(H_i) = \{(i, n)p : \forall p \in V(H_n)\}$。我们用 $H_i = (in)H_n$ 表示 H_i。设 $(p', q') \in E(H_i)$, 那么存在一个变换 (r, t) 使得 $q' = p'(r, t) = (i, n)p(r, t)$。注意到 (r, t) 是一个变换, $r, t \leqslant n-1$ 并且 $r \neq t$。设 $p' = p_1p_2\cdots p_r\cdots p_{j-1}np_{j+1}\cdots p_t\cdots p_{n-1}i$, 那么 $p = p_1p_2\cdots p_r\cdots p_{j-1}ip_{j+1}\cdots p_t\cdots p_{n-1}n$, 那么 $p' = (in)p$。因此, $\varphi(p') = p = p_1p_2\cdots p_r\cdots p_{j-1}ip_{j+1}\cdots p_t\cdots p_{n-1}n$ 并且 $\varphi(q') = q = p(r, t) = p_1p_2\cdots p_t\cdots p_{j-1}ip_{j+1}\cdots p_r\cdots p_{n-1}n$。因此, $p, q \in V(H_n)$ 和 $q = p(r, t)$。根据 H_n 的定义, 有 $(p, q) \in E(H_n)$。相反地, 设 $(p, q) \in E(H_n)$, 那么 $q = p(r, t)$, 其中 $r, t \leqslant n-1$ 并且 $r \neq t$。设 $p = p_1p_2\cdots p_r\cdots p_{j-1}ip_{j+1}$

$\cdots p_t \cdots p_{n-1}n$, 那么 $q = p(r,t) = p_1p_2\cdots p_t\cdots p_{j-1}ip_{j+1}\cdots p_r\cdots p_{n-1}n \in V(H_n)$。设 $p' = p_1p_2\cdots p_r\cdots p_{j-1}np_{j+1}\cdots p_t\cdots p_{n-1}, i \in V(H_i); q' = p_1p_2\cdots p_t\cdots p_{i-1}np_{i+1}\cdots p_r\cdots p_{n-1}, i \in V(H_i)$, 那么 $p = (in)p'$ 并且 $q = (in)q'$。明显地, $q' = p'(r,t)$。根据 H_i 的定义, 有 $(p',q') \in E(H_i)$。因此, H_i 同构于 H_n。

根据断言 1 和断言 2, 可得对于 $i = 1, 2, \cdots, n$ 有 H_i 和 CF_{n-1} 是同构的。□

命题 4.3.5 设 $v \in V(\mathrm{CF}_n^i)$ $(1 \leqslant i \leqslant n)$ 定义如上, 那么当 n 是奇数时 $v(1n)$ 和 $v(n-1,n)$ 属于两个不同的 CF_n^j $(j \neq i)$。

端点位于不同 CF_n^i 的边称为交叉边。如果两条边不相邻, 就称它们是独立的。

命题 4.3.6 设 CF_n^i $(1 \leqslant i \leqslant n)$ 定义如上, 那么当 n 是奇数时, 两个不同的 CF_n^i 之间有 $2(n-2)!$ 条独立交叉边; 当 n 是偶数时, 两个不同的 CF_n^i 之间有 $(n-2)!$ 条独立交叉边。

证明 由命题 4.3.5, 两个不同的 CF_n 之间的交叉边是独立的, 这就形成了两个不同的 CF_n^i 之间的匹配。所以当 n 是奇数时, 在 CF_n 中有 $\dfrac{2n!}{2} = n!$ 条交叉边, 那么两个不同的 CF_n^i 之间有独立交叉边 $\dfrac{n!}{C_n^2} = 2(n-2)!$。注意到, 当 n 是偶数时, 在 CF_n 中有独立边 $\dfrac{n!}{2}$, 那么两个不同的 CF_n^i 之间有独立交叉边 $\dfrac{\frac{n!}{2}}{C_n^2} = (n-2)!$。

□

n 阶完全图记为 K_n。

定理 4.3.2 设 CF_n 是叶型图, 那么其连通度, 当 n 是奇数时为 $\kappa(\mathrm{CF}_n) = \dfrac{3n-3}{2}$, 当 n 是偶数时为 $\kappa(\mathrm{CF}_n) = \dfrac{3n-4}{2}$。

证明 当 $n = 2$ 时, 有 $\mathrm{CF}_2 \cong K_2$。因此, $\kappa(\mathrm{CF}_2) = \dfrac{3n-4}{2} = 1$。我们在 n 上用归纳法证明。当 $n = 3$ 时, $\mathrm{CF}_3 \cong K_{3,3}$。很容易看出 $\kappa(\mathrm{CF}_3) = \dfrac{3n-3}{2} = 3$。我们沿着最后一个位置分解 CF_n, 记为 H_i $(i = 1, 2, \cdots, n)$。由命题 4.3.4, H_i 和 CF_{n-1} 是同构的。设 F 是 CF_n 中的故障节点集, 则对于奇数 n 有 $|F| \leqslant \dfrac{3n-3}{2} - 1$, 对于偶数 n 有 $|F| \leqslant \dfrac{3n-4}{2} - 1$, 以及 $F_i = V(H_i) \cap F$。当 $n = 4$ 时, 有 $|F| \leqslant \dfrac{3n-4}{2} - 1 = 3$。不失一般性地, 设 $|F_1| = \max\{|F_1|, |F_2|, |F_3|, |F_4|\}$。注意到 H_1, H_2, H_3 和 H_4 是完全二部图 $K_{3,3}$。由于 $|F| \leqslant 3$, 则存在 F_i $(2 \leqslant i \leqslant 4)$ 使得 $|F_i| = 0$。不失一般性地, 假定 $|F_4| = 0$。注意对于 $i = 2, 3$, $|F_i| \leqslant 1$。因此, 对于 $i = 2, 3, 4$, $H_i - F_i$ 是连通的。结合命题 4.3.6, 我们有对于 $i = 2, 3$, $\mathrm{CF}_4[V(H_i - F_i) \cup V(H_4 - F_4)]$ 是连通的。因此, $\mathrm{CF}_4[V(H_2 - F_2) \cup V(H_3 - F_3) \cup V(H_4 - F_4)]$ 是连通的。如果 $H_1 - F_1$

是连通的, 那么, 由命题 4.3.6, 可得 $CF_4 - F$ 是连通的。如果 $H_1 - F_1$ 不连通, 那么, $H_1 - F_1 \cong K_{3,3}$, $|F_1| = 3$。因此, 对于 $i = 2, 3, 4$, 有 $|F_i| = 0$。由命题 4.3.6, 可得 $CF_4 - F$ 是连通的。因此, $\kappa(CF_4) \geqslant 4$。由于 $\delta(CF_4) = 4 \geqslant \kappa(CF_4) \geqslant 4$, 我们有 $\kappa(CF_4) = \dfrac{3n-4}{2} = 4$。

当 $n = k-1$ 时, 我们假设对于奇数 n 有 $\kappa(CF_{k-1}) = \dfrac{3(k-1)-4}{2} = \dfrac{3k-7}{2}$, 对于偶数 n 有 $\kappa(CF_n) = \dfrac{3(k-1)-3}{2} = \dfrac{3k-6}{2}$。当 $n = k$ 时, 设 F 是 CF_k 中故障顶点集, 对于奇数 k 有 $|F| \leqslant \dfrac{3k-3}{2} - 1$, 对于偶数 k 有 $|F| \leqslant \dfrac{3k-4}{2} - 1$, 以及对于 $i = 1, 2, \cdots, k$ 有 $F_i = V(H_i) \cap F$。不失一般性地, 设 $|F_1| = \max\{|F_i| : i = 1, 2, \cdots, k\}$。我们考虑以下情况。

情况 1. 对于奇数 k 有 $|F_1| \leqslant \dfrac{3(k-1)-4}{2} - 1 = \dfrac{3k-7}{2} - 1$, 并且对于偶数 k 有 $|F_1| \leqslant \dfrac{3(k-1)-3}{2} - 1 = \dfrac{3k-6}{2} - 1$。

考虑到 $|F_1| = \max\{|F_i| : i = 1, 2, \cdots, k\}$。根据假设, 对于 $i = 1, 2, \cdots, k$, $H_i - F_i$ 是连通的。假设 k 是奇数, 那么 $k \geqslant 5$。由命题 4.3.6, 两个不同 CF_i 之间存在 $2(k-2)!$ 个独立交叉边。由于对于 $k \geqslant 5$ 有 $2(k-2)! > \dfrac{3k-3}{2} - 1$, 则 $CF_k[V(H_i - F_i) \cup V(H_j - F_j)]$ 是连通的。因此, $CF_k - F$ 是连通的。

假设 k 是偶数, 当 $k = 4$ 时, 由前述可得, $\kappa(CF_4) = \dfrac{3n-4}{2} = 4$。由于 $|F| \leqslant \dfrac{3k-4}{2} - 1 = 3$, 则 $CF_4 - F$ 是连通的。因此, $k \geqslant 6$。记 $|F_1| = \max\{|F_i| : i = 1, 2, \cdots, k\}$。依据假设可得, 对于 $i = 1, 2, \cdots, k$, $H_i - F_i$ 是连通的。由命题 4.3.6, 有两个不同 CF_i 之间存在 $(k-2)!$ 个独立交叉边。由于 $(k-2)! > \dfrac{3(k-1)-3}{2} - 1$ 对于 $k \geqslant 6$, 则 $CF_k[V(H_i - F_i) \cup V(H_j - F_j)]$ 是连通的。因此, $CF_k - F$ 是连通的。

情况 2. 对于奇数 k 有 $\dfrac{3(k-1)-4}{2} \leqslant |F_1| \leqslant \dfrac{3k-3}{2} - 1$, 并且对于偶数 k 有 $|F_1| = \dfrac{3(k-1)-3}{2} = \dfrac{3k-4}{2} - 1$。

假设 k 是奇数。考虑到 $\dfrac{3k-3}{2} - 1 - \left(\dfrac{3(k-1)-4}{2}\right) = 1$。因此, $\{F_i : i = 2, 3, \cdots, k\}$ 中最多有一个 F_i 使得 $|F_i| = 1$。因此, 对于 $i = 2, 3, \cdots, k$, $H_i - F_i$ 是连通的。由命题 4.3.6, 可得 $CF_k[V(H_2 - F_2) \cup \cdots \cup V(H_k - F_k)]$ 是连通的。对

于 $v \in V(H_1)$, 由命题 4.3.5, 可得 $\mathrm{CF}_k[\{v\} \cup V(H_2 - F_2) \cup \cdots \cup V(H_k - F_k)]$ 是连通的。因此, $\mathrm{CF}_k - F$ 是连通的。

假设 k 是偶数。记 $|F_1| = \dfrac{3(k-1)-3}{2} = \dfrac{3k-4}{2} - 1$。因此, 对于 $i = 2, 3, \cdots, k$, $|F_i| = 0$。因此, 对于 $i = 2, 3, \cdots, k$, $H_i - F_i$ 是连通的。由命题 4.3.6, 可得 $\mathrm{CF}_k[V(H_2 - F_2) \cup \cdots \cup V(H_k - F_k)]$ 是连通的。对于 $v \in V(H_1)$, 由命题 4.3.5, $\mathrm{CF}_k[\{v\} \cup V(H_2 - F_2) \cup \cdots \cup V(H_k - F_k)]$ 是连通的。因此, $\mathrm{CF}_k - F$ 是连通的。

假设 k 是奇数。由情况 1 和情况 2, 可得 $\kappa(\mathrm{CF}_k) \geqslant \dfrac{3k-3}{2}$。由于 $\delta(\mathrm{CF}_k) = \dfrac{3k-3}{2} \geqslant \kappa(\mathrm{CF}_k) \geqslant \dfrac{3k-3}{2}$, 所以我们对于奇数 k 有 $\kappa(\mathrm{CF}_k) = \dfrac{3k-3}{2}$。假设 k 是偶数。由情况 1 和情况 2, 有 $\kappa(\mathrm{CF}_k) \geqslant \dfrac{3k-4}{2}$。由于 $\delta(\mathrm{CF}_k) = \dfrac{3k-4}{2} \geqslant \kappa(\mathrm{CF}_k) \geqslant \dfrac{3k-4}{2}$, 所以我们对于偶数 k 有 $\kappa(\mathrm{CF}_k) = \dfrac{3k-4}{2}$。 □

定理 4.3.2 说明以下问题。首先, 叶型图 CF_n 的连通性是最大的。其次, 由 Menger 的理论, 对 CF_n 的任意两个不同的顶点, 当 n 为奇数时, 存在 $\dfrac{3n-3}{2}$ 个顶点不相交的路径将它们连接起来; 当 n 为偶数时, 存在 $\dfrac{3n-4}{2}$ 个顶点不相交的路径将它们连接起来。具有高连接性是任何互联网络的理想特性, 因为它提供了关于消息路由的容错性, 允许避免热点, 并允许将大消息拆分成更小的消息, 并沿着顶点不相交的路径并行路由。

图 G 的边割是一组边, 它的移除使剩余的图不再连通。G 的边缘连通度 $\lambda(G)$ 是 G 的最小边割集的基数。

引理 4.3.1 [4] $\kappa(G) \leqslant \lambda(G) \leqslant \delta(G)$。

由定理 4.3.2 和引理 4.3.1, 我们得到以下推论。

推论 4.3.1 当 n 是奇数时, 边缘连通度 $\lambda(\mathrm{CF}_n) = \dfrac{3n-3}{2}$; 当 n 是偶数时, 边缘连通度 $\lambda(\mathrm{CF}_n) = \dfrac{3n-4}{2}$。

连通图 G 是超边连通的, 如果 G 的每一个最小边割都隔离了一个孤立的顶点。

定理 4.3.3 设 CF_n 是叶型图, 那么 CF_n 是超边连通的。

证明 当 $n = 2$ 时, $\mathrm{CF}_2 \cong K_2$。因此, $\kappa(\mathrm{CF}_2) = \dfrac{3n-4}{2} = 1$。我们在 n 上用归纳法证明。当 $n = 3$ 时, $\mathrm{CF}_3 \cong K_{3,3}$。容易看出 $\kappa(\mathrm{CF}_3) = \dfrac{3n-3}{2} = 3$。我们沿

着最后一个位置分解 CF_n，记为 $H_i\ (i=1,2,\cdots,n)$。由命题 4.3.4, 可得 H_i 和 CF_{n-1} 同构。设 F 是 CF_n 的故障顶点集, 对奇数 n 有 $|F|\leqslant\dfrac{3n-3}{2}-1$, 对偶数 n 有 $|F|\leqslant\dfrac{3n-4}{2}-1$, $F_i=V(H_i)\cap F$。当 $n=4$ 时, $|F|\leqslant\dfrac{3n-4}{2}-1=3$。不失一般性地, 设 $|F_1|=\max\{|F_1|,|F_2|,|F_3|,|F_4|\}$。注意到 H_1,H_2,H_3 和 H_4 是完全二部图 $K_{3,3}$。由于 $|F|\leqslant 3$, 则存在一个 $F_i\ (2\leqslant i\leqslant 4)$ 使得 $|F_i|=0$。不失一般性地, 假设 $|F_4|=0$。考虑到 $|F_i|\leqslant 1$ 对于 $i=2,3$。因此, 对于 $i=2,3,4$, 有 H_i-F_i 是连通的。再结合命题 4.3.6, 对于 $i=2,3$, 我们有 $\mathrm{CF}_4[V(H_i-F_i)\cup V(H_4-F_4)]$ 是连通的。因此, $\mathrm{CF}_4[V(H_2-F_2)\cup V(H_3-F_3)\cup V(H_4-F_4)]$ 是连通的。如果 H_1-F_1 是连通的, 那么, 由命题 4.3.6, 有 CF_4-F 是连通的。如果 H_1-F_1 不连通, 那么 $H_1-F_1\cong K_{3,3}$, $|F_1|=3$。因此, 对于 $i=2,3,4$, 有 $|F_i|=0$。由命题 4.3.6, 有 CF_4-F 是连通的。因此, $\kappa(\mathrm{CF}_4)\geqslant 4$。由于 $\delta(\mathrm{CF}_4)=4\geqslant\kappa(\mathrm{CF}_4)\geqslant 4$, 我们有 $\kappa(\mathrm{CF}_4)=\dfrac{3n-4}{2}=4$。

当 $n=k-1$ 时, 我们假设对奇数 n 有 $\kappa(\mathrm{CF}_{k-1})=\dfrac{3(k-1)-4}{2}=\dfrac{3k-7}{2}$, 并且对偶数 n 有 $\kappa(\mathrm{CF}_n)=\dfrac{3(k-1)-3}{2}=\dfrac{3k-6}{2}$。当 $n=k$ 时, 设 F 是 CF_k 的故障顶点集, 对于奇数 k 有 $|F|\leqslant\dfrac{3k-3}{2}-1$, 对于偶数 k 有 $|F|\leqslant\dfrac{3k-4}{2}-1$, $F_i=V(H_i)\cap F$ 对于 $i=1,2,\cdots,k$。不失一般性地, 设 $|F_1|=\max\{|F_i|:i=1,2,\cdots,k\}$。我们考虑以下情况。

情况 1. $|F_1|\leqslant\dfrac{3(k-1)-4}{2}-1=\dfrac{3k-7}{2}-1$ (对于奇数 k) 和 $|F_1|\leqslant\dfrac{3(k-1)-3}{2}-1=\dfrac{3k-6}{2}-1$ (对于偶数 k)。

注意到 $|F_1|=\max\{|F_i|:i=1,2,\cdots,k\}$。根据假设, 对于 $i=1,2,\cdots,k$, H_i-F_i 是连通的。假设 k 是奇数, 那么 $k\geqslant 5$。由命题 4.3.6, 在两个不同的 CF_i 之间存在 $2(k-2)!$ 个独立交叉边。由于 $2(k-2)!>\dfrac{3k-3}{2}-1$ 对于 $k\geqslant 5$, 则 $\mathrm{CF}_k[V(H_i-F_i)\cup V(H_j-F_j)]$ 是连通的。因此, CF_k-F 是连通的。

假设 k 是奇数, 当 $k=4$ 时, 由前述可得 $\kappa(\mathrm{CF}_4)=\dfrac{3n-4}{2}=4$。由于 $|F|\leqslant\dfrac{3k-4}{2}-1=3$, 则 CF_4-F 是连通的。因此, $k\geqslant 6$。注意到 $|F_1|=\max\{|F_i|:i=1,2,\cdots,k\}$。依据假设, 对于 $i=1,2,\cdots,k$, H_i-F_i 是连通的。由命题 4.3.6, 在两个不同的 CF_i 之间存在 $(k-2)!$ 个独立交叉边。由于对于 $k\geqslant 6$ 有

$(k-2)! > \dfrac{3(k-1)-3}{2} - 1$, 那么 $\mathrm{CF}_k[V(H_i - F_i) \cup V(H_j - F_j)]$ 是连通的。因此, $\mathrm{CF}_k - F$ 是连通的。

情况 2. $\dfrac{3(k-1)-4}{2} \leqslant |F_1| \leqslant \dfrac{3k-3}{2} - 1$ (对于奇数 k) 和 $|F_1| = \dfrac{3(k-1)-3}{2} = \dfrac{3k-4}{2} - 1$ (对于偶数 k)。

假设 k 是奇数。考虑到 $\dfrac{3k-3}{2} - 1 - \left(\dfrac{3(k-1)-4}{2}\right) = 1$。因此, 对于 $\{F_i : i = 2, 3, \cdots, k\}$ 存在最多一个 F_i 使得 $|F_i| = 1$。因此, $H_i - F_i$ 是连通的对于 $i = 2, 3, \cdots, k$。由命题 4.3.6, 则 $\mathrm{CF}_k[V(H_2 - F_2) \cup \cdots \cup V(H_k - F_k)]$ 是连通的。对于 $v \in V(H_1)$, 由命题 4.3.5, 可得 $\mathrm{CF}_k[\{v\} \cup V(H_2 - F_2) \cup \cdots \cup V(H_k - F_k)]$ 是连通的。因此, $\mathrm{CF}_k - F$ 是连通的。

假设 k 是偶数。考虑到 $|F_1| = \dfrac{3(k-1)-3}{2} = \dfrac{3k-4}{2} - 1$。因此, 对于 $i = 2, 3, \cdots, k$, 有 $|F_i| = 0$。因此, $H_i - F_i$ 是连通的对于 $i = 2, 3, \cdots, k$。由命题 4.3.6, 可得 $\mathrm{CF}_k[V(H_2 - F_2) \cup \cdots \cup V(H_k - F_k)]$ 是连通的。对于 $v \in V(H_1)$, 由命题 4.3.5, 可得 $\mathrm{CF}_k[\{v\} \cup V(H_2 - F_2) \cup \cdots \cup V(H_k - F_k)]$ 是连通的。因此, $\mathrm{CF}_k - F$ 是连通的。

假设 k 是奇数, 由情况 1 和情况 2, 可得 $\kappa(\mathrm{CF}_k) \geqslant \dfrac{3k-3}{2}$。由于 $\delta(\mathrm{CF}_k) = \dfrac{3k-3}{2} \geqslant \kappa(\mathrm{CF}_k) \geqslant \dfrac{3k-3}{2}$, 我们对于奇数 k 有 $\kappa(\mathrm{CF}_k) = \dfrac{3k-3}{2}$。假设 k 是偶数, 由情况 1 和情况 2, 可得 $\kappa(\mathrm{CF}_k) \geqslant \dfrac{3k-4}{2}$。由于 $\delta(\mathrm{CF}_k) = \dfrac{3k-4}{2} \geqslant \kappa(\mathrm{CF}_k) \geqslant \dfrac{3k-4}{2}$, 我们对于偶数 k 有 $\kappa(\mathrm{CF}_k) = \dfrac{3k-4}{2}$。 □

4.3.2 叶型图的匹配排除

以下结论在我们的调查中起着重要作用, 并且能在文献 [4] 的 P435 习题 16.4.16 中找到。

引理 4.3.2 [4] 设 $k > 0$ 是一个整数, 那么每个 k 正则二部图由 k 边不相交完美匹配。

定理 4.3.4 [142] 设 G 是一个 k 正则二部图, 那么 $\mathrm{mp}(G) = k$。

依据 CF_n 的定义, 以及命题 4.3.2 和定理 4.3.4, 我们有以下推论。

推论 4.3.2 设 CF_n 是叶型图, 那么当 n 是奇数时完美匹配数 $\mathrm{mp}(\mathrm{CF}_n) = \dfrac{3n-3}{2}$; 当 n 是偶数时完美匹配数 $\mathrm{mp}(\mathrm{CF}_n) = \dfrac{3n-4}{2}$。

根据 CF_n 的定义, 我们有下面的引理。

引理 4.3.3 设 CF_n 是叶型图, 那么当 n 是奇数时, $\nu_e(\mathrm{CF}_n)=3n-5$; 当 n 是偶数时, $\nu_e(\mathrm{CF}_n)=3n-6$。

设 G 是一个图。对于 $V(G)$ 的两个不相交的顶点子集 U 和 U', 设 $[U,U']$ 是 G 的边集合, 其中的边一端顶点在 U 中, 另一端顶点在 U' 中。

定理 4.3.5 设 $n\geqslant 3$, 那么对于奇数 n 有 $\mathrm{mp}_1(\mathrm{CF}_n)=3n-5$; 对于偶数 n 有 $\mathrm{mp}_1(\mathrm{CF}_n)=3n-6$。

证明 设 $F\subseteq E(\mathrm{CF}_n)$ 是最小条件匹配排除集。由命题 4.3.7 和引理 4.3.3, 则对于奇数 n 有 $|F|=\mathrm{mp}_1(\mathrm{CF}_n)\leqslant 3n-5$, 对于偶数 n 有 $|F|=\mathrm{mp}_1(\mathrm{CF}_n)\leqslant 3n-6$。注意到 $\mathrm{CF}_3\cong K_{3,3}$ 和 $|F|=\mathrm{mp}_1(\mathrm{CF}_3)\leqslant 3n-5=4$。容易看出 CF_3-F 有一个完美匹配或者 CF_3-F 有一个孤立点 $|F|\leqslant 3$。因此, $\mathrm{mp}_1(\mathrm{CF}_3)=4$。我们开始对 n 进行归纳。假设 $n\geqslant 5$ 并且对 CF_{n-1} 有: 如果 F 是 CF_{n-1} 的故障边集, 且满足 $|F|\leqslant 3(n-1)-6-1=3n-10$(当 n 为奇数时) 或 $|F|\leqslant 3(n-1)-5-1=3n-9$(当 n 为偶数时), 并且 $G-F$ 没有孤立点, 则 $\mathrm{CF}_{n-1}-F$ 有一个完美匹配。现在我们考虑 CF_n。设 F 是 CF_n 的故障边集, 则存在当 n 为奇数时 $|F|\leqslant 3n-5-1=3n-6$ 并且当 n 为偶数时 $|F|\leqslant 3n-6-1=3n-7$ 使得 CF_n-F 没有孤立点。我们将证明 CF_n-F 有一个完美匹配。我们可以划分 CF_n 为 n 个子图 $\mathrm{CF}_n^1,\mathrm{CF}_n^2,\cdots,\mathrm{CF}_n^n$, 其中每个顶点 $u=x_1x_2\cdots x_n\in V(\mathrm{CF}_n)$, 在 $i\in[n]$ 的最后位置 x_n 有一个固定的整数 i。为了方便起见, 设 $H_i=\mathrm{CF}_n^i$。由命题 4.3.4, 可得 H_i 和 CF_{n-1} 是同构的。设 $F_i=F\cap E(H_i)$ 对于 $i=1,2,\cdots,n$, 其中 $|F_1|=\max\{|F_i|:i=1,2,\cdots,n\}$。设 $F_{ce}=F\cap(E(\mathrm{CF}_n)\backslash\sum\limits_{i=1}^{n}E(H_i))$, 那么 $F=F_{ce}\cup F_1\cup\cdots\cup F_n$。设 C 是 CF_n 的交错边集。注意到 C 归纳出一个完美匹配, 对于奇数 n, 每个顶点的关联边是 2; 对于偶数 n, 每个顶点的关联边是 1。如果对于偶数 n 有 $|F\cap C|=0$, 那么我们找到一个 CF_n-F 的完美匹配。如果对于奇数 n 有 $|F\cap C|\leqslant 1$, 那么我们找到一个 CF_n-F 的完美匹配。因此, 假设对于奇数 n 有 $|F\cap C|\geqslant 2$ 并且对于偶数 n 有 $|F\cap C|\geqslant 1$。我们考虑以下情况。

情况 1. 对于奇数 n 有 $|F_1|\leqslant 3(n-1)-7=3n-10$ 和对于偶数 n 有 $|F_1|\leqslant 3(n-1)-6=3n-9$。

由于 $|F_1|=\max\{|F_i|:i=1,2,\cdots,n\}$, 则对于奇数 n 有 $|F_i|\leqslant 3n-10$ 和对于偶数 n 有 $|F_i|\leqslant 3n-9$, 其中 $i=1,2,\cdots,n$。根据归纳假设, H_i-F_i 有一个完美匹配。因此, CF_n-F 有一个完美匹配。

情况 2. 对于奇数 n 有 $3n-9\leqslant|F_1|\leqslant 3n-8$ 和对于偶数 n 有 $|F_1|=3n-8$。

情况 2.1. 对于奇数 n 有 $3n-9\leqslant|F_1|\leqslant 3n-8$。

设 $M_1=\{\{u,u(1n)\}:\forall\ u\in S_n\}$ 和 $M_2=\{\{u,u(n-1,n)\}:\forall\ u\in S_n\}$。如果交错边 $ab,xy\in M_1$, 其中 $a=x$, 那么, 根据 CF_n 的定义, 有 $b=a(1n)$ 和

$y=x(n-1,n)$, 这与 $ab,xy\in M_1$ 相矛盾。因此, M_1 是 CF_n 的匹配。由于 M_1 覆盖 CF_n 的所有顶点, 因此 M_1 是一个完美匹配。类似地, M_2 也是一个完美匹配 CF_n。

设 $|F_1|=3n-8$, 那么 $|F_{ce}|+|F_2|+\cdots+|F_n|\leqslant 2$。由于 $|F_{ce}|\geqslant 2$, 所以我们有 $|F_{ce}|=2, |F_2|=\cdots=|F_n|=0$。因为所有的交叉边 C 是 2 边不相交的完美匹配 M_1 和 M_2, 那么情况 (a): $F_{ce}\subseteq M_1$ 或情况 (b): F_{ce} 中有一个属于 M_1。如果情况 (a): $F_{ce}\subseteq M_1$, 那么 $F_{ce}\cap M_2=\varnothing$。因此, 我们找到一个 CF_n-F 的完美匹配 M_2。设情况 (b): F_{ce} 中的一个 uv 属于 M_1, 那么 $v=u(1n)$。假设 $u,v\in\sum\limits_{i=2}^{n}V(H_i)$。由于 $n\geqslant 5$, (23) 是 S_n 的生成元素。注意到 $u,u(1n)=v,u(1n)(23),u(23),u$ 是 CF_n 的一个 4 圈。因此, $(M_1\setminus\{uv,\{u(23),u(1n)(23)\}\})\cup\{\{u,u(23)\},\{v,v(23)\}\}$ 是 CF_n-F 的一个完美匹配并且我们找到 CF_n-F 的一个完美匹配。假设 u,v 中的一个属于 $V(H_1)$。不失一般性地, 假设 $u\in V(H_1)$。由于 CF_n-F 没有孤立点, 因此存在 S_{n-1} 的生成元素 (rt) 使得边 $\{u,u(rt)\}\in E(H_1-F_1)$, 其中 $(rt)\in\{(1,i):i=2,3,\cdots,n-1\}\cup\{(j,j+1):j=2,4,\cdots,n-2\}$。如果 $(rt)\in\{(j,j+1):j=2,4,\cdots,n-2\}$, 那么 $u,u(1n)=v,u(1n)(rt),u(rt),u$ 是 CF_n 的 4 圈。因此, $(M_1\setminus\{uv,\{u(rt),u(1n)(rt)\}\})\cup\{\{u,u(rt)\},\{v,v(rt)\}\}$ 是一个完美匹配并且我们找到一个 CF_n-F 的完美匹配。如果 $(rt)\in\{(1,i):i=2,3,\cdots,n-1\}$, 那么 $u,u(1n)=v,u(1n)(1t),u(1n)(1t)(1n),u(1n)(1t)(1n)(1t),u(1n)(1t)(1n)(1t)(1n),u=u(1n)(1t)(1n)(1t)(1n)(1t)$ 是 CF_n 的 6 圈。因此, $(M_1\setminus\{uv,\{u(1n)(1t),u(1n)(1t)(1n)\},\{u(1n)(1t)(1n)(1t),u(1n)(1t)(1n)(1t)(1n)\}\})\cup\{\{u,u(1t)\},\{v,v(1t)\},\{v(1t)(1n),v(1t)(1n)(1t)\}\}$ 是一个完美匹配并且我们找到一个 CF_n-F 的完美匹配。

设 $|F_1|=3n-9$, 那么 $|F_{ce}|+|F_2|+\cdots+|F_n|\leqslant 3$。由于 $|F_{ce}|\geqslant 2$, 所以我们有 $|F_{ce}|=3, |F_2|=\cdots=|F_n|=0$ 或 $|F_{ce}|=2, |F_2|+\cdots+|F_n|=1$。假设 $|F_{ce}|=3, |F_2|=\cdots=|F_n|=0$。由于所有交叉边 C 是 2 边不相交的完美匹配 M_1 和 M_2, 那么情况 (a): $F_{ce}\subseteq M_1$ 或者情况 (b): F_{ce} 的其中之一属于 M_1 或情况 (c): F_{ce} 中的两个属于 M_1。如果情况 (a): $F_{ce}\subseteq M_1$, 那么 $F_{ce}\cap M_2=\varnothing$。因此, 我们找到 CF_n-F 的一个完美匹配 M_2。

设情况 (c): F_{ce} 中的两个 uv,xy 属于 M_1, 那么 $ab\in(F_{ce}\setminus\{uv,xy\})\subseteq M_2$ 和 $b=a(n-1,n)$。假设 $a,b\in\sum\limits_{i=2}^{n}V(H_i)$。由于 $n\geqslant 5$, (12) 是 S_n 的一个生成元素。注意到 $a,a(n-1,n)=b,a(n-1,n)(12),a(n-1,n)(12)(n-1,n)=a(12),a$ 是 CF_n 的一个 4 圈。因此, $(M_2\setminus\{ab,\{a(n-1,n)(12),a(12)\}\})\cup\{\{b,a(n-1,n)(12)\},\{a,a(12)\}\}$ 是一个完美匹配并且我们找到 CF_n-F 的一个完美匹配。假设 a,b 其中之一属于 $V(H_1)$。不失一般性地, 假设 $a\in V(H_1)$。由于 CF_n-F 没

有孤立点, 那么存在一个 S_{n-1} 的生成元素 (rt) 使得边 $\{a,a(rt)\}\in E(H_1-F_1)$, 其中 $(rt)\in\{(1,i):i=2,3,\cdots,n-1\}\cup\{(j,j+1):j=2,4,\cdots,n-3\}$。如果 $(rt)\in\{(j,j+1):j=2,4,\cdots,n-3\}$, 那么 $a,a(n-1,n)=b,a(n-1,n)(rt),a(rt),a$ 是一个 4 圈 $(r,t\leqslant n-3)$。

因此, $(M_2\setminus\{ab,\{a(n-1,n)(rt),a(rt)\}\})\cup\{\{a,a(rt)\},\{b,b(rt)\}\}$ 是一个完美匹配并且我们找到一个 CF_n-F 的完美匹配。如果 $(1t)\in\{(1,i):i=2,3,\cdots,n-1\}$, 那么 $a,a(n-1,n)=b,a(n-1,n)(1,n-1),a(n-1,n)(1,n-1)(n-1,n),a(n-1,n)(1,n-1)(n-1,n)(1,n-1),a(n-1,n)(1,n-1)(n-1,n)(1,n-1)(n-1,n),a=a(n-1,n)(1,n-1)(n-1,n)(1,n-1)(n-1,n)(1,n-1)$ $(t=n-1)$ 是 CF_n 的一个 6 圈或者 $a,a(n-1,n)=b,a(n-1,n)(1,t),a(n-1,n)(1,t)(n-1,n),a=a(n-1,n)(1,t)(n-1,n)(1,t)$ $(t\leqslant n-2)$ 是一个 4 圈。因此, $(M_2\setminus\{ab,\{b(1,n-1),b(1,n-1)(n-1,n)\},\{b(1,n-1)(n-1,n)(1,n-1),b(1,n-1)(n-1,n)(1,n-1)(n-1,n)\}\})\cup\{\{b,b(1,n-1)\},\{b(1,n-1)(n-1,n),b(1,n-1)(n-1,n)(1,n-1)\},\{a,a(1,n-1)\}\}$ 是一个完美匹配或者 $(M_2\setminus\{ab,\{a(1t),b(1t)\}\})\cup\{\{a,a(1t)\},\{b,b(1t)\}\}$ 是一个完美匹配, 并且我们找到一个 CF_n-F 的完美匹配。类似地, 对情况 (b): F_{ce} 中有一个属于 M_1, 我们找到 CF_n-F 的一个完美匹配。

假设 $|F_{ce}|=2$ 和 $|F_2|+\cdots+|F_n|=1$。不失一般性地, 假设 $|V(H_2)|=1$, 那么 $|F_3|=\cdots=|F_n|=0$。由于所有的交错边 C 是 2 边不相交完美匹配 M_1 和 M_2, 那么情况 (a): $F_{ce}\subseteq M_1$ 或情况 (b): F_{ce} 中之一属于 M_1。如果情况 (a): $F_{ce}\subseteq M_1$, 那么 $F_{ce}\cap M_2=\varnothing$。因此, 我们找到 CF_n-F 的一个完美匹配 M_2 。设情况 (b): F_{ce} 中的一个 ab 属于 M_1。通过上述讨论, 我们只考虑以下几点:

(1) $a\in V(H_2)$ 和 $b\in\sum\limits_{i=3}^{n}V(H_i)$;

(2) $a\in V(H_1)$ 和 $b\in V(H_2)$。

假设 (1): $a\in V(H_2)$ 和 $b\in\sum\limits_{i=3}^{n}V(H_i)$。如果 $\{a,a(23)\}\neq F_2$, 那么 $a,a(1n)=b,a(1n)(23),a(23),a$ 是 CF_n 的一个 4 圈。因此, $(M_1\setminus\{ab,\{a(23),a(1n)(23)\}\})\cup\{\{a,a(23)\},\{b,b(23)\}\}$ 是一个完美匹配并且我们找到一个 CF_n-F 的完美匹配。假设 $\{a,a(23)\}=F_2$。如果 $n\geqslant 7$, 那么 $a,a(1n)=b,a(1n)(45),a(45),a$ 是 CF_n 的一个 4 圈。因此, $(M_1\setminus\{ab,\{a(45),a(1n)(45)\}\})\cup\{\{a,a(45)\},\{b,b(45)\}\}$ 是一个完美匹配并且我们找到一个 CF_n-F 的完美匹配。如果 $n=5$, 那么 $a,a(15)=b,a(15)(14),a(15)(14)(15),a(15)(14)(15)(14),a(15)(14)(15)(14)(15),a=a(15)(14)(15)(14)(15)(14)$ 是 CF_5 的一个 6 圈。因此, $(M_1\setminus\{ab,\{a(15)(14),a(15)(14)(15)\},\{a(15)(14)(15)(14),a(15)(14)(15)(14)(15)\}\})\cup\{\{a,a(14)\},\{b,b(14)\},\{a(15)(14)(15),a(15)(14)(15)(14)\}\}$ 是一个完美匹配并且我们找到 CF_n-F 的完美匹配。

假设 (2): $a\in V(H_1)$ 和 $b\in V(H_2)$。由于 CF_n-F 没有孤立点, 则存在 S_{n-1} 的一个生成元素 (rt) 使得边 $\{a,a(rt)\}\in E(H_1-F_1)$, 其中 $(rt)\in\{(1,i):i=2,3,\cdots,n-1\}\cup\{(j,j+1):j=2,4,\cdots,n-3\}$。如果 $(rt)\in\{(j,j+1):j=2,4,\cdots,n-3\}$, 那么 $a,a(1n)=b,a(1n)(rt),a(rt),a$ 是 CF_n 的一个 4 圈。如果 $\{b,b(rt)\}\neq F_2$, 那么 $(M_1\setminus\{ab,\{b(rt),b(rt)(1n)\}\})\cup\{\{a,a(rt)\},\{b,b(rt)\}\}$ 是一个完美匹配并且我们找到一个 CF_n-F 的完美匹配。如果 $\{b,b(rt)\}=F_2$ 并且存在一个 $(r't')\in\{(j,j+1):j=2,4,\cdots,n-3\}\setminus\{(rt)\}$, 那么 $a,a(1n)=b,a(1n)(r't'),a(r't'),a$ 是 CF_n 的一个 4 圈。因此, $(M_1\setminus\{ab,\{b(r't'),b(r't')(1n)\}\})\cup\{\{a,a(r't')\},\{b,b(r't')\}\}$ 是一个完美匹配并且我们找到 CF_n-F 的一个完美匹配。如果 $\{b,b(rt)\}=F_2$ 和 $(rt)\in\{(1,i):i=2,3,\cdots,n-1\}$, 那么 $a,a(1n)=b,a(1n)(1t),a(1n)(1t)(1n),a(1n)(1t)(1n)(1t),a(1n)(1t)(1n)(1t)(1n),a=a(1n)(1t)(1n)(1t)(1n)(1t)$ 是 CF_n 的一个 6 圈。因此, $(M_1\setminus\{ab,\{a(1n)(1t),a(1n)(1t)(1n)\},\{a(1n)(1t)(1n)(1t),a(1n)(1t)(1n)(1t)(1n)\}\})\cup\{\{a,a(1t)\},\{v,v(1t)\},\{b(1t)(1n),b(1t)(1n)(1t)\}\}$ 是一个完美匹配并且我们找到一个 CF_n-F 的完美匹配。假设 $\{b,b(rt)\}=F_2$ 和 $[\{a\},N_{\mathrm{CF}_{n-1}}(a)]\setminus F_1=\{a,a(rt)\}$。设 $\{uv\}=F_{ce}\cap M_2$, $u\in V(H_1)$ 和 $v\in V(H_2)$。由命题 4.3.5, 可得 $v\neq b$ 和 $b(rt)$。通过以上论述, 我们找到 CF_n-F 关于 M_2 的一个完美匹配。如果 $(rt)\in\{(1,i):i=2,3,\cdots,n-1\}$, 那么 $a,a(1n)=b,a(1n)(1t),a(1n)(1t)(1n),a(1n)(1t)(1n)(1t),a(1n)(1t)(1n)(1t)(1n),a=(1n)(1t)(1n)(1t)(1n)(1t)$ 是 CF_n 的一个 6 圈。如果 $\{b,b(1t)\}\neq F_2$ 或 $\{b,b(1t)\}=F_2$, 那么类似地我们找到 CF_n-F 的一个完美匹配。

情况 2.2. 对于偶数 n 有 $|F_1|=3n-8$。

在这种情况下, $|F_{ce}|+|F_2|+\cdots+|F_n|\leqslant 1$。由于 $|F_{ce}|\geqslant 1$, 我们有 $|F_{ce}|=1$ 和 $|F_2|=\cdots=|F_n|=0$。设 $F_{ce}=uv$, 那么 $v=u(1n)$。假设 $u,v\in\sum\limits_{i=2}^{n}V(H_i)$。由于 $n\geqslant 5$, (23) 是 S_n 的一个生成元素。注意到 $u,u(1n)=v,u(1n)(23),u(23),u$ 是 CF_n-F 的一个 4 圈并且所有的交错边 C 是一个完美匹配。因此, $(C\setminus\{uv,\{u(23),u(1n)(23)\}\})\cup\{\{u,u(23)\},\{v,v(23)\}\}$ 是一个完美匹配并且我们找到 CF_n-F 的一个完美匹配。假设 u,v 中的一个属于 H_1。不失一般性地, 假设 $u\in V(H_1)$。由于 CF_n-F 没有孤立点, 那么存在 S_{n-1} 的一个生成元素 (rt) 使得边 $\{u,u(rt)\}\in E(H_1-F_1)$, 其中 $(rt)\in\{(1,i):i=2,3,\cdots,n-1\}\cup\{(j,j+1):j=2,4,\cdots,n-2\}$。如果 $(rt)\in\{(j,j+1):j=2,4,\cdots,n-2\}$, 那么 $u,u(1n)=v,u(1n)(rt),u(rt),u$ 是 CF_n 的一个 4 圈。因此, $(C\setminus\{uv,\{u(rt),u(1n)(rt)\}\})\cup\{\{u,u(rt)\},\{v,v(rt)\}\}$ 是一个完美匹配并且我们找到 CF_n-F 的一个完美匹配。如果 $(rt)\in\{(1,i):i=2,3,\cdots,n-1\}$, 那么 $u,u(1n)=v,u(1n)(1t),u(1n)(1t)(1n),u(1n)(1t)(1n)(1t),u(1n)(1t)(1n)(1t)(1n),u=u(1n)(1t)(1n)(1t)(1n)(1t)$ 是

CF_n 的一个 6 圈。因此, $(C\setminus\{uv,\{u(1n)(1t),u(1n)(1t)(1n)\},\{u(1n)(1t)(1n)(1t),$ $u(1n)(1t)(1n)(1t)(1n)\}\})\cup\{\{u,u(1t)\},\{v,v(1t)\},\{v(1t)(1n),v(1t)(1n)(1t)\}\}$ 是一个完美匹配并且我们找到 CF_n-F 的一个完美匹配。 □

命题 4.3.7 如果 $\mathrm{mp}(G)<\mathrm{mp}_1(G)$, 那么 G 的最小匹配排除集是平凡的。

证明 相反的假设, G 的最小匹配排除集 F 是不平凡的, 那么 $G-F$ 没有孤立点。由于 F 是一个匹配排除集, $G-F$ 完美匹配。由条件匹配排除集定义, F 是 G 的条件匹配排除集。因此, $\mathrm{mp}_1(G)\leqslant|F|$。考虑到 $|F|=\mathrm{mp}(G)$。由 $|F|=\mathrm{mp}(G)<\mathrm{mp}_1(G)\leqslant|F|$, 可得出矛盾。 □

定理 4.3.6 设 $n\geqslant 3$, 那么叶型图 CF_n 的最小匹配排除集是平凡的。

证明 由推论 4.3.2, 可得当 n 是奇数时 $\mathrm{mp}(\mathrm{CF}_n)=\dfrac{3n-3}{2}$, 并且当 n 是偶数时 $\mathrm{mp}(\mathrm{CF}_n)=\dfrac{3n-4}{2}$。由定理 4.3.5, 可得对于 $n\geqslant 3$ 的奇数有 $\mathrm{mp}_1(\mathrm{CF}_n)=3n-5$, 并且对于 $n\geqslant 4$ 的偶数有 $\mathrm{mp}_1(\mathrm{CF}_n)=3n-6$。由于 $\mathrm{mp}(\mathrm{CF}_n)<\mathrm{mp}_1(\mathrm{CF}_n)$, 由命题 4.3.7, 可得 G 的最小匹配排除集是平凡的。 □

4.3.3 小结

本节我们证明了, 叶型图 CF_n 的连通性和边连通性都达到最大值, 而它的匹配排除数和条件匹配排除数也达到最大值。研究结果表明, 在顶点和边发生故障后, CF_n 具有保持连通性和完美匹配的能力。这项工作将帮助工程师开发更多不同的网络。

参考文献

[1] 袁国兴, 张云泉, 袁良. 2019 年中国高性能计算机发展现状分析 [J]. 计算机工程与科学, 2019, 12: 2095-2100.

[2] 黄永勤, 金利峰, 刘耀. 高性能计算机的可靠性技术现状与趋势 [J]. 计算机研究与发展, 2010, 47(4): 589-594.

[3] Esfahanian A H. Generalized measures of fault tolerance with application to n-cube networks[J]. IEEE Transactions on Computers, 1989, 38: 1586-1591.

[4] Bondy J A, Murty U S R. Graph Theory[M]. New York: Springer, 2007.

[5] Sharma R L. Network Topology Optimization-the Art and Science of Network Design[M]. New York: van Nostrand Reinhold, 1990.

[6] Bermond J C, Peyrat C, Bruijn D, et al. Networks: A competitor for thehypercube[J]. Hypercube and Distributed Computers, 1989, 15: 273-279.

[7] Xu X, Zhou S, Li J. Reliability of complete cubic networks under the condition of g-good-neighbor[J]. The Computer Journal, 2017, 60 (5): 625-635.

[8] Erdös P, Saks M, Vera T S. Maximum induced trees in graphs[J]. Journal of Combinatorial Theory Series B, 1986, 41 (1): 61-79.

[9] Squire J S, Palais S M. Physical and logical design of a highly parallel computer[C]. AFIPS Conference Processings, Washington, 1963: 395.

[10] Kemal E. The crossed cube architecture for parallel computation[J]. IEEE Transactions on Parallel and Distributed Systems, 1992, 3 (5): 513-524.

[11] Cull P, Larson S M. The möbius cubes[J]. IEEE Transactions on Computers, 1995, 44: 647-659.

[12] Huang K, Wu J. Area efficient layout of balanced hypercubes[J]. International Journal of High Speed Electronics and Systems, 1995, 6 (4): 631-646.

[13] El-hawy A, Latifi S. Properties and performance of folded hypercubes[J]. IEEE Transactions on Parallel and Distributed Systems, 1981, 2 (3): 31-42.

[14] Wang D Q, Zhao L C. The twisted-cube connected networks[J]. Computer Science and Technology, 1999, 2 (14): 181-186.

[15] Yang X F, Evans D J, Megson G M. The locally twisted cubes[J]. International Journal of Computer Mathematics, 2005, 82 (4): 401-413.

[16] Peter K K, Hsu W J, Pan Y. The exchanged hypercube[J]. IEEE Transactions on Parallel and Distributed Systems, 2005, 6 (9): 866-874.

[17] Li K, Mu Y, Li K, et al. Exchanged crossed cube: A novel interconnection network for parallel computation[J]. IEEE Transactions on Parallel and Distributed Systems, 2013, 24 (11): 2211-2219.

[18] Bose B, Broeg B, Kwon Y, et al. Lee distance and topological properties of k-ary n-cubes[J]. IEEE Transactions on Computers, 1995, 44 (8): 1021-1030.

[19] Xiang Y, Stewart I A. Augmented k-ary n-cubes[J]. Information Sciences, 2011, 181 (1): 239-256.

[20] Duzett B, Buck R. An overview of the nCUBE 3 supercomputer[C]. Symposium on Frontiers of Massively Parallel Computation, Washington, 1992: 458-464.

[21] Close P. The iPSC/2 node architecture[C]. C^3P: Proceedings of the Third Conference on Hypercube Concurrent Computers and Applications, New York, 1988: 43-50.

[22] Tucker L W, Robertson G G. Architectorc and applications of connection machine[J]. IEEE Transactions on Computers, 1988, 21: 26-38.

[23] Peterson C, Sutton J, Wiley P. iWarp: A 100-MOPS, LIW microprocessor for multi-computers[J]. IEEE Micro, 1991, 11 (3): 26-29.

[24] Noakes M, Dally W J. System design of the j-machine[C]. AUSCRYPT'90: Proceedings of the Sixth MIT Conference on Advanced Research in VLSI, Cambridge, 1990: 179-194.

[25] Kessler R E, Schwarzmeier J L. Cray T3D: A new dimension for cray research[C]. Computer Conference Spring'93, New York, 1993: 176-182.

[26] Anderson E, Brooks J, Grassl C, et al. Performance of the Cray T3E multiprocessor[C]. SC'97: Proceedings of the 1997 ACM/IEEE Conference on Supercomputing, New York, 1997: 39.

[27] Chen D, Eisley N A, Heidelberger P, et al. The IBM blue Gene/Q interconnection fabric[J]. IEEE Micro, 2012, 32 (1): 32-43.

[28] Yang C S, Wang J F, Lee J Y, et al. Graph theoretic reliable analysis for the Boolean n-cube networks[J]. IEEE Transactions on Circuits and Systems, 1988, 35: 1175-1179.

[29] Harary F. Conditional connectivity[J]. Networks, 1983, 13: 346-357.

[30] Esfahanian A H, Hakimi S L. On computing a conditional edge-connectivity of a graph[J]. Information Processing Letters, 1988, 27 (4): 195-199.

[31] Esfahanian A H. Generalized measures of fault tolerance with application to n-cube network[J]. IEEE Transactions on Computers, 1989, 38: 1586-1591.

[32] Bauer D, Boesch F, Suffel C, et al. Connectivity extremal problems and the design of reliable probabilistic networks[J]. The Theory and Application of Graphs, 1981: 89-98.

[33] Boesch F, Tindell R. Circulants and their connectivities[J]. Journal of Graph Theory, 1984, 8: 487-499.

[34] Oh A D, ChoiH A. Generalized measures of fault tolerance in n-cube networks[J]. IEEE Transactions on Parallel and Distributed Systems, 1993, 4: 702-703.

[35] Latifi S, Hegde M, Naraghi-pour M. Conditional connectivity measures for large multiprocessor systems[J]. IEEE Transactions on Computers, 1994, 43: 218-222.

[36] Fàbrega J, Fiol M A. Extraconnectivity of graphs with large girth[J]. Discrete Mathematics, 1994, 127 (1/2/3): 163-170.

[37] Fàbrega J, Fiol M A. On the extraconnectivity of graphs[J]. Discrete Mathematics, 1996, 155: 49-57.

[38] Preparata F P, Metze G, Chien R T. On the connection assignment problem of diagnosable systems[J]. IEEE Transactions on Electronic Computers, 1967, 16 (6): 848-854.

[39] Chwa K Y, Hakimi S L. Schemes for fault-tolerant computing: A comparison of modularly redundant and t-diagnosable systems[J]. Information and Control, 1981, 49: 212-238.

[40] Malek M. A comparison connection assignment for diagnosis of multiprocessor systems[C]. Proceedings of the 7th Annual Symposium on Computer Architecture, New York, 1982: 31-36.

[41] Maeng J, Malek M. A comparison connection assignment for self-diagnosis of multiprocessor systems[C]. Proceeding of 11th International Symposium on Fault-Tolerant Computing, New York, 1981: 173-175.

[42] Barsi F, Grandoni F, Maestrini P. A theory of diagnosability of digital systems[J]. IEEE Transactions on Computers, 1976, 25 (6): 585-593.

[43] Dahbura A T, Masson G M. An $O(n^{2.5})$ fault identification algorithm for diagnosable systems[J]. IEEE Transactions on Computers, 1984, 33 (6): 486-492.

[44] Lai P L, Tan J J M, Chang C P, et al. Conditional diagnosability measures for large multiprocessor systems[J]. IEEE Transactions on Computers, 2005, 54 (2): 165-175.

[45] Peng S L, Lin C K, Tan J J. The g-good-neighbor conditional diagnosability of hypercube under PMC model[J]. Applied Mathematics and Computation, 2012, 218 (21): 10406-10412.

[46] Zhang S, Yang W. The g-extra conditional diagnosability and sequential t/k-diagnosability of hypercubes[J]. International Journal of Computer Mathematics, 2016, 93 (3): 482-497.

[47] Friedman A D. A new measure of digital system diagnosis[C]. Digest of the International Sympsium on Fault Tolerant Computing, 1975: 167-170.

[48] Somani A K, Peleg O. On diagnosability of large fault sets in regular topology-based computer systems[J]. IEEE Transactions on Computers, 1996, 45 (8): 892-903.

[49] Chiang C F, Tan J J M. Using node diagnosability to determine t-diagnosability under the comparison diagnosis model[J]. IEEE Transactions on Computers, 2009, 58(2): 251-259.

[50] Wang S, Wang Z, Wang M. The 2-extra connectivity and 2-extra diagnosability of bubble-sort star graph networks[J]. The Computer Journal, 2016, 59 (12): 1839-1856.

[51] Lai P L, Tan J J, Chang C P. Conditional diagnosability measures for large multiprocessor systems[J]. IEEE Transactions on Computers, 2005, 54 (2): 165-175.

[52] Hsieh S Y, Kao C Y. The conditional diagnosability of k-ary n-ubes under the comparison diagnosis model[J]. IEEE Transactions on Computers, 2013, 62: 839-843.

[53] Wang M, Guo Y, Wang S. The 1-good-neighbour diagnosability of Cayley graphs generated by transposition trees under the PMC model and MM* model[J]. International Journal of Computer Mathematics, 2017, 94 (1/2/3/4): 620-631.

[54] Ren Y, Wang S. Some properties of the g-good-neighbor (g-extra) diagnosability of a multiprocessor system[J]. American Journal of Computational Mathematics, 2016, 6: 259-266.

[55] Wang M, Lin Y, Wang S. The connectivity and nature diagnosability of expanded k-ary n-cubes[J]. RAIRO-Theoretical Informatics and Applications, 2017, 51 (2): 71-89.

[56] Hungerford T W. Algebra[M]. New York: Springer-Verlag, 1974.

[57] Akers S B, Krishnamurthy B. A group-theoretic model for symmetric interconnection networks[J]. IEEE Transactions on Computers, 1989, 38 (4): 555-566.

[58] Wang M, Lin Y, Wang S. The 1-good-neighbor connectivity and diagnosability of Cayley graphs generated by complete graphs[J]. Discrete Applied Mathematics, 2018, 246: 108-118.

[59] Wang M, Yang W, Guo Y, et al. Conditional fault tolerance in a class of Cayley graphs[J]. International Journal of Computer Mathematics, 2016, 93 (1): 67-82.

[60] Cai H, Liu H, Lu M. Fault-tolerant maximal local-connectivity on bubble-sort star graphs[J]. Discrete Applied Mathematics, 2015, 181: 33-40.

[61] Guo J, Lu M. Conditional diagnosability of bubble-sort star graphs[J]. Discrete Applied Mathematics, 2016, 201 (11): 141-149.

[62] Wang S, Wang Z, Wang M. The 2-extra connectivity and 2-extra diagnosability of bubble-sort star graph networks[J]. The Computer Journal, 2016, 59 (12): 1839-1856.

[63] Wang M, Lin Y, Wang S. The nature diagnosability of bubble-sort star graphs under the PMC Model and MM* Model[J]. International Journal of Engineering and Applied Sciences, 2017, 4 (8): 55-60.

[64] Feng W, Jirimutu, Wang S. The nature diagnosability of wheel graph networks under the PMC model and MM* model[J]. ARS Combinatoria, 2019, 143: 255-287.

[65] Wang M, Wang S. The 1-good-neighbor diagnosability of Cayley graphs generated by transposition trees under the PMC model and MM* model[J]. International Journal of Computer Mathematics, 2017, 94 (3): 620-631.

[66] Zheng J, Latifi S, Regentova E, et al. Diagnosability of star graphs under the comparison diagnosis model[J]. Information Processing Letters, 2005, 93 (1): 29-36.

[67] Li X J, Xu J M. Generalized measures for fault tolerance of star networks[J]. Networks, 2014, 63 (3): 225-230.

[68] Das Sajal K, Ohring S, Banerjee A K. Embeddings into hyper petersen networks: Yet another hypercube-like interconnection topology[J]. VLSI Design, 1995, 2(4): 335-351.

[69] Wang S. The r-restricted connectivity of hyper petersen graphs[J]. IEEE Access, 2019, 7 (1): 109539-109543.

[70] Fan J, Zhang S, Jia X, et al. The restricted connectivity of locally twisted cubes[C]. 2009 10th International Symposium on Pervasive Systems, Algorithms, and Networks, (ISPAN), Kaohsiung, 2009: 574-578.

[71] Zhou J X. On r-restricted connectivity of hypercube-like networks[J]. Journal of Computerand System Sciences, 2017, 88: 208-219.

[72] Zhu Q, Wang X K, Cheng G. Reliability evaluation of BC networks[J]. IEEE Transactions on Computers, 2013, 62 (11): 2337-2340.

[73] Zhou J. On g-extra connectivity of hypercube-like networks[J]. Journal of Computer and System Sciences, 2017, 88: 208-219.

[74] Yang W, Lin H. Reliability evaluation of BC networks in terms of the extra vertex- and edge-connectivity[J]. IEEE Transaction on Computers, 2014, 63 (10): 2540-2548.

[75] Ren Y, Wang S. The tightly super 2-extra connectivity and 2-extra diagnosability of locally twisted cubes[J]. Journal of Interconnection Networks, 2017, 17 (2): 175006.

[76] Yang X, Evans D J, Megson G M. The locally twisted cubes[J]. International Journal of Computer Mathematics, 2005, 82 (4): 401-413.

[77] Yang W, Meng J. Extraconnectivity of hypercubes[J]. Applied Mathematics Letters, 2009, 22: 887-891.

[78] Wang S, Ren Y. The h-extra connectivity and diagnosability of locally twisted cubes[J]. IEEE Access, 2019, 7 (1): 102113-102118.

[79] Fan J. Diagnosability of crossed cubes under the two strategies[J]. Chinese Journal Computers, 1998, 21 (5): 456-462.

[80] Efe K. The crossed cube architecture for parallel computation[J]. IEEE Transactions on Parallel and Distributed Systems, 1992, 3 (5): 513-524.

[81] Wang S, Ma X. The g-extra connectivity and diagnosability of crossed cubes[J]. Applied Mathematics and Computation, 2018, 336: 60-66.

[82] Zhou J. On g-extra connectivity of hypercube-like nerworks[J]. Journal of Computer and System Sciences, 2017, 88: 208-219.

[83] Lin L, Zhou S, Xu L. The extra connectivity and conditional diagnosability of alternating group networks[J]. IEEE Transactions on Parallel and Distributed Systems, 2015, 26 (8): 2352-2362.

[84] Jwo J S, Lakshmivarahan S, Dhall S K. A new class of interconnection networks based on the alternating group[J]. Networks, 1993, 23: 315-326.

[85] Feng W, Wang S Y. The 2-good-neighbor diagnosability of alternating group graphs under the PMC model and MM* model[J]. Journal of Combinatorial Mathematics and Combinatorial Computing, 2018, 107: 59-71.

[86] Wang S Y, Ma X L. Diagnosability of alternating group graphs with missing edges[J]. Recent Advances in Electrical and Electronic Engineering, 2018, 11 (1): 51-57.

[87] Wang S Y, Zhao L Q. A note on the nature diagnosability of alternating group graphs under the PMC model and MM* model[J]. Journal of Interconnection Networks, 2018, 18 (1): 1850005.

[88] Zhang Z, Xiong W, Yang W. A kind of conditional fault tolerance of alternating group graphs[J]. Information Processing Letters, 2010, 110 (22): 998-1002.

[89] Ren Y, Wang S. The tightly super 3-extra connectivity of alternating group graphs[J]. ARS Combinatoria.

[90] Saad Y, Schultz M H. Topological properties of hypercubes[J]. IEEE Transactions on Computers, 1988, 37: 867-872.

[91] Wang S, Han W. The g-good-neighbor conditional diagnosability of n-dimensional hypercubes under the MM* model[J]. Information Processing Letters, 2016, 116 (9): 574-577.

[92] Wei C C, Hsieh S Y. h-restricted connectivity of locally twisted cubes[J]. Discrete Applied Mathematics, 2017, 217: 330-339.

[93] Ren Y, Wang S. The 1-good-neighbor connectivity and diagnosability of locally twisted cubes[J]. Chinese Quarterly Journal of Mathematics, 2017, 32 (4): 371-381.

[94] Ren Y, Wang S. The g-good-neighbor diagnosability of locally twisted cubes[J]. Theoretical Computer Science, 2017, 697: 91-97.

[95] Lee C W, Hsieh S Y. Diagnosabiltiy of Multiprocessor Systems, Scalable Computing and Communications: Theory and Practice[M]. Hoboken: Wiley, 2013.

[96] Ren Y, Wang S. Diagnosability of bubble-sort graph networks under the comparison diagnosis model[C]. Proceeding of 2015 International Conference on Computational Intelligence and Communication Networks, Jabalpur, 2015: 823-826.

[97] Cheng E, Lipták L. Fault resiliency of Cayley graphs generated by transpositions[J]. Internationl Journal of Foundations of Computer Science, 2007, 18: 1005-1022.

[98] Cheng E, Lipták L, Shawash N. Orienting Cayley graphs generated by transposition trees[J]. Computers and Mathematics with Applications, 2008, 55: 2662-2672.

[99] Shi L S, Wu P. Conditional connectivity of bubble sort graphs[J]. Acta Mathematicae Applicatae Sinica, 2017, 33 (4): 933-944.

[100] Zhou S, Wang J, Xu X, et al. Conditional fault diagnosis of bubble sort graphs under the PMC model[J]. Advances in Intelligent Systems and Computing, 2012, 180: 54-59.

[101] Wang S, Wang Z. The g-good-neighbor diagnosability of bubble-sort graphs under Preparata, Metze, and Chien's (PMC) model and Maeng and Malek's (MM)* model[J]. Information, 2019, 10 (1): 21.

[102] Chang N W, Hsieh S Y. Structural properties and conditional diagnosability of star graphs by using the PMC model[J]. IEEE Transactions on Parallel and Distributed Systems, 2014, 25(11): 3002-3011.

[103] Day K, Triphthi A R. A comparative study of topological properties of hypercubes and star graphs[J]. IEEE Transactions on Parallel and Distributed Systems, 1994, 5(1): 31-38.

[104] Hsieh S Y. Embedding longest fault-free paths onto star graphs with more vertex faults[J]. Theoretical Computer Science, 2005, 337 (1/2/3): 370-378.

[105] Hu S C, Yang C B. Fault tolerance on star graphs[J]. International Journal of Foundations of Computer Science, 1997, 8 (2): 127.

[106] Huang C W, Huang H L, Hsieh S Y. Edge-bipancyclicity of star graphs with faulty elements[J]. Theoretical Computer Science, 2011, 412: 6938-6947.

[107] Latifi S. A study of fault tolerance in star graph[J]. Information Processing Letters, 2007, 102 (5): 196-200.

[108] Latifi S, Saberinia E, Wu X. Robustness of star graph network under link failure[J]. Information Sciences, 2008, 178 (3): 802-806.

[109] Li T K, Tan J J, Hsu L H. Hyper hamiltonian laceability on edge fault star graph[J]. Information Sciences, 2004, 165 (1/2): 59-71.

[110] Rescigno A A. Vertex-disjoint spanning trees of the star network with applications to fault-tolerance and security[J]. Information Sciences, 2001, 137(1/2/3/4): 259-276.

[111] Tsai P Y, Fu J S, Chen G H. Fault-free longest paths in star networks with conditional link faults[J]. Theoretical Computer Science, 2009, 410 (8/9/10): 766-775.

[112] Walker D, Latifi S. Improving bounds on link failure tolerance of the star graph[J]. Information Sciences, 2010, 180 (13): 2571-2575.

[113] Wan M, Zhang Z. A kind of conditional vertex connectivity of star graphs[J]. Applied Mathematics Letters, 2009, 22 (2): 264-267.

[114] Yang Y, Wang S. Conditional connectivity of star graph networks under embedding restriction[J]. Information Sciences, 2012, 199: 187-192.

[115] Chang N W, Hsieh S Y. Structural properties and conditional diagnosability of star graph by using the PMC model[J]. IEEE Transactions on Parallel and Distributed Systems, 2014, 25 (11): 3002-3011.

[116] Lin C K, Tan J J, Hsu L H, et al. Conditional diagnosability of cayley graphs generated by transposition trees under the comparison diagnosis model[J]. Journal of Interconnection Networks, 2008, 9 (1/2): 83-97.

[117] Wang S, Wang Z, Wang M, et al. The g-good-neighbor conditional diagnosability of star graph networks under the PMC model and MM* model[J]. Frontiers of Mathematics in China, 2017, 12 (5): 1221-1234.

[118] Zhou S, Lin L, Xu L, et al. The t/k-diagnosability of star graph networks[J]. IEEE Transactions on Computers, 2015, 64 (2): 547-555.

[119] Brigham R, Harary F, Violin E C, et al. J. Perfect-matching preclusion[C]. Congressus Numerantium, 2005, 174: 185-192.

[120] Cheng E, Lesniak L, Lipman M J, et al. Conditional matching preclusion sets[J]. Information Sciences, 2009, 179: 1092-1101.

[121] Parka J H, Ihmb I. Strong matching preclusion[J]. Theoretical Computer Science, 2011, 412: 6409-6419.

[122] Parka J H, Ihmb I. Strong matching preclusion under the conditional fault model[J]. Discrete Applied Mathematics, 2013, 161: 1093-1105.

[123] Bai C, Wang S, Wang Z. The 1-good-neighbor connectivity and diagnosability of möbius cubes[J]. Advances in Applied Mathematics, 2016, 5: 728-737.

[124] Choudum S A, Usha N R. Complete binary trees in folded and enhanced cubes[J]. Networks, 2004, 43: 266-272.

[125] Liu H. The routing algorithm for generalized hypercube[J]. Mathematics in Practice and Theory, 2006, 36: 258-261.

[126] Tzeng N F, Wei S. Enhanced hypercube[J]. IEEE Transactions on Computers, 1991, 40: 284-294.

[127] Wang S, Ren Y. The h-extra connectivity and diagnosability of locally twisted cubes[J]. IEEE Access, 2019, 7: 102113-102118.

[128] Wang S, Ma X. Super connectivity and diagnosability of crossed cubes[J]. Journal of Internet Technology, 2019, 20: 1287-1296.

[129] Xu J, Ma M. Cycles in folded hypercubes[J]. Applied Mathematics Letters, 2006, 19: 140-145.

[130] Liu H. Properties of enhanced hypercube networks[J]. Journal of Systems Science and Information, 2008, 6: 251-256.

[131] Liu H. Properties and performance of enhanced hypercube networks[C]. The 4th International Conference on Networked Computing and Advances in Information Management, Gyeongju, 2008: 280-283.

[132] Liu H. The structural features of enhanced hypercube networks[C]. The 5th International Conference on Natural Computation, Tianjin, 2009: 345-348.

[133] Park J H, Son S H. Conditional matching preclusion for hypercube-like interconnection networks[J]. Theoretical Computer Science, 2009, 410: 2632-2640.

[134] Tsai C H, Tan J J M, Liang T, et al. Fault-tolerant Hamiltonian laceability of hypercubes[J]. Information Processing Letters, 2002, 83: 301-306.

[135] Cheng E, Shah S, Shah V, et al. Strong matching preclusion for augmented cubes[J]. Theoretical Computer Science, 2013, 491: 71-77.

[136] Song C Y, Huang Q X. The nullity of unicyclic graphs [J]. Operations Research Transactions, 2009, 13: 77-83.

[137] Yu X M, Zhang Z. A kind of conditional connectivity of Cayley graphs generated by unicyclic graphs [J].Information Science, 2013, 243: 86-94.

[138] Cheng E, Liptak L. Matching preclusion for some interconnection networks[J]. Networks, 2007, 50(2): 173-180.

[139] Lovasz L, Plummer M D. Matching Theory[M]. New York:Elsevier Science Publishing Company, Inc., 1986.

[140] Araki T, Kikuchi Y. Hamiltonian laceability of bubble-sort graphs with edge faults [J]. Information Sciences, 2007, 177(13): 2679-2691.

[141] 王牟江山, 王镇, 王世英. 泡型图的条件匹配排除 [J]. 新疆大学学报 (自然科学版), 2011, 28(1): 23-35.

[142] Wang S Y, Wang R X, Lin S W, et al. Matching preclusion for k-ary n-cubes[J]. Discrete Applied Mathematics, 2010, 158 (18): 2066-2070.